Illustrator CC 2019
标准培训教程

数字艺术教育研究室　编著

人 民 邮 电 出 版 社
北 京

图书在版编目（CIP）数据

Illustrator CC 2019标准培训教程 / 数字艺术教育研究室编著. -- 北京 : 人民邮电出版社, 2021.10
ISBN 978-7-115-55655-4

Ⅰ. ①I… Ⅱ. ①数… Ⅲ. ①图形软件－教材 Ⅳ. ①TP391.412

中国版本图书馆CIP数据核字(2021)第019312号

内 容 提 要

本书全面系统地介绍了 Illustrator 的基本操作方法和矢量图形的制作技巧，内容包括初识 Illustrator CC 2019、图形的绘制与编辑、路径的绘制与编辑、图像对象的组织、颜色填充与描边、文本的编辑、图表的编辑、图层和蒙版的使用、使用混合与封套命令、效果的使用及商业案例实训等。

本书内容以课堂案例为主线，通过对各案例的实际操作，读者可以快速上手，熟悉软件功能和艺术设计思路。书中的软件功能解析部分能使读者了解软件功能；课堂练习和课后习题可以拓展读者的实际应用能力，使读者掌握软件使用技巧；商业案例实训可以帮助读者快速掌握商业图形的设计理念和设计方法，使读者顺利达到实战水平。

本书附带学习资源，内容包括书中所有案例的素材、效果文件及在线教学视频，读者可通过在线方式获取这些资源，具体方法请参看本书前言。

本书适合作为高等院校数字媒体艺术及相关专业和培训机构的教材，也可作为 Illustrator 自学人士的参考用书。

◆ 编　　著　数字艺术教育研究室
责任编辑　李　东
责任印制　马振武

◆ 人民邮电出版社出版发行　　北京市丰台区成寿寺路 11 号
邮编　100164　　电子邮件　315@ptpress.com.cn
网址　https://www.ptpress.com.cn
北京博海升彩色印刷有限公司印刷

◆ 开本：700×1000　1/16
印张：15.5
字数：401 千字　　2021 年 10 月第 1 版
印数：1 – 2 500 册　　2021 年 10 月北京第 1 次印刷

定价：69.90 元

读者服务热线：(010) 81055410　印装质量热线：(010) 81055316
反盗版热线：(010) 81055315
广告经营许可证：京东市监广登字 20170147 号

前　言

Illustrator是由Adobe公司开发的矢量图形处理和编辑软件。它功能强大、易学易用，深受图形图像处理爱好者和平面设计人员的喜爱。目前，我国很多院校的数字媒体艺术专业和培训机构都将Illustrator列为一门重要的专业课程。为了帮助院校和培训机构的教师全面、系统地讲授这门课程，也为了帮助读者熟练地使用Illustrator进行设计创意，数字艺术教育研究室组织在院校从事Illustrator教学的教师与专业平面设计公司经验丰富的设计师共同编写了本书。

我们对本书的编写体例做了精心的设计，按照"课堂案例-软件功能解析-课堂练习-课后习题"这一思路对内容进行编排，力求通过课堂案例演练，使读者快速熟悉软件功能和艺术设计思路；通过软件功能解析，使读者了解软件的功能和特色；通过课堂练习和课后习题，拓展读者的实际应用能力。在内容编写方面，力求细致全面、突出重点；在文字叙述方面，注意言简意赅、通俗易懂；在案例选取方面，强调案例的针对性和实用性。

本书附带学习资源，内容包括书中所有案例的素材及效果文件，读者可以调用这些资源进行深入练习。这些学习资源文件均可在线获取，扫描"资源获取"二维码，关注"数艺设"的微信公众号，即可得到资源文件获取方式，还可以通过该方式获得在线视频的观看地址。另外，购买本书作为授课教材的教师也可以通过该方式获得教师专享资源，其中包括教学大纲、电子教案、PPT课件，以及课堂案例、课堂练习和课后习题的教学视频等相关教学资源包。如需资源获取技术支持，请致函szys@ptpress.com.cn。本书的参考学时为64学时，其中实训环节为34学时，各章的参考学时见下面的学时分配表。

资源获取

章　序	课程内容	学时分配	
		讲　授	实　训
第1章	初识Illustrator CC 2019	2	
第2章	图形的绘制与编辑	4	4
第3章	路径的绘制与编辑	4	4
第4章	图像对象的组织	2	2
第5章	颜色填充与描边	4	4
第6章	文本的编辑	2	4
第7章	图表的编辑	2	2
第8章	图层和蒙版的使用	2	2
第9章	使用混合与封套命令	2	4
第10章	效果的使用	2	2
第11章	商业案例实训	4	6
学时总计		30	34

由于时间仓促，编者水平有限，书中难免存在不足之处，敬请广大读者批评指正。

编　者

2020年6月

目 录

第 1 章

初识Illustrator CC 2019

本章介绍

本章将介绍Illustrator CC 2019的工作界面，以及矢量图和位图的概念。此外，还将介绍文件的基本操作和图像的显示效果。通过对本章的学习，读者可以掌握Illustrator CC 2019的基本功能，为进一步学习Illustrator CC 2019打下坚实的基础。

学习目标

- 掌握Illustrator CC 2019的工作界面。
- 了解矢量图和位图的区别。
- 熟练掌握文件的基本操作方法。
- 掌握图像显示效果的操作技巧。
- 掌握标尺、参考线和网格的使用方法。

技能目标

- 熟练掌握文件的新建、打开、保存和关闭方法。
- 熟练掌握图像显示效果的操作方法。
- 熟练掌握标尺、参考线和网格的应用。

1.1 Illustrator CC 2019工作界面的介绍

Illustrator CC 2019的工作界面主要由菜单栏、标题栏、工具箱、工具属性栏、控制面板、页面区域、滚动条、泊槽以及状态栏组成，如图1-1所示。

菜单栏
标题栏
工具箱
页面区域
状态栏
工具属性栏
控制面板
滚动条
泊槽
文件(F) 编辑(E) 对象(O) 文字(T) 选择(S) 效果(C) 视图(V) 窗口(W) 帮助(H)

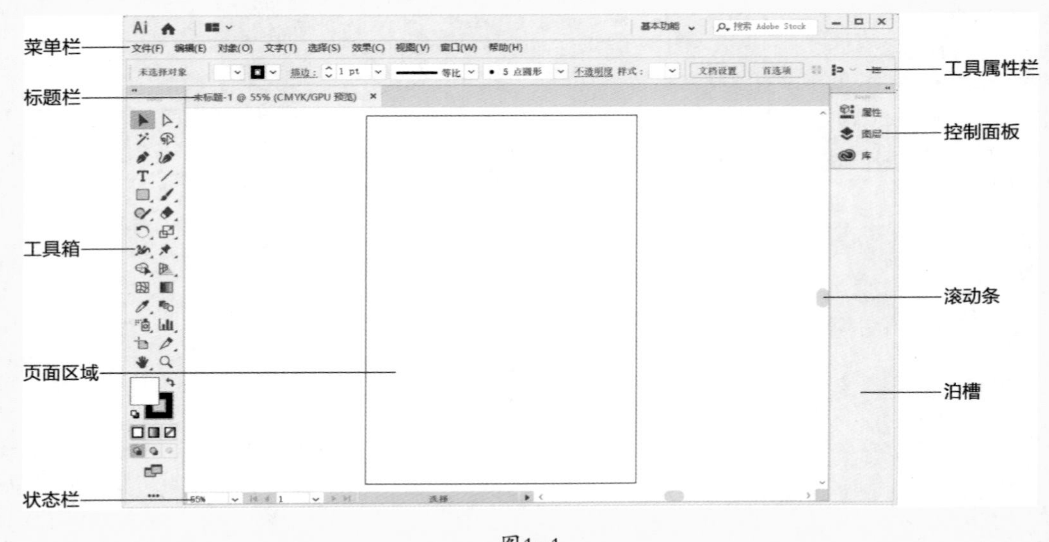

图1-1

菜单栏： 包括Illustrator CC 2019中所有的操作命令，有9个主菜单，每一个主菜单又包括各自的子菜单，通过选择这些命令可以完成基本操作。

标题栏： 左侧是当前文档的名称、显示比例和颜色模式，右侧是控制窗口的按钮。

工具箱： 包括Illustrator CC 2019中所有的工具，大部分工具还有展开式工具组，其中包括与该工具功能相类似的工具，可以更方便、快捷地进行绘图与编辑。

工具属性栏： 当选择工具箱中的一个工具后，会在Illustrator CC 2019的工作界面中出现该工具的属性栏。

控制面板： 使用控制面板可以快速调出许多设置数值和调节功能的面板，它是Illustrator CC 2019中最重要的组件之一。控制面板是可以折叠的，可根据需要分离或组合，非常灵活。

页面区域： 指在工作界面的中间以黑色实线表示的矩形区域，这个区域的大小就是用户设置的页面大小。

滚动条： 当屏幕内不能完全显示出整个文档的时候，通过对滚动条的拖曳可以实现对整个文档的浏览。

泊槽： 用来组织和存放控制面板。

状态栏： 显示当前文档视图的显示比例及当前正使用的工具、时间和日期等信息。

1.1.1 菜单栏及其快捷方式

熟练地使用菜单栏能够快速、有效地绘制和编辑图像，达到事半功倍的效果。下面详细讲解菜单栏。

Illustrator CC 2019中的菜单栏包含“文件”“编辑”“对象”“文字”“选择”“效果”“视图”“窗口”和“帮助”共9个主菜单，如图1-2所示。每个主菜单里又包含相应的子菜单。

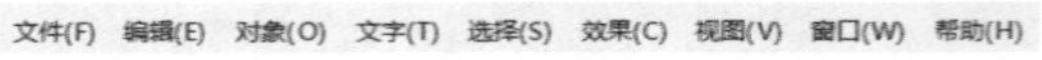

文件(F) 编辑(E) 对象(O) 文字(T) 选择(S) 效果(C) 视图(V) 窗口(W) 帮助(H)

图1-2

每个下拉菜单的左边是命令的名称，常用命令右边有该命令的快捷键，要执行该命令，可以直接按键盘上的快捷键，这样可以提高操作速度。例如，“选择 > 全部”命令的快捷键为Ctrl+A。

有些命令的右边有一个黑色箭头图标“>”，表示该命令还有相应的子菜单，将鼠标指针放在该命令上，会弹出其子菜单。有些命令的后面有省略号“...”，表示单击该命令会弹出相应的对话框，在对话框中可进行更详尽的设置。有些命令呈灰色，表示该命令在当前状态下不可用，需要选中相应的对象或进行合适的设置，该命令才会变为黑色，呈可用状态。

1.1.2 工具箱

Illustrator CC 2019的工具箱内包括了大量具有强大功能的工具，这些工具可以使用户在绘制和编辑图像的过程中制作出更加精彩的效果。工具箱如图1-3所示。

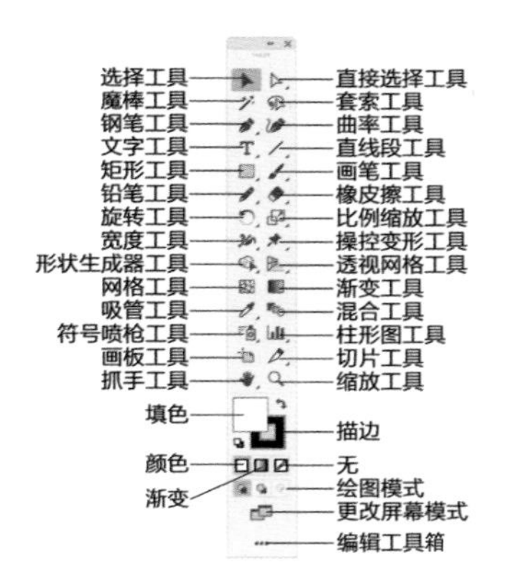

图1-3

工具箱中部分工具按钮的右下角带有一个黑色三角形“◢”，表示该工具还有展开式工具组，在该工具上按住鼠标左键不放，会弹出展开式工具组。如在文字工具 T 上按住鼠标左键，将展开文字工具组，如图1-4所示。单击文字工具组右边的黑色三角形，如图1-5所示，文字工具组就从工具箱中分离出来，成为一个相对独立的工具栏，如图1-6所示。

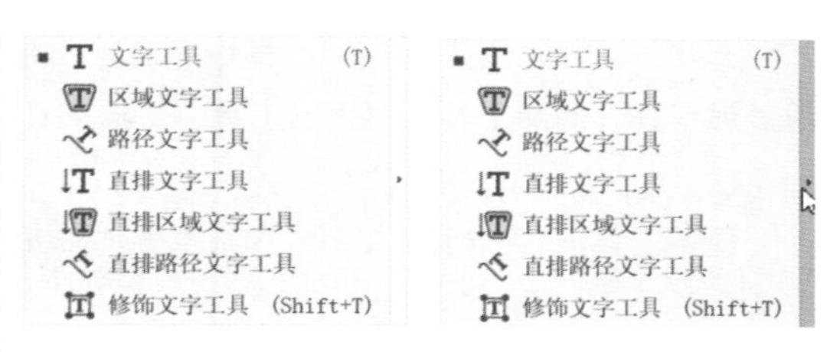

图1-4 图1-5

图1-6

下面分别介绍各个展开式工具组。

直接选择工具组：包括2个工具，即直接选择工具和编组选择工具，如图1-7所示。

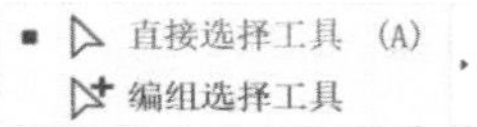

图1-7

钢笔工具组：包括4个工具，即钢笔工具、添加锚点工具、删除锚点工具和锚点工具，如图1-8所示。

文字工具组：包括7个工具，即文字工具、区域文字工具、路径文字工具、直排文字工具、直排区域文字工具、直排路径文字工具和修饰文字工具，如图1-9所示。

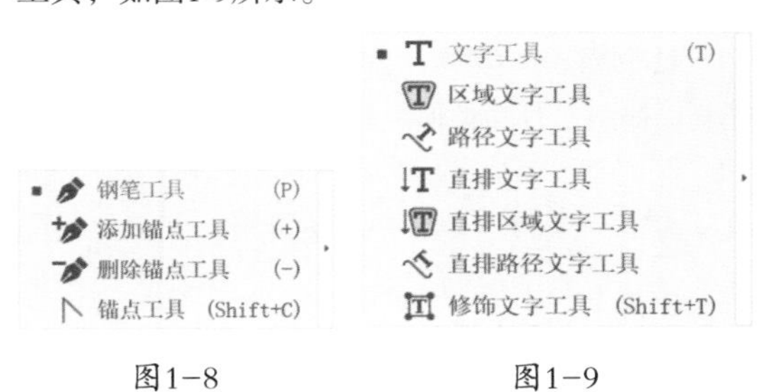

图1-8 图1-9

直线段工具组：包括5个工具，即直线段工具、弧形工具、螺旋线工具、矩形网格工具和极坐标网格工具，如图1-10所示。

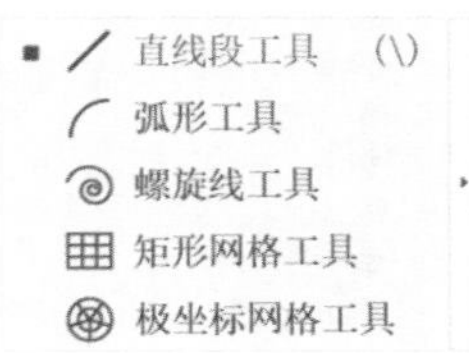

图1-10

矩形工具组：包括6个工具，即矩形工具、圆角矩形工具、椭圆工具、多边形工具、星形工具和光晕工具，如图1-11所示。

画笔工具组：包括2个工具，即画笔工具和斑点画笔工具，如图1-12所示。

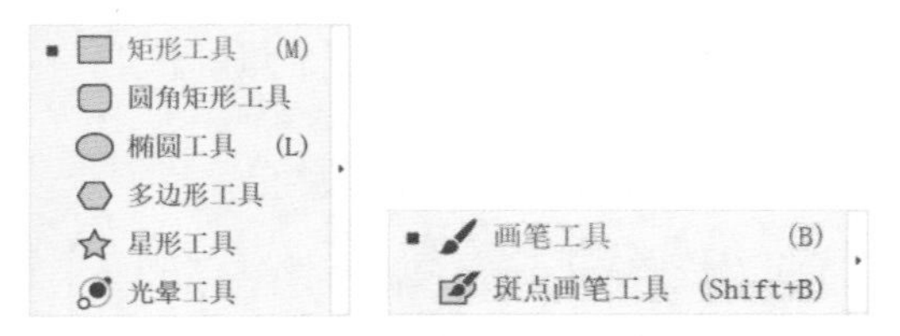

图1-11　　图1-12

铅笔工具组：包括5个工具，即Shaper工具、铅笔工具、平滑工具、路径橡皮擦工具和连接工具，如图1-13所示。

橡皮擦工具组：包括3个工具，即橡皮擦工具、剪刀工具和刻刀工具，如图1-14所示。

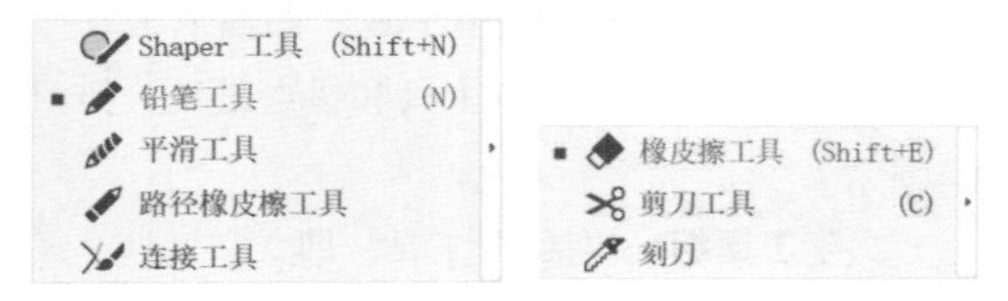

图1-13　　图1-14

旋转工具组：包括2个工具，即旋转工具和镜像工具，如图1-15所示。

比例缩放工具组：包括3个工具，即比例缩放工具、倾斜工具和整形工具，如图1-16所示。

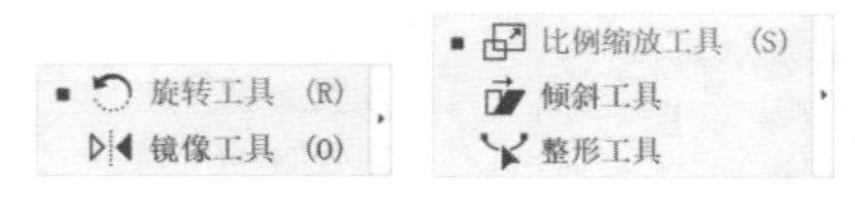

图1-15　　图1-16

宽度工具组：包括8个工具，即宽度工具、变形工具、旋转扭曲工具、缩拢工具、膨胀工具、扇贝工具、晶格化工具和皱褶工具，如图1-17所示。

图1-17

操控变形工具组：包括2个工具，即操控变形工具和自由变换工具，如图1-18所示。

形状生成器工具组：包括3个工具，即形状生成器工具、实时上色工具和实时上色选择工具，如图1-19所示。

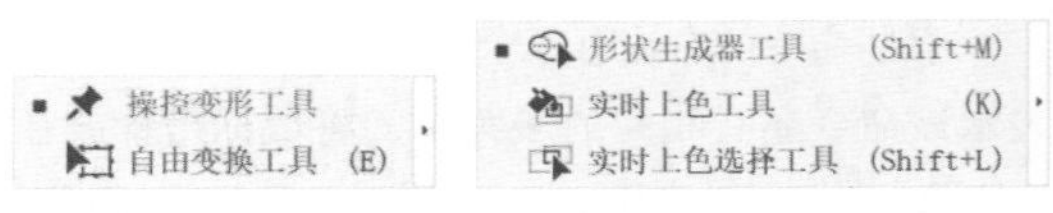

图1-18　　图1-19

透视网格工具组：包括2个工具，即透视网格工具和透视选区工具，如图1-20所示。

吸管工具组：包括2个工具，即吸管工具和度量工具，如图1-21所示。

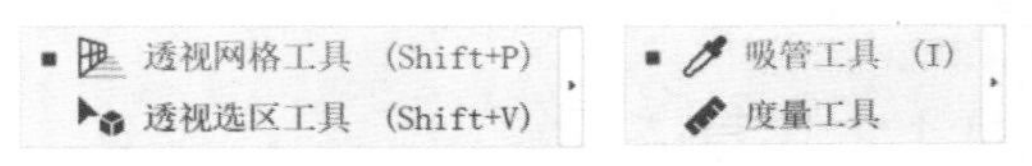

图1-20　　图1-21

符号喷枪工具组：包括8个工具，即符号喷枪工具、符号移位器工具、符号紧缩器工具、符号缩放器工具、符号旋转器工具、符号着色器工具、符号滤色器工具和符号样式器工具，如图1-22所示。

柱形图工具组：包括9个工具，即柱形图工具、堆积柱形图工具、条形图工具、堆积条形图工具、折线图工具、面积图工具、散点图工具、饼图工具和雷达图工具，如图1-23所示。

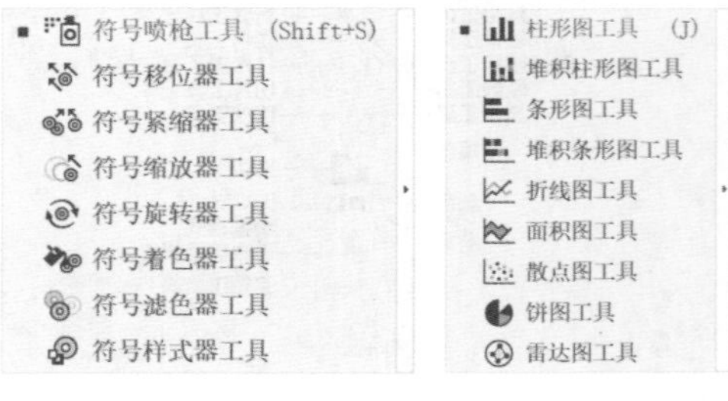

图1-22　　图1-23

切片工具组：包括2个工具，即切片工具和切片选择工具，如图1-24所示。

抓手工具组：包括2个工具，即抓手工具和打印拼贴工具，如图1-25所示。

切片工具 (Shift+K)
切片选择工具
抓手工具 (H)
打印拼贴工具

图1-24　　图1-25

1.1.3 工具属性栏

Illustrator CC 2019的工具属性栏可以快捷应用与所选对象相关的选项，它根据所选工具和对象的不同来显示不同的选项，包括画笔、描边、图形样式等多个控制面板的功能。选择路径对象的锚点后，工具属性栏如图1-26所示。选择文字工具T后，工具属性栏如图1-27所示。

图1－26

图1－27

1.1.4 控制面板

Illustrator CC 2019的控制面板位于工作界面的右侧，它包括许多实用、快捷的工具和命令。随着Illustrator CC 2019功能的不断增强，控制面板也在不断改进，越来越合理，为用户绘制和编辑图像带来了更大的方便。

控制面板以组的形式出现，图1-28所示是其中的一组控制面板。选中“色板”控制面板并按住“色板”控制面板的标题不放，如图1-29所示，向页面中拖曳，如图1-30所示。拖曳到控制面板组外时，释放鼠标左键，将形成独立的控制面板，如图1-31所示。

单击控制面板右上角的折叠为图标按钮 ‹‹ 和展开按钮 ›› 来折叠和展开控制面板，效果如图1-32所示。

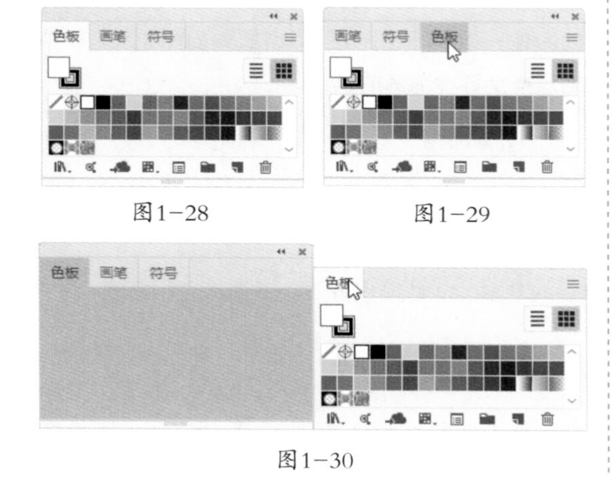

图1－28

图1－29

图1－30

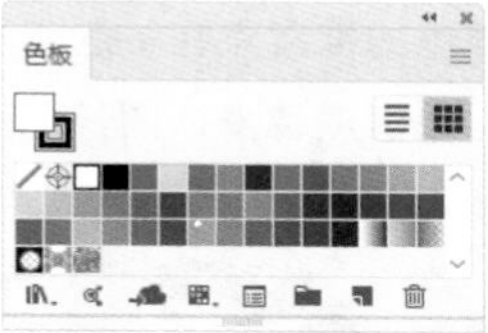

图1－31

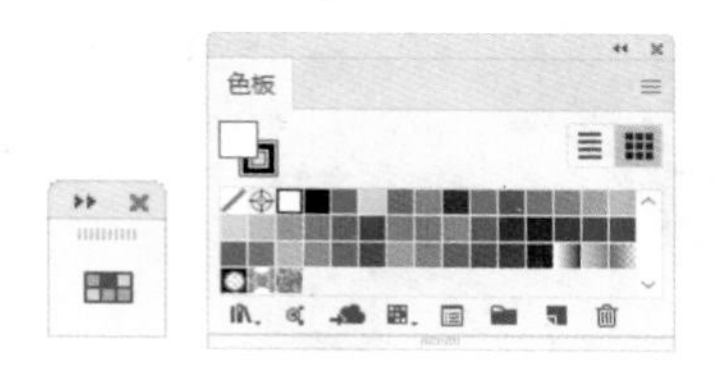

图1－32

绘制图形图像时，经常需要选择不同的选项和数值，可以通过控制面板直接进行操作。通过选择“窗口”菜单中的各个命令可以显示或隐藏控制面板。这样可省去反复选择命令或关闭窗口的麻烦。控制面板为设置数值和修改命令提供了一个方便、快捷的平台，使软件的交互性更强。

1.1.5 状态栏

状态栏在工作界面的最下面，包括3个部分。第1部分的百分比表示当前文档的显示比例，第2部分是画板导航，可在画板间切换，第3部分显示当前使用的工具，当前的日期、时间，文件操作的还原次数和文档颜色配置文件等，如图1-33所示。

图1－33

1.2 矢量图和位图

在计算机应用系统中，大致会应用两种图像，即位图图像与矢量图形。在Illustrator CC 2019中，不但可以制作出各式各样的矢量图形，还可以导入位图图像进行编辑。

位图图像也叫点阵图像，如图1-34所示，它是由许多单独的点组成的，这些点又称为像素点，每个像素点都有特定的位置和颜色值，位图图像的显示效果与像素点是紧密联系在一起的，不同位置和颜色的像素点在一起组成了一幅色彩丰富的图像。像素点越多，图像的分辨率越高，相应地，图像文件的体积也会越大。

图1-34

Illustrator CC 2019可以对位图进行编辑，除了可以使用变形工具对位图进行变形处理外，还可以通过复制工具，在画面上复制出相同的位图，制作更完美的作品。位图图像的优点是制作的图像色彩丰富；不足之处是文件体积太大，而且在放大图像时会失真，图像边缘会出现锯齿，模糊不清。

矢量图形也叫向量图形，如图1-35所示，它是一种基于数学方法绘制的图形。矢量图形中的各种图形元素称为对象，每一个对象都是独立的个体，都具有大小、颜色、形状和轮廓等特性。在移动对象和改变对象的属性时，可以保持它们原有的清晰度和弯曲度。矢量图形是由一条条的直线或曲线构成的，在填充颜色时，会按照指定的颜色沿曲线的轮廓进行着色。

图1-35

矢量图形的优点是文件体积较小，矢量图形的显示效果与分辨率无关，因此缩放图形时，对象会保持原有的清晰度及弯曲度，颜色和外观形状也都不会发生任何偏差和变形，不会产生失真的现象。不足之处是矢量图形不易制作色调丰富的图像，绘制出来的图形无法像位图图像那样精确地描绘各种绚丽的景象。

1.3 文件的基本操作

在开始设计和制作平面设计作品前，需要掌握一些基本的文件操作方法。下面将介绍新建、打开、保存和关闭文件的基本方法。

1.3.1 新建文件

选择“文件 > 新建”命令（快捷键为Ctrl+N），弹出“新建文档”对话框，用户根据需要单击上方的类别选项卡，选择需要的预设新建文档，如图1-36所示。在右侧的“预设详细信息”面板中修改图像的名称、宽度和高度、分辨率和颜色模式等预设参数。设置完成后，单击“创建”按钮，即可建立一个新的文档。

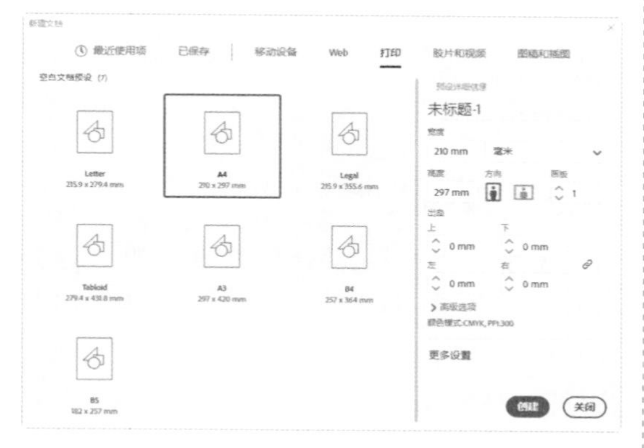

图1-36

“名称”选项：可以在选项中输入新建文件的名称，默认状态下为“未标题—1”。

“宽度”和“高度”选项：用于设置文件的宽度和高度的数值。

“单位”选项：设置文件所采用的单位，默认状态下为“毫米”或“像素”。

“方向”选项：用于设置新建的页面竖向或横向放置。

“画板”选项：可以设置页面的数量。

“出血”选项：用于设置页面上、下、左、右的出血值。默认状态下，右侧的按钮为锁定状态，可同时设置出血值；单击右侧的按钮，使其处于解锁状态，可单独设置出血值。

单击“高级选项”左侧的箭头按钮，可以展开高级选项，如图1-37所示。

图1-37

“颜色模式”选项：用于设置新建文件的颜色模式。

“光栅效果”选项：用于设置文件的栅格效果。

“预览模式”选项：用于设置文件的预览模式。

单击（更多设置）按钮，弹出“更多设置”对话框，如图1-38所示。

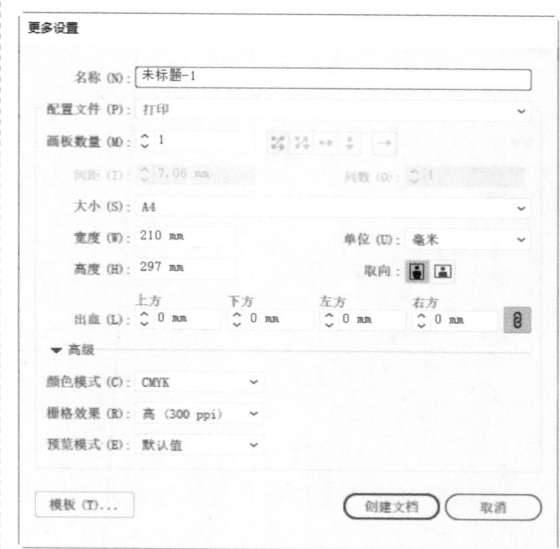

图1-38

1.3.2 打开文件

选择“文件 > 打开”命令（快捷键为Ctrl+O），弹出“打开”对话框，如图1-39所示。在对话框中选择路径和要打开的文件，确认文件类型和名称，单击“打开”按钮，即可打开文件。

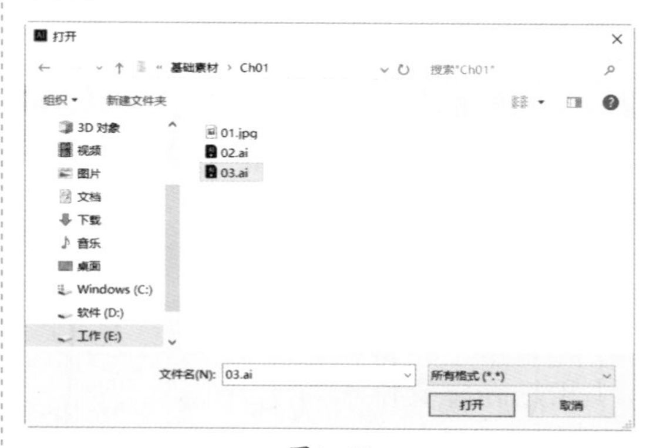

图1-39

1.3.3 保存文件

当用户第一次保存文件时，选择“文件 > 存储”命令（快捷键为Ctrl+S），弹出“存储为”对话框，如图1-40所示，在对话框中输入要保存的文件名称，设置保存的文件的路径、类型。设置完成后，单击“保存”按钮，即可保存文件。

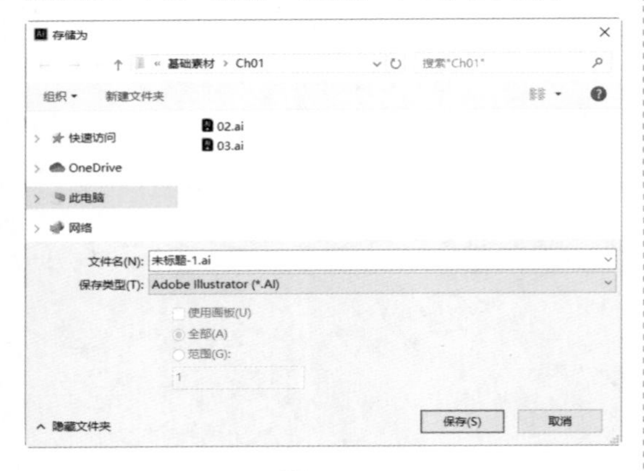

图1-40

当用户对图形文件进行了各种编辑操作并保存后，再选择“存储”命令时，将不弹出“存储为”对话框，计算机会直接保存最终确认的结果，并覆盖原文件。因此，在未确定要放弃原始文件之前，应慎用此命令。

若既要保存修改过的文件，又不想放弃原文件，则可以用“存储为”命令。选择“文件 > 存储为”命令（快捷键为Shift+Ctrl+S），弹出“存储为”对话框，在这个对话框中，可以为修改过的文件重新命名，并设置文件的路径和类型。设置完成后，单击“保存”按钮，原文件依旧保留不变，而修改过的文件被另存为一个新的文件。

1.3.4 关闭文件

选择“文件 > 关闭”命令（快捷键为Ctrl+W），如图1-41所示，可将当前文件关闭。也可单击绘图窗口右上角的☒按钮来关闭文件。若当前文件被修改过或是新建的文件，那么在关闭文件的时候系统就会弹出一个提示框，如图1-42所示。单击“是”按钮即可先保存再关闭文件，单击“否”按钮可不保存对文件的更改而直接关闭文件，单击“取消”按钮可取消关闭文件的操作。

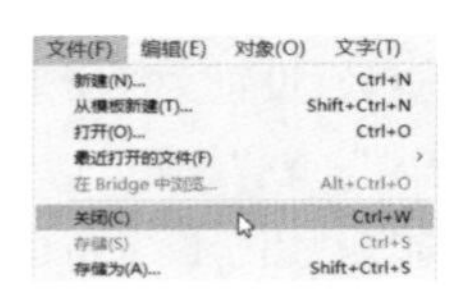

图1-41

图1-42

1.4 图像的显示效果

在使用Illustrator CC 2019绘制和编辑图形图像的过程中，用户可以根据需要随时调整图形图像的显示模式和显示比例，以便对所绘制和编辑的图形图像进行观察和操作。

1.4.1 选择视图模式

Illustrator CC 2019包括6种视图模式，即“CPU预览”“GPU预览”“轮廓”“叠印预览”“像素预览”“裁切视图”，绘制图像的时候，可根据不同的需要选择不同的视图模式。

“CPU预览”模式是系统默认的模式，图像显示效果如图1-43所示。

“轮廓”模式隐藏了图像的颜色信息，用线框轮廓来表现图像。这样在绘制图像时有很高的灵活性，可以根据需要，单独查看轮廓线，极大地加快了图像运算的速度，提高了工作效率。“轮廓”模式的图像显示效果如图1-44所示。如果当前图像为其他模式，选择“视图 > 轮廓”命令（快捷键为Ctrl+Y），将切换到“轮廓”模式，再选择“视图 > 在CPU上预览”命令（快捷键为Ctrl+Y），将切换到“CPU预览”模式，可以预览彩色图稿。

图1-43

图1-44

“GPU预览”模式可以在屏幕分辨率的高度或宽度大于2000像素时按轮廓查看图稿。在此模式下，轮廓的路径会显示得更平滑，且可以缩短重新绘制图稿的时间。如果当前图像为其他模式，选择“视图 > GPU预览”命令（快捷键为Ctrl+E），将切换到“GPU预览”模式。

“叠印预览”模式可以显示接近油墨混合的效果，如图1-45所示。如果当前图像为其他模式，选择“视图 > 叠印预览”命令（快捷键为Alt+Shift+Ctrl+Y），将切换到“叠印预览”模式。

“像素预览”模式可以将绘制的矢量图像转换为位图显示。这样可以有效控制图像的精确度和尺寸等。转换后的图像放大时会看见排列在一起的像素点，如图1-46所示。如果当前图像为其他模式，选择“视图 > 像素预览”命令（快捷键为Alt+Ctrl+Y），将切换到“像素预览”模式。

图1-45

图1-46

“裁切视图”模式可以剪除画板边缘以外的图稿，并隐藏画布上的所有非打印对象，如网格、参考线等。选择“视图>裁切视图”命令，将切换到“裁切视图”模式。

1.4.2 适合窗口大小显示图像

绘制图像时，可以选择“画板适合窗口大小”或“全部适合窗口大小”命令来显示图像，这时图像就会最大限度地显示在工作界面中并保持其完整性。

选择“视图 > 画板适合窗口大小”命令（快捷键为Ctrl+0），图像显示的效果如图1-47所示。也可以用鼠标双击抓手工具，将图像调整为适合窗口大小显示。

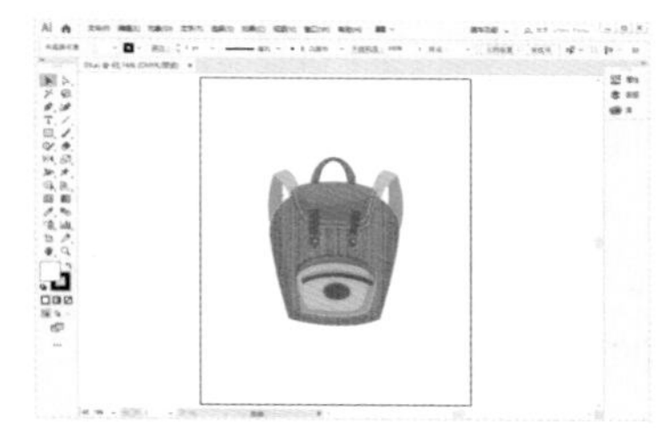

图1-47

选择“视图 > 全部适合窗口大小”命令（快捷键为Alt+Ctrl+0），可以查看窗口中的所有画板内容。

1.4.3 显示图像的实际大小

选择“实际大小”命令可以将图像按100%的效果显示，在此状态下可以对文件进行精确的编辑。

选择“视图 > 实际大小”命令（快捷键为Ctrl+1），图像显示的效果如图1-48所示。

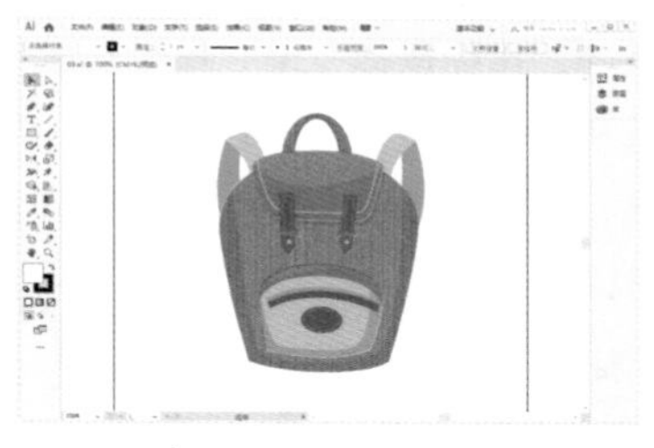

图1-48

1.4.4 放大显示图像

选择“视图 > 放大”命令（快捷键为Ctrl++），每选择一次，页面内的图像就会被放大一级。例如，图像以100%的比例显示在屏幕上，选择“放大”命令一次，则变成150%，再选择一次，则变成200%，放大后的效果如图1-49所示。

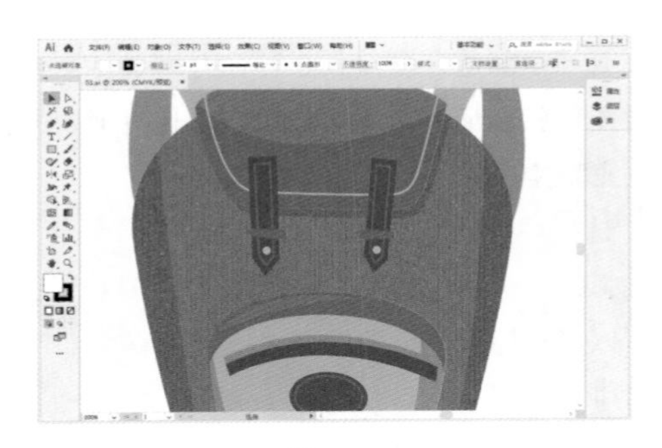

图1-49

也可使用缩放工具放大显示图像。选择缩放工具，在页面中鼠标指针会自动变为放大镜图标，每单击一次，图像就会放大一级。例如，图像以100%的比例显示在屏幕上，单击一次，则变成150%，放大后的效果如图1-50所示。

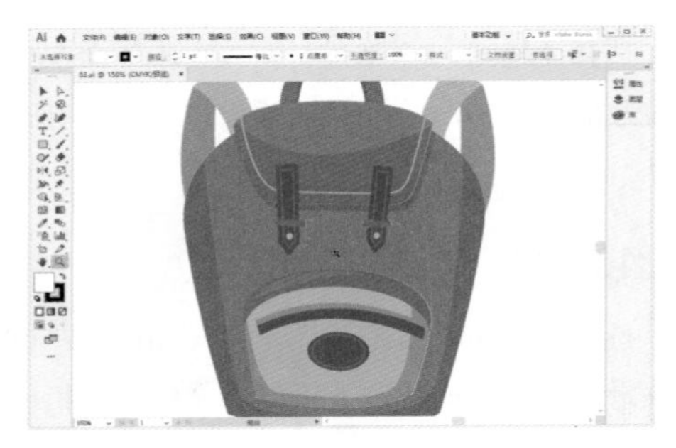

图1-50

若要对图像的局部区域进行放大，则先选择缩放工具，然后把放大镜图标定位在要放大的区域外，按住鼠标左键并拖曳鼠标，画出矩形框框选所需的区域，如图1-51所示，然后释放鼠标左键，这个区域就会放大显示并填满图像窗口，如图1-52所示。

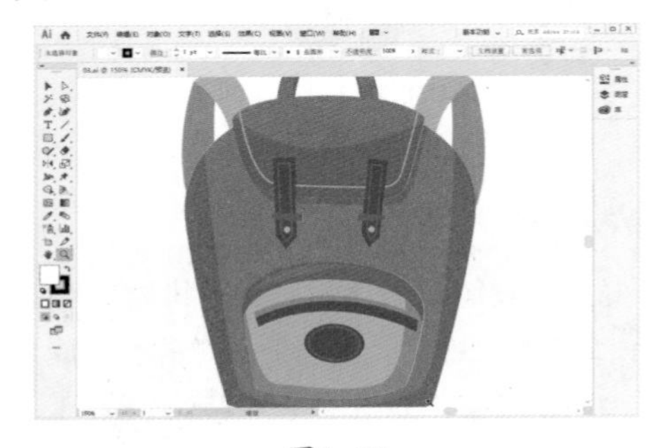

图1-51

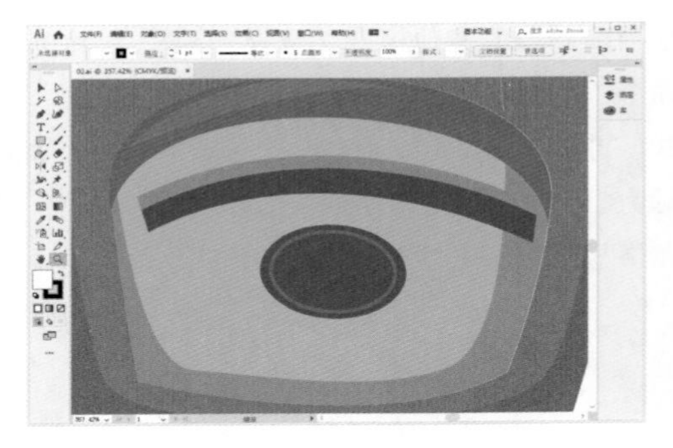

图1-52

提示

如果当前正在使用其他工具，要切换到缩放工具，按住Ctrl+Space快捷键即可。

使用状态栏也可放大显示图像。在状态栏中的百分比数值框 100% 中直接输入需要放大到的百分比数值，按Enter键即可执行放大操作。

还可使用“导航器”控制面板放大显示图像。单击面板右侧的“放大”按钮，可逐级地放大图像，如图1-53所示。在百分比数值框中直接输入数值后，按Enter键也可以将图像放大，如图1-54所示。单击百分比数值框右侧的按钮，在弹出的下拉列表中可以选择缩放比例。

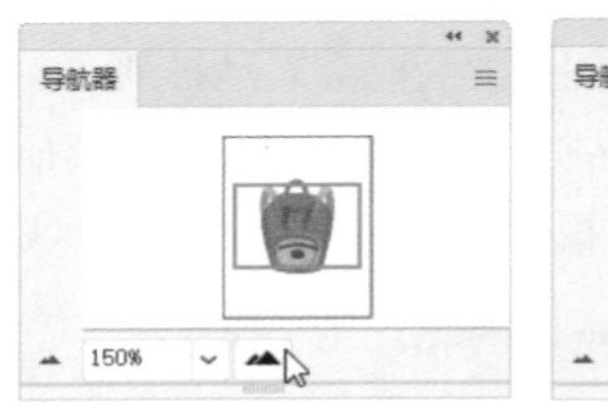

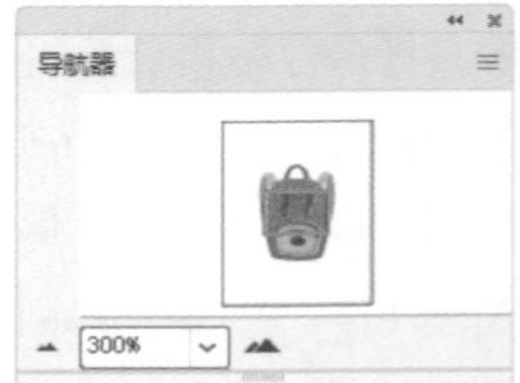

图1-53　　图1-54

1.4.5 缩小显示图像

选择“视图 > 缩小”命令，每选择一次，页面内的图像就会被缩小一级（也可连续按Ctrl+ - 快捷键），效果如图1-55所示。

使用缩小工具缩小显示图像。选择缩放工具，在页面中鼠标指针会自动变为放大镜图标，按住Alt键，则屏幕上的图标变为缩小工具图标。按住Alt键不放，单击图像一次，图像就会缩小一级。

提示

在使用其他工具时，若想切换到缩小工具，按住Alt+Ctrl+Space快捷键即可。

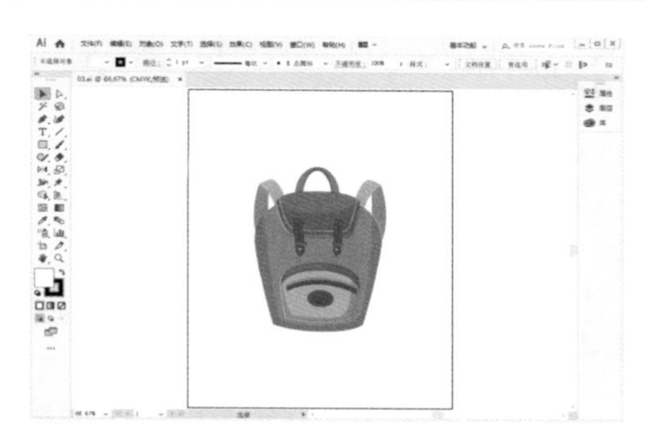

图1-55

使用状态栏也可缩小显示图像。在状态栏的百分比数值框 100% 中直接输入需要缩小到的百分比数值，按Enter键即可执行缩小操作。

还可使用“导航器”控制面板缩小显示图像。单击面板左侧的“缩小”按钮，可逐级地缩小图像。在百分比数值框中直接输入数值后，按Enter键也可以将图像缩小。单击百分比数值框右侧的按钮，在弹出的下拉列表中可以选择缩放比例。

1.4.6 全屏显示图像

全屏显示图像可以更好地观察图像的完整效果。全屏显示图像有以下几种方法。

单击工具箱下方的更改屏幕模式按钮，在弹出的菜单中选择相应的命令，可以在4种模式之间相互转换，即正常屏幕模式、带有菜单栏的全屏模式、全屏模式和演示文稿模式。反复按F键，可在正常屏幕模式、带有菜单栏的全屏模式和全屏模式之间切换。

正常屏幕模式：如图1-56所示，这种屏幕显示模式包括菜单栏、标题栏、工具箱、工具属性栏、控制面板和状态栏。

带有菜单栏的全屏模式：如图1-57所示，这种屏幕显示模式包括菜单栏、工具箱、工具属性栏、控制面板和状态栏。

图1-56

图1-57

全屏模式：如图1-58所示，这种屏幕显示模式只显示页面和状态栏。按Tab键，可以调出菜单栏、工具箱、工具属性栏和控制面板（如图1-57所示）。

图1-58

演示文稿模式：图稿作为演示文稿显示。按Shift+F快捷键，可以切换至演示文稿模式，如图1-59所示。

图1-59

1.4.7 图像窗口显示

当用户打开多个文件时，屏幕中会出现多个图像文件窗口，这就需要对窗口进行布置和摆放。

同时打开多幅图像，效果如图1-60所示。选择“窗口 > 排列 > 全部在窗口中浮动”命令，图像都浮动排列在界面中，如图1-61所示。此时，可对图像进行层叠、平铺的操作。

图1-60

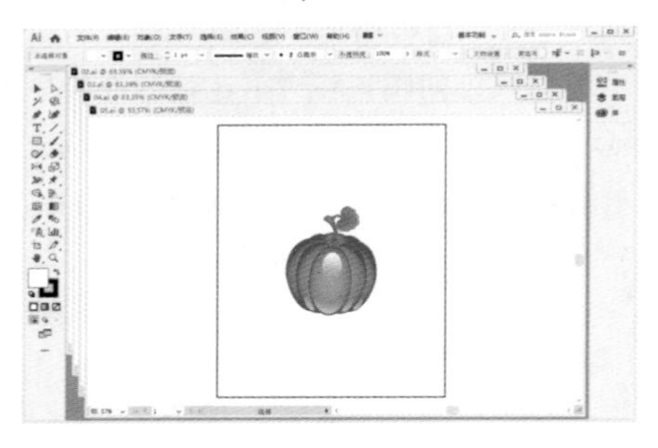

图1-61

选择“窗口 > 排列 > 平铺”命令，图像的排列效果如图1-62所示。选择“窗口 > 排列 > 层叠”命令，图像的排列效果如图1-63所示。选择“合并所有窗口”命令，可将所有图像再次合并到选项卡中。

图1-62

图1-63

1.4.8 观察放大的图像

选择缩放工具，当页面中的鼠标指针变为放大镜图标后，放大图像，图像周围会出现滚动条。选择抓手工具，当图像中的鼠标指针变为手形图标时，按住鼠标左键在放大的图像中拖曳鼠标，可以观察图像的每个部分，如图1-64所示。还可直接用鼠标拖曳图像周围的水平或竖直滚动条，以观察图像的每个部分，效果如图1-65所示。

图1-64

图1-65

提示

如果正在使用其他的工具进行操作，按住Spacebar（空格）键，可以转换为抓手工具。

1.5 标尺、参考线和网格的使用

Illustrator CC 2019提供了标尺、参考线和网格等工具，利用这些工具可以帮助用户对所绘制和编辑的图形图像进行精确定位，还可测量图形图像的准确尺寸。

1.5.1 标尺

选择“视图 > 标尺 > 显示标尺”命令（快捷键为Ctrl+R），显示出标尺，效果如图1-66所示。如果要将标尺隐藏，可以选择“视图 > 标尺 > 隐藏标尺”命令（快捷键为Ctrl+R）。

如果需要设置标尺的显示单位，选择“编辑 > 首选项 > 单位”命令，弹出“首选项”对话框，可以在“常规”选项的下拉列表中设置标尺的显示单位，如图1-67所示。

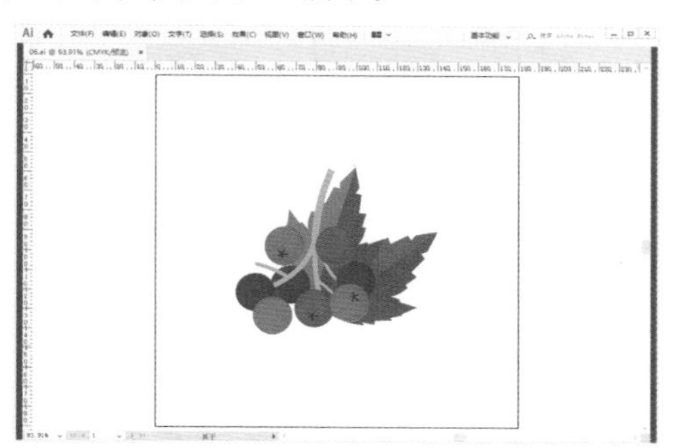

图1-66

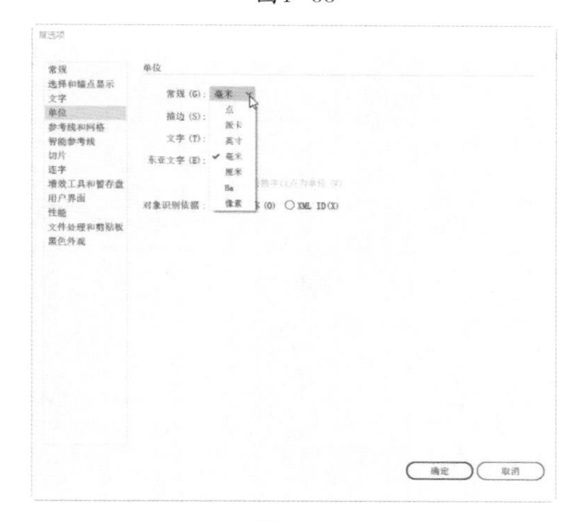

图1-67

如果仅需要为当前文件设置标尺的显示单位，则选择“文件 > 文档设置”命令，弹出“文档设置”对话框，如图1-68所示，可以在“单位”选项的下拉列表中设置标尺的显示单位。用这种方法设置的标尺单位对以后新建立的文件不起作用。

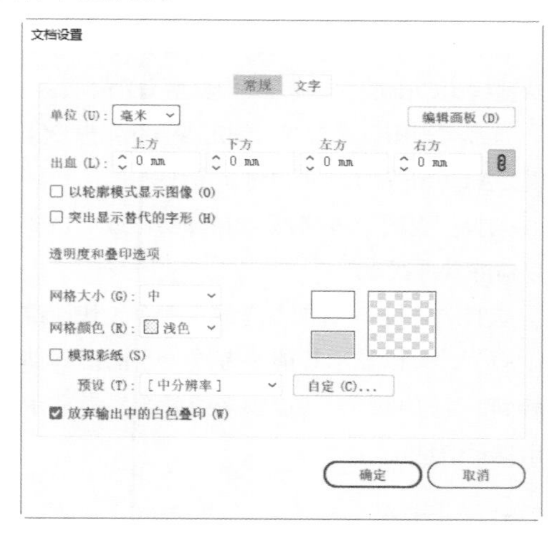

图1-68

在系统默认的状态下，标尺的坐标原点在工作页面的左上角，如果想要更改坐标原点的位置，将水平标尺与竖直标尺的交点拖曳到页面中，释放鼠标左键，即可将坐标原点设置在释放鼠标左键处。如果想要恢复标尺原点的默认位置，双击水平标尺与竖直标尺的交点即可。

1.5.2 参考线

如果想要添加参考线，可以用鼠标从水平或竖直标尺上向页面中拖曳参考线，还可根据需要将图形或路径转换为参考线。

选中要转换的路径，如图1-69所示，选择“视图 > 参考线 > 建立参考线”命令（快捷键为Ctrl+5），将选中的路径转换为参考线，如图1-70

所示。选择“视图 > 参考线 > 释放参考线”命令（快捷键为Alt+Ctrl+5），可以将选中的参考线转换为路径。

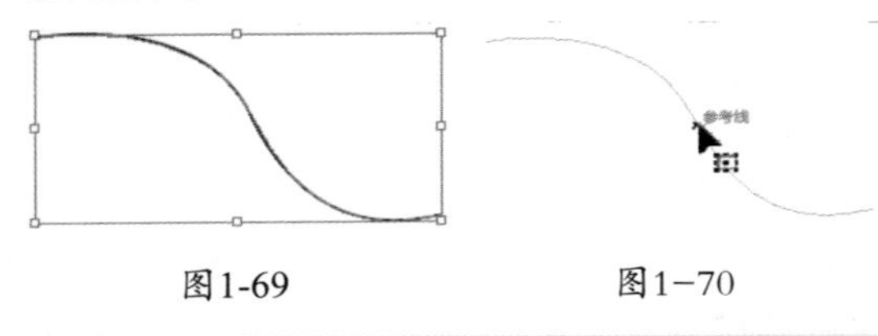

图1-69　　图1-70

提示

按住Shift键在标尺上双击，创建的参考线会自动与标尺上最接近的刻度对齐。

选择“视图 > 参考线 > 隐藏参考线”命令（快捷键为Ctrl+；），可以将参考线隐藏。

选择“视图 > 参考线 > 锁定参考线”命令（快捷键为Alt+Ctrl+；），可以将参考线锁定。

选择“视图 > 参考线 > 清除参考线”命令，可以清除参考线。

选择“视图 > 智能参考线”命令（快捷键为Ctrl+U），可以显示智能参考线。当图形移动或旋转到一定角度时，智能参考线就会高亮显示并给出提示信息。

1.5.3 网格

选择“视图 > 显示网格”命令即可显示出网格，如图1-71所示。选择“视图 > 隐藏网格”命令，可将网格隐藏。如果需要设置网格的颜色、样式、间隔等属性，选择“编辑 > 首选项 > 参考线和网格”命令，弹出“首选项”对话框，如图1-72所示。

“颜色”选项：用于设置网格的颜色。

“样式”选项：用于设置网格的样式，包括直线和点线。

“网格线间隔”选项：用于设置网格线的间距。

“次分隔线”选项：用于细分网格线的多少。

“网格置后”选项：用于设置网格线显示在图形的上方或下方。

“显示像素网格”选项：在“像素预览”模式下，当图形放大到600%以上时，查看像素网格。

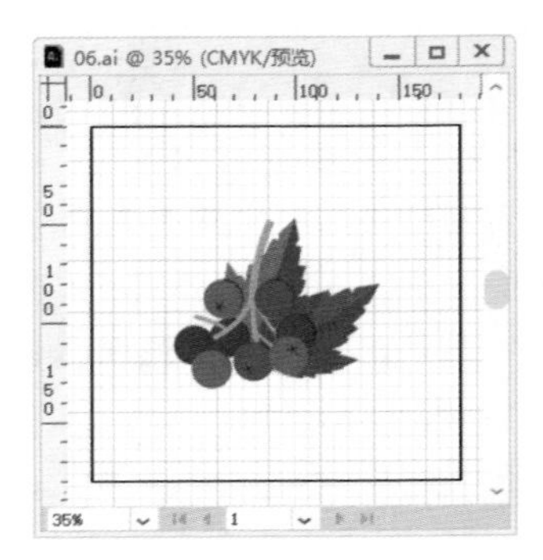

图1-71

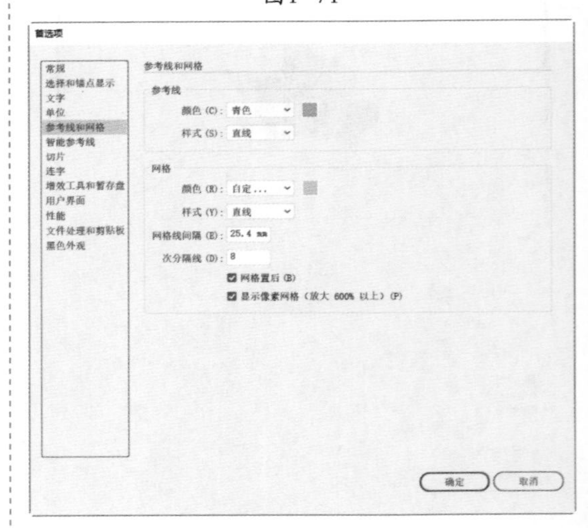

图1-72

第 2 章

图形的绘制与编辑

本章介绍

本章将讲解Illustrator CC 2019中基本图形工具的使用方法，及Illustrator CC 2019的手绘图形工具及其修饰方法，并详细讲解对象的编辑方法。认真学习本章的内容，可以掌握Illustrator CC 2019的绘图功能和其特点，以及编辑对象的方法，为进一步学习Illustrator CC 2019打好基础。

学习目标

- 掌握绘制线段的方法。
- 熟练掌握基本图形的绘制技巧。
- 掌握手绘工具的使用方法。
- 熟练掌握对象的编辑技巧。

技能目标

- 掌握“人物图标”的绘制方法。
- 掌握“卡通形象”的绘制方法。
- 掌握“动物挂牌”的绘制方法。

2.1 绘制线段

在平面设计中，直线和弧线是经常使用的线型。使用直线段工具和弧形工具可以创建任意的直线和弧线，对其进行编辑和变形，可以得到更多复杂的图形对象。下面，将详细讲解这些工具的使用方法。

2.1.1 绘制直线

1. 拖曳鼠标绘制直线

选择直线段工具，在页面中需要的位置按住鼠标左键不放，拖曳光标到需要的位置，释放鼠标左键，绘制出一条任意角度的斜线，效果如图2-1所示。

选择直线段工具，按住Shift键，在页面中需要的位置按住鼠标左键不放，拖曳光标到需要的位置，释放鼠标左键，绘制出水平、竖直或45°角及其整数倍的直线，效果如图2-2所示。

选择直线段工具，按住Alt键，在页面中需要的位置按住鼠标左键不放，拖曳光标到需要的位置，释放鼠标左键，绘制出以光标起点为中心的直线（由起点向两边扩展）。

选择直线段工具，按住~键，在页面中需要的位置按住鼠标左键不放，拖曳光标到需要的位置，释放鼠标左键，绘制出多条直线（系统自动设置），效果如图2-3所示。

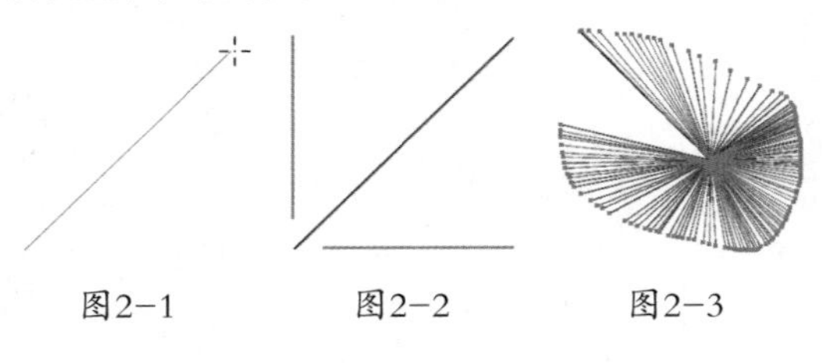

图2-1　　图2-2　　图2-3

2. 精确绘制直线

选择直线段工具，在页面中需要的位置单击鼠标，或双击直线段工具，都将弹出“直线段工具选项”对话框，如图2-4所示。在对话框中，“长度”选项可以设置线段的长度，“角度”选项可以设置线段的倾斜度，勾选“线段填色”复选框可以填充直线组成的图形。设置完成后，单击“确定”按钮，得到如图2-5所示的直线。

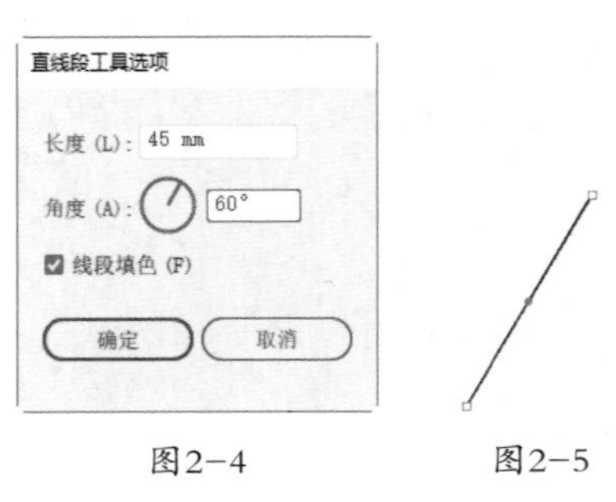

图2-4　　图2-5

2.1.2 绘制弧线

1. 拖曳鼠标绘制弧线

选择弧形工具，在页面中需要的位置按住鼠标左键不放，拖曳光标到需要的位置，释放鼠标左键，绘制出一段弧线，效果如图2-6所示。

选择弧形工具，按住Shift键，在页面中需要的位置按住鼠标左键不放，拖曳光标到需要的位置，释放鼠标左键，绘制出在水平和竖直方向上长度相等的弧线，效果如图2-7所示。

选择弧形工具，按住~键，在页面中需要的位置按住鼠标左键不放，拖曳光标到需要的位置，释放鼠标左键，绘制出多条弧线，效果如图2-8所示。

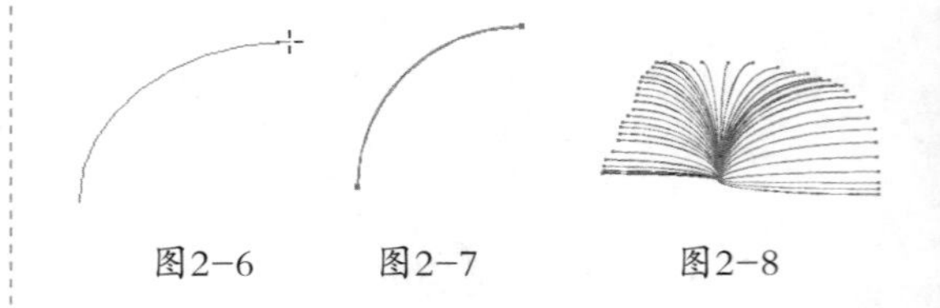

图2-6　　图2-7　　图2-8

2. 精确绘制弧线

选择弧形工具，在页面中需要的位置单击鼠标，或双击弧形工具，都将弹出“弧线段工具选项”对话框，如图2-9所示。在对话框中，“X轴长度”选项可以设置弧线水平方向的长度，“Y轴长度”选项可以设置弧线竖直方向的长度，“类型”选项可以设置弧线类型，“基线轴”选项可以选择坐标轴，勾选“弧线填色”复选项可以填充弧线。设置完成后，单击“确定”按钮，得到如图2-10所示的弧线。输入不同的数值，将会得到不同的弧线，效果如图2-11所示。

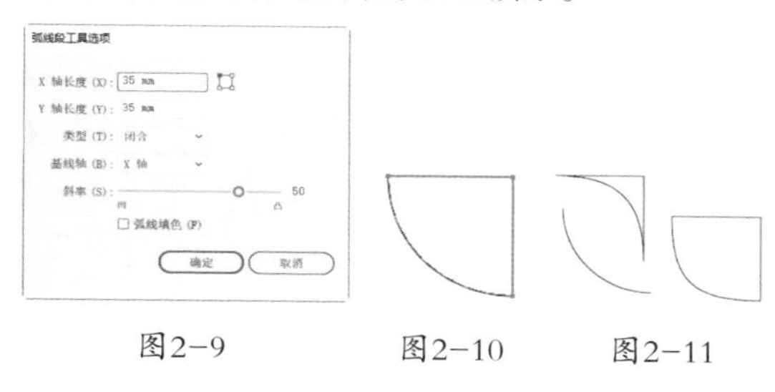

图2-9 图2-10 图2-11

2.1.3 绘制螺旋线

1. 拖曳鼠标绘制螺旋线

选择螺旋线工具，在页面中需要的位置按住鼠标左键不放，拖曳光标到需要的位置，释放鼠标左键，绘制出螺旋线，如图2-12所示。

选择螺旋线工具，按住Shift键，在页面中需要的位置按住鼠标左键不放，拖曳光标到需要的位置，释放鼠标左键，绘制出螺旋线，绘制的螺旋线转动的角度将是强制角度（默认设置是45°）的整数倍。

选择螺旋线工具，按住~键，在页面中需要的位置按住鼠标左键不放，拖曳光标到需要的位置，释放鼠标左键，绘制出多条螺旋线，效果如图2-13所示。

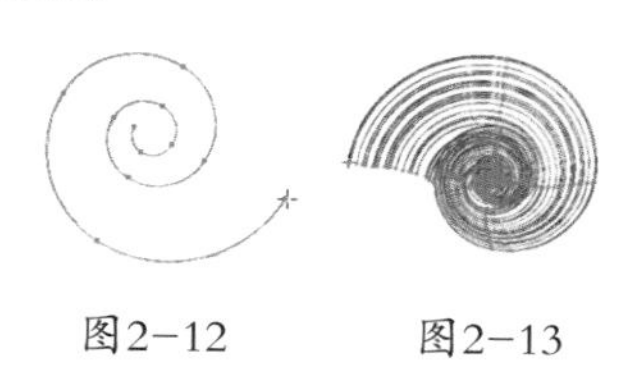

图2-12 图2-13

2. 精确绘制螺旋线

选择螺旋线工具，在页面中需要的位置单击，弹出“螺旋线”对话框，如图2-14所示。在对话框中，“半径”选项可以设置螺旋线的半径，螺旋线的半径指的是从螺旋线的中心点到螺旋线终点之间的距离；“衰减”选项用于指定螺旋线的每一螺旋相对于上一螺旋应减少的量；“段数”选项可以设置螺旋线的螺旋段数；“样式”单选按钮用来设置螺旋线的旋转方向。设置完成后，单击“确定”按钮，得到如图2-15所示的螺旋线。

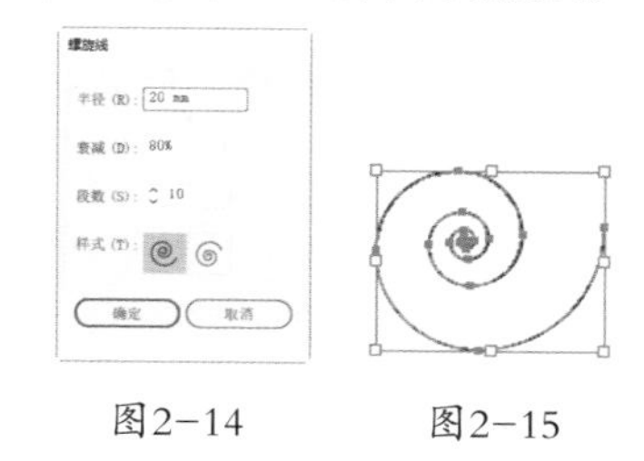

图2-14 图2-15

2.2 绘制基本图形

矩形、圆形、多边形和星形是最简单、最基本也最重要的图形。在Illustrator CC 2019中，矩形工具、圆角矩形工具、椭圆工具、多边形工具和星形工具的使用方法比较类似，通过使用这些工具，可以很方便地在绘图页面上拖曳鼠标绘制出各种形状，还能够通过设置相应的对话框精确绘制图形。

工具介绍

矩形工具：用于绘制矩形与正方形。

椭圆工具：用于绘制椭圆形与圆形。

多边形工具：用于绘制多边形图形。

星形工具：用于绘制星形。

2.2.1 课堂案例——绘制人物图标

【案例学习目标】学习使用基本图形工具绘制人物图标。

【案例知识要点】使用矩形工具、变换控制面板、多边形工具、椭圆工具和钢笔工具绘制人物头发及五官；使用直接选择工具调整矩形的锚点；使用钢笔工具绘制衣领。人物图标效果如图2-16所示。

【效果所在位置】Ch02\效果\绘制人物图标.ai。

图2-16

1. 绘制头发及五官

01 按Ctrl+N快捷键，弹出“新建文档”对话框，设置文档的宽度为800 px，高度为600 px，取向为横向，颜色模式为RGB，单击“创建”按钮，新建一个文档。

02 选择“文件 > 置入”命令，弹出“置入”对话框，选择本书学习资源中的“Ch02\素材\绘制人物图标\01”文件，单击“置入”按钮，在页面中单击置入图片，单击属性栏中的“嵌入”按钮，嵌入图片。选择选择工具，拖曳线稿图片到适当的位置，效果如图2-17所示。按Ctrl+2快捷键，锁定所选对象。

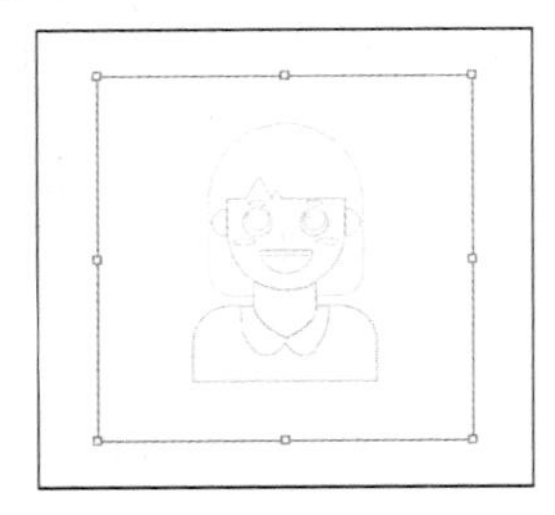

图2-17

03 选择椭圆工具，按住Shift键的同时，在线稿图外绘制一个圆形，效果如图2-18所示。

04 选择矩形工具，在适当的位置绘制一个矩形，如图2-19所示。选择“窗口 > 变换”命令，弹出“变换”控制面板，在“矩形属性”选项组中，将“圆角半径”选项设为98 px和28 px，如图2-20所示，按Enter键确认操作，效果如图2-21所示。

图2-18

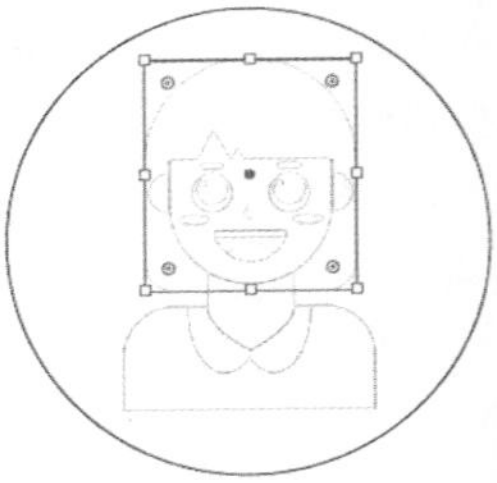

图2-19

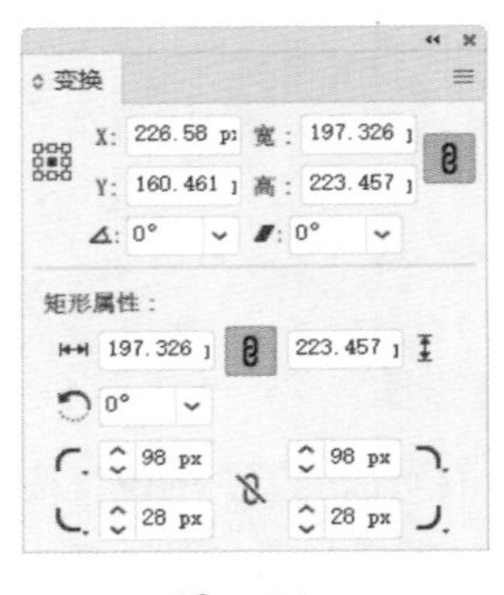

图2-20

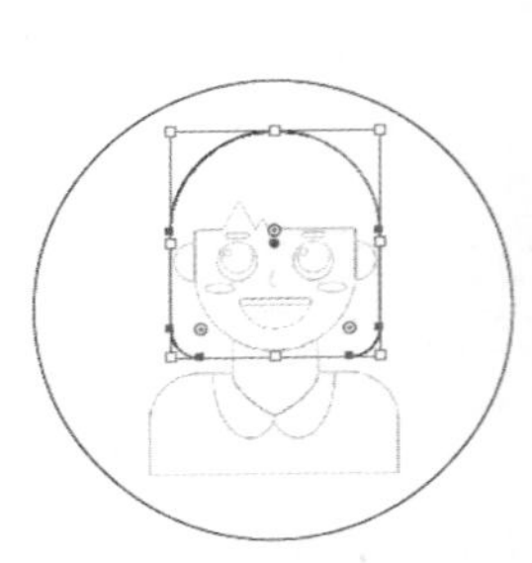

图2-21

05 使用矩形工具，再绘制一个矩形，如图2-22所示。在“变换”控制面板中，将“圆角半径”选项设为0 px和75 px，如图2-23所示，按Enter键确认操作，效果如图2-24所示。

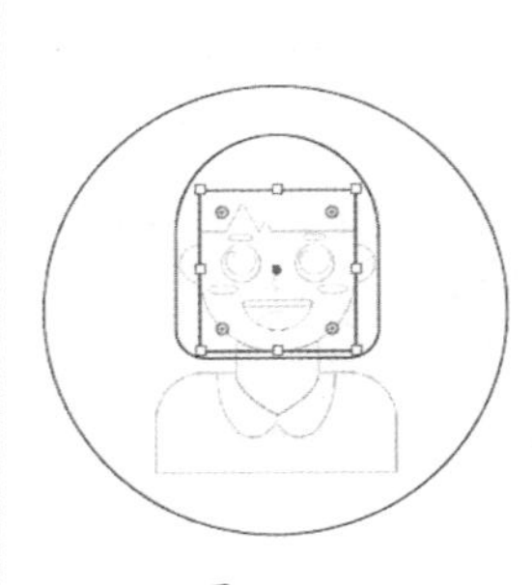

图2-22

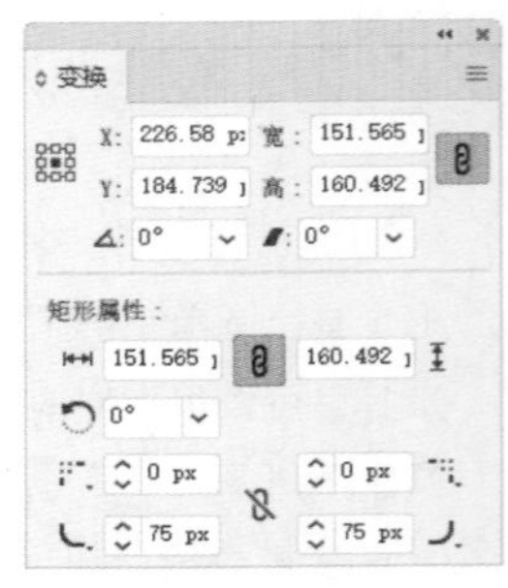

图2-23

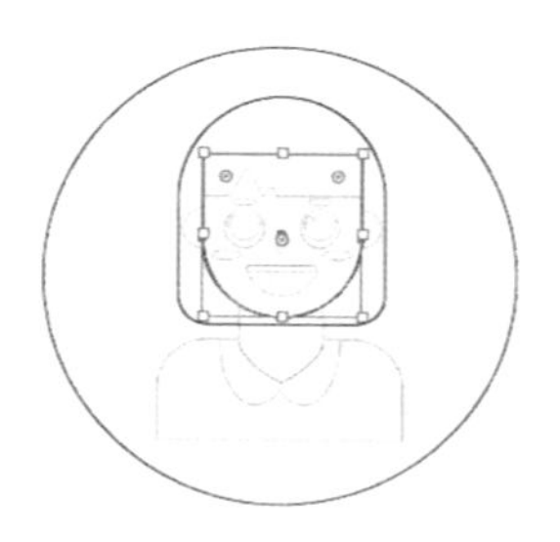

图2-24

06 选择选择工具▶，选取下方圆角图形，按Ctrl+C快捷键，复制图形，按Shift+Ctrl+V快捷键，就地粘贴图形，如图2-25所示。选择删除锚点工具，分别在不需要的锚点上单击鼠标左键，删除锚点，效果如图2-26所示。

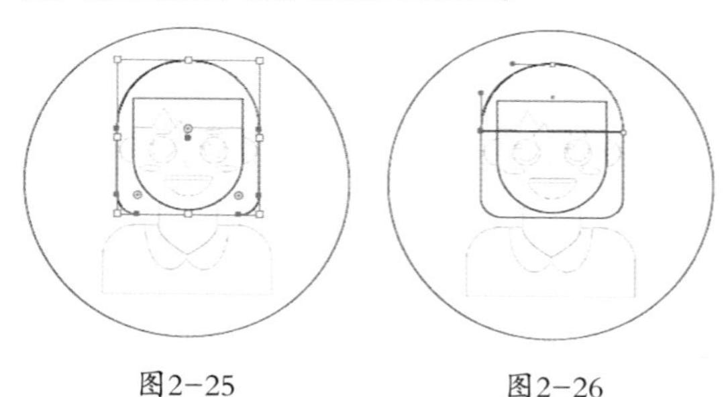

图2-25　　图2-26

07 选择多边形工具，在页面中单击鼠标左键，弹出“多边形”对话框，选项的设置如图2-27所示，单击“确定”按钮，出现一个三角形。选择选择工具▶，拖曳三角形到适当的位置，效果如图2-28所示。

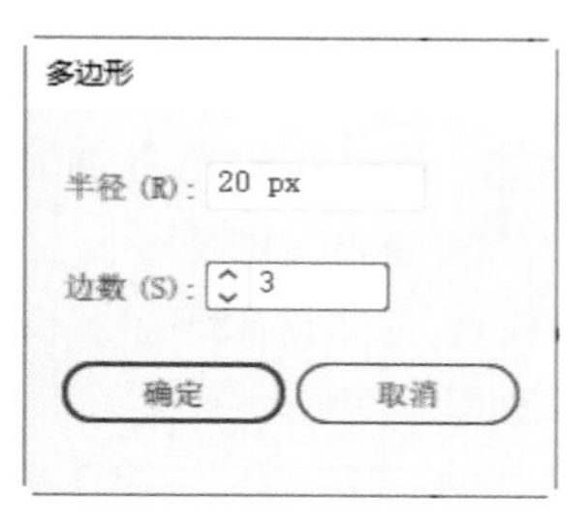

图2-27 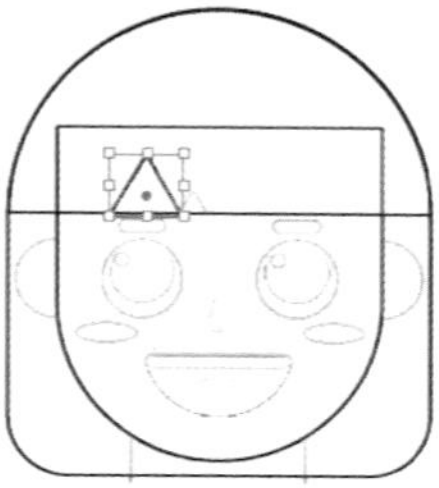　　图2-28

08 选择选择工具▶，按住Alt+Shift快捷键的同时，水平向右拖曳三角形到适当的位置，复制三角形，效果如图2-29所示。按住Shift键的同时，拖曳右上角的控制手柄，等比例缩小图形，效果如图2-30所示。

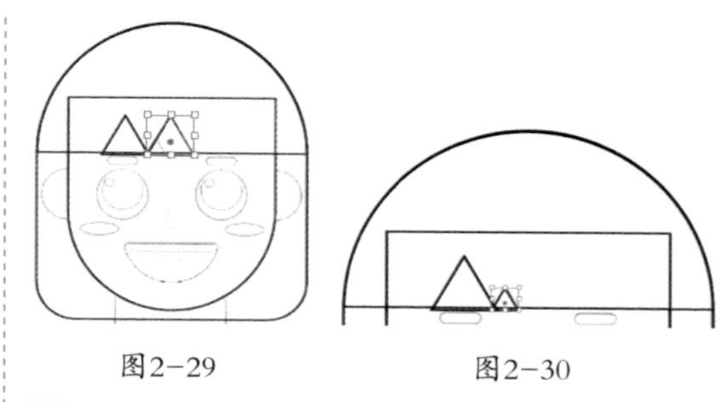

图2-29　　图2-30

09 选择矩形工具，在适当的位置绘制一个矩形，如图2-31所示。在“变换”控制面板中，将“圆角半径”选项均设为3 px，如图2-32所示，按Enter键确认操作，效果如图2-33所示。

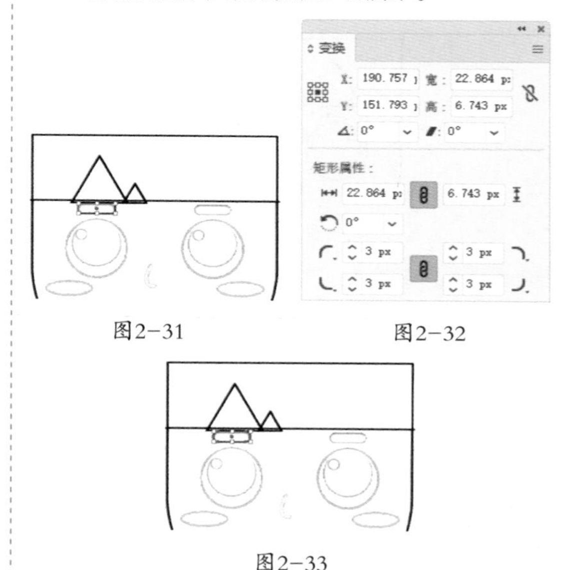

图2-31　　图2-32

图2-33

10 选择椭圆工具，按住Shift键的同时，在适当的位置绘制一个圆形，效果如图2-34所示。按Ctrl+C快捷键，复制图形，按Ctrl+F快捷键，将复制的图形粘贴在前面。选择选择工具▶，按住Shift键的同时，向上拖曳圆形下边中间的控制手柄到适当的位置，调整其大小，效果如图2-35所示。

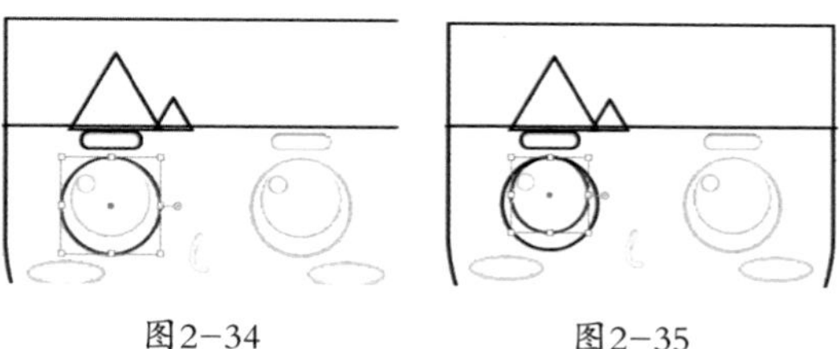

图2-34　　图2-35

11 用相同的方法再复制一个圆形，调整其大小和位置，效果如图2-36所示。选择选择工具，按住Shift键的同时，依次单击将所绘制图形同时选取，如图2-37所示。按住Alt+Shift快捷键的同时，水平向右拖曳图形到适当的位置，复制图形，效果如图2-38所示。

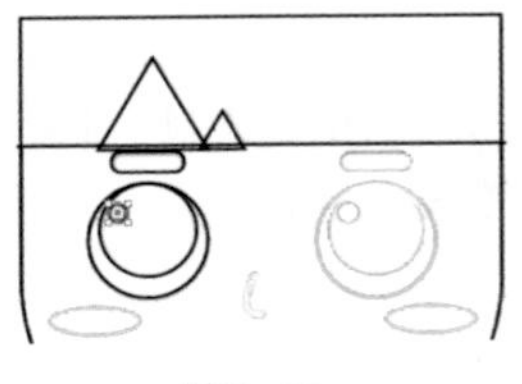
图2-36

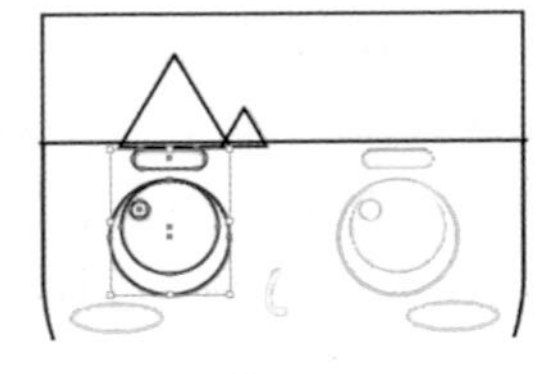
图2-37

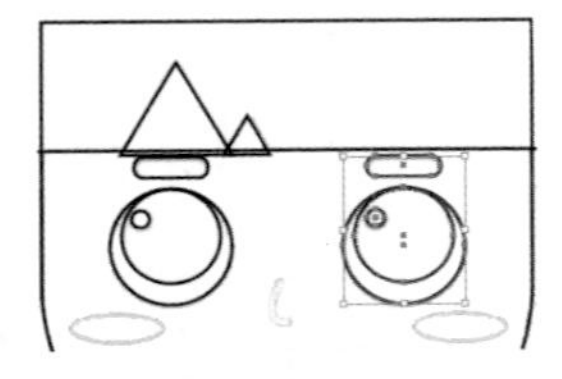
图2-38

12 选择选择工具，选取左侧的圆形，如图2-39所示。按住Alt+Shift快捷键的同时，水平向左拖曳圆形到适当的位置，复制圆形，效果如图2-40所示。用相同的方法水平向右再复制一个圆形，效果如图2-41所示。

图2-39

图2-40

图2-41

13 选择椭圆工具，在适当的位置绘制一个椭圆形，效果如图2-42所示。按住Alt+Shift快捷键的同时，水平向右拖曳图形到适当的位置，复制图形，效果如图2-43所示。

图2-42

图2-43

14 选择钢笔工具，在适当的位置绘制一条曲线，如图2-44所示。选择“窗口 > 描边”命令，弹出“描边”控制面板，单击“端点”选项中的圆头端点按钮，其他选项的设置如图2-45所示，按Enter键确认操作，效果如图2-46所示。

图2-44

图2-45

图2-46

15 选择椭圆工具，在适当的位置绘制一个椭圆形，效果如图2-47所示。选择直接选择工具，单击选取椭圆形上方的锚点，如图2-48所示。按Delete键将其删除，效果如图2-49所示。

图2-47

图2-48

图2-49

16 保持路径选取状态，按Ctrl+J快捷键，连接所选路径，如图2-50所示。选择直接选择工具，向内拖曳左上角的边角构件，如图2-51所示，松开鼠标左键后，如图2-52所示。

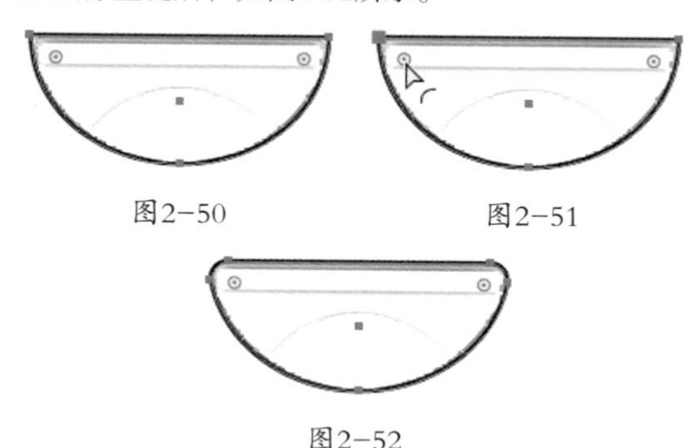

图2-50　　图2-51

图2-52

17 分别选择椭圆工具和矩形工具，在适当的位置绘制椭圆形和矩形，如图2-53所示。选择选择工具，选取下方半椭圆形，按Shift+Ctrl+]快捷键，将其置于顶层，按住Shift键的同时，依次单击将所绘制图形同时选取，如图2-54所示。按Ctrl+7快捷键，建立剪切蒙版，效果如图2-55所示。将图形描边填充为黑色，效果如图2-56所示。

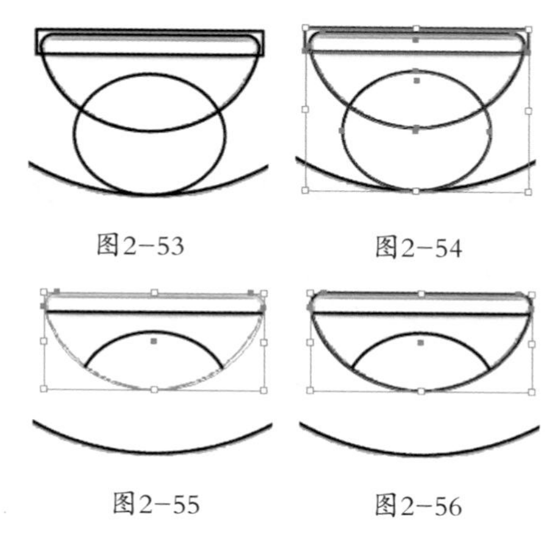

图2-53　　图2-54

图2-55　　图2-56

2. 绘制颈项和衣服

01 选择矩形工具，在适当的位置绘制一个矩形，如图2-57所示。在"变换"控制面板中，将"圆角半径"选项设为0 px和40 px，如图2-58所示，按Enter键确认操作，效果如图2-59所示。

图2-57

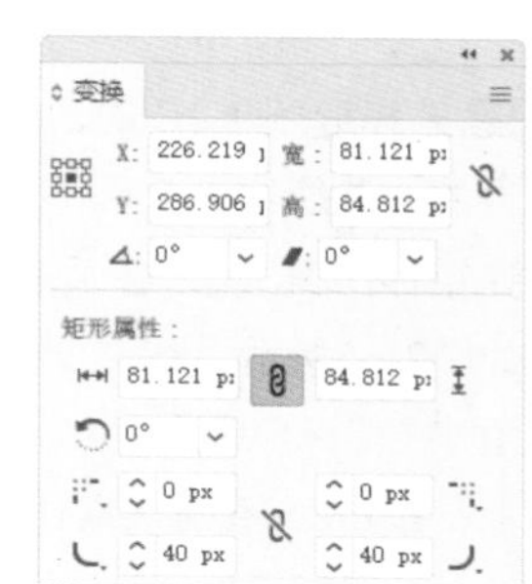

图2-58

图2-59

02 选择直接选择工具，单击选择圆角矩形下方的左侧的锚点，如图2-60所示。在属性栏中单击将所选锚点转换为尖角按钮，将平滑锚点转换为尖角锚点，如图2-61所示。选取右侧的锚点，如图2-62所示，在属性栏中单击"删除所选锚点"按钮，删除不需要的锚点，如图2-63所示。

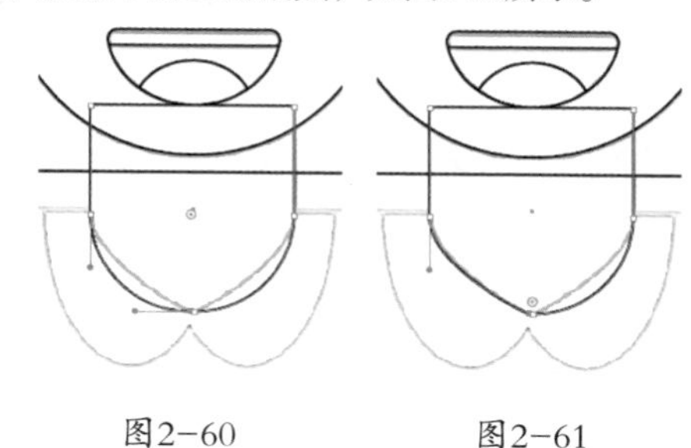

图2-60　　图2-61

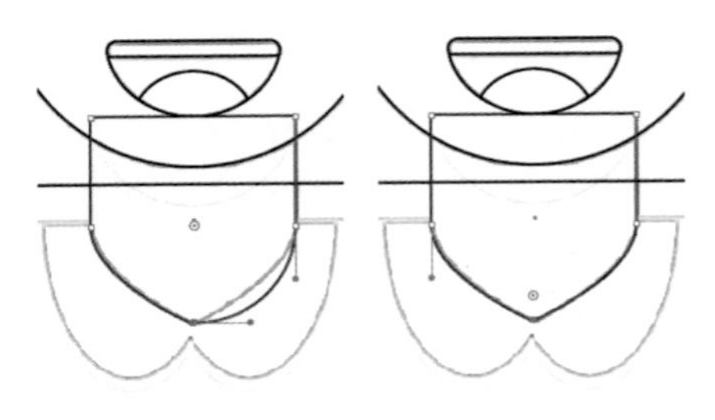

图2-62　　图2-63

03 选择椭圆工具，按住Shift键的同时，在适当的位置绘制一个圆形，效果如图2-64所示。选择矩形工具，在适当的位置绘制一个矩形，如图2-65所示。在“变换”控制面板中，将“圆角半径”选项设为46 px和0 px，如图2-66所示，按Enter键确认操作，效果如图2-67所示。

图2-64　　图2-65

图2-66　　图2-67

04 选择钢笔工具，沿衣领轮廓勾勒出一个不规则图形，如图2-68所示。选择选择工具，选取图形，按Ctrl+C快捷键，复制图形，按Ctrl+B快捷键，将复制的图形粘贴在后面。按↓方向键，微调复制的图形到适当的位置，效果如图2-69所示。

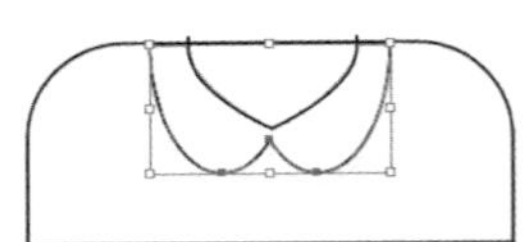

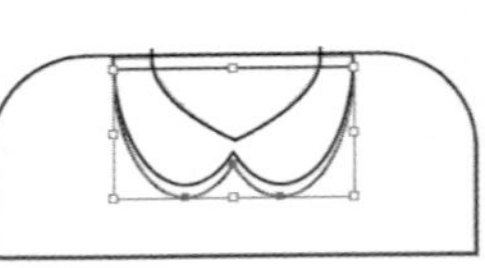

图2-68　　图2-69

05 选择选择工具，选取大圆形，设置填充色为浅黄色（其R、G、B的值分别为255、244、190），填充图形，并设置描边色为无，效果如图2-70所示。

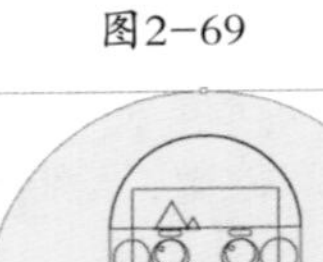

图2-70

06 选择选择工具，选取圆角矩形，设置填充色为浅棕色（其R、G、B的值分别为107、77、71），填充图形，并设置描边色为无，效果如图2-71所示。用相同的方法分别选取需要的图形，并填充相应的颜色，效果如图2-72所示。

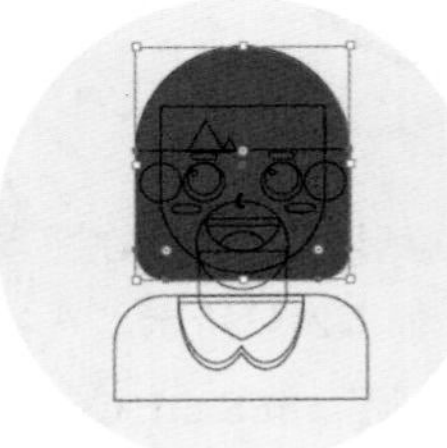

图2-71　　图2-72

07 选择选择工具，按住Shift键的同时，选取人物耳朵图形，连续按Ctrl+[快捷键，将图形向后移至适当的位置，效果如图2-73所示。用相同的方法分别调整其他图形顺序，效果如图2-74所示。人物图标绘制完成。

图2-73　　图2-74

2.2.2 绘制矩形和圆角矩形

1. 拖曳鼠标绘制矩形

选择矩形工具▭，在页面中需要的位置按住鼠标左键不放，拖曳光标到需要的位置，释放鼠标左键，绘制出一个矩形，效果如图2-75所示。

选择矩形工具▭，按住Shift键，在页面中需要的位置按住鼠标左键不放，拖曳光标到需要的位置，释放鼠标左键，绘制出一个正方形，效果如图2-76所示。

选择矩形工具▭，按住~键，在页面中需要的位置按住鼠标左键不放，拖曳光标到需要的位置，释放鼠标左键，绘制出多个矩形，效果如图2-77所示。

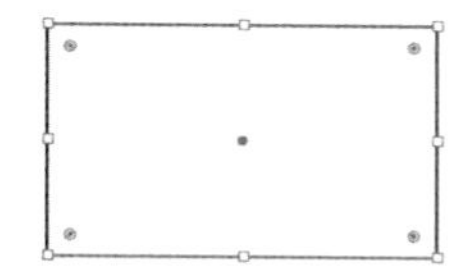

图2-75

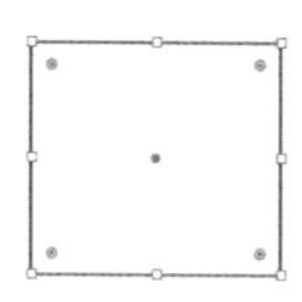

图2-76

图2-77

提示

选择矩形工具▭，按住Alt键，在页面中需要的位置按住鼠标左键不放，拖曳光标到需要的位置，释放鼠标左键，可以绘制一个以光标起点为中心的矩形。

选择矩形工具▭，按住Alt+Shift快捷键，在页面中需要的位置按住鼠标左键不放，拖曳光标到需要的位置，释放鼠标左键，可以绘制一个以光标起点为中心的正方形。

选择矩形工具▭，在页面中需要的位置按住鼠标左键不放，拖曳光标到需要的位置，再按住Spacebar键，可以暂停绘制工作而在页面上任意移动未绘制完成的矩形，释放Spacebar键后可继续绘制矩形。

上述方法在圆角矩形工具▢、椭圆工具◯、多边形工具⬡、星形工具☆中同样适用。

2. 精确绘制矩形

选择矩形工具▭，在页面中需要的位置单击，弹出"矩形"对话框，如图2-78所示。在对话框中，"宽度"选项可以设置矩形的宽度，"高度"选项可以设置矩形的高度。设置完成后，单击"确定"按钮，得到如图2-79所示的矩形。

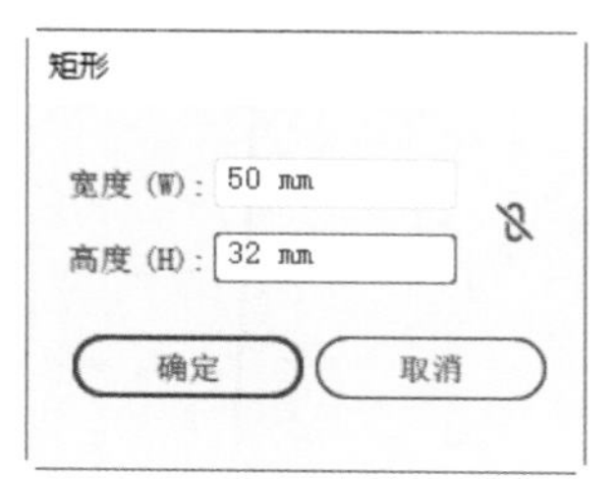

图2-78

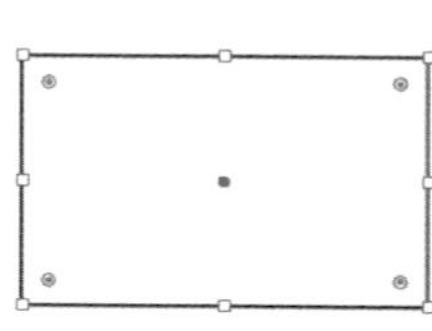

图2-79

3. 拖曳鼠标绘制圆角矩形

选择圆角矩形工具▢，在页面中需要的位置按住鼠标左键不放，拖曳光标到需要的位置，释放鼠标左键，绘制出一个圆角矩形，效果如图2-80所示。

选择圆角矩形工具▢，按住Shift键，在页面中需要的位置按住鼠标左键不放，拖曳光标到需要的位置，释放鼠标左键，可以绘制一个宽度和高度相等的圆角矩形，效果如图2-81所示。

选择圆角矩形工具▢，按住~键，在页面中需要的位置按住鼠标左键不放，拖曳光标到需要的位置，释放鼠标左键，绘制出多个圆角矩形，效果如图2-82所示。

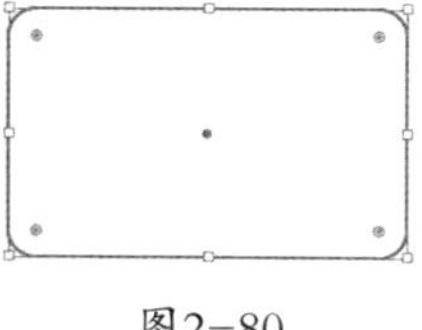

图2-80

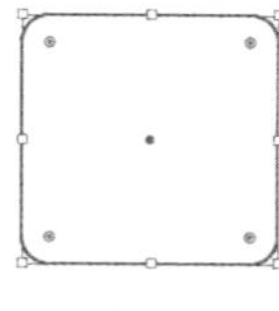

图2-81

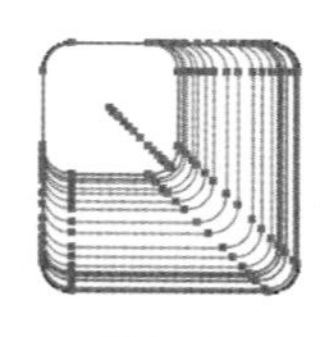

图2-82

4. 精确绘制圆角矩形

选择圆角矩形工具▢，在页面中需要的位置单击，弹出"圆角矩形"对话框，如图

2-83所示。在对话框中，“宽度”选项可以设置圆角矩形的宽度，“高度”选项可以设置圆角矩形的高度，“圆角半径”选项可以控制圆角矩形中圆角半径的长度。设置完成后，单击“确定”按钮，得到如图2-84所示的圆角矩形。

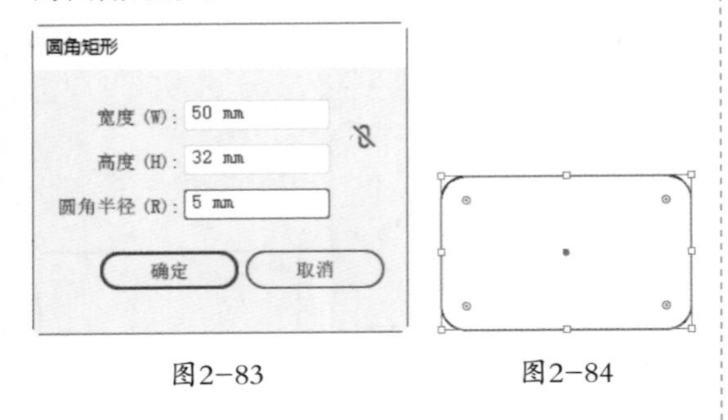

图2-83　　图2-84

5. 使用“变换”控制面板制作实时转角

选择选择工具，选取绘制好的矩形。选择“窗口 > 变换”命令（快捷键为Shift+F8），弹出“变换”控制面板，如图2-85所示。

图2-85

在“矩形属性”选项组中，“边角类型”按钮可以设置边角的转角类型，包括“圆角”“反向圆角”和“倒角”；圆角半径选项可以输入圆角半径值；单击按钮可以链接圆角半径，同时设置圆角半径值；单击按钮可以取消圆角半径的链接，分别设置圆角半径值。

单击按钮，其他选项的设置如图2-86所示，按Enter键，得到如图2-87所示的效果。单击按钮，其他选项的设置如图2-88所示，按Enter键，得到如图2-89所示的效果。

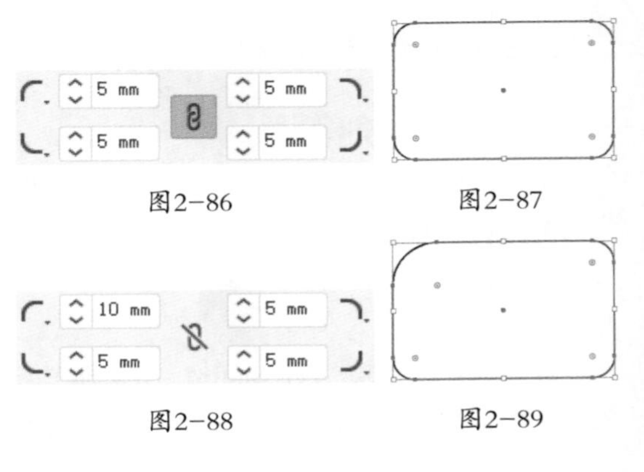

图2-86　　图2-87

图2-88　　图2-89

6. 直接拖曳制作实时转角

选择选择工具，选取绘制好的矩形。上、下、左、右4个边角构件处于可编辑状态，如图2-90所示，向内拖曳其中任意一个边角构件，如图2-91所示，可对矩形角进行变形，松开鼠标左键，如图2-92所示。

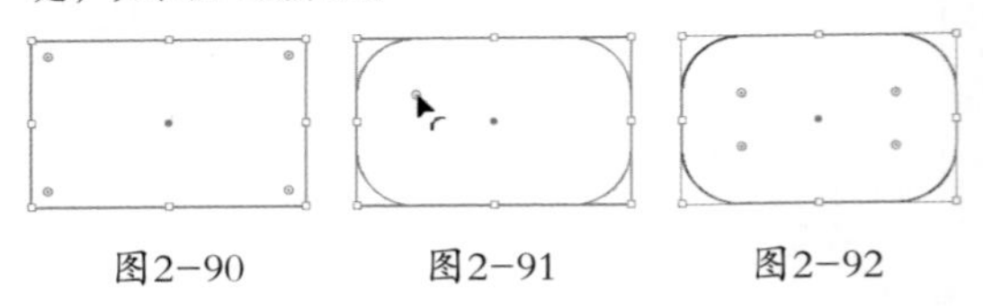

图2-90　　图2-91　　图2-92

提示

选择“视图 > 隐藏边角构件”命令，可以将边角构件隐藏。选择“视图 > 显示边角构件”命令，可以显示出边角构件。

当鼠标指针移动到任意一个实心边角构件上时，指针变为“”，如图2-93所示；单击鼠标左键将实心边角构件变为空心边角构件，指针变为“”，如图2-94所示；拖曳使选取的边角单独变形，如图2-95所示。

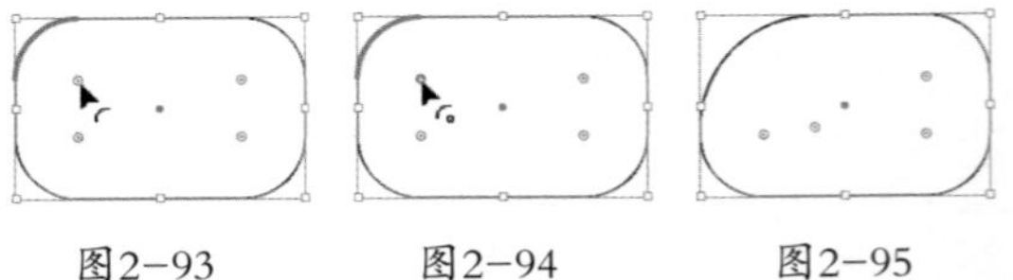

图2-93　　图2-94　　图2-95

按住Alt键的同时，单击任意一个边角构件，或在拖曳边角构件的同时，按↑键或↓键，可在3种边角中交替转换，如图2-96所示。

按住Ctrl键的同时，双击其中一个边角构件，弹出“边角”对话框，如图2-97所示，可以设置边角样式、边角半径和圆角类型。

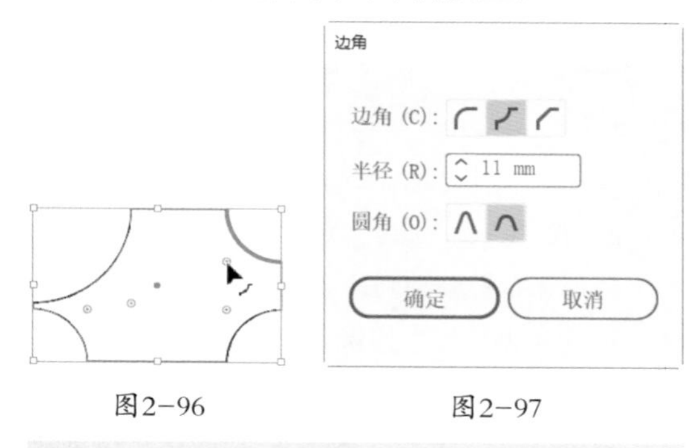

图2–96　　图2–97

提示

将边角构件拖曳至极限位置时，圆角呈红色显示，为不可编辑状态。

2.2.3 绘制椭圆形和圆形

1. 拖曳鼠标绘制椭圆形

选择椭圆工具，在页面中需要的位置按住鼠标左键不放，拖曳光标到需要的位置，释放鼠标左键，绘制出一个椭圆形，如图2-98所示。

选择椭圆工具，按住Shift键，在页面中需要的位置按住鼠标左键不放，拖曳光标到需要的位置，释放鼠标左键，绘制出一个圆形，效果如图2-99所示。

选择椭圆工具，按住～键，在页面中需要的位置按住鼠标左键不放，拖曳光标到需要的位置，释放鼠标左键，可以绘制多个椭圆形，效果如图2-100所示。

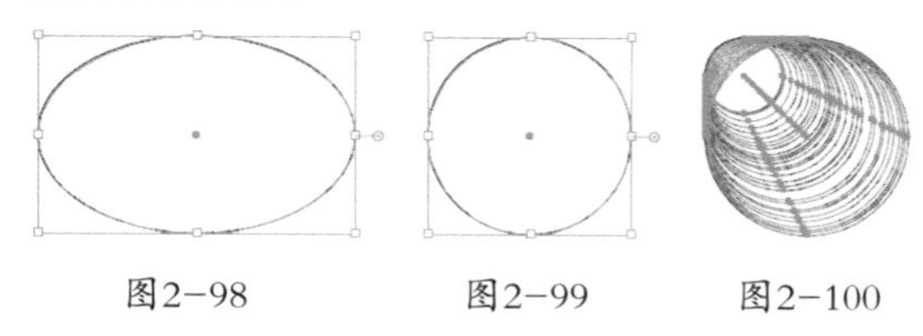

图2–98　　图2–99　　图2–100

2. 精确绘制椭圆形

选择椭圆工具，在页面中需要的位置单击，弹出“椭圆”对话框，如图2-101所示。在对话框中，“宽度”选项可以设置椭圆形的宽度，“高度”选项可以设置椭圆形的高度。设置完成后，单击“确定”按钮，得到如图2-102所示的椭圆形。

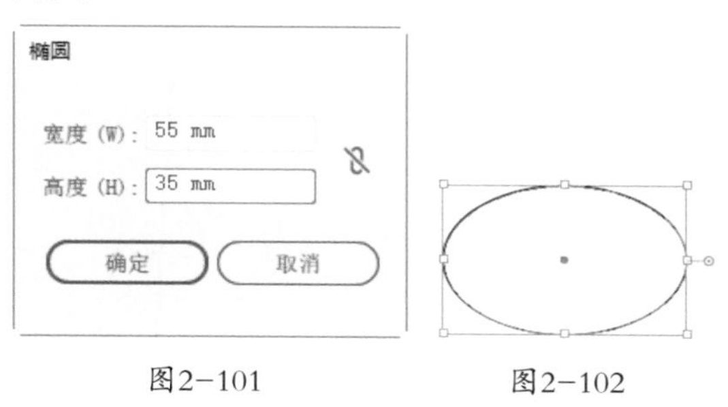

图2–101　　图2–102

3. 使用“变换”控制面板制作饼图

选择选择工具，选取绘制好的椭圆形。选择“窗口 > 变换”命令（快捷键为Shift+F8），弹出“变换”控制面板，如图2-103所示。在“椭圆属性”选项组中，饼图起点角度选项 0° 可以设置饼图的起点角度；饼图终点角度选项 0° 可以设置饼图的终点角度；单击按钮可以链接饼图的起点角度和终点角度，同时进行设置；单击按钮，可以取消链接饼图的起点角度和终点角度，分别进行设置；单击反转饼图按钮，可以互换饼图起点角度和饼图终点角度。

图2–103

将饼图起点角度选项 0° 设置为45°，效果如图2-104所示；将此选项设置为180°，效果如图2-105所示。

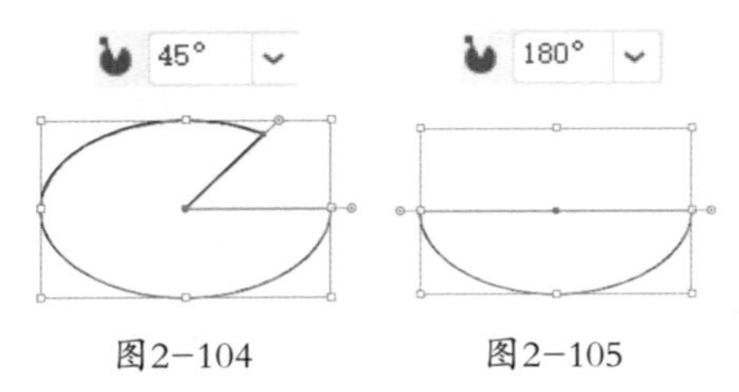

图2-104　　　　图2-105

将饼图终点角度选项设置为45°，效果如图2-106所示；将此选项设置为180°，效果如图2-107所示。

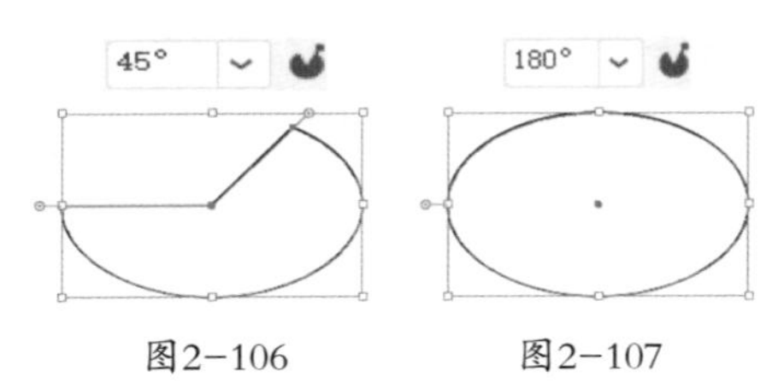

图2-106　　　　图2-107

将饼图起点角度选项设置为60°，饼图终点角度选项设置为30°，如图2-108所示。单击反转饼图按钮，将饼图的起点角度和终点角度互换，如图2-109所示。

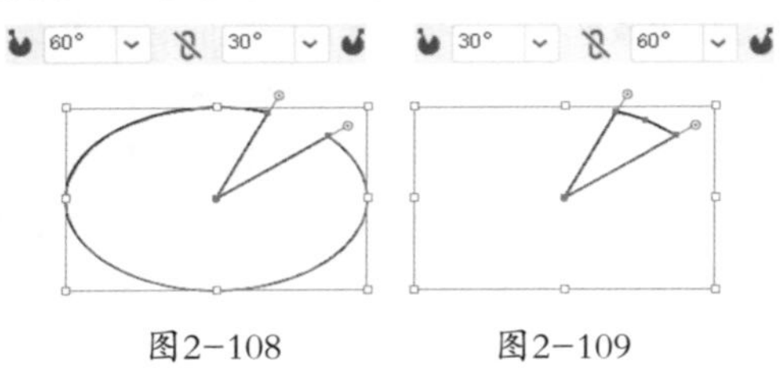

图2-108　　　　图2-109

4. 直接拖曳制作饼图

选择选择工具，选取绘制好的椭圆形。将鼠标指针放置在饼图构件上，指针变为图标，如图2-110所示，向上拖曳饼图构件，可以改变饼图起点角度，如图2-111所示。向下拖曳饼图构件，可以改变饼图终点角度，如图2-112所示。

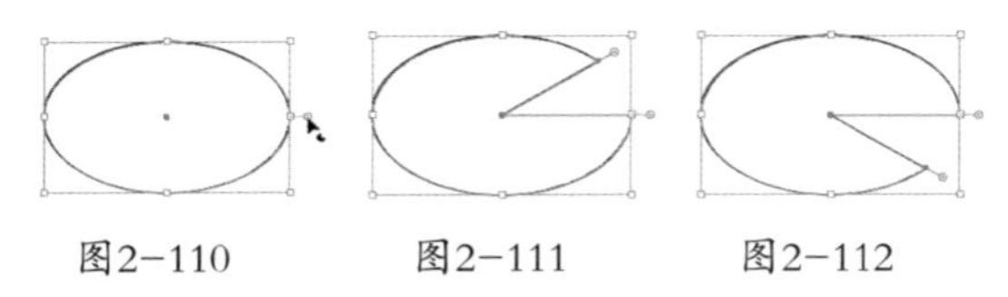

图2-110　　　　图2-111　　　　图2-112

5. 使用直接选择工具调整饼图转角

选择直接选择工具，选取绘制好的饼图，边角构件处于可编辑状态，如图2-113所示，向内拖曳其中任意一个边角构件，如图2-114所示，对饼图角进行变形，松开鼠标左键，如图2-115所示。

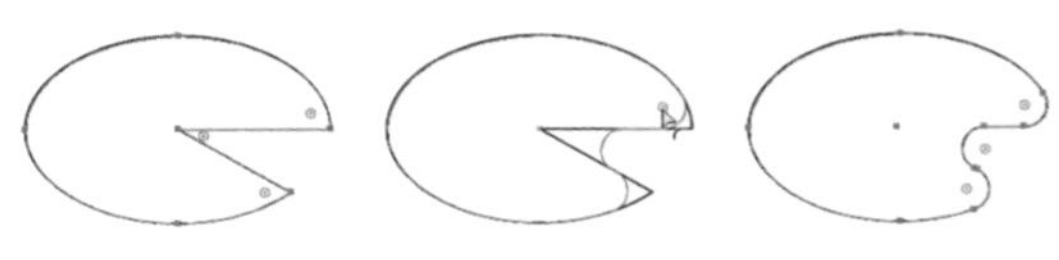

图2-113　　　　图2-114　　　　图2-115

当鼠标指针移动到任意一个实心边角构件上时，指针变为“”图标，如图2-116所示；单击鼠标左键将实心边角构件变为空心边角构件，指针变为“”图标，如图2-117所示；拖曳使选取的饼图角单独变形，松开鼠标左键后，如图2-118所示。

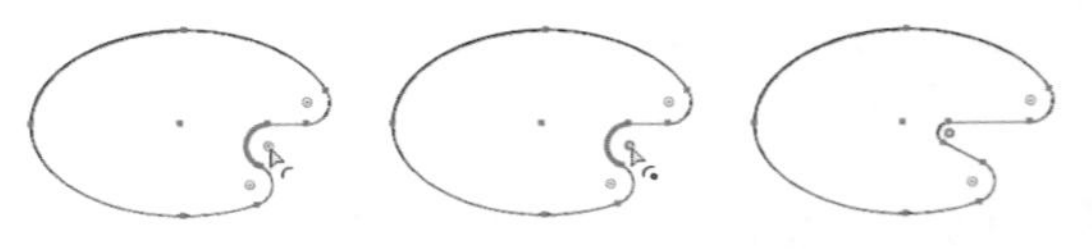

图2-116　　　　图2-117　　　　图2-118

按住Alt键的同时，单击任意一个边角构件，或在拖曳边角构件的同时，按↑键或↓键，可在3种边角中交替转换，如图2-119所示。

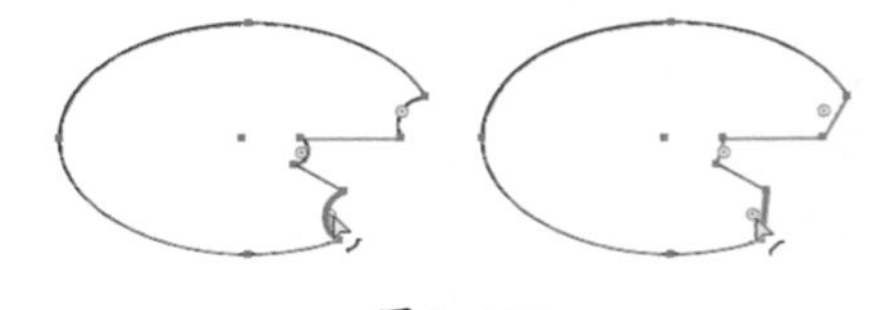

图2-119

> **提示**
>
> 双击任意一个边角构件，弹出“边角”对话框，可以设置边角样式、边角半径和圆角类型。

2.2.4 绘制多边形

1. 拖曳鼠标绘制多边形

选择多边形工具，在页面中需要的位置按住鼠标左键不放，拖曳光标到需要的位置，释放鼠标左键，绘制出一个多边形，如图2-120所示。

选择多边形工具，按住Shift键，在页面中需要的位置按住鼠标左键不放，拖曳光标到需要的位置，释放鼠标左键，绘制的多边形效果如图2-121所示。

选择多边形工具，按住~键，在页面中需要的位置单击并按住鼠标左键不放，拖曳光标到需要的位置，释放鼠标左键，绘制出多个多边形，效果如图2-122所示。

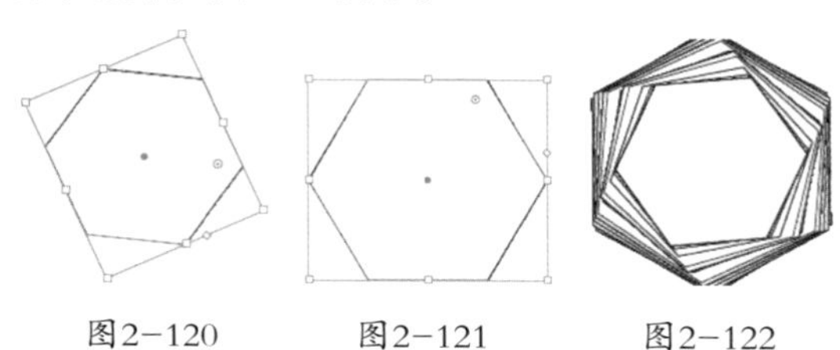

图2-120　　图2-121　　图2-122

2. 精确绘制多边形

选择多边形工具，在页面中需要的位置单击，弹出“多边形”对话框，如图2-123所示。在对话框中，“半径”选项可以设置多边形的半径，半径指的是从多边形中心点到多边形顶点的距离，而中心点一般为多边形的重心；“边数”选项可以设置多边形的边数。设置完成后，单击“确定”按钮，得到如图2-124所示的多边形。

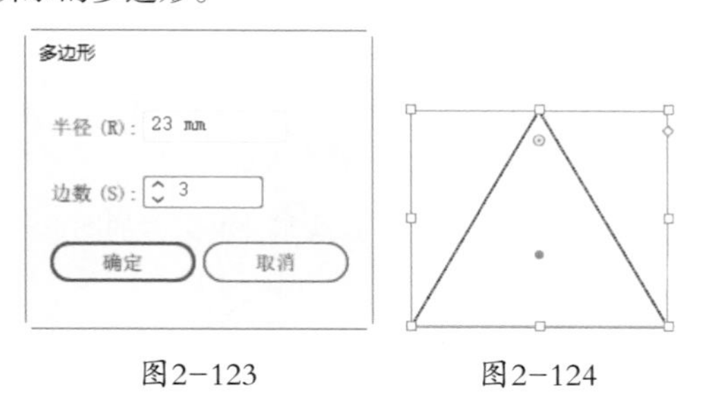

图2-123　　图2-124

3. 直接拖曳增加或减少多边形边数

选择选择工具，选取绘制好的多边形，将鼠标指针放置在多边形构件上，指针变为图标，如图2-125所示，向上拖曳多边形构件，可以减少多边形的边数，如图2-126所示。向下拖曳多边形构件，可以增加多边形的边数，如图2-127所示。

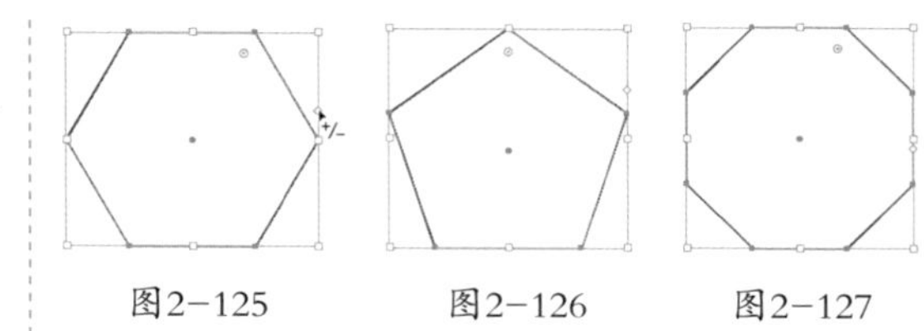

图2-125　　图2-126　　图2-127

提示

多边形的“边数”取值范围为3~1000，边数最少为3，最多为1000。

4. 使用“变换”控制面板制作实时转角

选择选择工具，选取绘制好的正六边形，选择“窗口 > 变换”命令（快捷键为Shift+F8），弹出“变换”控制面板，如图2-128所示。在“多边形属性”选项组中，多边形边数计算选项 可以设置多边形的边数；边角类型选项可以设置任意角的转角类型；圆角半径选项 可以设置多边形各个圆角的半径；多边形半径选项可以设置多边形的半径；多边形边长度选项可以设置多边形每一边的长度。

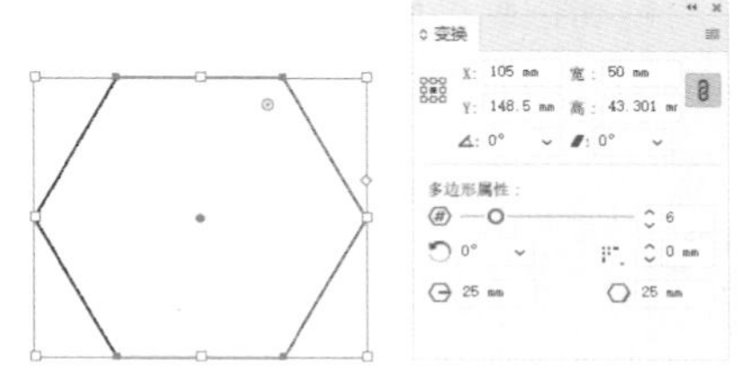

图2-128

“多边形边数计算”选项的取值范围为3~1000，当数值为最小值3时，效果如图2-129所示；当数值为20时，效果如图2-130所示。

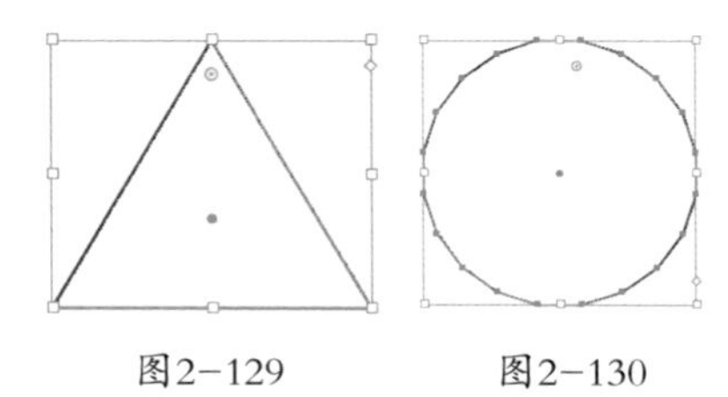

图2-129　　图2-130

边角类型选项包括“圆角”“反向圆角”和“倒角”，效果如图2-131所示。

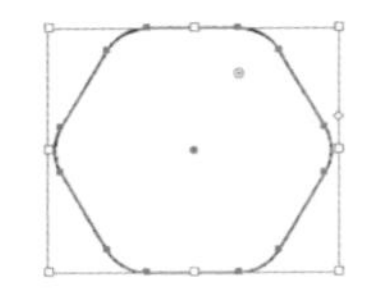

圆角

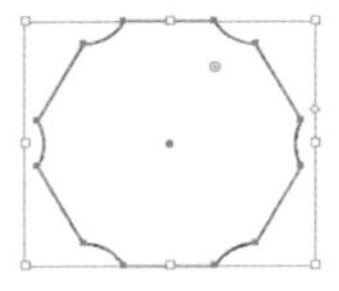

反向圆角

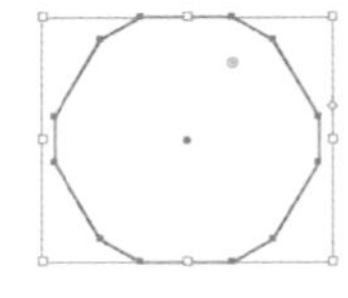

倒角

图2-131

2.2.5 绘制星形

1. 拖曳鼠标绘制星形

选择星形工具☆，在页面中需要的位置按住鼠标左键不放，拖曳光标到需要的位置，释放鼠标左键，绘制出一个星形，效果如图2-132所示。

选择星形工具☆，按住Shift键，在页面中需要的位置按住鼠标左键不放，拖曳光标到需要的位置，释放鼠标左键，绘制出的正星形效果如图2-133所示。

选择星形工具☆，按住~键，在页面中需要的位置按住鼠标左键不放，拖曳光标到需要的位置，释放鼠标左键，绘制出多个星形，效果如图2-134所示。

2. 精确绘制星形

选择星形工具☆，在页面中需要的位置单击，弹出“星形”对话框，如图2-135所示。在对话框中，“半径1”选项可以设置从星形中心点到各外部角的顶点的距离，“半径2”选项可以设置从星形中心点到各内部角的顶点的距离，“角点数”选项可以设置星形中的边角数量。设置完成后，单击“确定”按钮，得到如图2-136所示的星形。

图2-132　　图2-133　　图2-134

星形
半径 1(1): 5 mm
半径 2(2): 12 mm
角点数 (P): 8
确定　取消

图2-135

图2-136

提示

使用“直接选择”工具调整多边形和星形的实时转角的方法与“椭圆”工具相同，这里不再赘述。

2.3 手绘图形

Illustrator CC 2019提供了铅笔工具和画笔工具，用户可以使用这些工具绘制种类繁多的图形和路径，还提供了平滑工具和路径橡皮擦工具来修饰绘制的图形和路径。

命令介绍

画笔命令：可以为路径添加不同风格的外边装饰。可以将画笔描边应用于现有的路径，也可以使用画笔工具绘制路径，并在绘制的同时应用画笔描边。

2.3.1 课堂案例——绘制卡通形象

【案例学习目标】学习使用铅笔工具、画笔库命令绘制卡通形象。

【案例知识要点】使用钢笔工具、矩形工具和剪切蒙版命令绘制身体部分；使用铅笔工具、6d艺术钢笔画笔命令和椭圆工具绘制手臂。卡通形象效果如图2-137所示。

【效果所在位置】Ch02\效果\绘制卡通形象.ai。

图2-137

01 按Ctrl+N快捷键，弹出“新建文档”对话框，设置文档的宽度为100 mm，高度为100 mm，取向为横向，颜色模式为CMYK，单击“创建”按钮，新建一个文档。

02 选择钢笔工具，在页面中绘制一个不规则图形，如图2-138所示。设置填充色为浅蓝色（其C、M、Y、K的值分别为60、3、31、0），填充图形，并设置描边色为无，效果如图2-139所示。

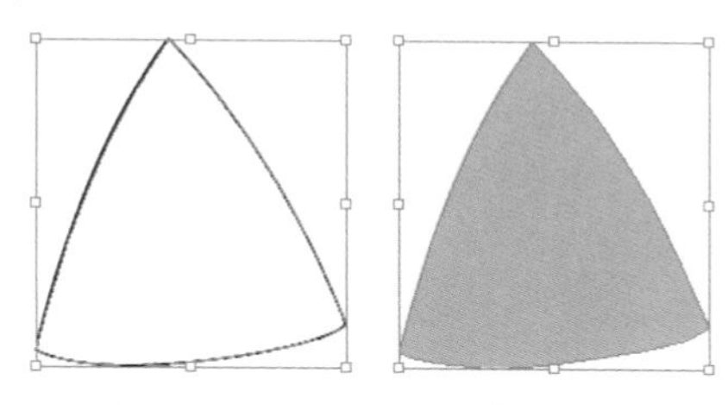

图2-138　　图2-139

03 选择矩形工具，在适当的位置分别绘制矩形，如图2-140所示。选择选择工具，按住Shift键的同时，依次单击将所绘制的矩形同时选取，设置图形填充色为土黄色（其C、M、Y、K的值分别为7、4、82、0），填充图形，并设置描边色为无，效果如图2-141所示。

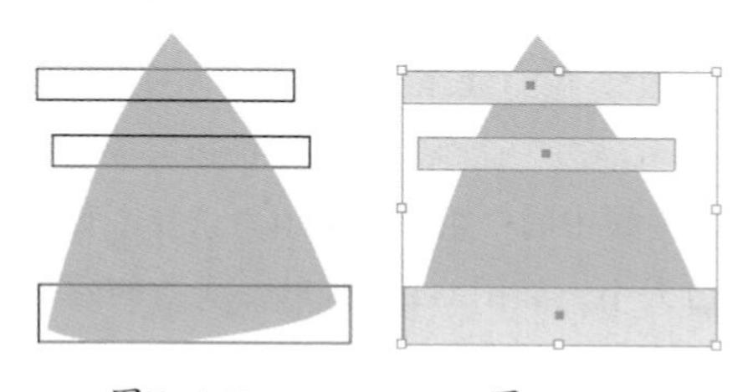

图2-140　　图2-141

04 选取第3个矩形，拖曳右上角的控制手柄将其旋转适当的角度，效果如图2-142所示。按住Shift键的同时，单击其余矩形将其同时选取，按Ctrl+G快捷键，将其编组，如图2-143所示。

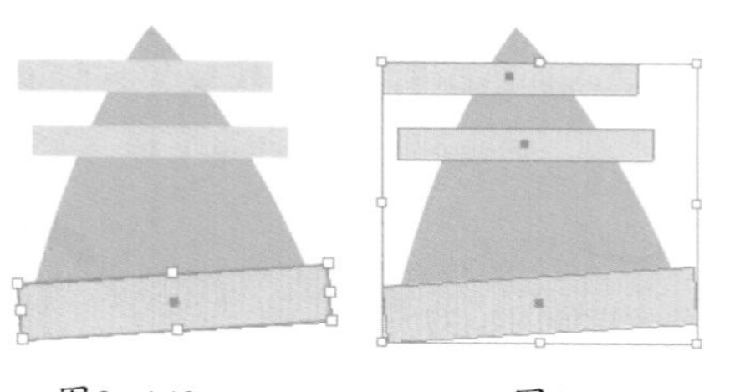

图2-142　　图2-143

05 选择“效果 > 变形 > 弧形”命令，在弹出的对话框中进行设置，如图2-144所示；单击“确定”按钮，效果如图2-145所示。

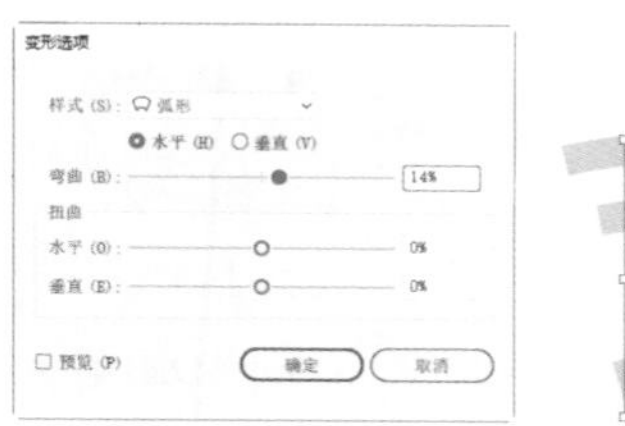

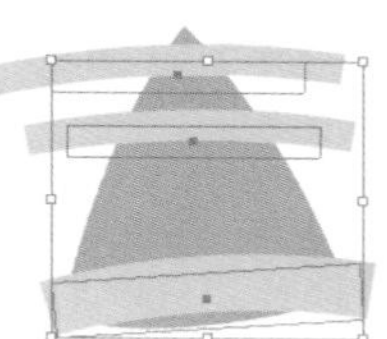

图2-144　　图2-145

06 选择选择工具，选取下方浅蓝色图形，按Ctrl+C快捷键，复制图形，按Shift+Ctrl+V快捷键，就地粘贴图形，如图2-146所示。按住Shift键的同时，单击土黄色图形将其同时选取，如图2-147所示，按Ctrl+7快捷键，建立剪切蒙版，效果如图2-148所示。

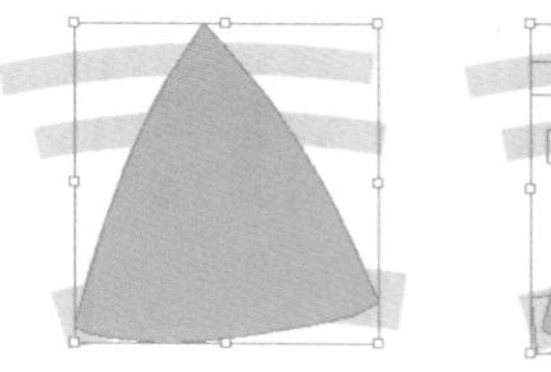

图2-146　　图2-147

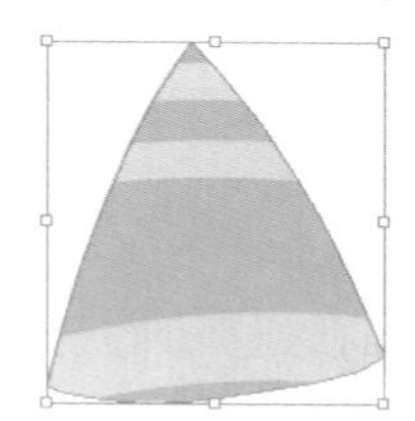

图2-148

07 按Ctrl+O快捷键，打开本书学习资源中的“Ch02\素材\绘制卡通形象\01”文件，选择选择工具，选取需要的图形，按Ctrl+C快捷键，复制图形。选择正在编辑的页面，按Ctrl+V快捷键，将其粘贴到页面中，并拖曳复制的图形到适当的位置，效果如图2-149所示。

08 选择铅笔工具，在适当的位置绘制一条曲线，设置描边色为深黑色（其C、M、Y、K的值分别为100、96、61、38），填充描边，效果如图2-150所示。

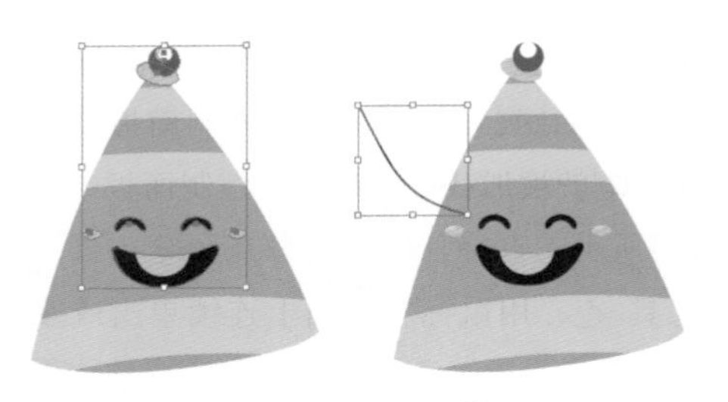

图2-149　　　　图2-150

09 选择“窗口 > 画笔库 > Wacom 6D画笔 > 6d艺术钢笔画笔”命令，在弹出的“6d艺术钢笔画笔”控制面板中选择需要的画笔，如图2-151所示，用画笔为曲线描边，效果如图2-152所示。按Ctrl+Shift+[快捷键，将其置于底层，效果如图2-153所示。

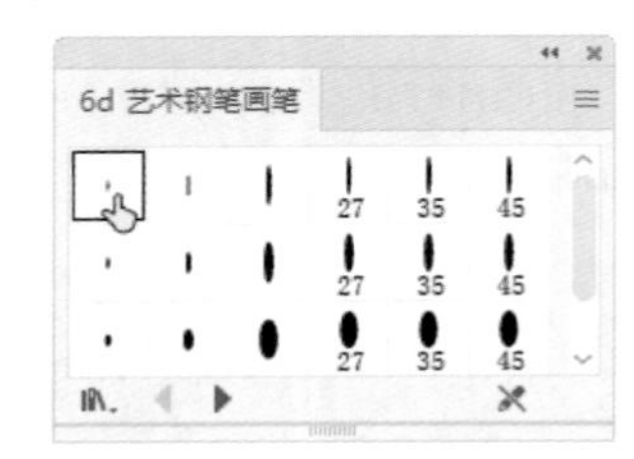

图2-151

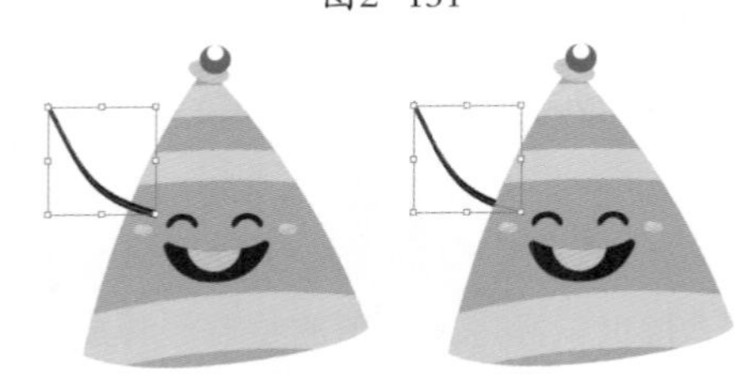

图2-152　　　　图2-153

10 选择椭圆工具，按住Shift键的同时，在适当的位置绘制一个圆形，设置填充色为深黑色（其C、M、Y、K的值分别为100、96、61、38），填充图形，并设置描边色为无，效果如图2-154所示。用相同方法制作右侧手臂，效果如图2-155所示。卡通形象绘制完成。

2.3.2 使用画笔工具

使用画笔工具可以绘制出样式繁多的精美线条和图形，还可以调节不同的刷头以达到不同的绘制效果。利用不同的画笔样式可以绘制出风格迥异的图像。

图2-154　　　　图2-155

选择画笔工具，选择“窗口 > 画笔”命令，弹出“画笔”控制面板，如图2-156所示。在控制面板中选择任意一种画笔样式，在页面中需要的位置按住鼠标左键不放，拖曳鼠标进行线条的绘制，释放鼠标左键，线条绘制完成，如图2-157所示。

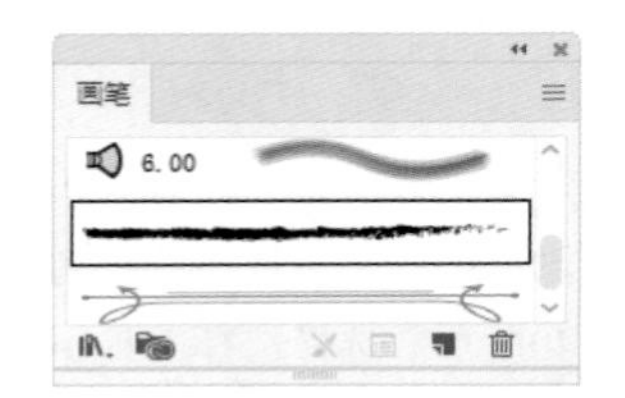

图2-156

图2-157

选取绘制的线条，如图2-158所示，选择“窗口 > 描边”命令，弹出“描边”控制面板，在控制面板中的“粗细”选项中选择或设置需要的描边大小，如图2-159所示，线条的效果如图2-160所示。

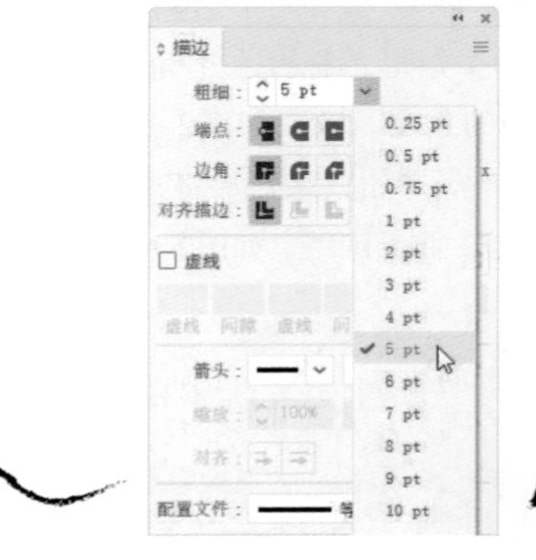

图2-158　　　　图2-159　　　　图2-160

双击画笔工具，弹出“画笔工具选项”对话框，如图2-161所示。在对话框的“保真度”选项组中，“精确”选项可以调节绘制的曲线上点的精确度，“平滑”选项可以调节绘制的曲线的平滑度。在“选项”选项组中，勾选“填充新画笔描边”复选项，则每次使用画笔工具绘制图形时，系统都会自动以默认颜色来填充对象的笔画；勾选“保持选定”复选项，绘制的曲线处于被选取状态；勾选“编辑所选路径”复选项，画笔工具可以对选中的路径进行编辑。

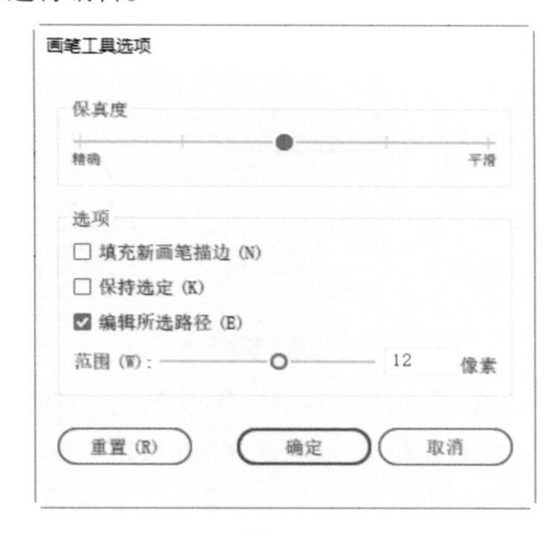

图2-161

2.3.3 使用“画笔”控制面板

选择“窗口 > 画笔”命令，弹出“画笔”控制面板。在“画笔”控制面板中，包含了许多内容。下面进行详细讲解。

1. 画笔类型

Illustrator CC 2019包括了5种类型的画笔，即书法画笔、散点画笔、图案画笔、艺术画笔、毛刷画笔。

（1）散点画笔。

单击“画笔”控制面板右上角的图标，将弹出其弹出式菜单，在系统默认状态下“显示散点画笔”命令为灰色，选择“打开画笔库”命令，弹出子菜单，如图2-162所示。在弹出的菜单中选择任意一种散点画笔，弹出相应的控制面板，如图2-163所示。在控制面板中单击画笔，画笔就被加载到“画笔”控制面板中，如图2-164所示。选择任意一种散点画笔，再选择画笔工具，用鼠标在页面上连续单击或按住鼠标左键拖曳鼠标，就可以绘制出需要的图像，效果如图2-165所示。

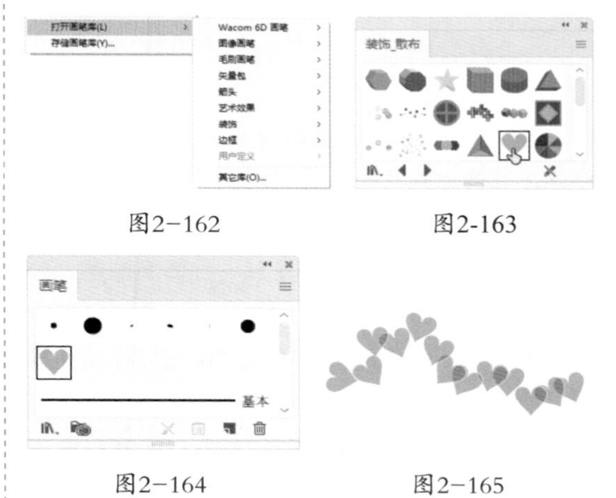

图2-162　图2-163

图2-164　图2-165

（2）书法画笔。

在系统默认状态下，书法画笔为显示状态，“画笔”控制面板的第1排为书法画笔，如图2-166所示。选择任意一种书法画笔，选择画笔工具，在页面中需要的位置按住鼠标左键不放，拖曳鼠标进行线条的绘制，释放鼠标左键，线条绘制完成，效果如图2-167所示。

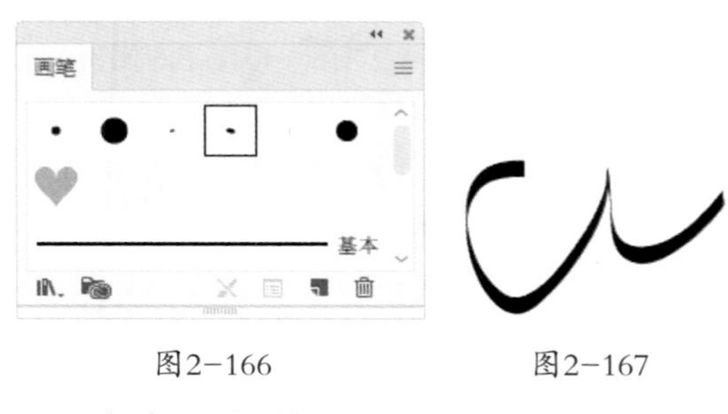

图2-166　图2-167

（3）毛刷画笔。

在系统默认状态下，毛刷画笔为显示状态，“画笔”控制面板的第4排为毛刷画笔，如图2-168所示。选择画笔工具，在页面中需要的位置按住鼠标左键不放，拖曳鼠标进行线条的绘制，释放鼠标左键，线条绘制完成，效果如图2-169所示。

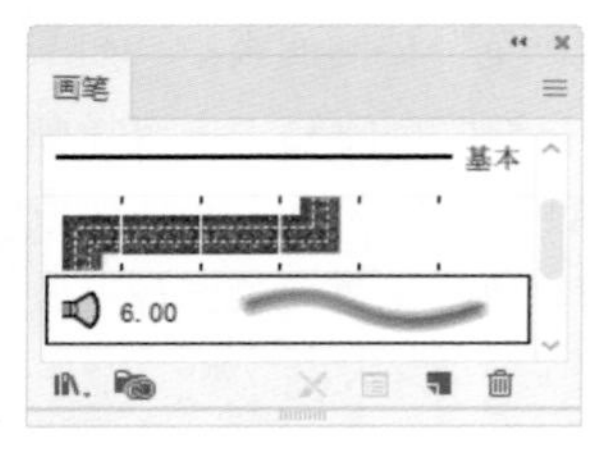

图2-168

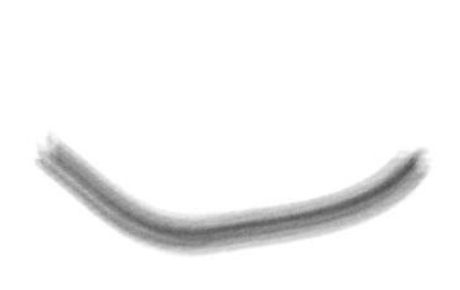

图2-169

（4）图案画笔。

单击“画笔”控制面板右上角的图标，将弹出其弹出式菜单，在系统默认状态下“显示图案画笔”命令为灰色，选择“打开画笔库”命令，在弹出的菜单中选择任意一种图案画笔，弹出相应的控制面板，如图2-170所示。在控制面板中单击画笔，画笔即被加载到“画笔”控制面板中，如图2-171所示。选择任意一种图案画笔，再选择画笔工具，用鼠标在页面上连续单击或按住鼠标左键拖曳鼠标，就可以绘制出需要的图像，效果如图2-172所示。

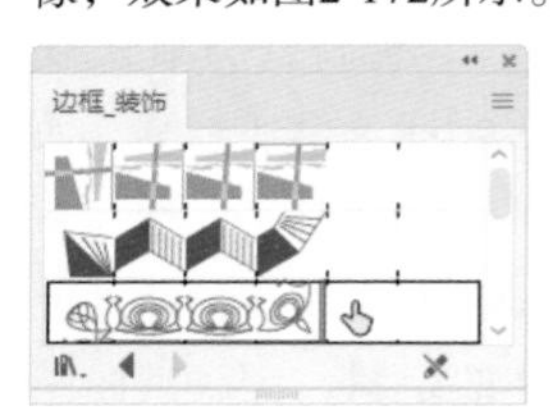

图2-170

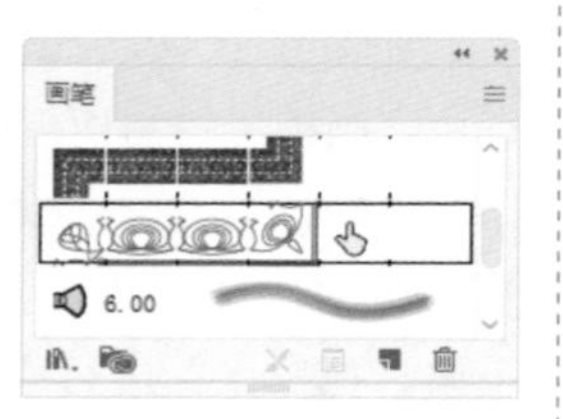

图2-171

图2-172

（5）艺术画笔。

在系统默认状态下，艺术画笔为显示状态，“画笔”控制面板的最后一排为艺术画笔，如图2-173所示。选择任意一种艺术画笔，选择画笔工具，在页面中需要的位置按住鼠标左键不放，拖曳鼠标进行线条的绘制，释放鼠标左键，线条绘制完成，效果如图2-174所示。

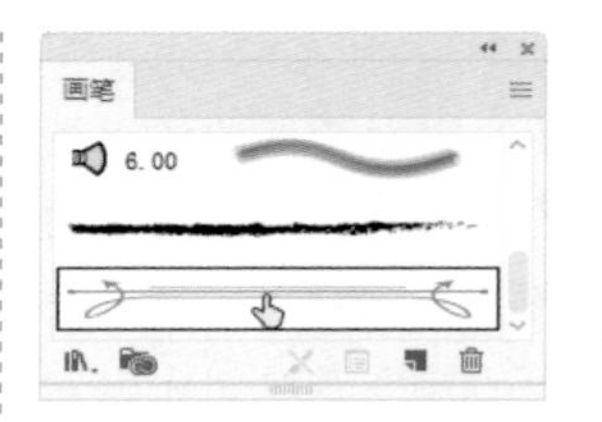

图2-173

图2-174

2. 更改画笔类型

选中想要更改画笔类型的图像，如图2-175所示，在“画笔”控制面板中单击需要的画笔样式，如图2-176所示，更改画笔后的图像效果如图2-177所示。

图2-175

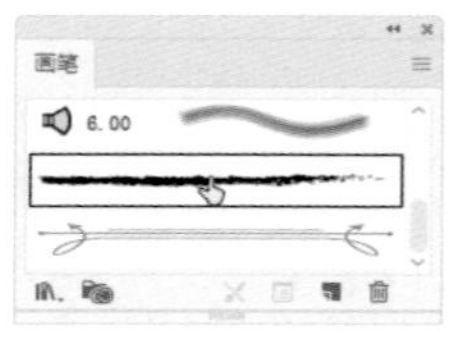

图2-176

图2-177

3. “画笔”控制面板的按钮

“画笔”控制面板下面有6个按钮。右侧4个按钮从左到右依次是移去画笔描边按钮、所选对象的选项按钮、新建画笔按钮和删除画笔按钮。

“移去画笔描边”按钮：可以将当前被选中的图形上的描边删除，而留下原始路径。

“所选对象的选项”按钮：可以打开应用到被选中图形上的画笔的选项对话框，在对话框中可以编辑画笔。

“新建画笔”按钮：可以创建新的画笔。

“删除画笔”按钮：可以删除选定的画笔样式。

4. “画笔”控制面板的弹出式菜单

单击“画笔”控制面板右上角的图标，弹出其弹出式菜单，如图2-178所示。

“新建画笔”命令、“删除画笔”命令、“移去画笔描边”命令和“所选对象的选项”命令与相应的按钮功能是一样的。“复制画笔”命令可以复制选定的画笔。“选择所有未使用的画笔”命令将选中在当前文档中还没有使用过的所有画笔。“列表视图”命令可以将所有的画笔类型以列表的方式按照名称顺序排列，在显示小图标的同时还可以显示画笔的种类，如图2-179所示。“画笔选项”命令可以打开相关的选项对话框，对画笔进行编辑。

图2-178

图2-179

5. 编辑画笔

Illustrator CC 2019提供了对画笔进行编辑的功能，如改变画笔的外观、大小、颜色、角度，以及箭头方向等。对于不同的画笔类型，编辑的参数也有所不同。

选中“画笔”控制面板中需要编辑的画笔，如图2-180所示。单击控制面板右上角的≡图标，在下拉菜单中选择“画笔选项”命令，弹出“散点画笔选项”对话框，如图2-181所示。在对话框中，“名称”选项可以设定画笔的名称；“大小”选项可以设定画笔图案与原图案之间比例大小的范围；“间距”选项可以设定画笔工具绘图时沿路径分布的图案之间的距离；“分布”选项可以设定路径两侧分布的图案之间的距离；“旋转”选项可以设定各个画笔图案的旋转角度；“旋转相对于”选项可以设定画笔图案是相对于“页面”还是相对于“路径”来旋转；“着色”选项组中的“方法”选项可以设置着色的方法；“主色”选项后的吸管工具可以选择颜色，其后的色块即是所选择的颜色；单击提示按钮，弹出“着色提示”对话框，如图2-182所示。设置完成后，单击“确定”按钮，即可完成画笔的编辑。

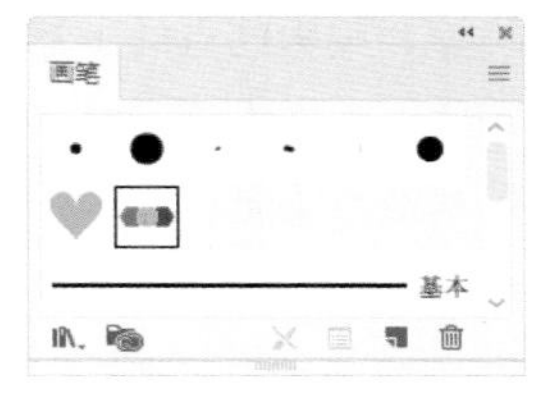

图2-180

图2-181

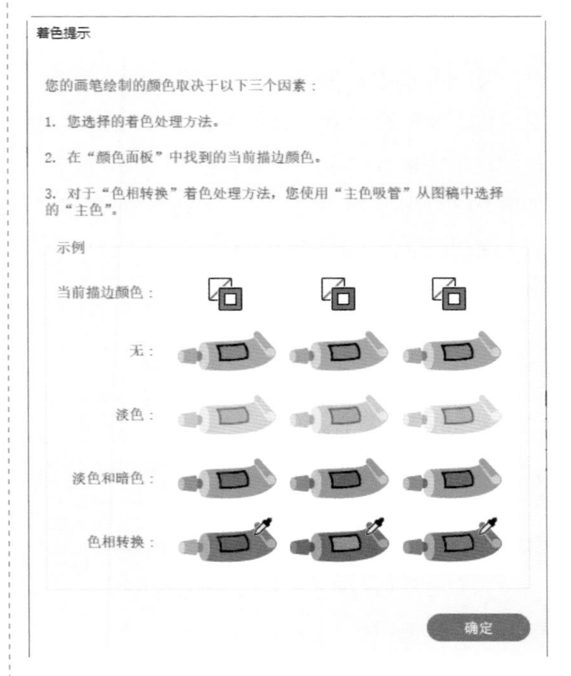

图2-182

6. 自定义画笔

Illustrator CC 2019除了利用系统预设的画笔类型和编辑已有的画笔外，还可以使用自定义的画笔。不同类型的画笔，定义的方法类似。如果新建散点画笔，那么作为散点画笔的图形对象中就不能包含有图案、渐变填充等属性。如果新建书法画笔和艺术画笔，就不需要事先制作好图案，只要在其相应的画笔选项对话框中进行设定就可以了。

选中想要制作成画笔的对象，如图2-183所示。单击“画笔”控制面板下面的“新建画笔”按钮 ，或单击控制面板右上角的 按钮，在下拉菜单中选择“新建画笔”命令，弹出“新建画笔”对话框，选择“散点画笔”单选项，如图2-184所示。

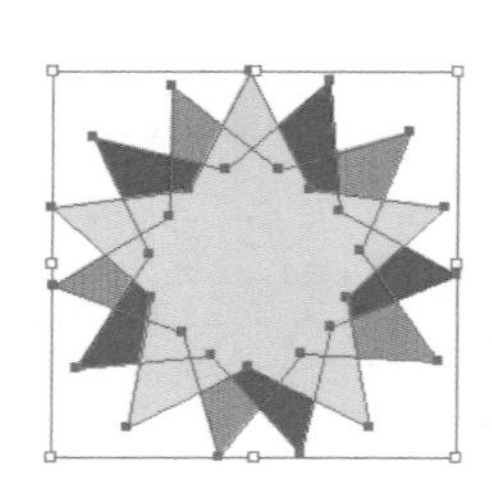

图2-183

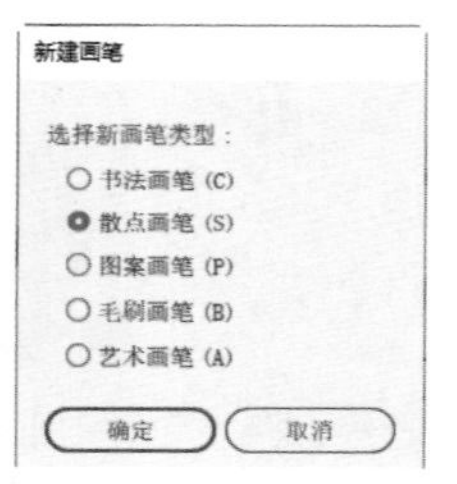

图2-184

单击“确定”按钮，弹出“散点画笔选项”对话框，如图2-185所示，单击“确定”按钮，制作的画笔将被自动添加到“画笔”控制面板中，如图2-186所示。可以使用新定义的画笔在绘图页面上绘制图形，如图2-187所示。

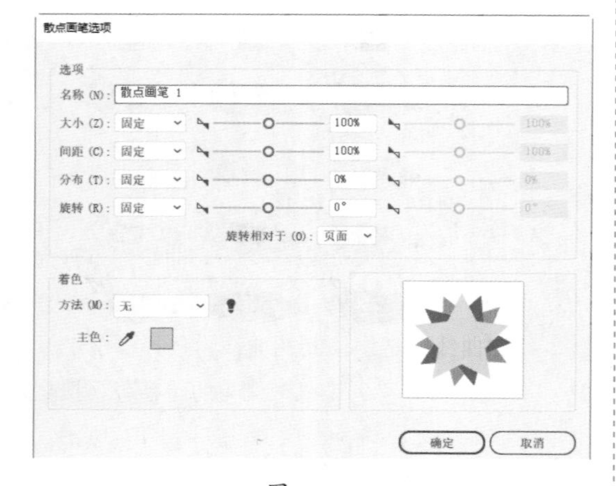

图2-185

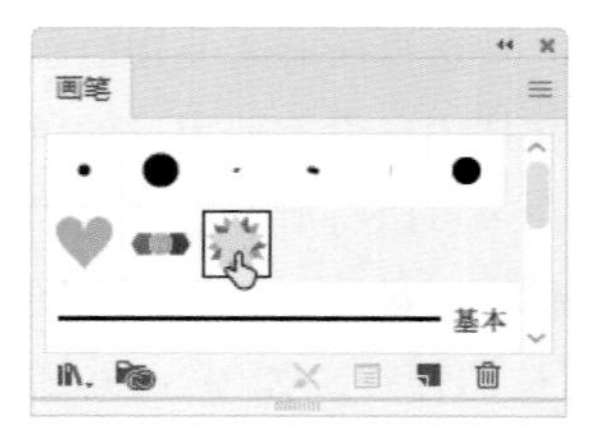

图2-186

图2-187

2.3.4 使用画笔库

Illustrator CC 2019不但提供了功能强大的画笔工具，还提供了多种画笔库，其中包含箭头、艺术效果、装饰、边框、默认画笔等，这些画笔可以任意调用。

选择“窗口 > 画笔库”命令，弹出的菜单中会显示一系列的画笔库命令。分别选择各个命令，会弹出一系列的控制面板，如图2-188所示。

Illustrator CC 2019还允许调用其他“画笔库”。选择“窗口 > 画笔库 > 其他库”命令，弹出“选择要打开的库”对话框，如图2-189所示，可以选择其他合适的库。

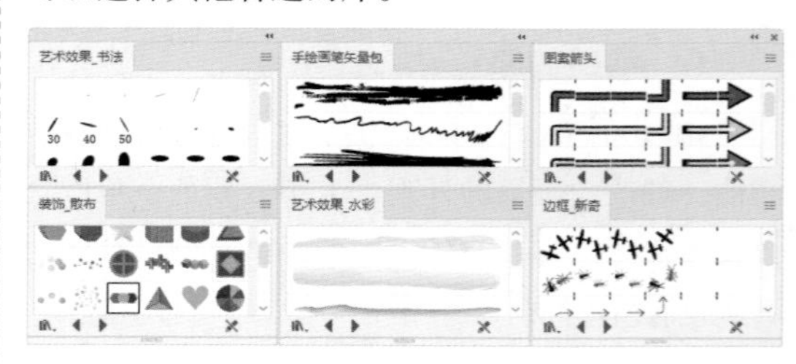

图2-188

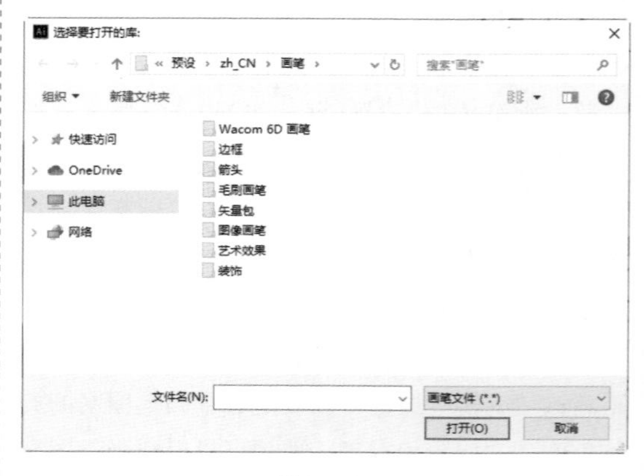

图2-189

2.3.5 使用铅笔工具

使用铅笔工具可以随意绘制出自由的曲线路径，在绘制过程中Illustrator CC 2019会自动依据光标的轨迹来设定节点并生成路径。铅笔工具既可以绘制闭合路径，又可以绘制开放路径，还可以将已经存在的曲线的节点作为起点，延伸绘制出新的曲线，从而达到修改曲线的目的。

选择铅笔工具，在页面中需要的位置按住鼠标左键不放，拖曳光标到需要的位置，可以绘制一条路径，如图2-190所示。释放鼠标左键，绘制出的效果如图2-191所示。

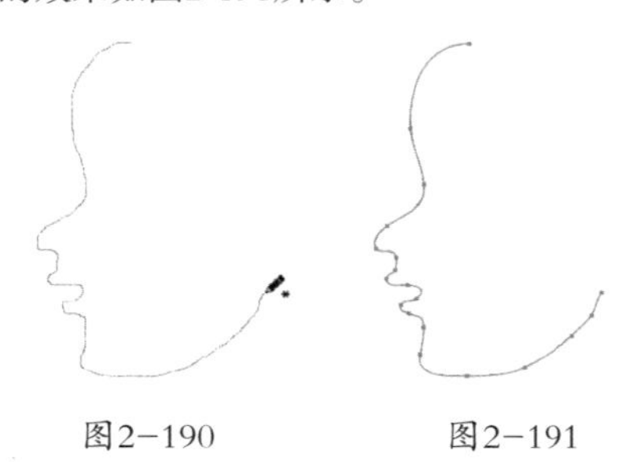

图2-190　　　　图2-191

选择铅笔工具，在页面中需要的位置按住鼠标左键不放，拖曳光标到需要的位置，如图2-192所示，按住Alt键，将光标移动到起点上，再释放鼠标左键，可以以直线段闭合路径，如图2-193所示。

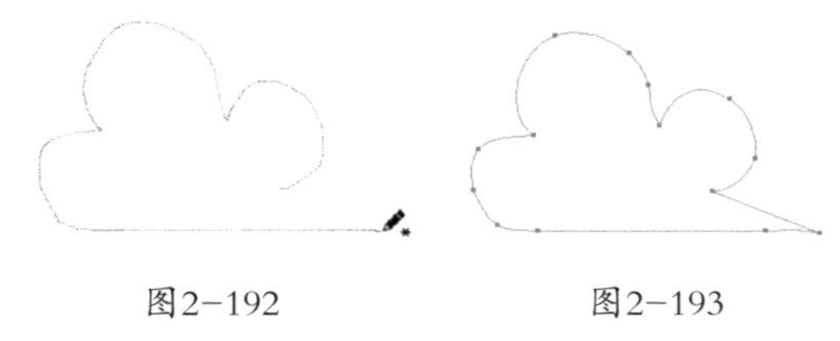

图2-192　　　　图2-193

绘制一个闭合的图形并选中这个图形，再选择铅笔工具，在闭合图形上的两个节点之间按住鼠标左键拖曳，如图2-194所示，可以修改图形的形状，释放鼠标左键，得到的图形效果如图2-195所示。

双击铅笔工具，弹出“铅笔工具选项”对话框，如图2-196所示。在对话框的“保真度”选项组中，“精确”选项可以调节绘制的曲线上的点的精确度，“平滑”选项可以调节绘制的曲线的平滑度。在“选项”选项组中，勾选“填充新铅笔描边”复选项，如果当前设置了填充颜色，绘制出的路径将使用该颜色；勾选“保持选定”复选项，绘制的曲线处于被选取状态；勾选“Alt键切换到平滑工具”复选项，可以在按住Alt键的同时，将铅笔工具切换为平滑工具；勾选“当终端在此范围内时闭合路径”复选项，可以在设置的预定义像素数内自动闭合绘制的路径；勾选“编辑所选路径”复选项，铅笔工具可以对选中的路径进行编辑。

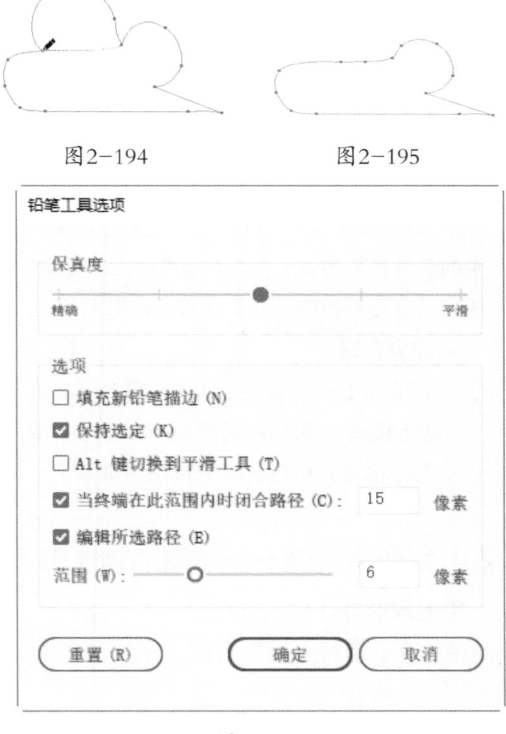

图2-194　　　　图2-195

图2-196

2.3.6 使用平滑工具

使用平滑工具可以将尖锐的曲线变得较为光滑。

绘制曲线并选中绘制的曲线，选择平滑工具，将鼠标指针移到需要平滑化的路径旁，按住鼠标左键不放并在路径上拖曳，如图2-197所示，路径平滑化后的效果如图2-198所示。

图2-197　　　　图2-198

双击平滑工具，弹出“平滑工具选项”对话框，如图2-199所示。在“保真度”选项组中，“精确”选项可以调节处理曲线上点的精确度，“平滑”选项可以调节处理曲线的平滑度。

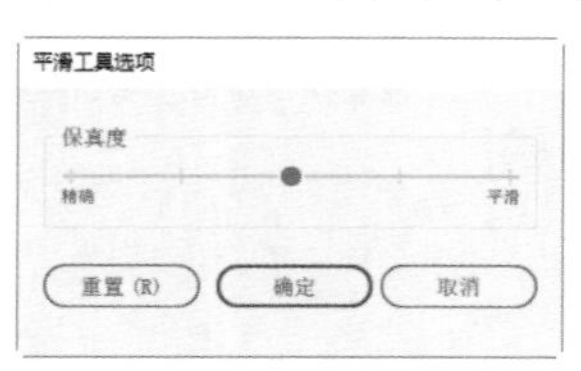

图2-199

2.3.7 使用路径橡皮擦工具

使用路径橡皮擦工具可以擦除全部或者一部分已有路径，但是路径橡皮擦工具不能应用于文本对象和包含有渐变网格的对象。

选中想要擦除的路径，选择路径橡皮擦工具，将鼠标指针移到需要清除的路径旁，按住鼠标左键不放并在路径上拖曳，如图2-200所示，擦除路径后的效果如图2-201所示。

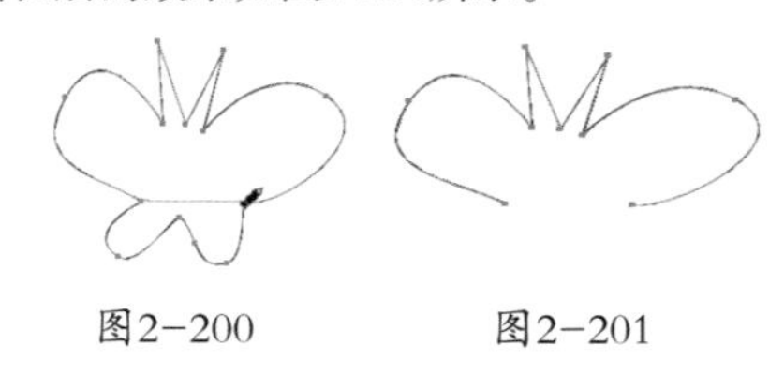

图2-200　　　　图2-201

2.4 对象的编辑

Illustrator CC 2019提供了强大的对象编辑功能，这一节将讲解编辑对象的方法，其中包括对象的多种选取方式，对象的比例缩放、移动、镜像、旋转、倾斜、扭曲变形、复制、删除，以及使用“路径查找器”控制面板编辑对象等。

命令介绍

缩放命令：可以快速精确地缩放对象。

复制命令：可以将对象复制到剪贴板中，画面中的对象保持不变。

粘贴命令：可以将对象粘贴到页面中。

2.4.1 课堂案例——绘制动物挂牌

【案例学习目标】学习使用绘图工具、旋转工具、缩放命令、路径查找器命令绘制动物挂牌。

【案例知识要点】使用圆角矩形工具、椭圆工具绘制挂环；使用椭圆工具、旋转工具、路径查找器命令、缩放命令和钢笔工具绘制动物头像。动物挂牌效果如图2-202所示。

【效果所在位置】Ch02\效果\绘制动物挂牌.ai。

图2-202

1. 绘制挂环

01 按Ctrl+N快捷键，弹出“新建文档”对话框，设置文档的宽度为210 mm，高度为297 mm，取向为竖向，颜色模式为CMYK，单击“创建”按钮，新建一个文档。

02 选择圆角矩形工具，在页面中单击鼠标左键，弹出“圆角矩形”对话框，选项的设置如图2-203所示，单击“确定”按钮，出现一个圆角矩形，效果如图2-204所示。选择椭圆工具，按住Shift键的同时，在适当的位置绘制一个圆形，如图2-205所示。

03 选择选择工具，按住Shift键的同时，单击下方的圆角矩形将其同时选取。选择“窗口 > 路径查找器”命令，弹出“路径查找器”面板，单击减去顶层按钮，如图2-206所示，生成新的对象，效果如图2-207所示。设置图形填充色为橘黄色（其C、M、Y、K值分别为0、30、100、0），填充图形，并设置描边色为无，效果如图2-208所示。

图2-203

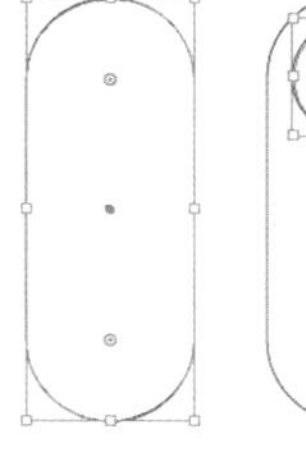

图2-204

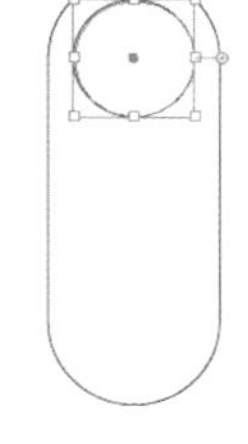

图2-205

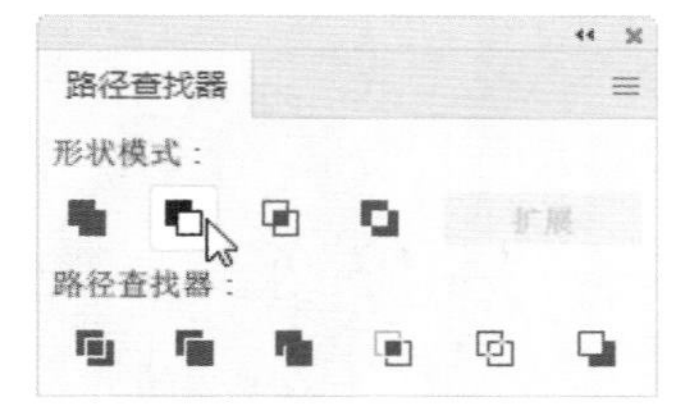

图2-206

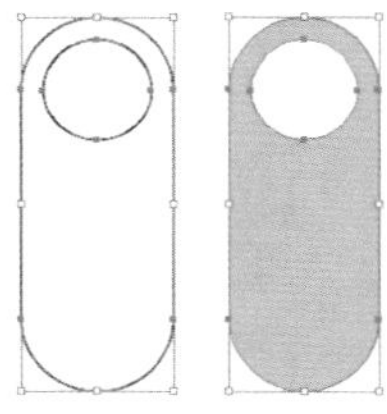

图2-207 图2-208

04 选择椭圆工具，在适当的位置绘制一个椭圆形，设置图形填充色为棕色（其C、M、Y、K值分别为45、55、72、0），填充图形，并设置描边色为无，效果如图2-209所示。

05 选择选择工具，按住Alt+Shift快捷键的同时，竖直向下拖曳图形到适当的位置，复制图形，效果如图2-210所示。按Ctrl+D快捷键，再复制出一个椭圆形，效果如图2-211所示。

图2-209

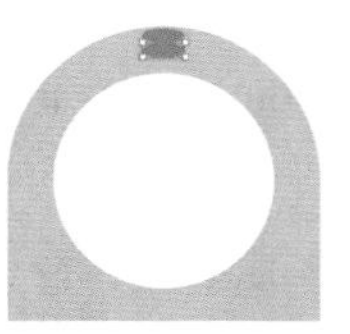

图2-210

图2-211

06 选择钢笔工具，在适当的位置分别绘制2个不规则闭合图形，如图2-212所示。分别设置图形填充色为米黄色（其C、M、Y、K值分别为0、12、30、0）、棕色（其C、M、Y、K值分别为45、55、72、0），填充图形，并设置描边色为无，效果如图2-213所示。

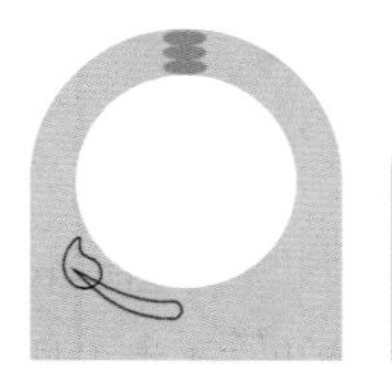

图2-212

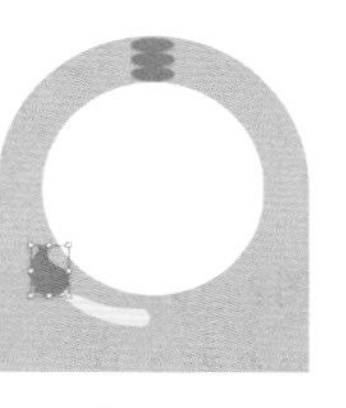

图2-213

2. 绘制动物头像

01 选择椭圆工具，按住Shift键的同时，在页面外分别绘制2个圆形，如图2-214所示。选择旋转工具，按住Alt键的同时，在大圆形中心单击，弹出“旋转”对话框，选项的设置如图2-215所示，单击“复制”按钮，效果如图2-216所示。连续按Ctrl+D快捷键，复制出多个圆形，效果如图2-217所示。

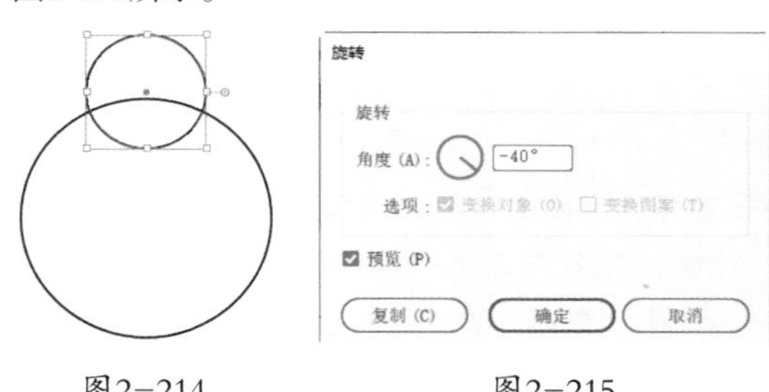

图2-214 图2-215

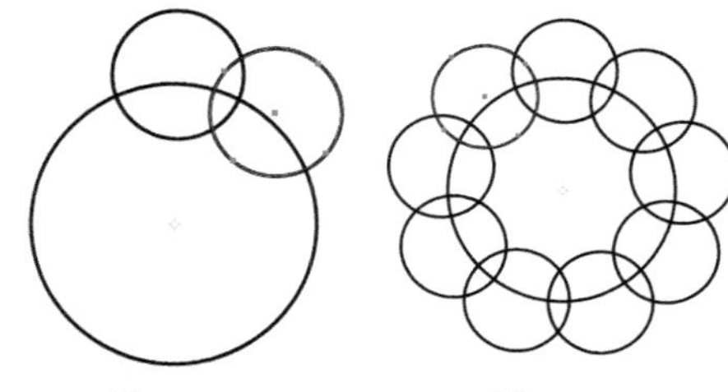

图2-216 图2-217

02 选择选择工具，使用框选的方法将所绘制的图形同时选取，如图2-218所示。选择“路径查找器”面板，单击联集按钮，如图2-219所示，生成新的对象，效果如图2-220所示。

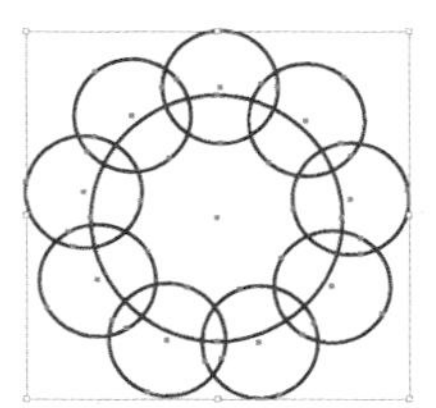

图2-218

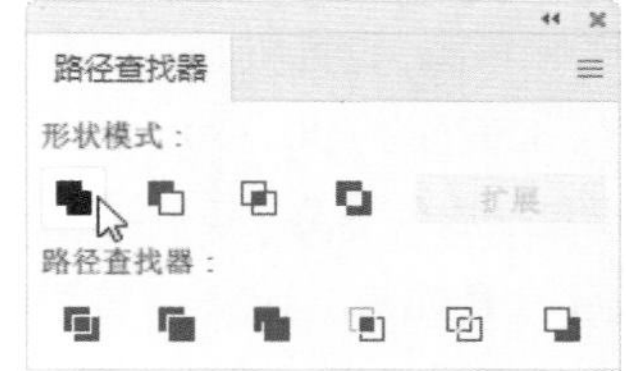

图2-219

图2-220

03 保持图形被选取状态。设置图形填充色为米黄色（其C、M、Y、K值分别为0、12、30、0），填充图形，并设置描边色为无，效果如图2-221所示。

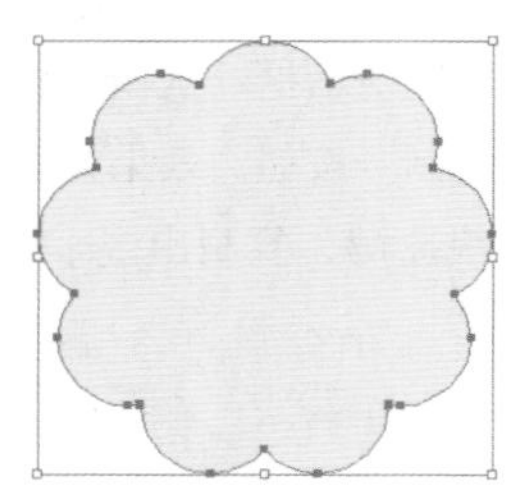

图2-221

04 选择“对象 > 变换 > 缩放”命令，在弹出的“比例缩放”对话框中进行设置，如图2-222所示，单击“复制”按钮。设置图形填充色为棕色（其C、M、Y、K值分别为45、55、72、0），填充图形，效果如图2-223所示。

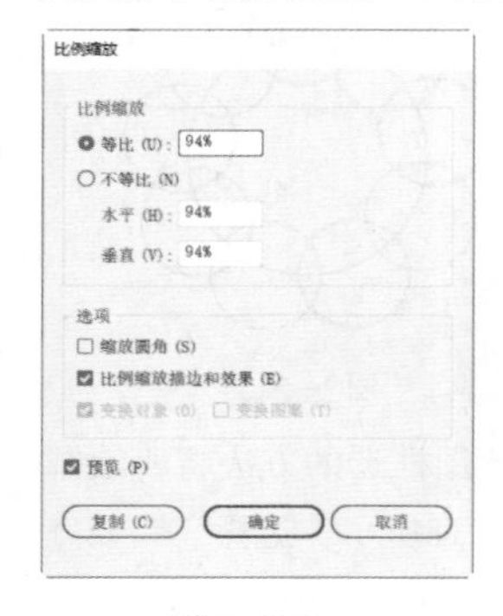

图2-222

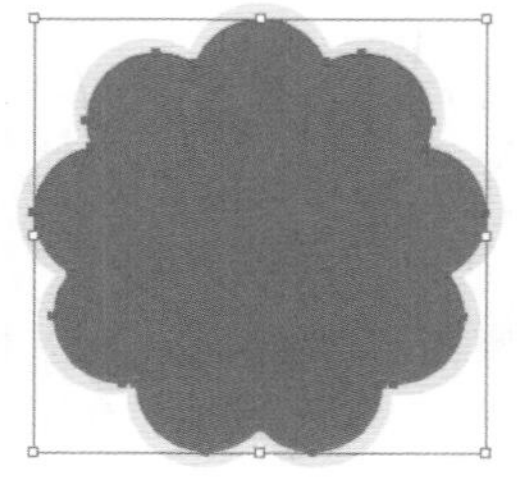

图2-223

05 选择钢笔工具，在适当的位置绘制一个不规则图形，设置图形填充色为橘黄色（其C、M、Y、K值分别为0、30、100、0），填充图形，并设置描边色为无，效果如图2-224所示。

06 选择椭圆工具，按住Shift键的同时，在适当的位置绘制一个圆形，设置描边色为橘黄色（其C、M、Y、K值分别为0、30、100、0），填充描边，效果如图2-225所示。

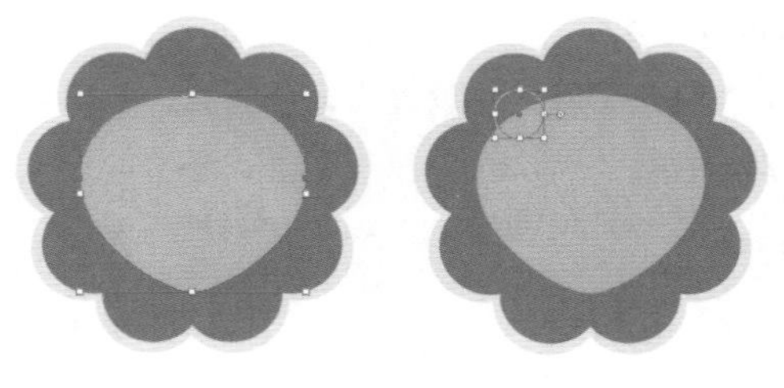

图2-224　　图2-225

07 选择“窗口 > 描边”命令，弹出“描边”控制面板，单击“对齐描边”选项中的使描边外侧对齐按钮，其他选项的设置如图2-226所示，按Enter键，描边效果如图2-227所示。

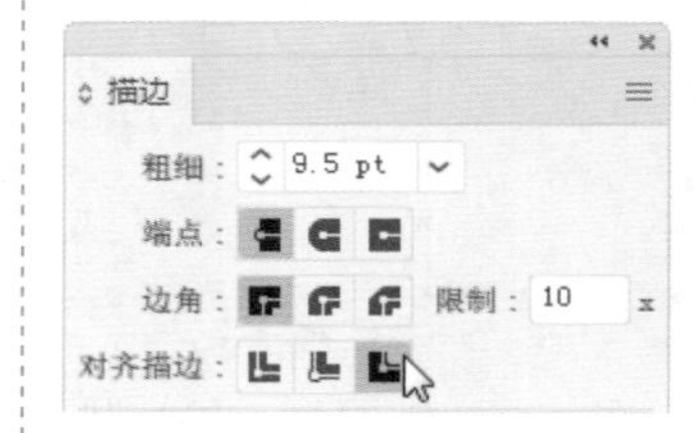

图2-226

图2-227

08 选择选择工具，按住Alt+Shift快捷键的同时，水平向右拖曳图形到适当的位置，复制图形，效果如图2-228所示。

09 选择钢笔工具，在适当的位置绘制一个不规则图形，设置图形填充色为米黄色（其C、M、Y、K值分别为0、12、30、0），填充图形，并设置描边色为无，效果如图2-229所示。

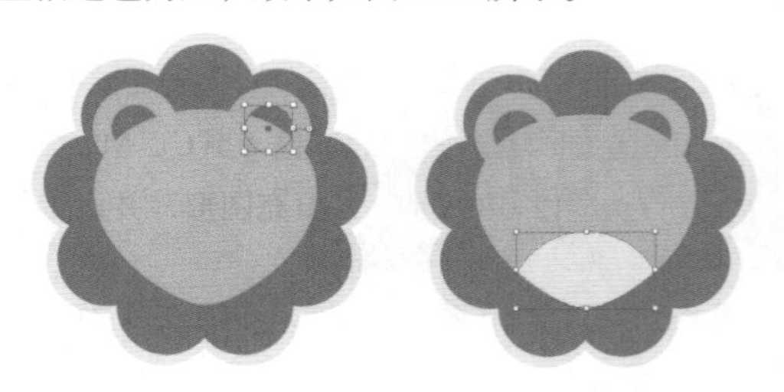

图2-228　　图2-229

10 选择钢笔工具，在适当的位置绘制一条曲线，设置描边色为深棕色（其C、M、Y、K值分别为59、71、96、32），填充描边，效果如图2-230所示。

图2-230

11 选择“描边”控制面板，单击“端点”选项中的圆头端点按钮，其他选项的设置如图2-231所示，按Enter键，描边效果如图2-232所示。

图2-231

图2-232

12 选择选择工具，按住Alt+Shift快捷键的同时，水平向右拖曳图形到适当的位置，复制图形，效果如图2-233所示。使用相同的方法制作其他曲线，效果如图2-234所示。

图2-233

图2-234

13 选择椭圆工具，在适当的位置绘制一个椭圆形，设置图形填充色为米黄色（其C、M、Y、K值分别为0、12、30、0），填充图形，并设置描边色为无，效果如图2-235所示。

14 选择选择工具，按住Shift键的同时，单击下方图形将其同时选取，如图2-236所示。按Ctrl+C快捷键，复制图形，按Ctrl+F快捷键，将复制的图形贴在前面。选择“路径查找器”面板，单击交集按钮，如图2-237所示，生成新的对象，效果如图2-238所示。

图2-235

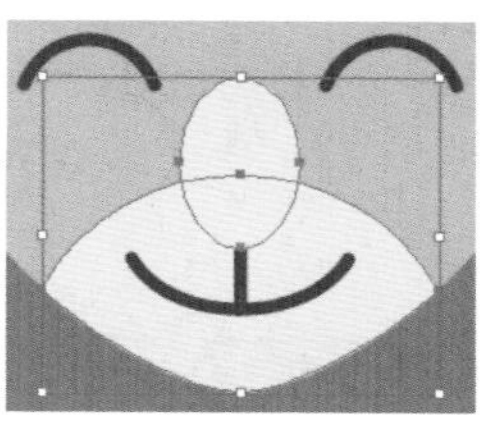

图2-236

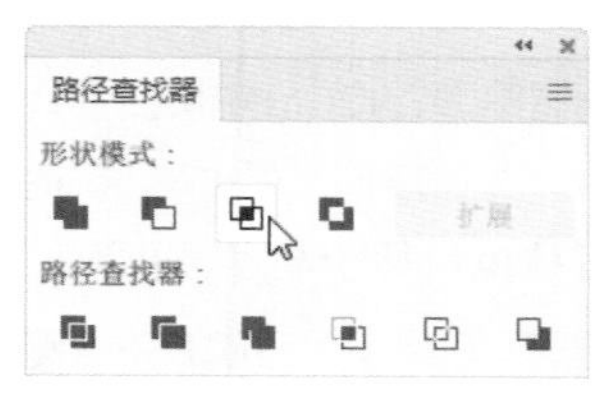

图2-237

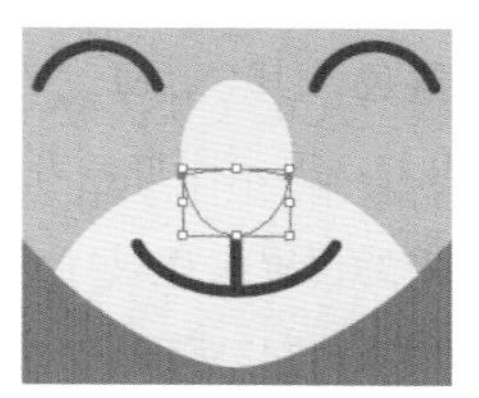

图2-238

15 保持图形被选取状态。设置图形填充色为棕色（其C、M、Y、K值分别为45、55、72、0），填充图形，并设置描边色为无，效果如图2-239所示。选择选择工具，使用框选的方法将所有绘制的图形同时选取，并将其拖曳到页面中适当的位置，效果如图2-240所示。

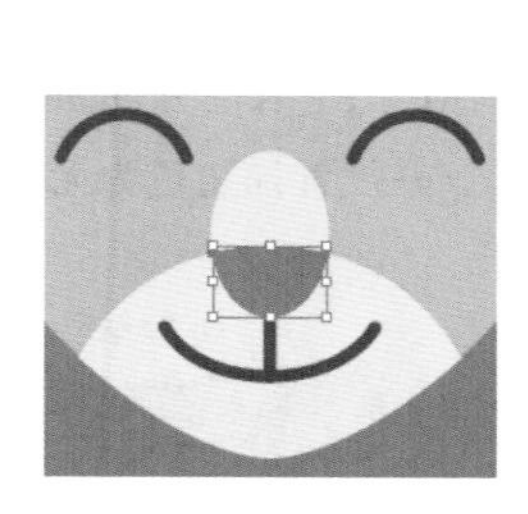

图2-239

图2-240

3. 绘制前腿

01 选择圆角矩形工具，在页面中单击鼠标左键，弹出“圆角矩形”对话框，选项的设置如图2-241所示，单击“确定”按钮，出现一个圆角矩形。选择选择工具，拖曳圆角矩形到适当的位置，设置图形填充色为橘黄色（其C、M、Y、K值分别为0、30、100、0），填充图形，并设置描边色为无，效果如图2-242所示。

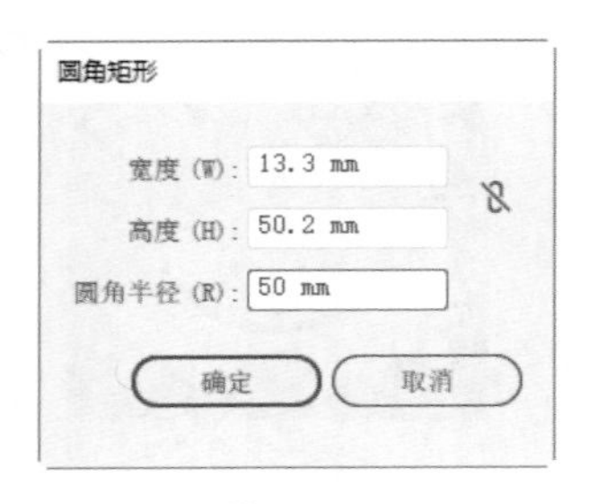

图2-241

图2-242

02 按Ctrl+C快捷键，复制图形，按Ctrl+F快捷键，将复制的图形贴在前面。选择矩形工具，在适当的位置按住鼠标左键拖曳鼠标绘制一个矩形，如图2-243所示。选择选择工具，按住Shift键的同时，单击下方圆角矩形将其同时选取，如图2-244所示。

图2-243

图2-244

03 选择“路径查找器”面板，单击减去顶层按钮，生成新的对象，效果如图2-245所示。设置图形填充色为棕色（其C、M、Y、K值分别为45、55、72、0），填充图形，并设置描边色为无，效果如图2-246所示。

图2-245

图2-246

04 选择选择工具，按住Shift键的同时，单击下方圆角矩形将其同时选取，按住Alt+Shift快捷键的同时，水平向右拖曳图形到适当的位置，复制图形，效果如图2-247所示。按住Shift键的同时，单击原图形将其同时选取，按Ctrl+Shift+[快捷键，将其置于底层，效果如图2-248所示。动物挂牌制作完成，效果如图2-249所示。

图2-247 图2-248 图2-249

2.4.2 对象的选取

在Illustrator CC 2019中，提供了5种选择工具，包括选择工具、直接选择工具、编组选择工具、魔棒工具和套索工具。它们都位于工具箱的上方，如图2-250所示。

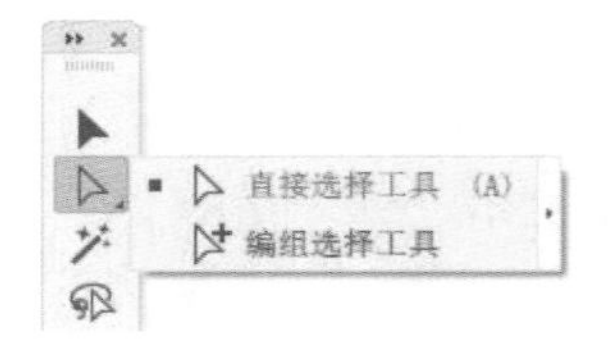

图2-250

选择工具：通过单击路径上的一点或一部分来选择整个路径。

直接选择工具：可以选择路径上独立的节点或线段，并显示出路径上的所有方向线以便于调整。

编组选择工具：可以单独选择组合对象中的个别对象。

魔棒工具：可以选择具有相同笔画或填充属性的对象。

套索工具：可以选择路径上独立的节点或线段，在直接选择套索工具并拖动时，轨迹经过的所有路径将被同时选中。

编辑一个对象之前，首先要选中这个对象。对象刚建立时一般呈被选取状态，对象的周围出现矩形框选框，矩形框选框是由8个控制手柄组成的，对象的中心有一个“■”形的中心标记，对象矩形框选框如图2-251所示。

当选取多个对象时，可以多个对象共有1个矩形框选框，多个对象被选取状态如图2-252所示。要取消对象的被选取状态，只要在绘图页面上的其他位置单击即可。

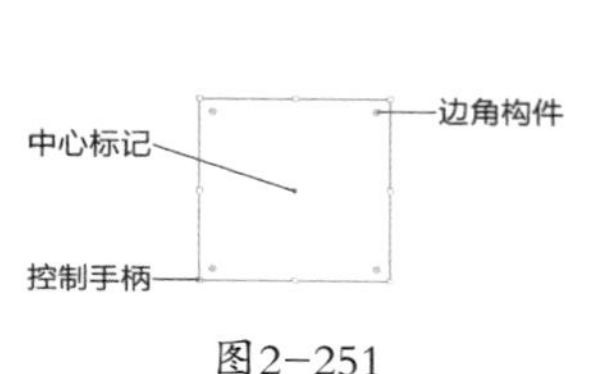

图2-251

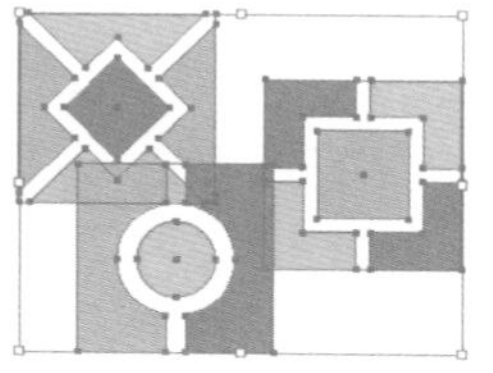
图2-252

1. 使用选择工具选取对象

选择选择工具▶，当鼠标指针移动到对象或路径上时，指针变为“▶”图标，如图2-253所示；当鼠标指针移动到节点上时，指针变为“▶”图标，如图2-254所示；单击鼠标左键即可选取对象，指针变为“▶”图标，如图2-255所示。

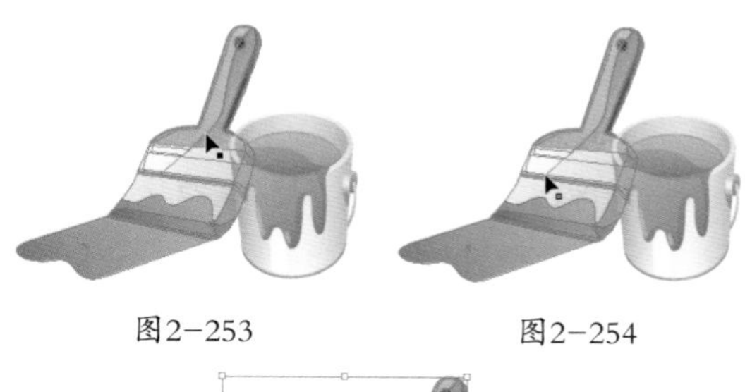
图2-253　　图2-254

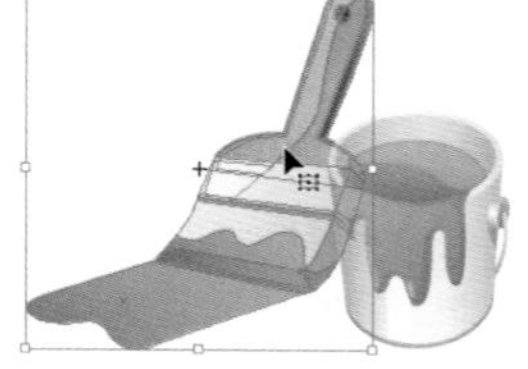
图2-255

提示
按住Shift键，分别在要选取的对象上单击鼠标左键，即可连续选取多个对象。

选择选择工具▶，在绘图页面中要选取的对象外围按住鼠标左键拖曳鼠标，拖曳后会出现一个灰色的矩形框选框，如图2-256所示。在矩形框选框框选住整个对象后释放鼠标左键，这时，被框选的对象处于被选取状态，如图2-257所示。

图2-256

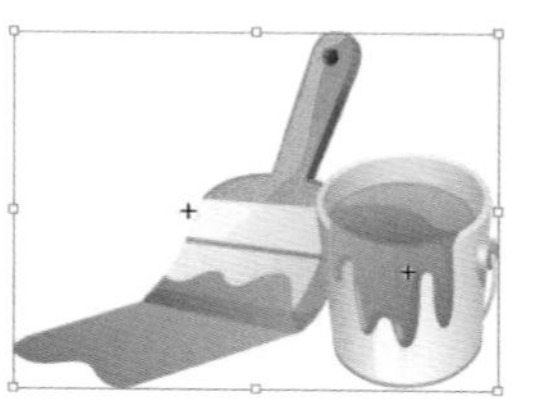
图2-257

提示
用框选的方法可以同时选取一个或多个对象。

2. 使用直接选择工具选取对象

选择直接选择工具▷，单击对象可以选取整个对象，如图2-258所示。在对象的某个节点上单击，该节点将被选中，如图2-259所示。选中该节点不放，向下拖曳，将改变对象的形状，如图2-260所示。

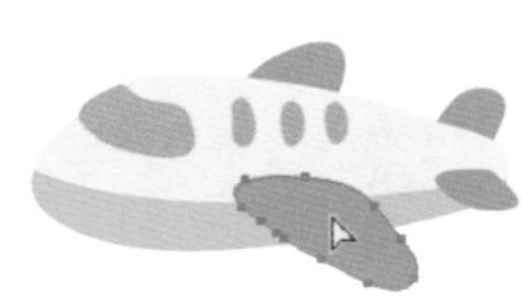
图2-258

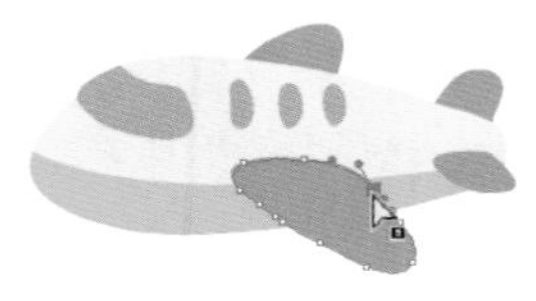
图2-259

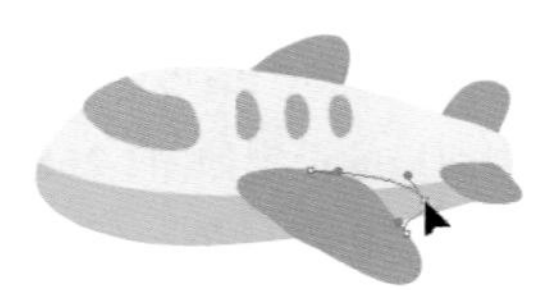
图2-260

提示
在移动节点时，按住Shift键，节点可以沿着45°角的整数倍方向移动；按住Alt键，此时可以复制节点，这样就可以得到一段新路径。

3. 使用魔棒工具选取对象

双击魔棒工具，弹出“魔棒”控制面板，如图2-261所示。

勾选“填充颜色”复选框，可以使填充相同颜色的对象同时被选中；勾选“描边颜色”复选框，可以使填充相同描边颜色的对象同时被选中；勾选“描边粗细”复选框，可以使相同笔画宽度的对象同时被选中；勾选“不透明度”复选框，可以使相同透明度的对象同时被选中；勾选“混合模式”复选框，可以使相同混合模式的对象同时被选中。

绘制3个图形，如图2-262所示，“魔棒”控制面板的设定如图2-263所示，选择魔棒工具，单击左边的对象，那么填充相同颜色的对象都会被选取，效果如图2-264所示。

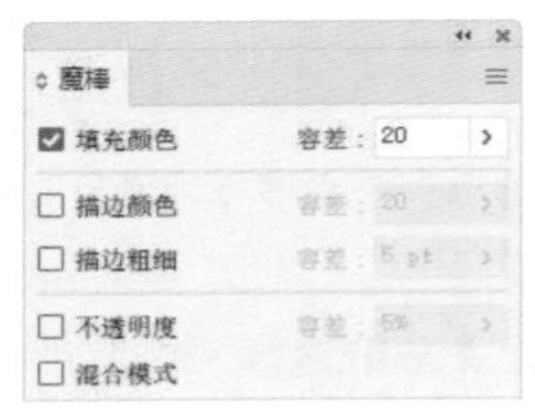

图2-261

图2-262

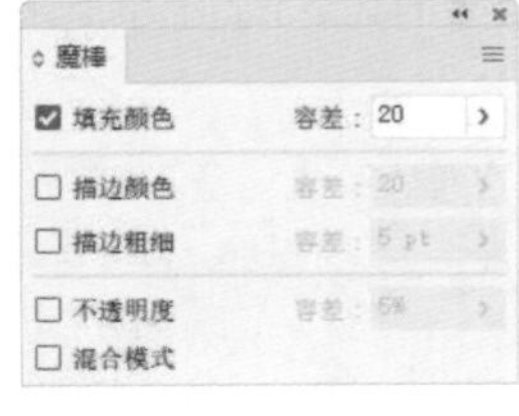

图2-263

图2-264

绘制3个图形，如图2-265所示，“魔棒”控制面板的设定如图2-266所示，选择魔棒工具，单击左边的对象，那么填充相同描边颜色的对象都会被选取，如图2-267所示。

图2-265

图2-266

图2-267

4. 使用套索工具选取对象

选择套索工具，在对象的外围按住鼠标左键，拖曳鼠标绘制一个套索圈，如图2-268所示，释放鼠标左键，对象被选取，效果如图2-269所示。

图2-268

图2-269

选择套索工具，在绘图页面中的对象外围按住鼠标左键，拖曳鼠标在对象上绘制出一条套索线，绘制的套索线必须经过对象，效果如图2-270所示。套索线经过的对象将同时被选中，得到的效果如图2-271所示。

图2-270

图2-271

5. 使用选择菜单

Illustrator CC 2019除了提供了5种选择工具，还提供了一个“选择”菜单，如图2-272所示。

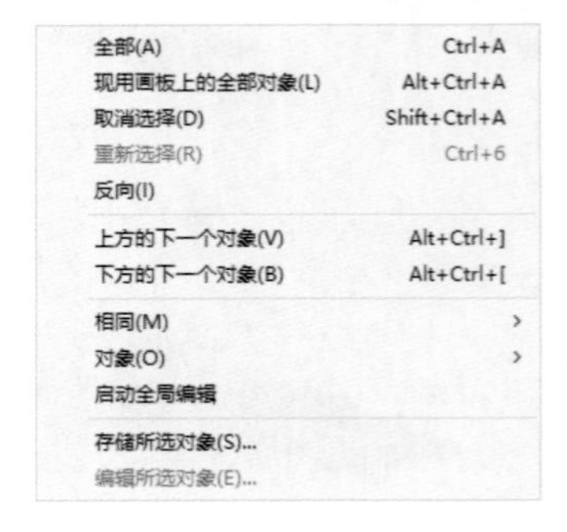

图2-272

“全部”命令：可以将Illustrator CC 2019绘图页面上的所有对象同时选取，不包含隐藏和锁定的对象（快捷键为Ctrl+A）。

“现用画板上的全部对象”命令： 可以将Illustrator CC 2019画板上的所有对象同时选取，不包含隐藏和锁定的对象（快捷键为Alt+Ctrl+A）。

“取消选择”命令： 可以取消所有对象的被选取状态（快捷键为Shift+Ctrl+A）。

“重新选择”命令： 可以重复上一次的选取操作（快捷键为Ctrl+6）。

“反向”命令： 可以选取文档中除当前被选中的对象之外的所有对象。

“上方的下一个对象”命令： 可以选取当前被选中对象之上的对象。

“下方的下一个对象”命令： 可以选取当前被选中对象之下的对象。

“相同”子菜单下包含12个命令，即外观命令、外观属性命令、混合模式命令、填色和描边命令、填充颜色命令、不透明度命令、描边颜色命令、描边粗细命令、图形样式命令、形状命令、符号实例命令和链接块系列命令。

“对象”子菜单下包含9个命令，即同一图层上的所有对象命令、方向手柄命令、毛刷画笔描边命令、画笔描边命令、剪切蒙版命令、游离点命令、所有文本对象命令、点状文字对象命令、区域文字对象命令。

“存储所选对象”命令： 可以将当前进行的选取操作保存。

“编辑所选对象”命令： 可以对已经保存的选取操作进行编辑。

2.4.3 对象的缩放、移动和镜像

1. 对象的缩放

在Illustrator CC 2019中可以快速而精确地缩放对象，使设计工作变得更轻松。下面介绍缩放对象的方法。

（1）使用工具箱中的工具缩放对象。

选取要缩放的对象，对象的周围出现控制手柄，如图2-273所示。用鼠标拖曳需要的控制手柄，如图2-274所示，可以缩放对象，效果如图2-275所示。

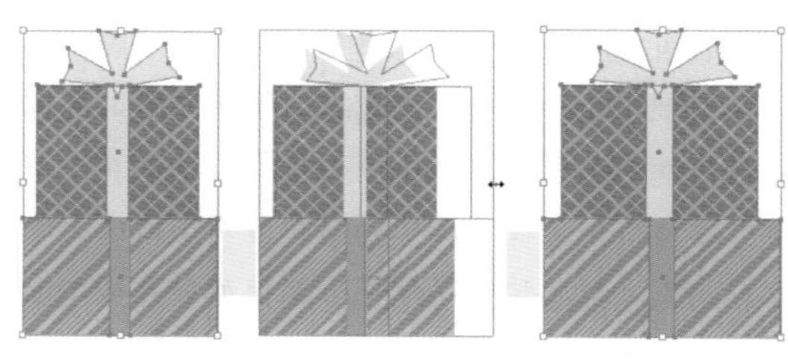

图2-273　　图2-274　　图2-275

选取要成比例缩放的对象，再选择比例缩放工具，对象的中心出现缩放对象的中心控制点，用鼠标拖曳中心控制点可以移动中心控制点，如图2-276所示。在对象上按住鼠标左键拖曳可以缩放对象，如图2-277所示。成比例缩放对象的效果如图2-278所示。

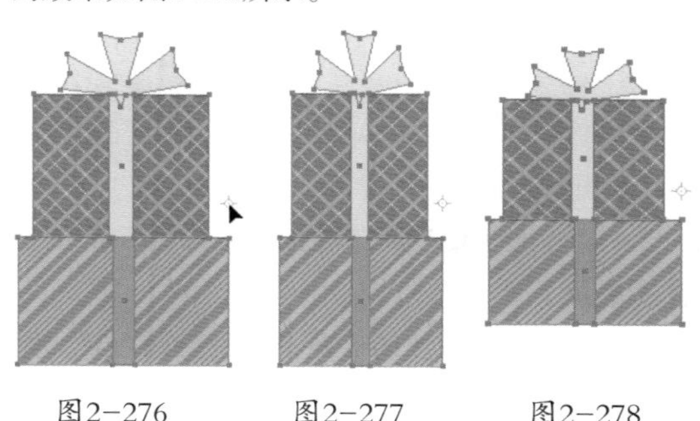

图2-276　　图2-277　　图2-278

> **注意**
> 拖曳对角线上的控制手柄时，按住Shift键，对象会成比例缩放。按住Shift+Alt快捷键，对象会成比例地从对象中心缩放。

（2）使用“变换”控制面板缩放对象。

选择“窗口 > 变换”命令（快捷键为Shift+F8），弹出“变换”控制面板，如图2-279所示。在控制面板中，“宽”选项可以设置对象的宽度，“高”选项可以设置对象的高度。改变宽度和高度值，就可以缩放对象。勾选“缩放圆角”复选项，可以在缩放时等比例缩放圆角半径值。勾选“缩放描边和效果”复选项，可以在缩放时等比例缩放添加的描边和效果。

（3）使用菜单栏命令缩放对象。

选择“对象 > 变换 > 缩放”命令，弹出“比例缩放”对话框，如图2-280所示。在对话框中，选择“等比”选项可以使对象成比例缩放，右侧的文本框可以设置对象成比例缩放的百分比数值。选择“不等比”选项可以使对象不成比例缩放，“水平”选项可以设置对象在水平方向上的缩放百分比，“垂直”选项可以设置对象在竖直方向上的缩放百分比。

图2-279　　图2-280

（4）使用鼠标右键的弹出式菜单命令缩放对象。

在选取的要缩放的对象上单击鼠标右键，弹出快捷菜单，选择“变换 > 缩放”命令，也可以对对象进行缩放。

注意

对象的移动、旋转、镜像和倾斜操作也可以使用鼠标右键的弹出式菜单命令来完成。

2. 对象的移动

在Illustrator CC 2019中，可以快速而精确地移动对象。要移动对象，就要使被移动的对象处于被选取状态。

（1）使用工具箱中的工具和键盘移动对象。

选取要移动的对象，效果如图2-281所示。在对象上按住鼠标的左键不放，拖曳光标到需要放置对象的位置，如图2-282所示。释放鼠标左键，完成对象的移动操作，效果如图2-283所示。

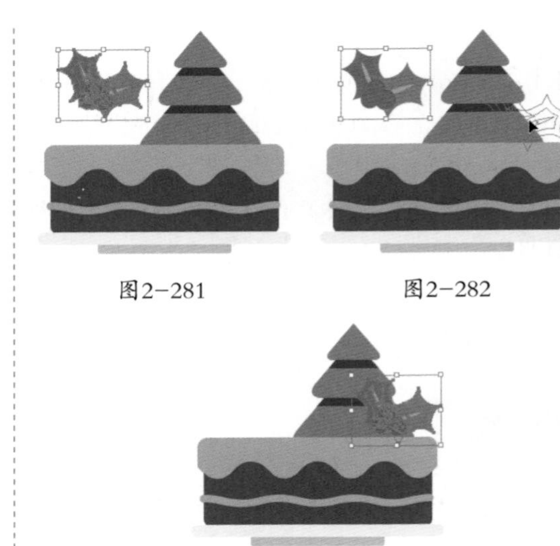

图2-281　　图2-282

图2-283

选取要移动的对象，用键盘上的方向键可以微调对象的位置。

（2）使用“变换”控制面板移动对象。

选择“窗口 > 变换”命令（快捷键为Shift+F8），弹出“变换”控制面板，如图2-284所示。在控制面板中，“X”选项可以设置对象在x轴上的位置，“Y”选项可以设置对象在y轴上的位置。改变“X”和“Y”的数值，就可以移动对象。

图2-284

（3）使用菜单栏命令移动对象。

选择“对象 > 变换 > 移动”命令（快捷键为Shift+Ctrl+M），弹出“移动”对话框，如图2-285所示。在对话框中，“水平”选项可以设置对象在水平方向上移动的距离，“垂直”选项可以设置对象在竖直方向上移动的距离。“距离”

选项可以设置对象移动的距离，“角度”选项可以设置对象移动的方向。“复制”按钮用于复制出一个移动后的对象。

图2-285

3. 对象的镜像

在Illustrator CC 2019中可以快速而精确地进行镜像操作，以使设计和制作工作更加轻松有效。

（1）使用工具箱中的工具镜像对象。

选取要生成镜像的对象，如图2-286所示，选择镜像工具，用鼠标拖曳对象进行旋转，出现蓝色实线，效果如图2-287所示，这样可以实现图形的旋转变换，也就是对象绕自身中心的镜像变换，镜像后的效果如图2-288所示。

图2-286　图2-287

图2-288

用鼠标在绘图页面上任意位置单击，可以确定新的镜像轴标志“✧”的位置，效果如图2-289所示。用鼠标在绘图页面上任意位置再次单击，则单击产生的点与镜像轴标志的连线就作为镜像变换的镜像轴，对象在沿镜像轴对称的地方生成镜像，对象的镜像效果如图2-290所示。

图2-289

图2-290

> **提示**
>
> 在使用“镜像”工具生成镜像对象的过程中，只能使对象本身产生镜像。要在镜像的位置生成一个对象的复制品，方法很简单，在拖曳鼠标的同时按住Alt键即可。“镜像”工具也可以用于旋转对象。

（2）使用选择工具镜像对象。

使用选择工具，选取要生成镜像的对象，效果如图2-291所示。按住鼠标左键直接拖曳控制手柄到相对的一边，直到出现对象的蓝色实线，如图2-292所示。释放鼠标左键就可以得到镜像对象，效果如图2-293所示。

图2-291

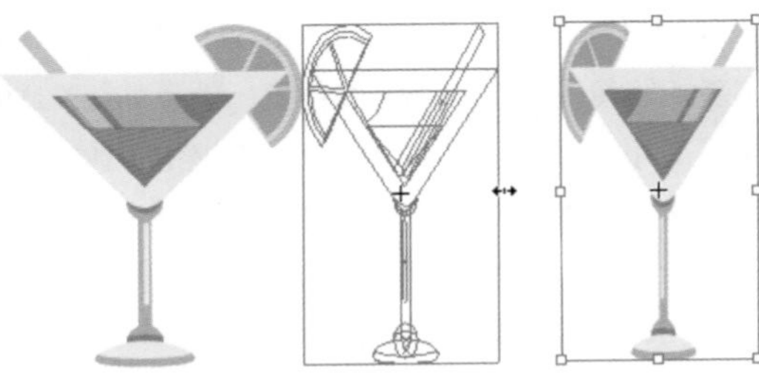

图2-292　　　　　　图2-293

直接拖曳左边或右边中间的控制手柄到相对的一边，直到出现对象的蓝色实线，释放鼠标左键就可以得到原对象的水平镜像。直接拖曳上边或下边中间的控制手柄到相对的一边，直到出现对象的蓝色实线，释放鼠标左键就可以得到原对象的竖直镜像。

技巧

按住Shift键，拖曳边角上的控制手柄到相对的一边，对象会成比例地沿对角线方向生成镜像。按住Shift+Alt快捷键，拖曳边角上的控制手柄到相对的一边，对象会成比例地从中心生成镜像。

（3）使用菜单栏命令镜像对象。

选择“对象 > 变换 > 对称”命令，弹出“镜像”对话框，如图2-294所示。在“轴”选项组中，选择“水平”单选项可以竖直镜像对象，选择“垂直”单选项可以水平镜像对象，选择“角度”单选项可以输入镜像轴角度的数值；在“选项”选项组中，选择“变换对象”选项，镜像的对象不是图案；选择“变换图案”选项，镜像的对象是图案。“复制”按钮用于在原对象上方复制一个镜像的对象。

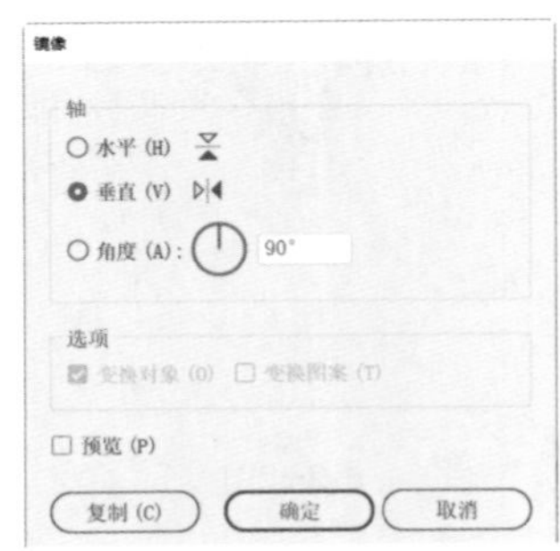

图2-294

2.4.4 对象的旋转和倾斜变形

1. 对象的旋转

（1）使用工具箱中的工具旋转对象。

使用选择工具选取要旋转的对象，将光标移动到旋转控制手柄上，这时的指针变为旋转符号“↷”，效果如图2-295所示。拖动鼠标旋转对象，旋转时对象上会出现蓝色实线，指示旋转方向和角度，效果如图2-296所示。旋转到需要的角度后释放鼠标左键，旋转对象的效果如图2-297所示。

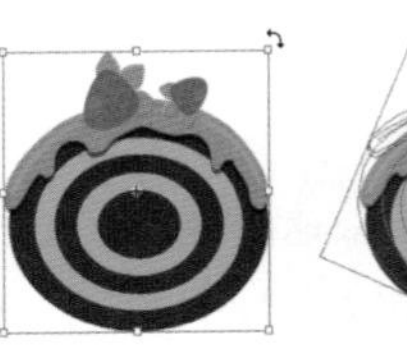

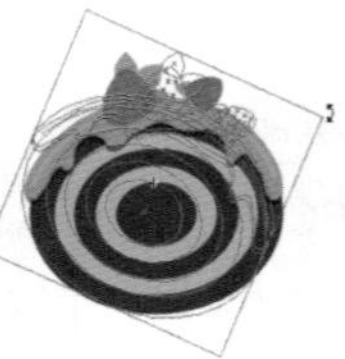

图2-295　　图2-296　　图2-297

选取要旋转的对象，选择自由变换工具，对象的四周会出现控制手柄。用鼠标拖曳控制手柄，就可以旋转对象。此工具与选择工具的使用方法类似。

选取要旋转的对象，选择旋转工具，对象的四周出现控制手柄。用鼠标拖曳控制手柄，就可以旋转对象。对象是围绕旋转中心“✦”来旋转的，Illustrator默认的旋转中心是对象的中心点。可以通过改变旋转中心来使对象旋转到新的位置，将光标移动到旋转中心上，拖曳旋转中心到需要的位置后，按住鼠标左键拖曳鼠标，如图2-298所示，释放鼠标左键，改变旋转中心后旋转对象的效果如图2-299所示。

图2-298

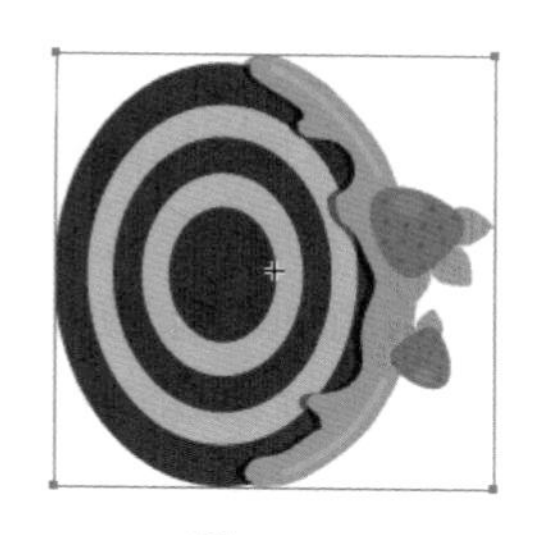

图2-299

（2）使用“变换”控制面板旋转对象。

选择“窗口 > 变换”命令，弹出“变换”控制面板。“变换”控制面板的使用方法和“对象的移动”中的使用方法相同，这里不再赘述。

（3）使用菜单栏命令旋转对象。

选择“对象 > 变换 > 旋转”命令或双击旋转工具，弹出“旋转”对话框，如图2-300所示。在对话框中，“角度”选项可以设置对象旋转的角度；勾选“变换对象”复选项，旋转的对象不是图案；勾选“变换图案”复选项，旋转的对象是图案；“复制”按钮用于在原对象上方复制一个旋转后的对象。

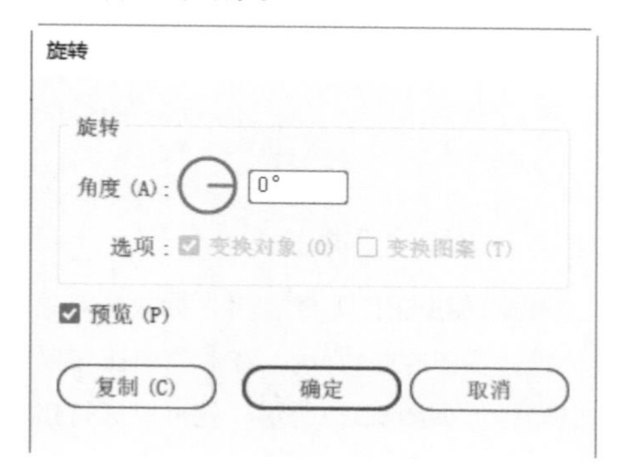

图2-300

2. 对象的倾斜

（1）使用工具箱中的工具倾斜对象。

选取要倾斜的对象，效果如图2-301所示，选择倾斜工具，对象的四周出现控制手柄。用鼠标拖曳控制手柄或对象，倾斜时对象会出现蓝色的实线指示倾斜变形的方向和角度，效果如图2-302所示。倾斜到需要的角度后释放鼠标左键，对象的倾斜效果如图2-303所示。

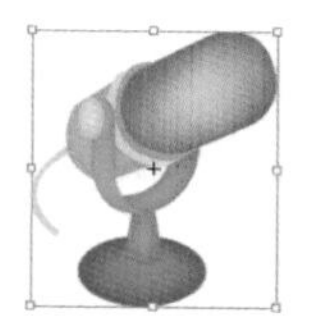

图2-301

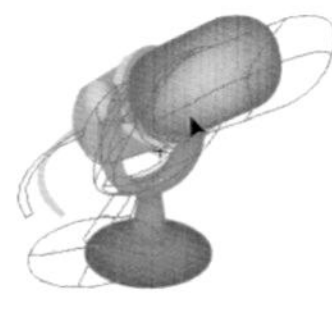

图2-302

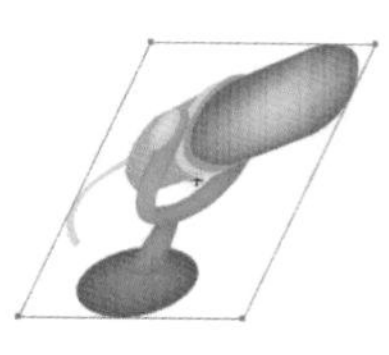

图2-303

（2）使用“变换”控制面板倾斜对象。

选择“窗口 > 变换”命令，弹出“变换”控制面板。“变换”控制面板的使用方法和“对象的移动”中的使用方法相同，这里不再赘述。

（3）使用菜单栏命令倾斜对象。

选择“对象 > 变换 > 倾斜”命令，弹出“倾斜”对话框，如图2-304所示。在对话框中，“倾斜角度”选项可以设置对象倾斜的角度。在“轴”选项组中，选择“水平”单选项，对象可以水平倾斜；选择“垂直”单选项，对象可以竖直倾斜；选择“角度”单选项，可以调节倾斜轴的角度。“复制”按钮用于在原对象上方复制一个倾斜后的对象。

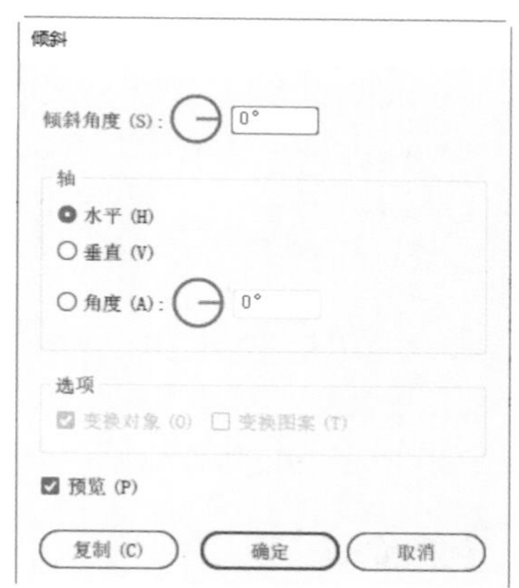

图2-304

2.4.5 对象的扭曲变形

在Illustrator CC 2019中，可以使用变形工具组对需要变形的对象进行扭曲变形，如图2-305所示。

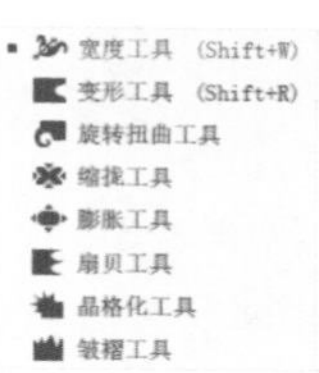

图2-305

1. 使用宽度工具

选择宽度工具，将光标放到对象中的适当位置，如图2-306所示，在对象上按住鼠标左键拖曳鼠标，如图2-307所示，就可以对对象的描边宽度进行调整，松开鼠标左键，效果如图2-308所示。

图2-306　　图2-307　　图2-308

在宽度点上双击鼠标，弹出“宽度点数编辑”对话框，如图2-309所示，在对话框中“边线1”和“边线 2”选项分别设置两条边线的宽度，单击右侧的按比例调整宽度按钮链接两条边线，可同时调整其宽度，“总宽度”选项是两条边线的总宽度。“调整邻近的宽度点数”选项可以调整邻近两条边线间的宽度点数。

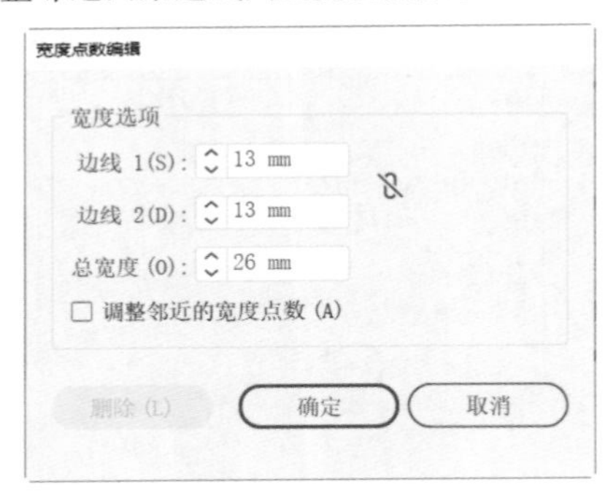

图2-309

2. 使用变形工具

选择变形工具，将光标放到对象中的适当位置，如图2-310所示，在对象上按住鼠标左键拖曳光标，如图2-311所示，就可以进行扭曲变形操作，效果如图2-312所示。

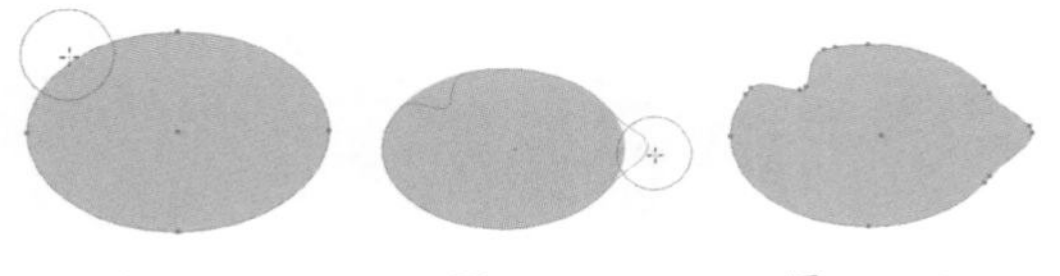

图2-310　　图2-311　　图2-312

双击变形工具，弹出“变形工具选项”对话框，如图2-313所示。在对话框中的“全局画笔尺寸”选项组中，“宽度”选项可以设置画笔的宽度，“高度”选项可以设置画笔的高度，“角度”选项可以设置画笔的角度，“强度”选项可以设置画笔的强度。在“变形选项”选项组中，勾选“细节”复选项可以控制变形的精细程度，勾选“简化”复选项可以控制变形的简化程度。勾选“显示画笔大小”复选项，在对对象进行变形时会显示画笔的大小。

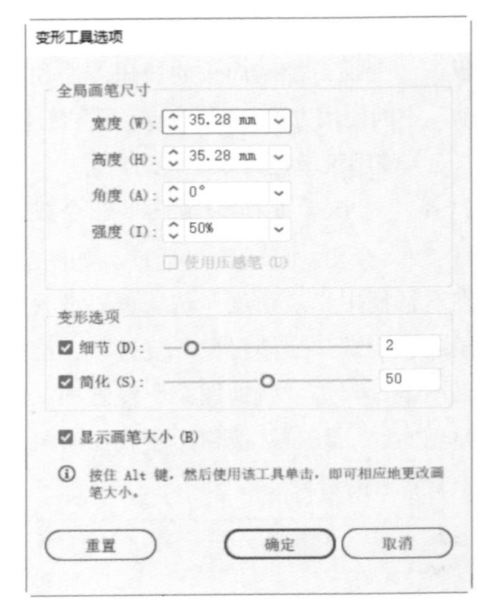

图2-313

3. 使用旋转扭曲工具

选择旋转扭曲工具，将光标放到对象中的适当位置，如图2-314所示，在对象上按住鼠标左键拖曳光标，如图2-315所示，就可以进行扭转变形操作，效果如图2-316所示。

图2-314　　图2-315　　图2-316

双击旋转扭曲工具，弹出“旋转扭曲工具选项”对话框，如图2-317所示。在“旋转扭曲选项”选项组中，“旋转扭曲速率”选项可以控制扭转变形的比例。对话框中其他选项的功能与“变形工具选项”对话框中的选项功能相同。

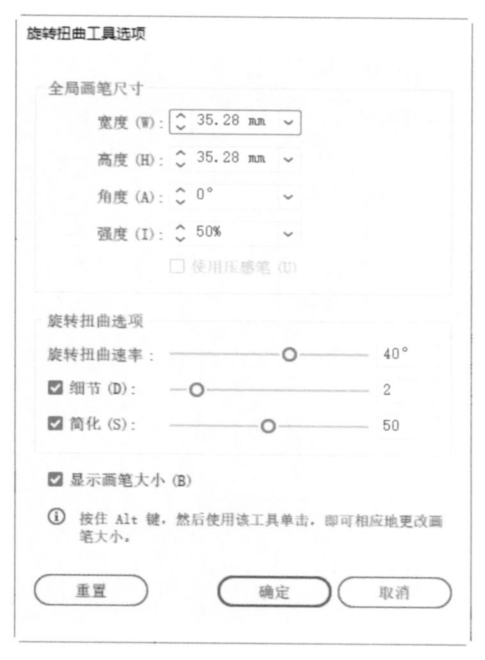

图2-317

4. 使用缩拢工具

选择缩拢工具，将光标放到对象中的适当位置，如图2-318所示，在对象上按住鼠标左键拖曳光标，如图2-319所示，就可以进行缩拢变形操作，效果如图2-320所示。

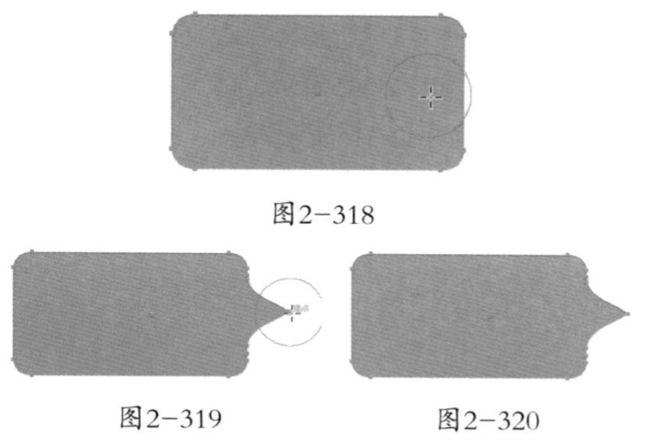

图2-318

图2-319　图2-320

双击缩拢工具，弹出“收缩工具选项”对话框，如图2-321所示。在“收缩选项”选项组中，勾选“细节”复选项可以控制变形的精细程度，勾选“简化”复选项可以控制变形的简化程度。对话框中其他选项的功能与“变形工具选项”对话框中的选项功能相同。

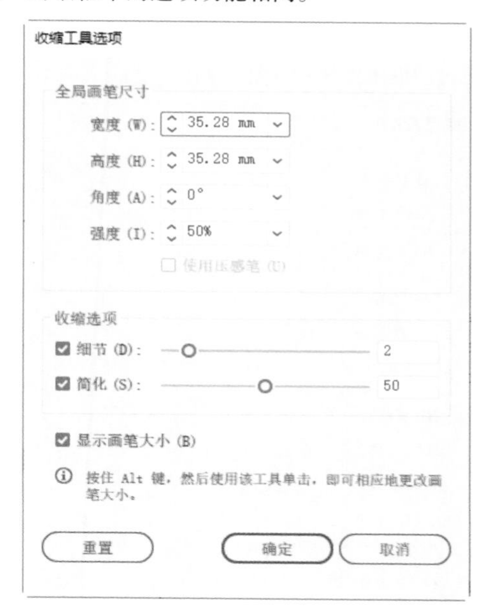

图2-321

5. 使用膨胀工具

选择膨胀工具，将光标放到对象中的适当位置，如图2-322所示，在对象上按住鼠标左键拖曳光标，如图2-323所示，就可以进行膨胀变形操作，效果如图2-324所示。

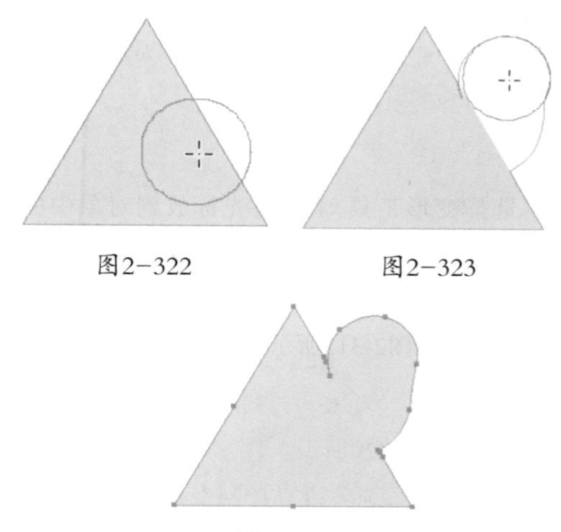

图2-322　图2-323

图2-324

双击膨胀工具，弹出“膨胀工具选项”对话框，如图2-325所示。在“膨胀选项”选项组中，勾选“细节”复选项可以控制变形的精细程度，勾选“简化”复选项可以控制变形的简化程度。对话框中其他选项的功能与“变形工具选项”对话框中的选项功能相同。

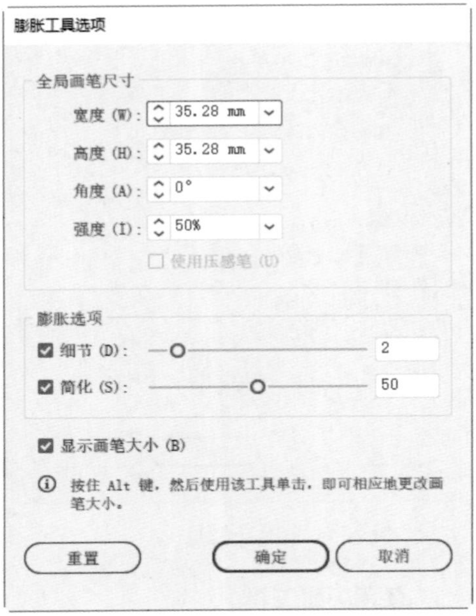

图2-325

6. 使用扇贝工具

选择扇贝工具，将光标放到对象中的适当位置，如图2-326所示，在对象上按住鼠标左键拖曳光标，如图2-327所示，就可以使对象变形，效果如图2-328所示。

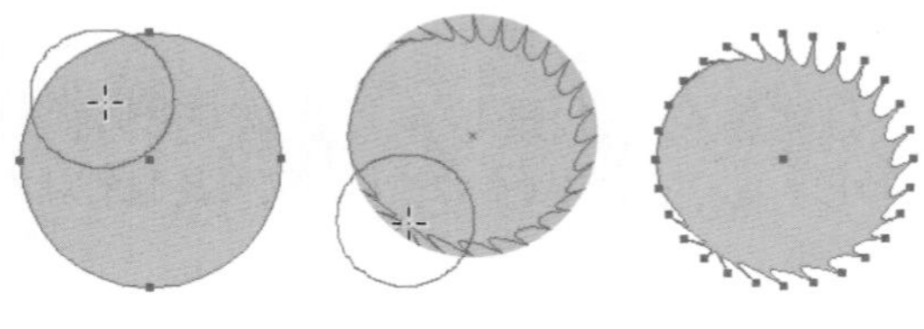

图2-326　图2-327　图2-328

双击扇贝工具，弹出“扇贝工具选项”对话框，如图2-329所示。在“扇贝选项”选项组中，“复杂性”选项可以控制变形的复杂性，勾选“细节”复选项可以控制变形的精细程度，勾选“画笔影响锚点”复选项，画笔的大小会影响锚点，勾选“画笔影响内切线手柄”复选项，画笔会影响对象的内切线，勾选“画笔影响外切线手柄”复选项，画笔会影响对象的外切线。对话框中其他选项的功能与“变形工具选项”对话框中的选项功能相同。

图2-329

7. 使用晶格化工具

选择晶格化工具，将光标放到对象中的适当位置，如图2-330所示，在对象上按住鼠标左键拖曳光标，如图2-331所示，就可以使对象变形，效果如图2-332所示。

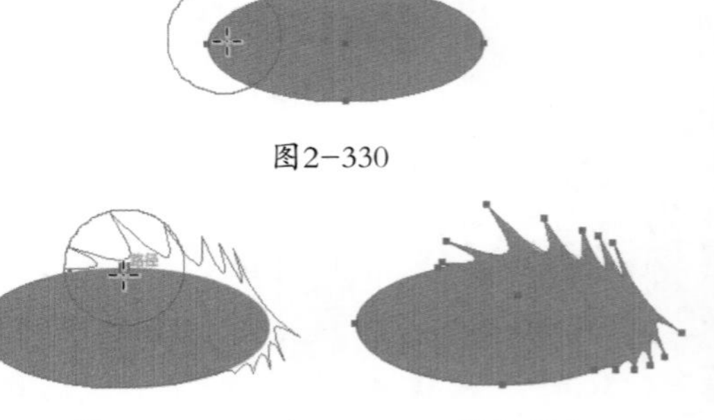

图2-330

图2-331　图2-332

双击晶格化工具，弹出“晶格化工具选项”对话框，如图2-333所示。对话框中选项的功能与“扇贝工具选项”对话框中的选项功能相同。

晶格化工具选项
全局画笔尺寸
宽度 (W)：35.28 mm
高度 (H)：35.28 mm
角度 (A)：0°
强度 (I)：50%
使用压感笔 (U)
晶格化选项
复杂性 (X)：1
细节 (D)：2
画笔影响锚点 (P)
画笔影响内切线手柄 (N)
画笔影响外切线手柄 (O)
显示画笔大小 (B)
按住 Alt 键，然后使用该工具单击，即可相应地更改画笔大小。
重置　确定　取消

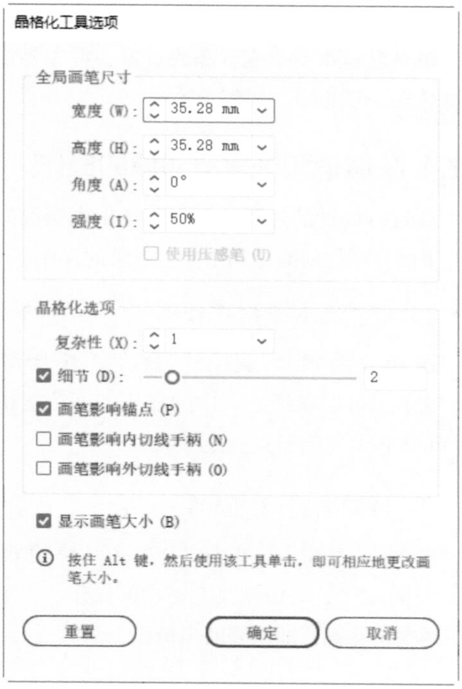

图2-333

8. 使用皱褶工具

选择皱褶工具，将光标放到对象中的适当位置，如图2-334所示，在对象上按住鼠标左键拖曳光标，如图2-335所示，就可以进行折皱变形操作，效果如图2-336所示。

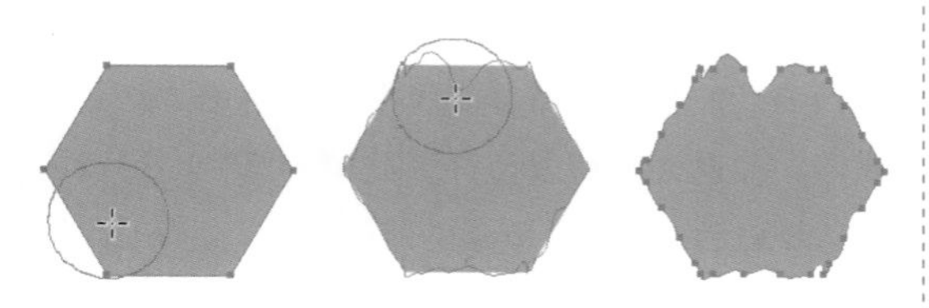

图2-334　　图2-335　　图2-336

双击皱褶工具，弹出“皱褶工具选项”对话框，如图2-337所示。在“皱褶选项”选项组中，“水平”选项可以控制变形的水平比例，“垂直”选项可以控制变形的竖直比例。对话框中其他选项的功能与“扇贝工具选项”对话框中的选项功能相同。

图2-337

2.4.6 复制和删除对象

1. 复制对象

在Illustrator CC 2019中可以采取多种方法复制对象。下面介绍复制对象的多种方法。

（1）使用“编辑”菜单命令复制对象。

选取要复制的对象，效果如图2-338所示，选择“编辑 > 复制”命令（快捷键为Ctrl+C），对象的副本将被放置在剪贴板中。

选择“编辑 > 粘贴”命令（快捷键为Ctrl+V），对象的副本将被粘贴到要复制的对象的旁边，复制的效果如图2-339所示。

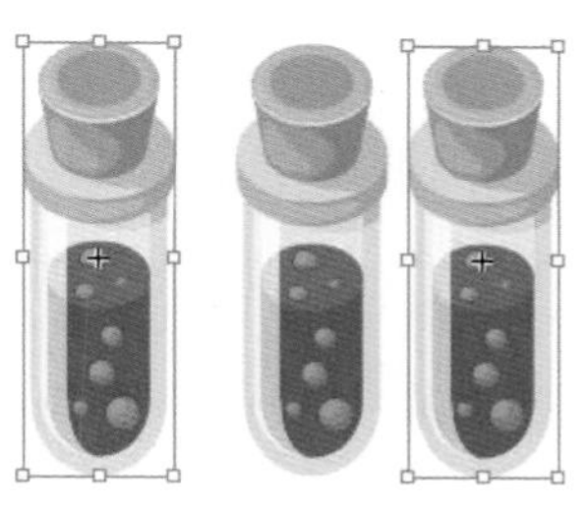

图2-338　　图2-339

资源获取验证码：01688

（2）使用鼠标右键弹出式菜单命令复制对象。

选取要复制的对象，在对象上单击鼠标右键，弹出快捷菜单，选择“变换 > 移动”命令，弹出“移动”对话框，如图2-340所示，单击“复制”按钮，可以在选中的对象上面复制一个对象，效果如图2-341所示。

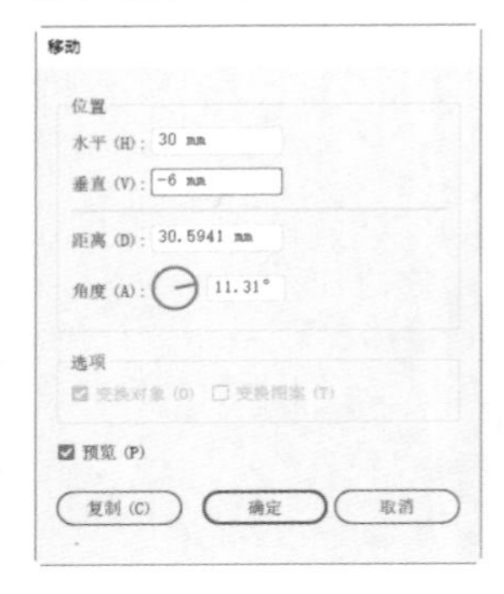

图2-340

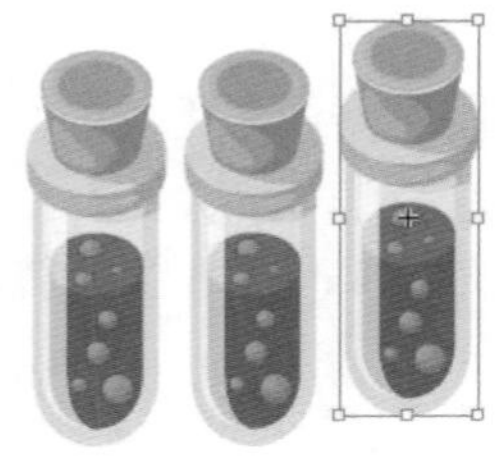

图2-341

接着在对象上再次单击鼠标右键，弹出快捷菜单，选择“变换 > 再次变换”命令（快捷键为Ctrl+D），可以按“移动”对话框中的设置再次复制对象，效果如图2-342所示。

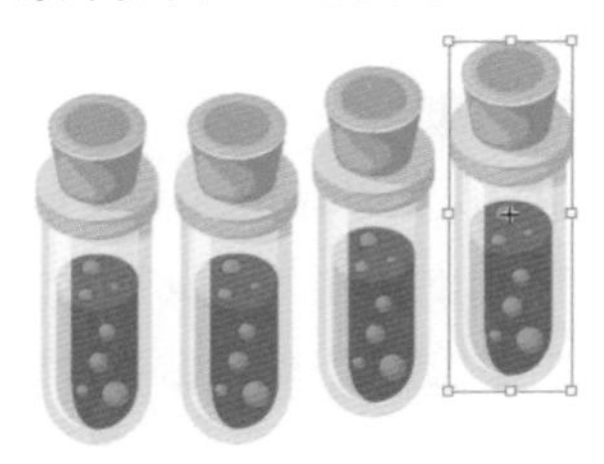

图2-342

（3）使用拖曳光标的方式复制对象。

选取要复制的对象，按住Alt键，在对象上按住鼠标左键拖曳光标，出现对象的蓝色实线效果，移动到需要的位置，释放鼠标左键，复制出一个选取的对象。

也可以在两个不同的绘图页面中复制对象，使用鼠标拖曳其中一个绘图页面中的对象到另一个绘图页面中，释放鼠标左键完成复制。

2. 删除对象

在Illustrator CC 2019中，删除对象的方法很简单，下面介绍删除不需要的对象的方法。

选中要删除的对象，选择“编辑 > 清除”命令（快捷键为Delete），就可以将选中的对象删除。如果想删除多个或全部的对象，首先要选取这些对象，再执行“清除”命令。

2.4.7 撤销和恢复对对象的操作

在进行设计的过程中，可能会出现错误的操作，下面介绍如何撤销和恢复对对象的操作。

1. 撤销对对象的操作

选择“编辑 > 还原”命令（快捷键为Ctrl+Z），可以撤销上一次的操作。连续按快捷键，可以连续撤销原来的操作。

2. 恢复对对象的操作

选择“编辑 > 重做”命令（快捷键为Shift+Ctrl+Z），可以恢复上一次的操作。如果连续按两次快捷键，即恢复两步操作。

2.4.8 对象的剪切

选中要剪切的对象，选择“编辑 > 剪切”命令（快捷键为Ctrl+X），将从页面中删除对象并将其放置在剪贴板中。

2.4.9 使用“路径查找器”控制面板编辑对象

在Illustrator CC 2019中编辑图形时，“路径查找器”控制面板是最常用的工具之一。它包含了一组功能强大的路径编辑命令。使用“路径查找器”控制面板可以使许多简单的路径经过特定的运算之后形成各种复杂的路径。

选择“窗口 > 路径查找器”命令（快捷键为Shift+Ctrl+F9），弹出“路径查找器”控制面板，如图2-343所示。

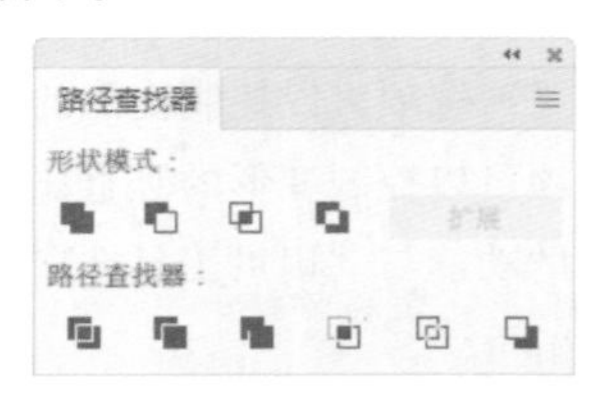

图2-343

1. 认识“路径查找器”控制面板的按钮

在“路径查找器”控制面板的“形状模式”选项组中有5个按钮，从左至右分别是联集按钮、减去顶层按钮、交集按钮、差集按钮和扩展按钮。前4个按钮可以通过不同的组合方式在多个图形间制作出对应的复合图形，而“扩展”按钮则可以把复合图形转变为复合路径。

在“路径查找器”选项组中有6个按钮，从左至右分别是分割按钮、修边按钮、合并按钮、裁剪按钮、轮廓按钮和减去后方对象按钮。这组按钮主要是把对象分解成各个独立的部分，或者删除对象中不需要的部分。

2. 使用“路径查找器”控制面板

（1）联集按钮。

在绘图页面中绘制两个图形对象，如图2-344所示。选中两个对象，如图2-345所示，单击联集按钮，从而生成新的对象，取消被选取状态后的效果如图2-346所示。新对象的填充和描边属性与位于顶部的对象的填充和描边属性相同。

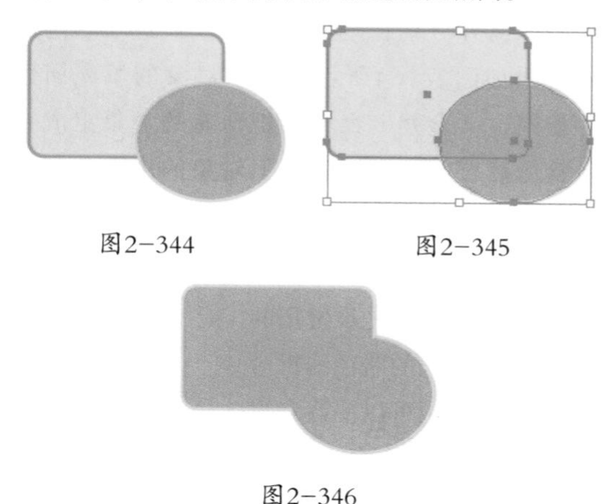

图2-344 图2-345

图2-346

（2）减去顶层按钮。

在绘图页面中绘制两个图形对象，如图2-347所示。选中这两个对象，如图2-348所示，单击减去顶层按钮，从而生成新的对象，取消被选取状态后的效果如图2-349所示。“减去顶层”命令可以在最下层对象的基础上，将被上层对象挡住的部分和上层的所有对象同时删除，只剩下最下层对象的剩余部分。

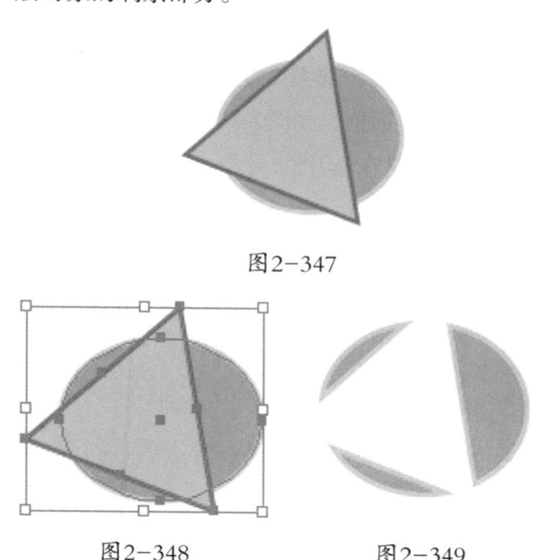

图2-347

图2-348 图2-349

（3）交集按钮。

在绘图页面中绘制两个图形对象，如图2-350所示。选中这两个对象，如图2-351所示，单击交集按钮，从而生成新的对象，取消被选取状态后的效果如图2-352所示。“交集”命令可以将图形没有重叠的部分删除，而仅仅保留重叠部分。所生成的新对象的填充和描边属性与位于顶部的对象的填充和描边属性相同。

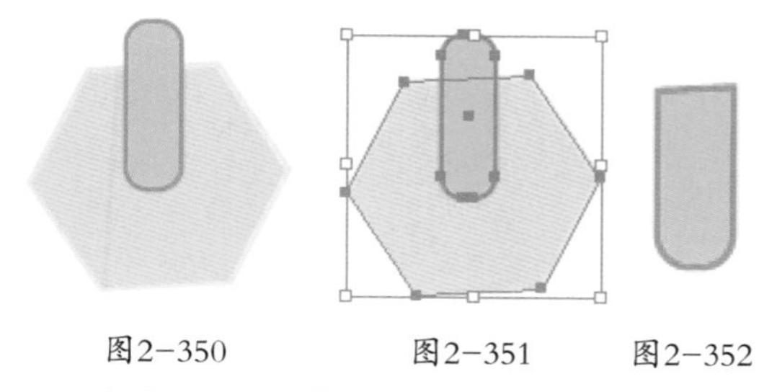

图2-350 图2-351 图2-352

（4）差集按钮。

在绘图页面中绘制两个图形对象，如图2-353所示。选中这两个对象，如图2-354所示，单击差集按钮，从而生成新的对象，取消被选取状态后的效果如图2-355所示。“差集”命令可以删除对象间重叠的部分。所生成的新对象的填充和描边属性与位于顶部的对象的填充和描边属性相同。

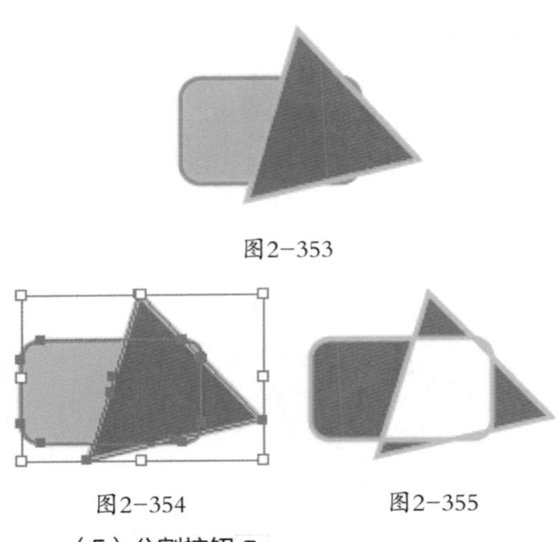

图2-353

图2-354　　图2-355

（5）分割按钮。

在绘图页面中绘制两个图形对象，如图2-356所示。选中这两个对象，如图2-357所示，单击分割按钮，从而生成新的对象，取消编组并分别移动图像，取消被选取状态后的效果如图2-358所示。“分割”命令可以分离相互重叠的图形，而得到多个独立的对象。所生成的新对象保持原来的填充和描边属性。

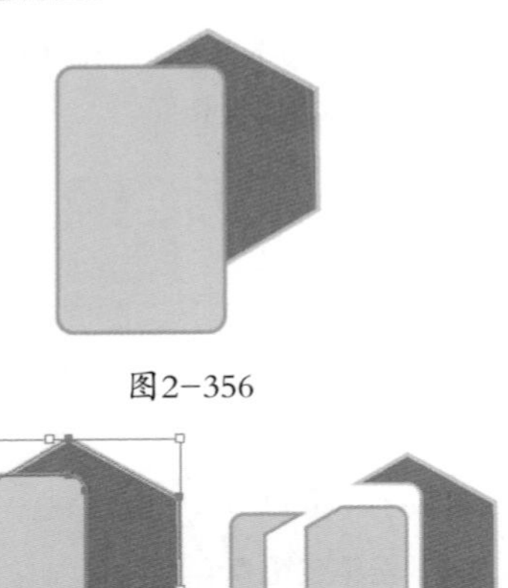

图2-356

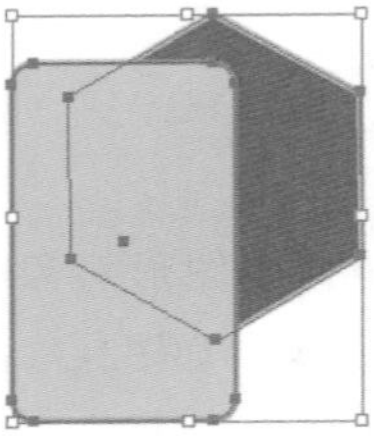

图2-357 　　图2-358

（6）修边按钮。

在绘图页面中绘制两个图形对象，如图2-359所示。选中这两个对象，如图2-360所示，单击修边按钮，从而生成新的对象，取消编组并分别移动图像，取消被选取状态后的效果如图2-361所示。“修边”命令可以删除所有对象的描边和被上层对象挡住的部分，新生成的对象保持原来的填充属性。

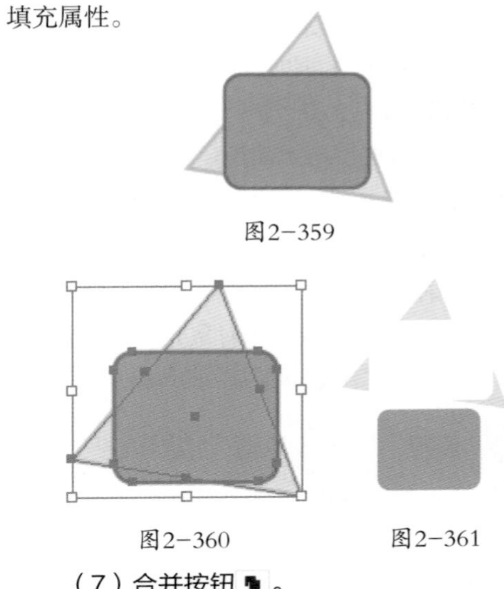

图2-359

图2-360　　图2-361

（7）合并按钮。

在绘图页面中绘制两个图形对象，如图2-362所示。选中这两个对象，如图2-363所示，单击合并按钮，从而生成新的对象，取消编组并分别移动图像，取消被选取状态后的效果如图2-364所示。如果对象的填充属性都相同，“合并”命令将把所有的对象组成一个整体后合为一个对象，但对象的描边色将变为没有；如果对象的填充描边属性都不相同，则“合并”命令的功能就相当于修边按钮的功能。

图2-362

注：

填充	描边	效果
同	同	合并
同	不同	合并
不同	同	修边
不同	不同	修边

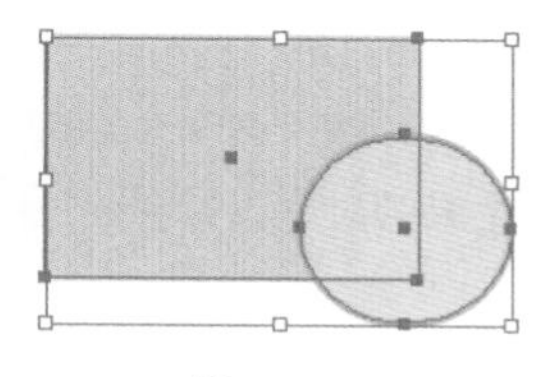

图2-363

图2-364

（8）裁剪按钮 。

在绘图页面中绘制两个图形对象，如图2-365所示。选中这两个对象，如图2-366所示，单击裁剪按钮 ，从而生成新的对象，取消被选取状态后的效果如图2-367所示。“裁剪”命令的工作原理和蒙版相似，对重叠的图形来说，“裁剪”命令可以把所有放在最前面的对象之外的图形部分裁剪掉，同时最前面的对象本身将消失。

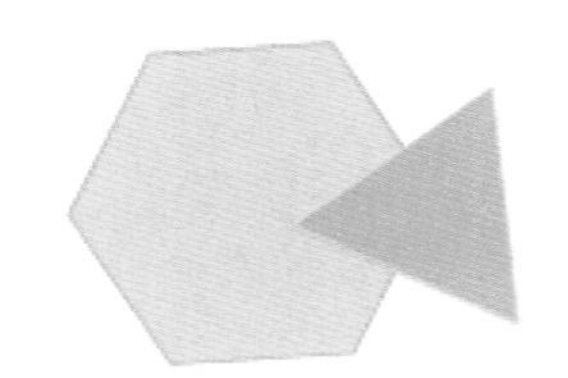

图2-365

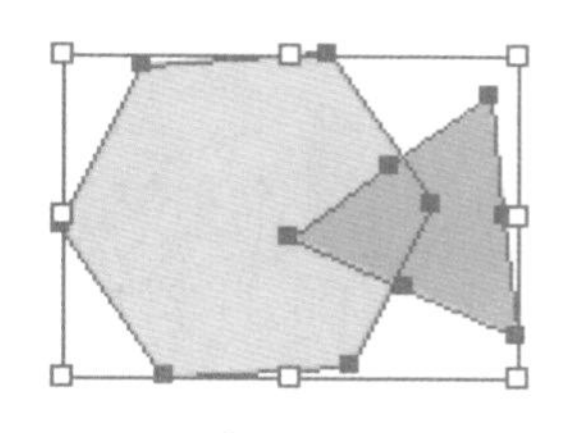

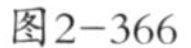

图2-366　　图2-367

（9）轮廓按钮 。

在绘图页面中绘制两个图形对象，如图2-368所示。选中这两个对象，如图2-369所示，单击轮廓按钮 ，从而生成新的对象，取消被选取状态后的效果如图2-370所示。“轮廓”命令可以勾勒出所有对象的轮廓。

（10）减去后方对象按钮 。

在绘图页面中绘制两个图形对象，如图2-371所示。选中这两个对象，如图2-372所示，单击减去后方对象按钮 ，从而生成新的对象，取消被选取状态后的效果如图2-373所示。“减去后方对象”命令可以使位于最顶层的对象减去位于该对象之下的所有对象。

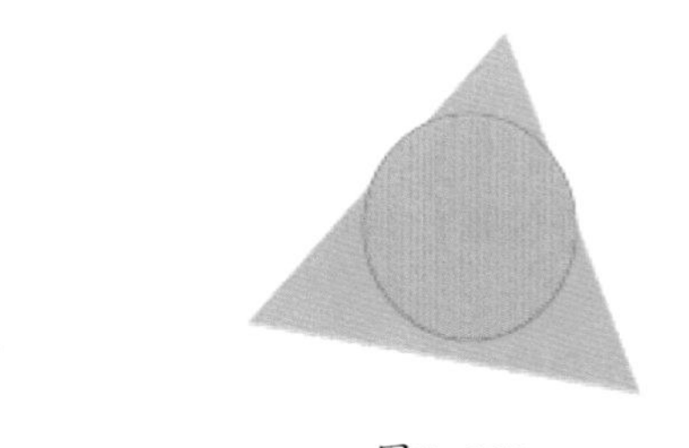

图2-368

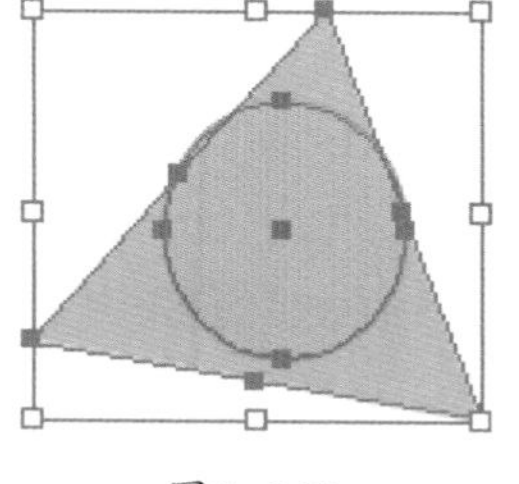

图2-369

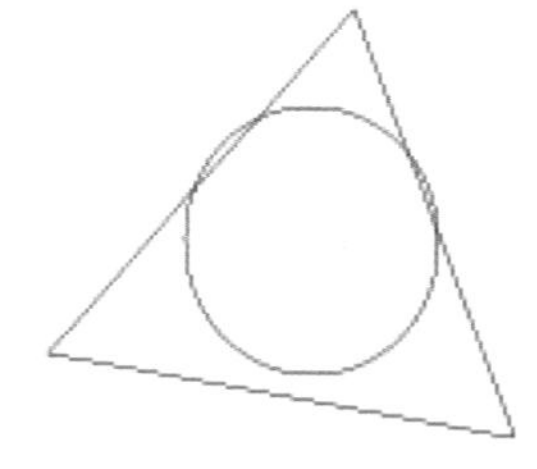

图2-370

图2-371

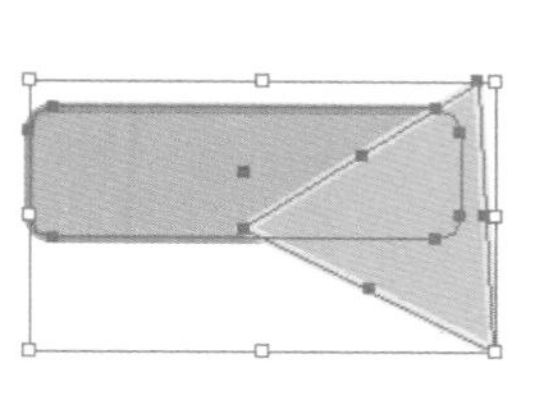

图2-372

图2-373

2.5 课堂练习——绘制钱包插图

【练习知识要点】使用圆角矩形工具、矩形工具、变换控制面板、描边控制面板和椭圆工具绘制钱包；使用圆角矩形工具、矩形工具和多边形工具绘制卡片。效果如图2-374所示。

【素材所在位置】Ch02\素材\绘制钱包插图\01。

【效果所在位置】Ch02\效果\绘制钱包插图.ai。

图2-374

2.6 课后习题——绘制家居装修App图标

【习题知识要点】使用椭圆工具、缩放命令、路径查找器命令和偏移路径命令绘制外轮廓；使用圆角矩形工具、钢笔工具、旋转工具和镜像工具绘制座椅图标；使用直线段工具、整形工具绘制弧线。效果如图2-375所示。

【效果所在位置】Ch02\效果\绘制家居装修App图标.ai。

图2-375

第 3 章

路径的绘制与编辑

本章介绍

本章将讲解Illustrator CC 2019中路径的相关知识和钢笔工具的使用方法，以及如何运用各种方法绘制路径和对路径进行编辑。通过对本章的学习，读者可以运用强大的路径工具绘制出需要的自由曲线及图形。

学习目标

- 了解路径和锚点的相关知识。
- 掌握钢笔工具的使用方法。
- 掌握路径的编辑技巧。
- 掌握路径命令的使用方法。

技能目标

- 掌握“网页Banner卡通人物”的绘制方法。
- 掌握“播放图标”的绘制方法。

3.1 认识路径和锚点

路径是使用绘图工具创建的直线、曲线或几何形状对象，是组成所有线条和图形的基本元素。Illustrator CC 2019提供了多种绘制路径的工具，如钢笔工具、画笔工具、铅笔工具等。路径可以由一个或多个路径组成，即由锚点连接起来的一条或多条线段组成。路径本身没有宽度和颜色，当为路径添加了描边后，路径才跟随描边的宽度和颜色具有了相应的属性。选择“图形样式”控制面板，可以为路径更改不同的样式。

3.1.1 路径

1. 路径的类型

为了满足绘图的需要，Illustrator CC 2019中的路径又分为开放路径、闭合路径和复合路径3种类型。

开放路径的两个端点没有连接在一起，如图3-1所示。在对开放路径进行填充时，Illustrator CC 2019会假定路径两端已经连接起来形成了闭合路径而对其进行填充。

闭合路径没有起点和终点，是一条连续的路径，可对其进行内部填充或描边填充，如图3-2所示。

复合路径是对几个开放或闭合路径进行组合而形成的路径，如图3-3所示。

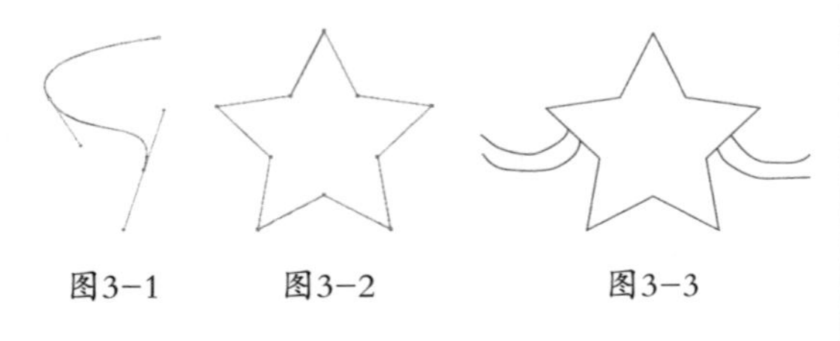

图3-1　　图3-2　　图3-3

2. 路径的组成

路径由锚点和线段组成，可以通过调整路径上的锚点或线段来改变它的形状。在曲线路径上，除起始锚点外，其他锚点均有一条或两条控制线。控制线总是与锚点处的曲线相切，控制线的角度和长度决定了曲线的形状。控制线的端点称为控制点，可以通过调整控制点来对整个曲线进行调整，如图3-4所示。

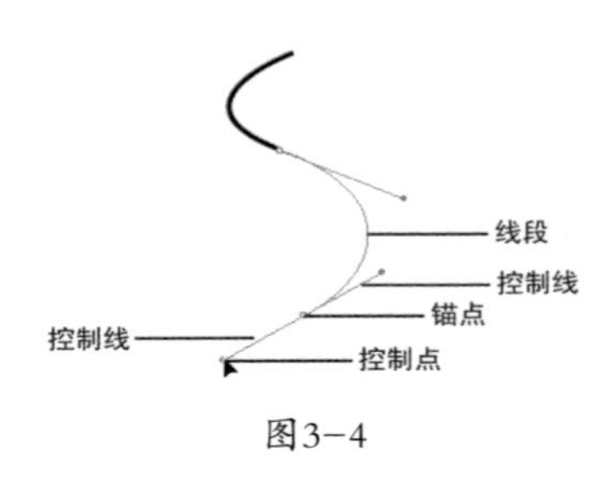

图3-4

3.1.2 锚点

1. 锚点的基本概念

锚点是构成直线和曲线的基本元素。在路径上可任意添加和删除锚点。通过调整锚点可以调整路径的形状，也可以通过锚点的转换来进行直线与曲线之间的转换。

2. 锚点的类型

Illustrator CC 2019中的锚点分为平滑点和角点两种类型。

平滑点是两条平滑曲线连接处的锚点。平滑点可以使两条线段连接成一条平滑的曲线，平滑点使路径不会突然改变方向。每一个平滑点有两条相对应的控制线，如图3-5所示。

在角点所处的地点，路径形状会急剧地改变。角点可分为3种类型。

直线角点：两条直线以一个很明显的角度形成的交点。这种锚点没有控制线，如图3-6所示。

曲线角点：两条方向各异的曲线相交的点。这种锚点有两条控制线，如图3-7所示。

复合角点：一条直线和一条曲线的交点。这

种锚点有一条控制线，如图3-8所示。

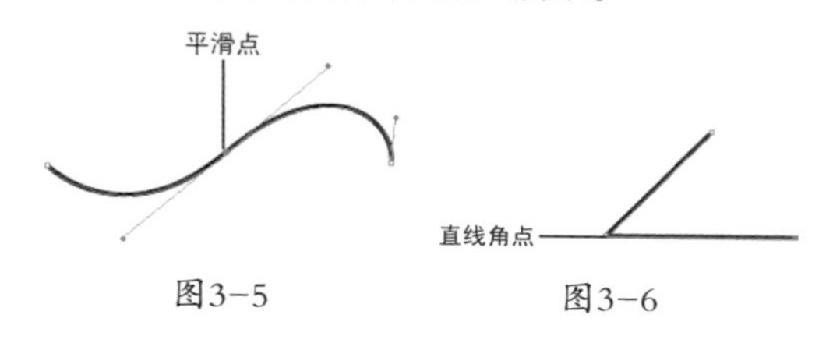

图3-5　　图3-6

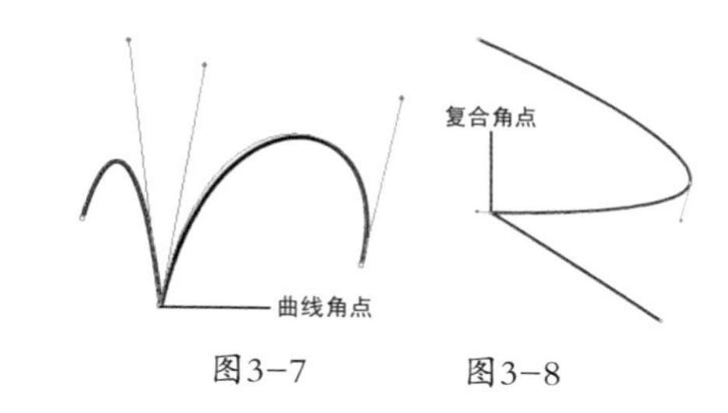

图3-7　　图3-8

3.2 使用钢笔工具

Illustrator CC 2019中的钢笔工具是一个非常重要的工具。使用钢笔工具可以绘制直线、曲线和任意形状的路径，可以对线段进行精确的调整，使其更加完美。

3.2.1 课堂案例——绘制网页Banner卡通人物

【案例学习目标】学习使用钢笔工具、填充工具绘制卡通人物。

【案例知识要点】使用钢笔工具、渐变工具绘制网页Banner卡通人物。效果如图3-9所示。

【效果所在位置】Ch03\效果\绘制网页Banner卡通人物.ai。

图3-9

01 按Ctrl+O快捷键，打开本书学习资源中的“Ch03\素材\绘制网页Banner卡通人物\01”文件，如图3-10所示。

图3-10

02 选择钢笔工具，在页面外绘制一个不规则图形，如图3-11所示。双击渐变工具，弹出“渐变”控制面板，选中线性渐变按钮，在色带上设置两个渐变滑块，分别将渐变滑块的位置设为0%、100%，并设置R、G、B的值分别为0%（67、49、128）、100%（55、92、161），其他选项的设置如图3-12所示，图形被填充为渐变色，并设置描边色为无，效果如图3-13所示。

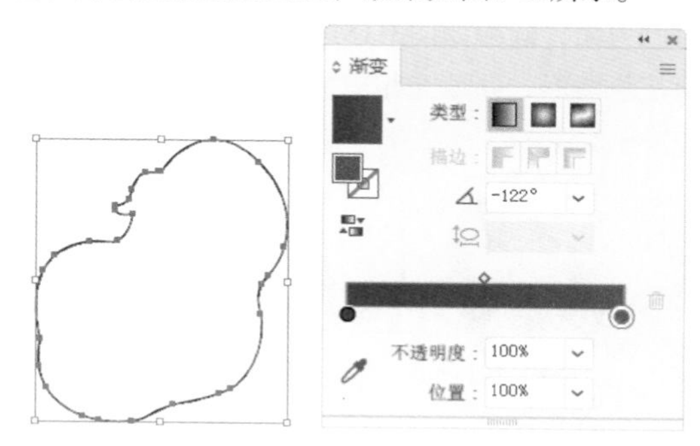

图3-11　　图3-12

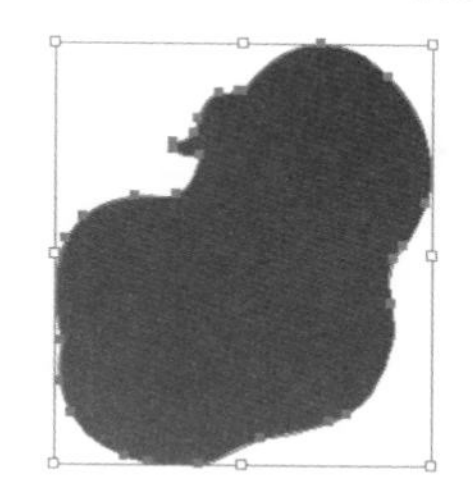

图3-13

03 选择钢笔工具，在适当的位置分别绘制不规则图形，如图3-14所示。选择选择工具，选取需要的脸部图形，设置图形填充色为肉色（其R、G、B的值分别为239、205、182），填充图形，并设置描边色为无，效果如图3-15所示。

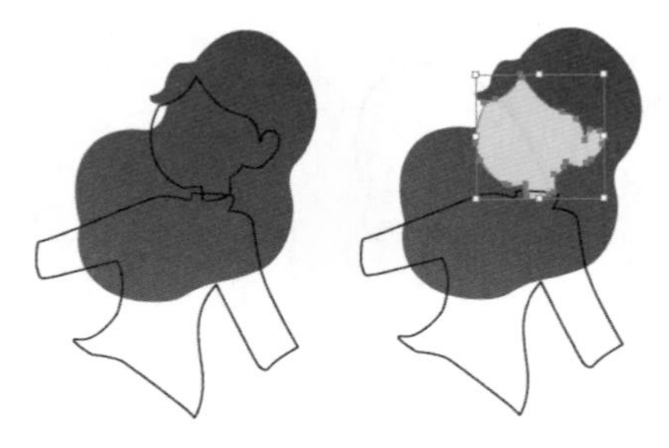

图3-14　　图3-15

04 选择选择工具，选取需要的衣服图形，设置图形填充色为粉红色（其R、G、B的值分别为218、123、148），填充图形，并设置描边色为无，效果如图3-16所示。

05 选择钢笔工具，在适当的位置分别绘制不规则图形，如图3-17所示。选择选择工具，按住Shift键的同时，将绘制的手臂图形同时选取，设置图形填充色为肉色（其R、G、B的值分别为239、205、182），填充图形，并设置描边色为无，效果如图3-18所示。用相同的方法绘制其他图形，并填充相应的颜色，效果如图3-19所示。

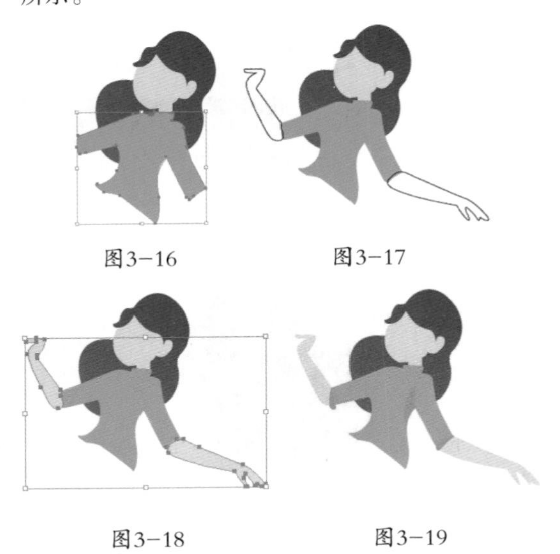

图3-16　　图3-17

图3-18　　图3-19

06 选择钢笔工具，在适当的位置分别绘制不规则图形，如图3-20所示。选择选择工具，按住Shift键的同时，将绘制的图形同时选取，双击渐变工具，弹出“渐变”控制面板，选中线性渐变按钮，在色带上设置两个渐变滑块，分别将渐变滑块的位置设为0%、100%，并设置R、G、B的值分别为0%（43、36、125）、100%（53、88、158），其他选项的设置如图3-21所示，图形被填充为渐变色，并设置描边色为无，效果如图3-22所示。

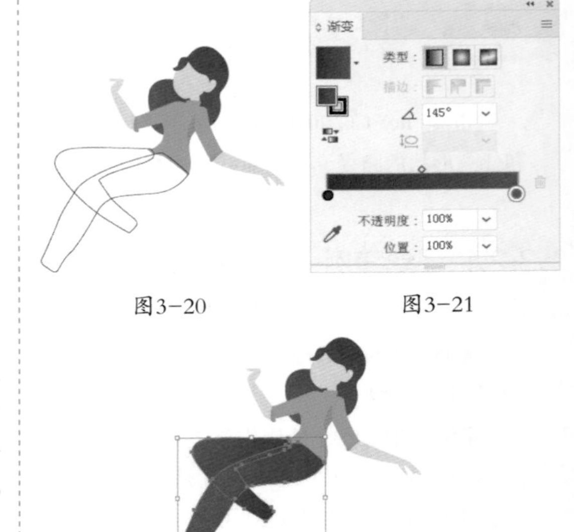

图3-20　　图3-21

图3-22

07 用相同的方法绘制裤脚，并填充相应的渐变色，效果如图3-23所示。选择钢笔工具，在适当的位置分别绘制不规则图形，如图3-24所示。选择选择工具，选取需要的小腿图形，设置图形填充色为肉色（其R、G、B的值分别为239、205、182），填充图形，并设置描边色为无，效果如图3-25所示。

图3-23

图3-24 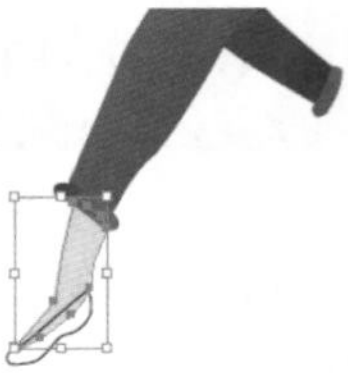　　图3-25

08 选择选择工具▶，选取需要的鞋子图形，设置图形填充色为浅粉色（其R、G、B的值分别为216、121、120），填充图形，并设置描边色为无，效果如图3-26所示。用相同的方法绘制右脚，并填充相应的颜色，效果如图3-27所示。

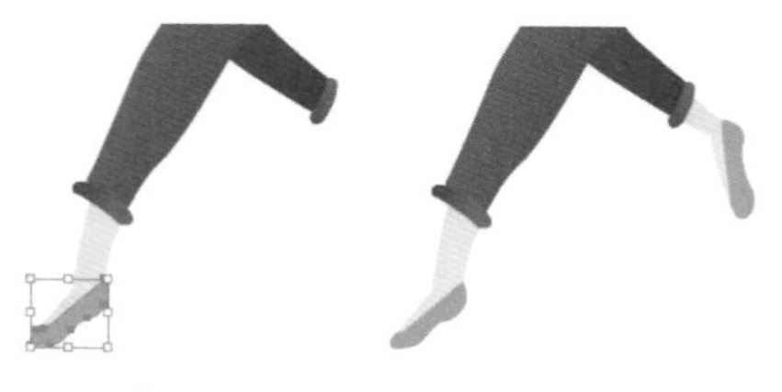

图3-26　　图3-27

09 选择钢笔工具，在适当的位置分别绘制不规则图形，如图3-28所示。选择选择工具▶，按住Shift键的同时，将绘制的图形同时选取，将图形填充为白色，并设置描边色为无，效果如图3-29所示。按Ctrl+Shift+[快捷键，将其置于底层，效果如图3-30所示。

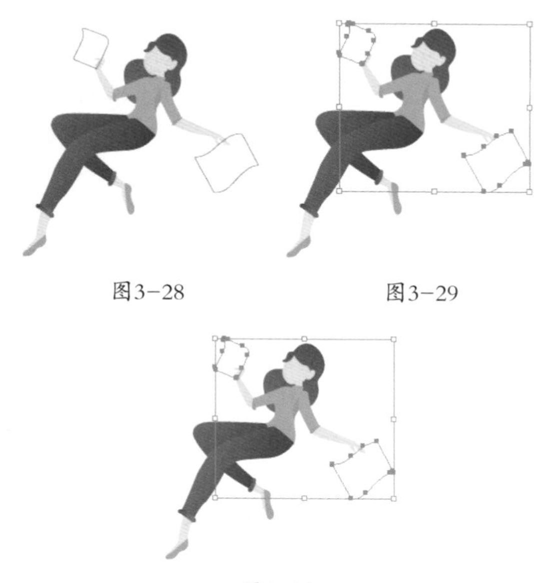

图3-28　　图3-29

图3-30

10 选择选择工具▶，用框选的方法将所绘制的图形全部选取，按Ctrl+G快捷键，将其编组，拖曳编了组的图形到页面中适当的位置，效果如图3-31所示。网页Banner卡通人物绘制完成，效果如图3-32所示。

图3-31

图3-32

3.2.2 绘制直线

选择钢笔工具，在页面中单击鼠标确定直线的起点，如图3-33所示。移动光标到需要的位置，再次单击鼠标确定直线的终点，如图3-34所示。

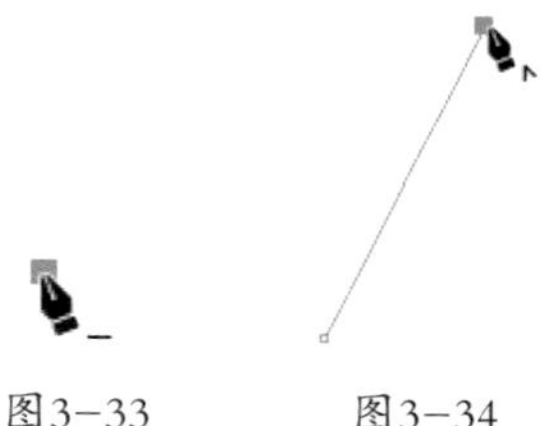

图3-33　　图3-34

在需要的位置再连续单击确定其他的锚点，就可以绘制出折线的效果，如图3-35所示。如果双击折线上的锚点，该锚点会被删除，折线的另外两个锚点将自动连接，如图3-36所示。

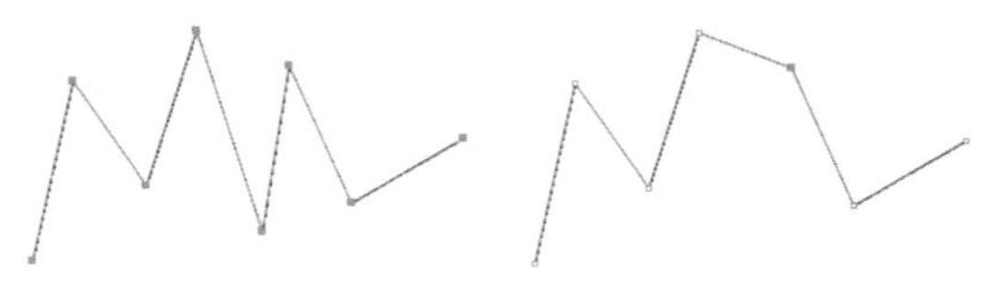

图3-35　　图3-36

3.2.3 绘制曲线

选择钢笔工具，在页面中按住鼠标左键拖曳鼠标来确定曲线的起点。起点的两侧分别出现了一条控制线，如图3-37所示。

图3-37

释放鼠标左键，移动光标到需要的位置，再次按住鼠标左键拖曳鼠标，出现了一条曲线段。拖曳鼠标的同时，第2个锚点两侧也出现了控制线。按住鼠标左键不放，随着鼠标的移动，曲线段的形状也发生变化，如图3-38所示。释放鼠标左键，移动鼠标继续绘制。

如果连续地按住鼠标左键拖曳鼠标，则可以绘制出一些连续、平滑的曲线，如图3-39所示。

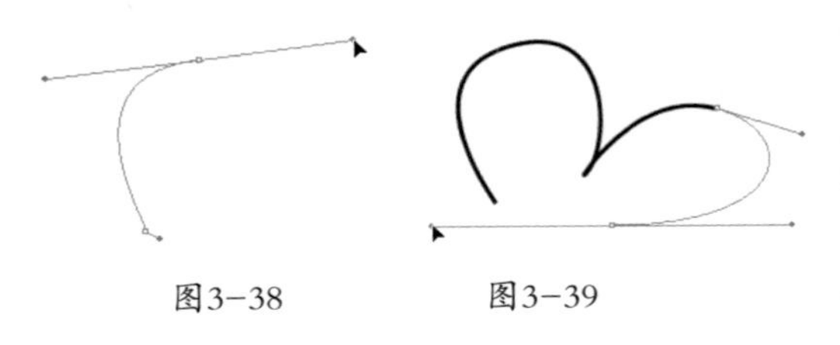

图3−38　　图3−39

3.2.4 绘制复合路径

钢笔工具不但可以绘制单纯的直线或曲线，还可以绘制既包含直线又包含曲线的复合路径。

复合路径是指由两个或两个以上的开放或闭合路径所组成的路径。在复合路径中，路径间重叠在一起的公共区域被镂空，呈透明的状态，如图3-40和图3-41所示。

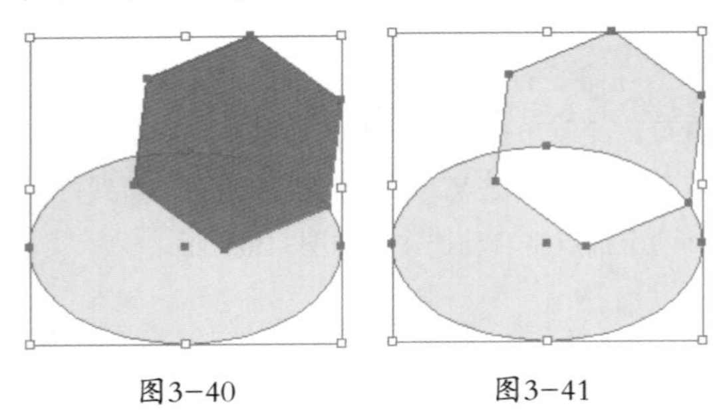

图3−40　　图3−41

1. 制作复合路径

（1）使用菜单栏命令制作复合路径。

绘制两个图形，并选中这两个图形对象，效果如图3-42所示。选择“对象 > 复合路径 > 建立”命令（快捷键为Ctrl+8），可以看到两个对象成为复合路径后的效果，如图3-43所示。

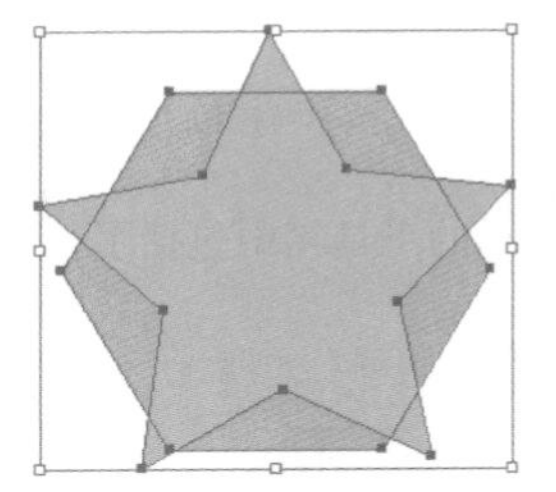

图3−42

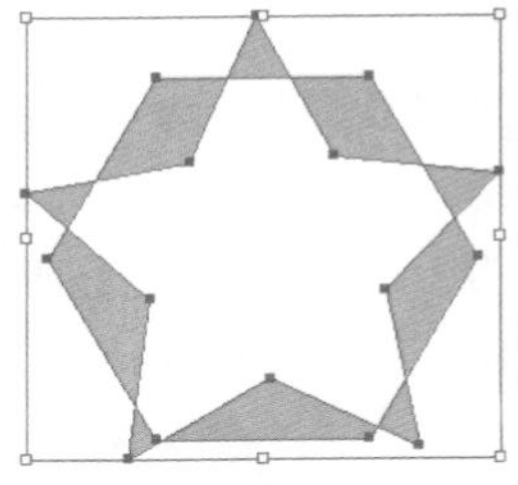

图3−43

（2）使用快捷菜单命令制作复合路径。

绘制两个图形，并选中这两个图形对象，用鼠标右键单击选中的对象，在弹出的菜单中选择“建立复合路径”命令，两个对象成为复合路径。

2. 复合路径与组的区别

虽然使用编组选择工具也能将组成复合路径的各个路径单独选中，但复合路径和组是有区别的。组是一组组合在一起的对象，其中的每个对象都是独立的，各个对象可以有不同的外观属性；而所有包含在复合路径中的路径都被认为是一条路径，整个复合路径中只能有一种填充和描边属性。复合路径与组的差别如图3-44和图3-45所示。

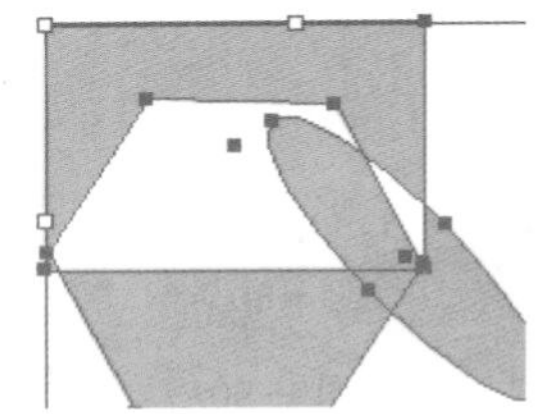

图3−44

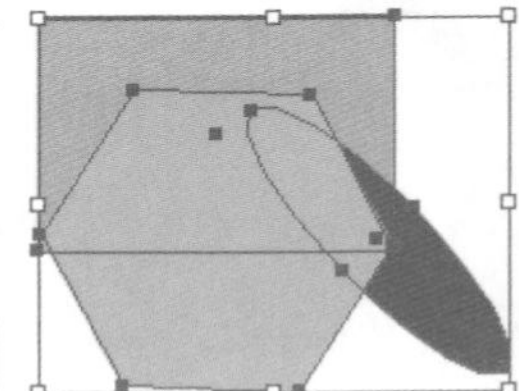

图3−45

3. 释放复合路径

（1）使用菜单栏命令释放复合路径。

选中复合路径，选择“对象 > 复合路径 > 释放”命令（快捷键为Alt+Shift+Ctrl+8），可以释放复合路径。

（2）使用快捷菜单命令释放复合路径。

选中复合路径，在绘图页面上单击鼠标右键，在弹出的菜单中选择“释放复合路径”命令，可以释放复合路径。

3.3 编辑路径

在Illustrator CC 2019的工具箱中包括了很多路径编辑工具，可以应用这些工具对路径进行变形、转换和剪切等编辑操作。

3.3.1 添加、删除、转换锚点

在钢笔工具上按住鼠标左键不放，将展开钢笔工具组，如图3-46所示。

1. 添加锚点

绘制一段路径，如图3-47所示。选择添加锚点工具，在路径上面的任意位置单击，路径上就会增加一个新的锚点，如图3-48所示。

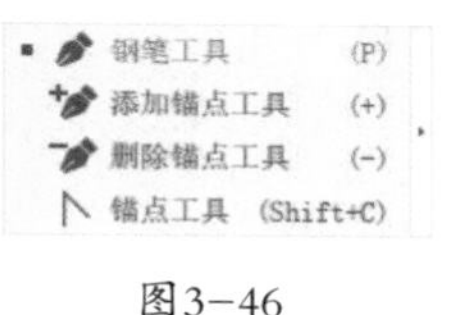

图3-46

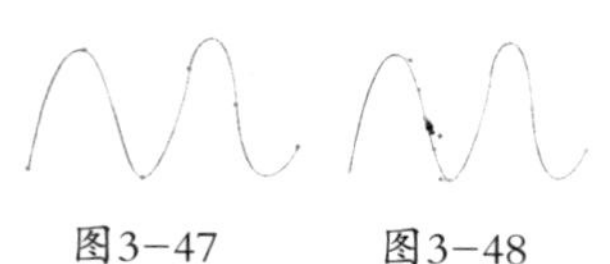

图3-47 图3-48

2. 删除锚点

绘制一段路径，如图3-49所示。选择删除锚点工具，在路径上面的任意一个锚点上单击，该锚点就会被删除，如图3-50所示。

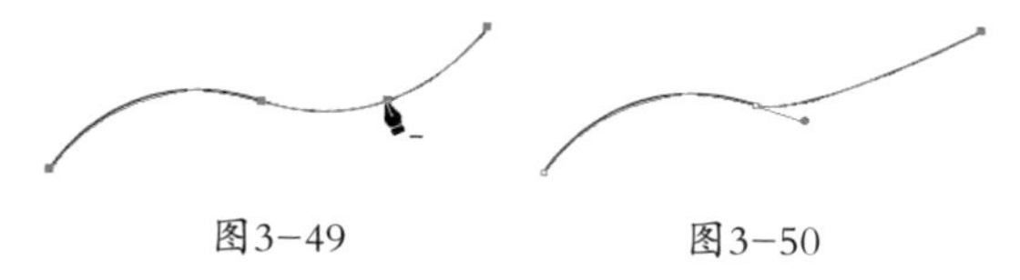

图3-49 图3-50

3. 转换锚点

绘制一段闭合的星形路径，如图3-51所示。选择锚点工具，单击路径上的锚点，锚点就会被转换，如图3-52所示。拖曳锚点可以编辑路径的形状，效果如图3-53所示。

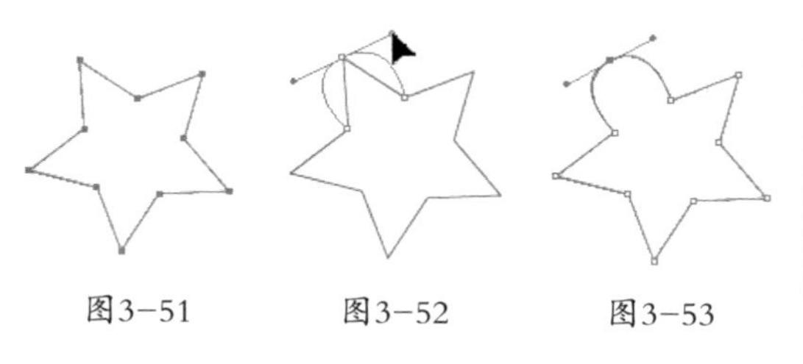

图3-51 图3-52 图3-53

3.3.2 使用剪刀、刻刀工具

1. 剪刀工具

绘制一段路径，如图3-54所示。选择剪刀工具，单击路径上任意一点，路径就会从单击的地方被剪切为两条路径，如图3-55所示。按键盘上方向键中的↓键，移动剪切处的锚点，即可看见剪切后的效果，如图3-56所示。

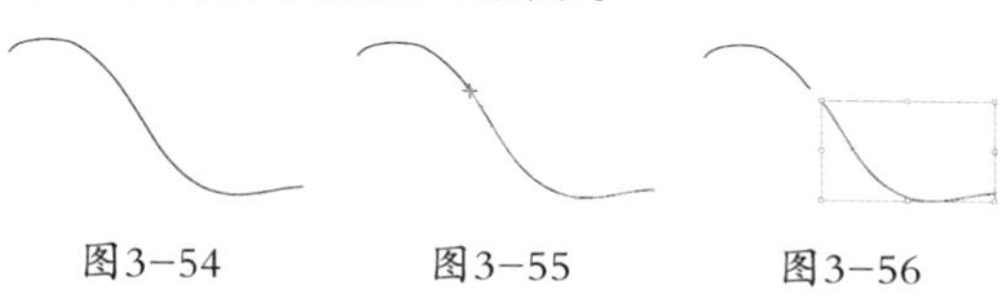

图3-54 图3-55 图3-56

2. 刻刀工具

绘制一段闭合路径，如图3-57所示。选择刻刀工具，在需要的位置按住鼠标左键从路径的上方至下方拖曳出一条线，如图3-58所示，释放鼠标左键，闭合路径被裁切为两个闭合路径，效果如图3-59所示。选中路径的右半部，按键盘上的方向键中的→键，移动路径，如图3-60所示。可以看见路径被裁切为两部分，效果如图3-61所示。

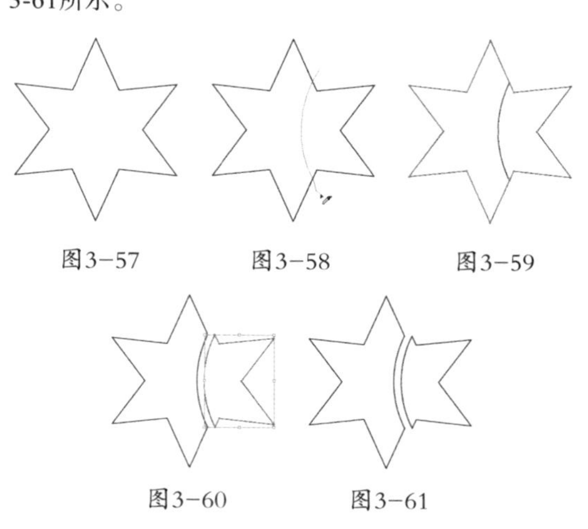

图3-57 图3-58 图3-59

图3-60 图3-61

3.4 使用路径命令

在Illustrator CC 2019中，除了能够使用工具箱中的各种编辑工具对路径进行编辑外，还可以应用路径菜单中的命令对路径进行编辑。选择“对象 > 路径”子菜单，其中包括11个编辑命令：“连接”命令、“平均”命令、“轮廓化描边”命令、“偏移路径”命令、“反转路径方向”命令、“简化”命令、“添加锚点”命令、“移去锚点”命令、“分割下方对象”命令、“分割为网格”命令、“清理”命令，如图3-62所示。

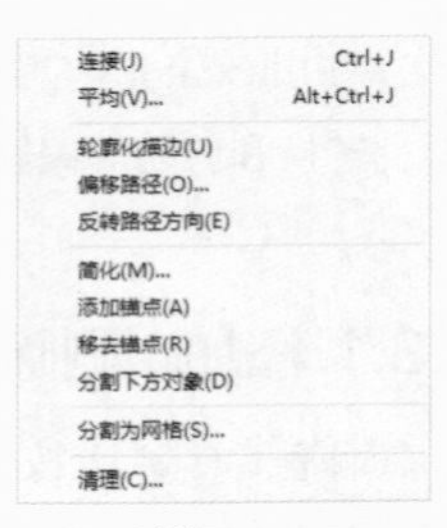

图3-62

3.4.1 课堂案例——绘制播放图标

【案例学习目标】学习使用绘图工具、路径命令绘制播放图标。

【案例知识要点】使用椭圆工具、缩放命令、偏移路径命令、多边形工具和变换控制面板绘制播放图标，效果如图3-63所示。

【效果所在位置】Ch03\效果\绘制播放图标.ai。

图3-63

01 按Ctrl+N快捷键，弹出“新建文档”对话框，设置文档的宽度为1 024 px，高度为1 024 px，取向为横向，颜色模式为RGB，单击“创建”按钮，新建一个文档。

02 选择椭圆工具，按住Shift键的同时，在适当的位置绘制一个圆形，设置图形填充色为蓝色（其R、G、B的值分别为102、117、253），填充图形，并设置描边色为无，效果如图3-64所示。

03 选择“对象 > 变换 > 缩放”命令，在弹出的“比例缩放”对话框中进行设置，如图3-65所示；单击“复制”按钮，缩小并复制圆形，效果如图3-66所示。

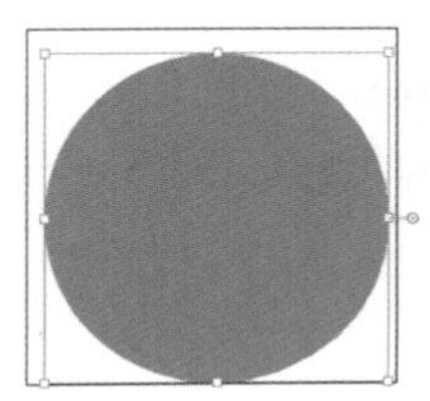
图3-64

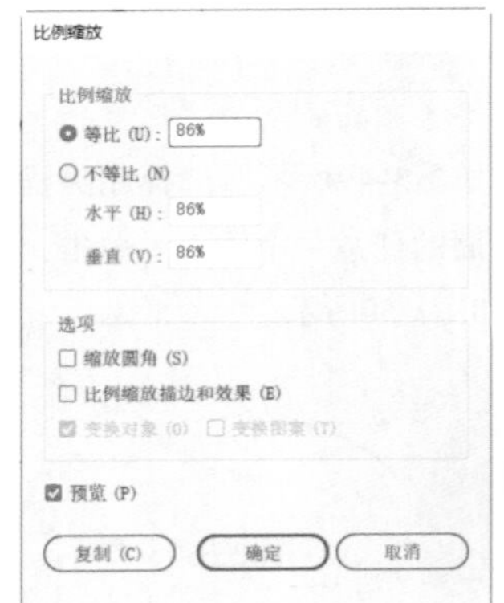

图3-65

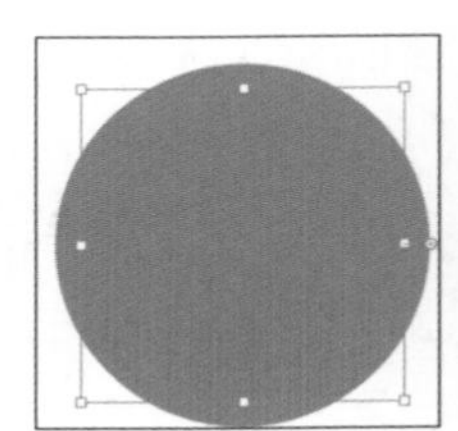
图3-66

04 保持图形被选取状态。设置图形填充色为草绿色（其R、G、B的值分别为107、255、54），填充图形，效果如图3-67所示。选择选择工具，向左上角拖曳圆形到适当的位置，效果如图3-68所示。

05 选择圆角矩形工具，在页面中单击鼠标左键，弹出“圆角矩形”对话框，选项的设置如图3-69所示，单击“确定”按钮，出现一个圆角矩形。选择选择工具，拖曳圆角矩形到适当的位置，效果如图3-70所示。

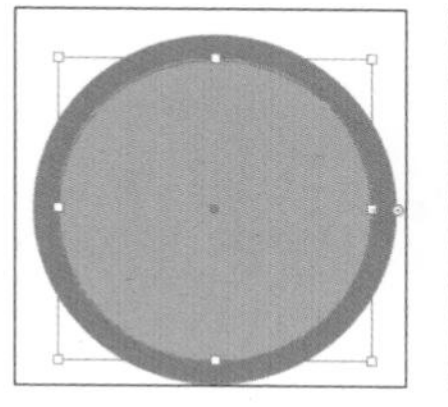

图3-67

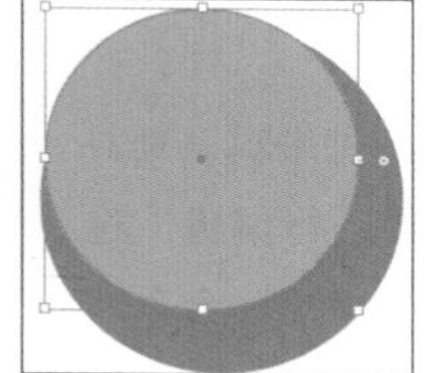

图3-68

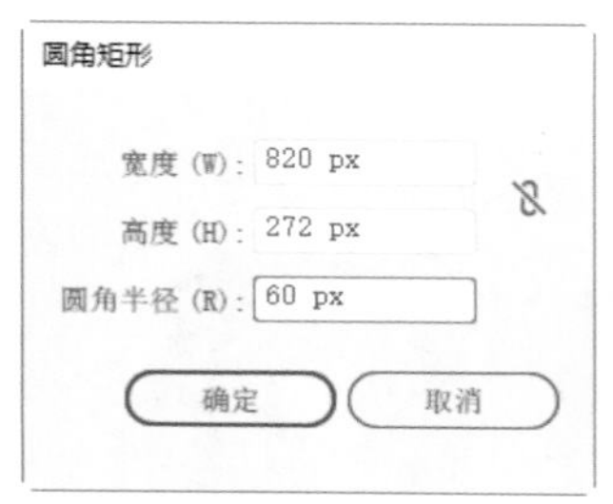

图3-69

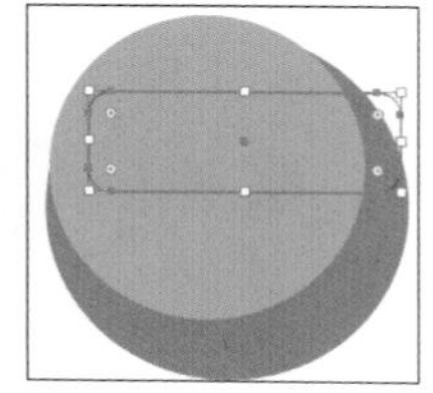

图3-70

06 保持图形被选取状态。设置图形填充色为浅绿色（其R、G、B的值分别为73、234、56），填充图形，并设置描边色为无，效果如图3-71所示。选择“窗口 > 变换”命令，弹出“变换”控制面板，将“旋转”选项设为48°，如图3-72所示；按Enter键确认操作，效果如图3-73所示。

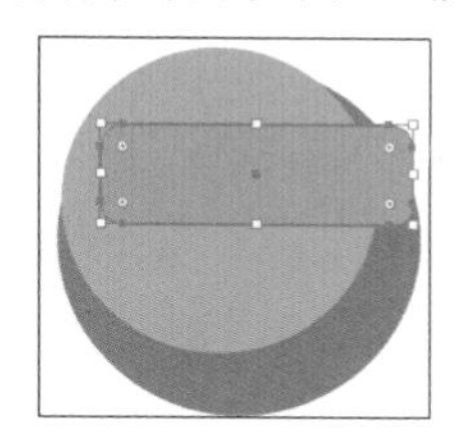

图3-71

图3-72

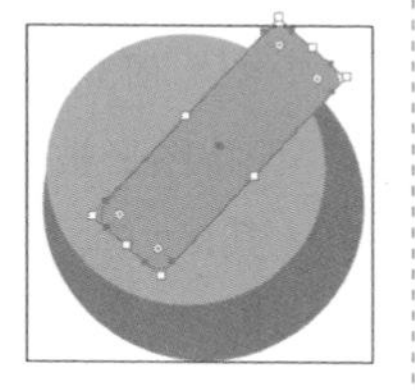

图3-73

07 选择镜像工具，按住Alt键的同时，在适当的位置单击，如图3-74所示；弹出“镜像”对话框，选项的设置如图3-75所示；单击“复制”按钮，镜像并复制图形，效果如图3-76所示。

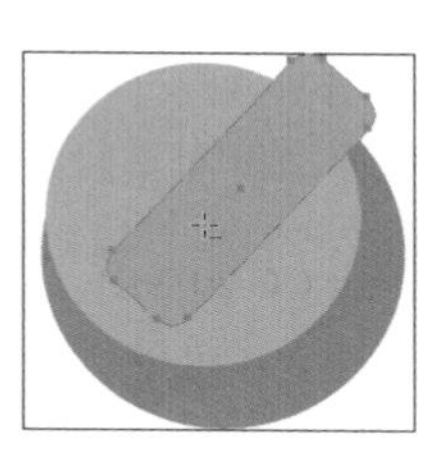

图3-74

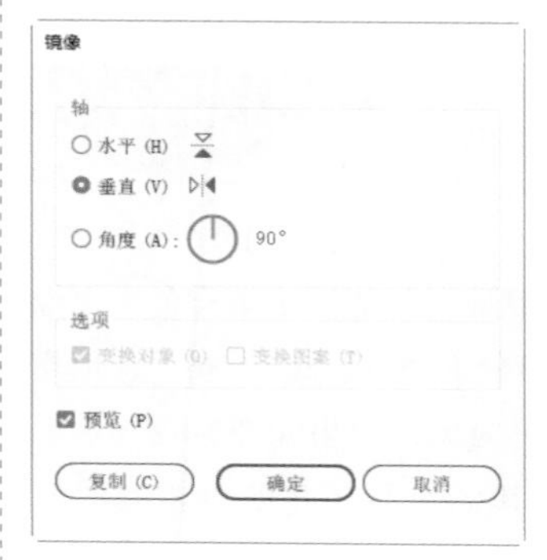

图3-75

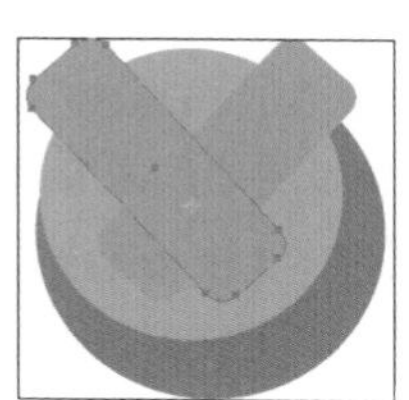

图3-76

08 选择椭圆工具，按住Shift键的同时，在适当的位置绘制一个圆形，设置图形填充色为浅绿色（其R、G、B的值分别为73、234、56），填充图形，并设置描边色为无，效果如图3-77所示。

09 选择选择工具，按住Alt+Shift快捷键的同时，水平向右拖曳圆形到适当的位置，复制圆形，效果如图3-78所示。

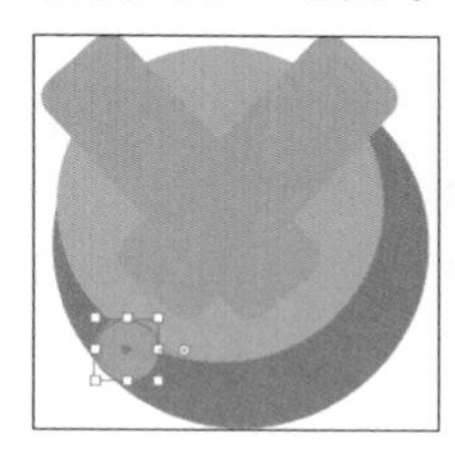

图3-77

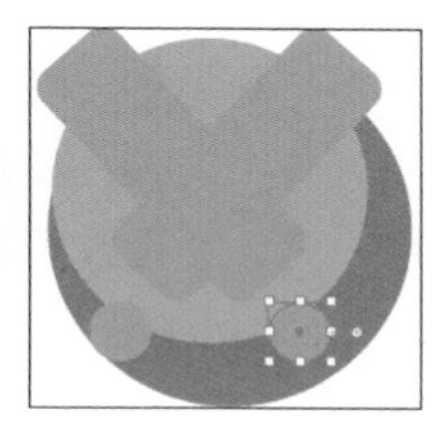

图3-78

10 选择选择工具，按住Shift键的同时，依次单击将绘制的部分图形同时选取，按Ctrl+[快捷键，将图形后移一层，效果如图3-79所示。

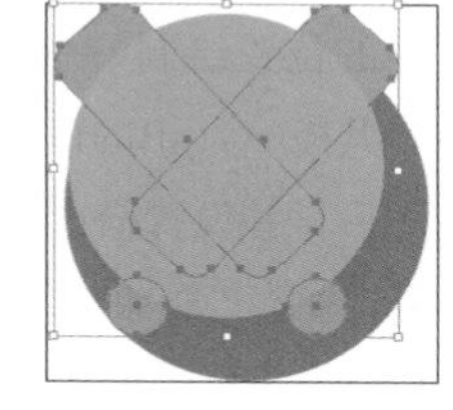

图3-79

11 选取草绿色圆形，选择“对象 > 路径 > 偏移路径”命令，在弹出的对话框中进行设置，如图3-80所示；单击“确定”按钮，效果如图3-81所示。

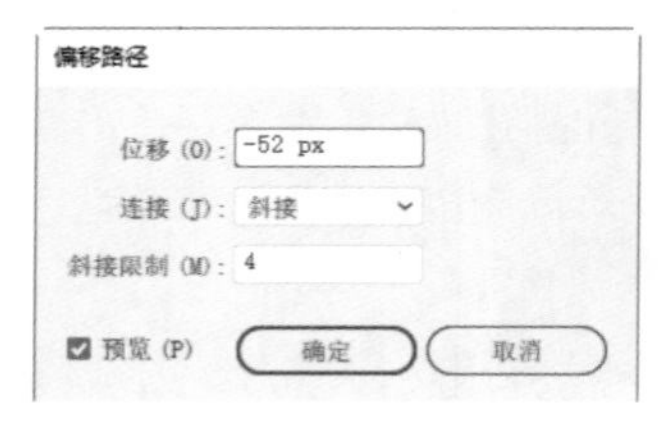

图3-80

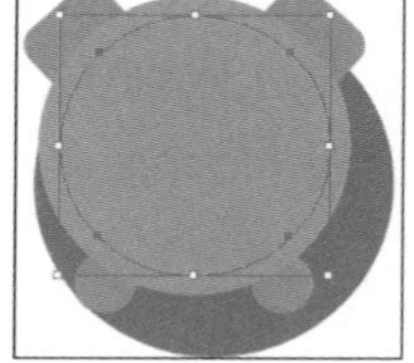

图3-81

12 保持图形被选取状态。设置图形填充色为深绿色（其R、G、B的值分别为43、204、36），填充图形，并设置描边色为无，效果如图3-82所示。用相同的方法制作其他圆形，并填充相应的颜色，效果如图3-83所示。

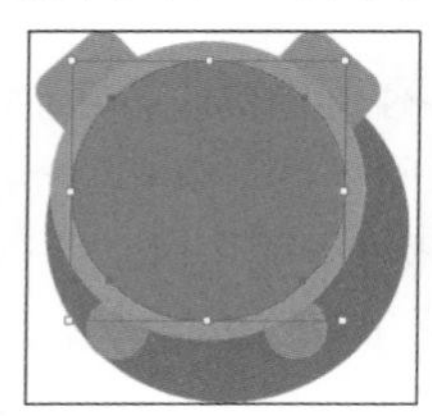

图3-82

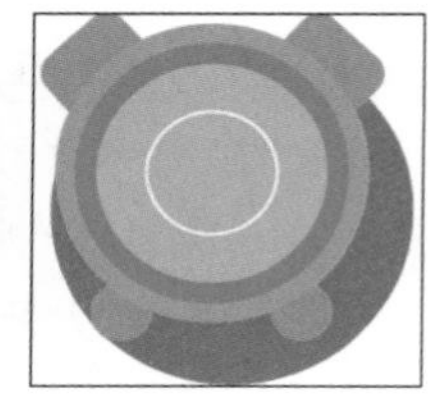

图3-83

13 选择多边形工具，在页面中单击鼠标，在弹出的“多边形”对话框进行设置，如图3-84所示；单击“确定”按钮，得到一个三角形，选择选择工具，拖曳三角形到适当的位置，将图形填充为白色，并设置描边色为无，效果如图3-85所示。

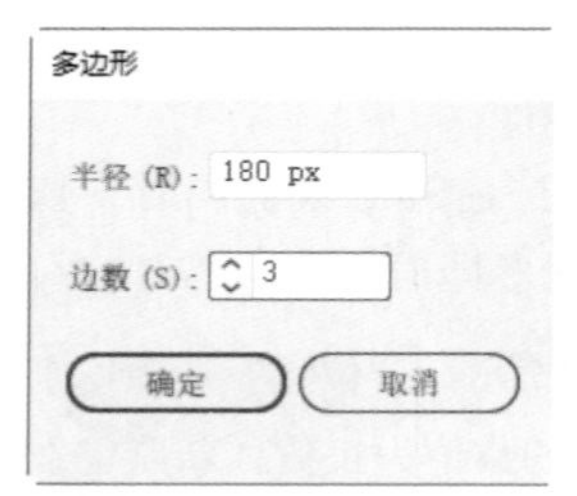

图3-84

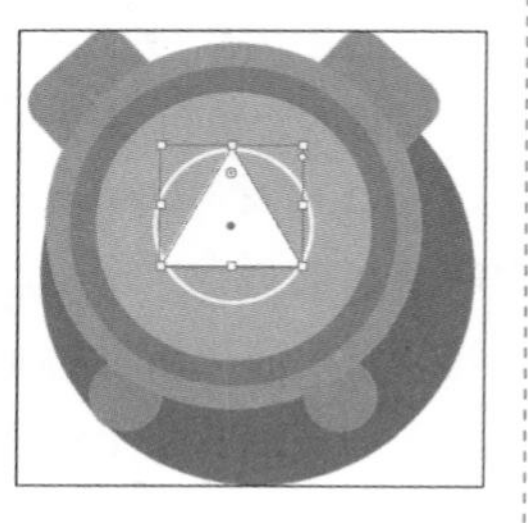

图3-85

14 在“变换”控制面板中的“多边形属性”选项组中，将“圆角半径”选项设为50 px，其他选项的设置如图3-86所示；按Enter键确认操作，效果如图3-87所示。播放图标绘制完成，效果如图3-88所示。

图3-86

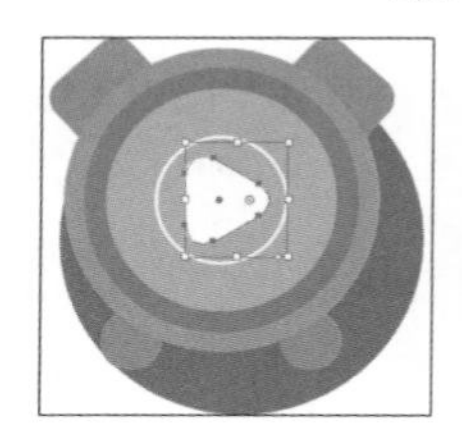

图3-87

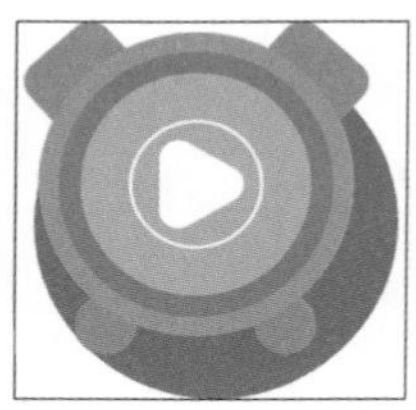

图3-88

3.4.2 使用“连接”命令

“连接”命令可以将开放路径的两个端点用一条直线段连接起来，从而形成新的路径。如果连接的两个端点在同一条路径上，将形成一条新的闭合路径；如果连接的两个端点在不同的开放路径上，将形成一条新的开放路径。

选择直接选择工具，用框选的方法选择要连接的两个端点，如图3-89所示。选择“对象 > 路径 > 连接”命令（快捷键为Ctrl+J），两个端点之间将出现一条直线段，把开放路径闭合起来，效果如图3-90所示。

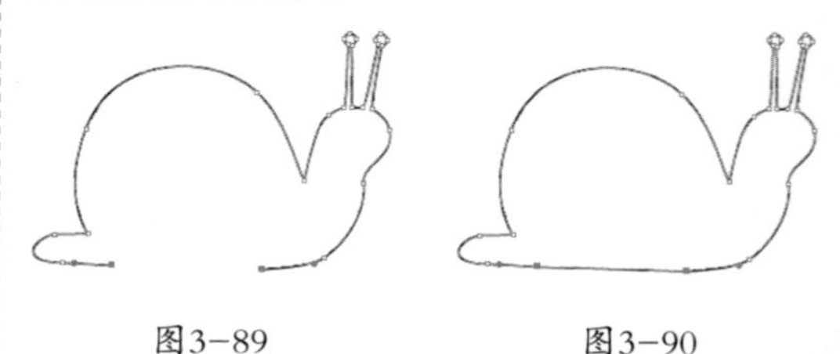

图3-89　　图3-90

提示

如果在两条路径间进行连接，这两条路径必须属于同一个组。文本路径中的终止点不能连接。

3.4.3 使用“平均”命令

“平均”命令可以使路径上的所有点按一定的方式平均分布，应用该命令可以制作对称的图案。

选择直接选择工具▷，选中要平均分布的锚点，如图3-91所示，选择“对象 > 路径 > 平均”命令（快捷键为Ctrl+Alt+J），弹出“平均”对话框，对话框中包括3个选项，如图3-92所示。“水平”单选项可以对选定的锚点按水平方向进行平均分布处理，在“平均”对话框中，选择“水平”单选项，单击“确定”按钮，选中的锚点将在水平方向上对齐，效果如图3-93所示；“垂直”单选项可以对选定的锚点按竖直方向进行平均分布处理，图3-94所示为选择“垂直”单选项，单击“确定”按钮后选中的锚点的效果；“两者兼有”单选项可以对选定的锚点按水平和竖直两种方向进行平均分布处理，图3-95所示为选择“两者兼有”单选项，单击“确定”按钮后选中的锚点的效果。

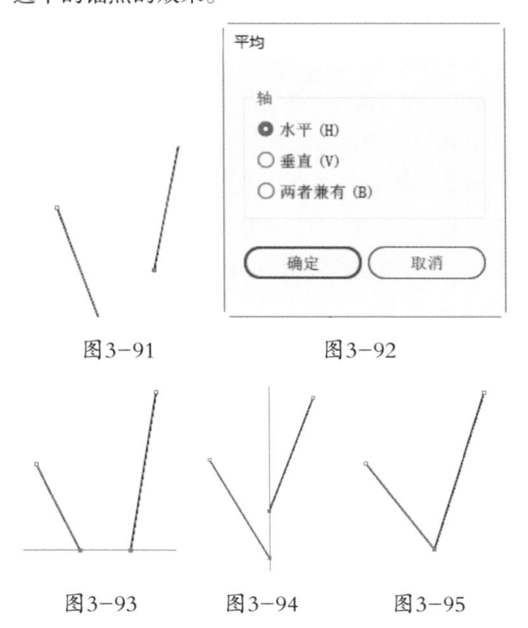

图3-91　图3-92

图3-93　图3-94　图3-95

3.4.4 使用“轮廓化描边”命令

“轮廓化描边”命令可以在已有描边的两侧创建新的路径。可以理解为新路径由两条路径组成，这两条路径分别是原来对象描边两侧的边缘。不论对开放路径还是对闭合路径，使用“轮廓化描边”命令，得到的都将是闭合路径。在Illustrator CC 2019中，渐变命令不能应用在对象的描边上，但应用“轮廓化描边”命令制作出新图形后，渐变命令就可以应用在原来的对象描边上了。

使用铅笔工具✎绘制出一条路径，选中路径对象，如图3-96所示。选择“对象 > 路径 > 轮廓化描边”命令，创建对象的描边轮廓，效果如图3-97所示。应用渐变命令为描边轮廓填充渐变色，效果如图3-98所示。

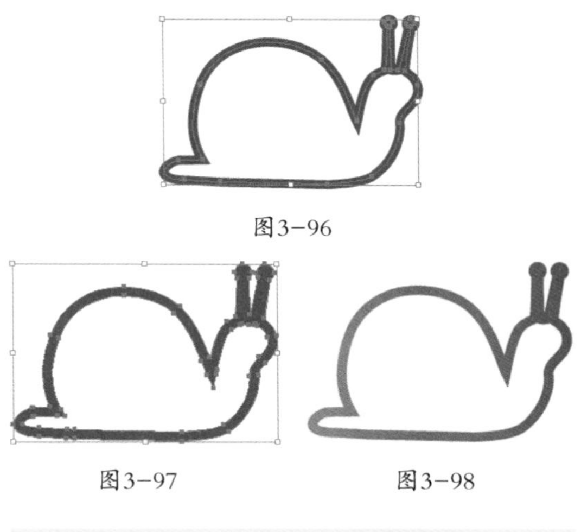

图3-96

图3-97　图3-98

3.4.5 使用“偏移路径”命令

“偏移路径”命令可以围绕着已有路径的外部或内部勾画一条新的路径，新路径与原路径之间偏移的距离可以按需要设置。

选中要偏移的对象，如图3-99所示。选择“对象 > 路径 > 偏移路径”命令，弹出“偏移路径”对话框，如图3-100所示。“位移”选项用来设置偏移的距离，设置的数值为正值，新路径在原始路径的外部；设置的数值为负值，新路径在原始路径的内部。“连接”选项可以设置新路径拐角处的连接方式。“斜接限制”选项会影响到连接区域的大小。

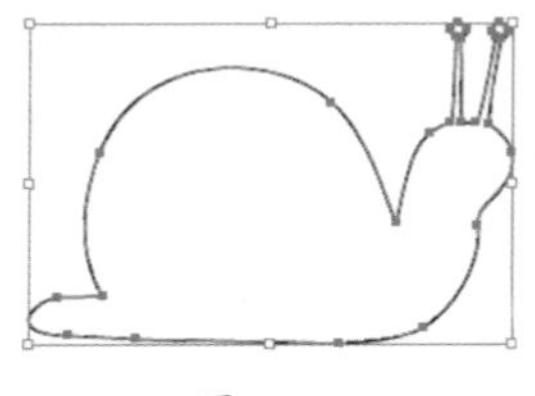

图3-99

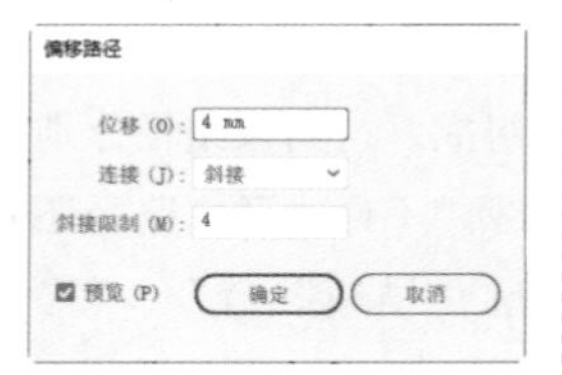

图3-100

设置“位移”选项中的数值为正值时，偏移效果如图3-101所示。设置“位移”选项中的数值为负值时，偏移效果如图3-102所示。

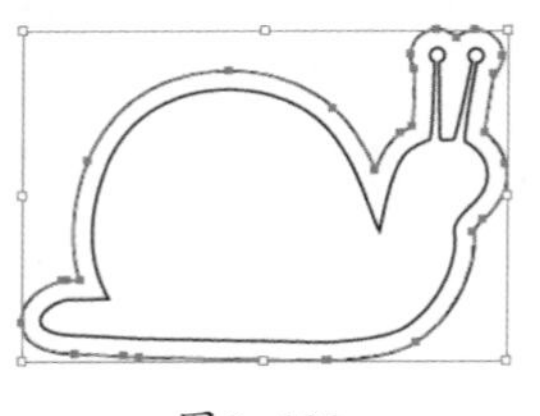

图3-101

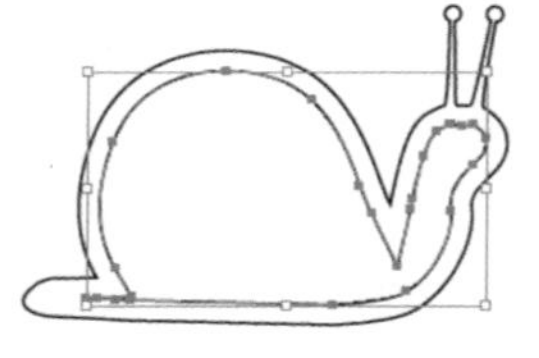

图3-102

3.4.6 使用“反转路径方向”命令

“反转路径方向”命令可以让复合路径的终点转换为起点。

选中要反转的路径，如图3-103所示。选择“对象 > 路径 > 反转路径方向”命令，反转路径，变终点为起点，如图3-104所示。

图3-103　　图3-104

3.4.7 使用“简化”命令

“简化”命令可以在尽量不改变图形原始形状的基础上通过删去多余的锚点来简化路径，为修改和编辑路径提供了方便。

导入一幅AI格式的图像。选中这幅图像，可以看见图像上存在着大量的锚点，效果如图3-105所示。

选择“对象 > 路径 > 简化”命令，弹出“简化”对话框，如图3-106所示。在对话框中，“曲线精度”选项可以设置路径简化的精度。“角度阈值”选项用来处理尖锐的角点。勾选“直线”复选项，将在每对锚点间绘制一条直线。勾选“显示原路径”复选项，在预览简化后的效果时，将显示出原始路径以做对比。单击“确定”按钮，简化后的路径与原始图像相比，外观更加平滑，路径上的锚点数目也减少了，效果如图3-107所示。

图3-105

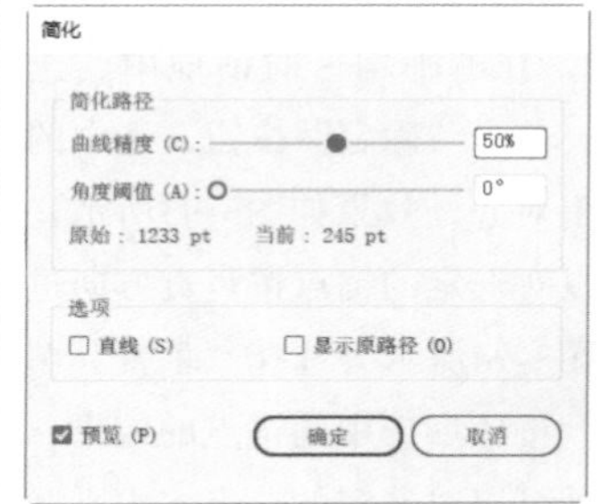

图3-106

图3-107

3.4.8 使用“添加锚点”命令

“添加锚点”命令可以给选定的路径增加锚点，执行一次该命令可以在两个相邻的锚点中间添加一个锚点。重复执行该命令，可以添加更多的锚点。

选中要添加锚点的对象，如图3-108所示。选择“对象 > 路径 > 添加锚点”命令，添加锚点后的效果如图3-109所示。重复选择“添加锚点”命令多次，得到的效果如图3-110所示。

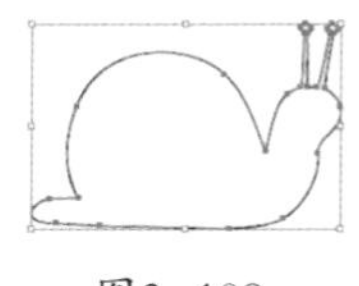

图3-108

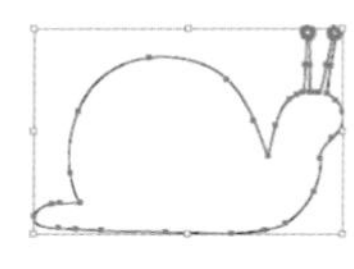

图3-109

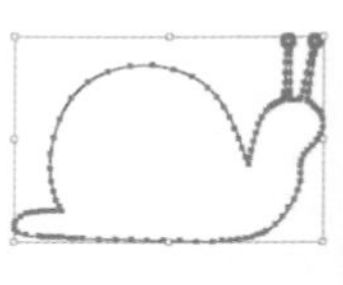

图3-110

3.4.9 使用“分割下方对象”命令

“分割下方对象”命令可以使用已有的路径切割位于它下方的闭合路径。

（1）用开放路径分割对象。

选择一个对象作为被切割对象，如图3-111所示。制作一个开放路径作为切割对象，将其放在被切割对象之上，如图3-112所示。选择“对象 > 路径 > 分割下方对象”命令，切割后，移动对象得到新的切割后的对象，效果如图3-113所示。

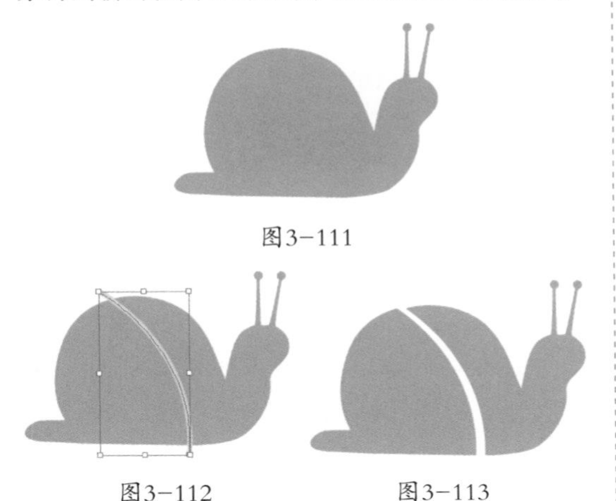

图3-111

图3-112　　图3-113

（2）用闭合路径分割对象。

选择一个对象作为被切割对象，如图3-114所示。制作一个闭合路径作为切割对象，将其放在被切割对象之上，如图3-115所示。选择“对象 > 路径 > 分割下方对象”命令。切割后，移动对象得到新的切割后的对象，效果如图3-116所示。

图3-114

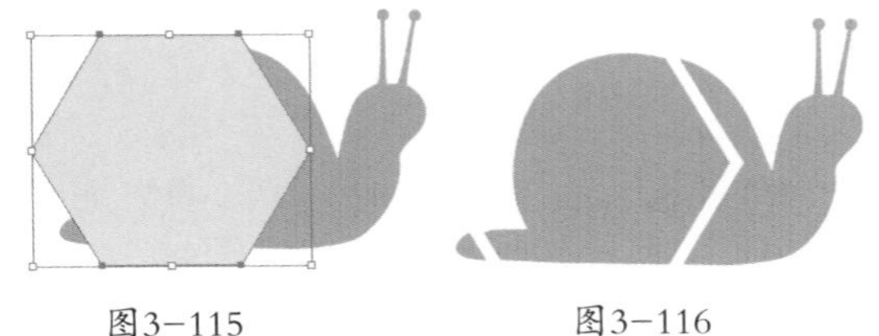

图3-115　　图3-116

3.4.10 使用“分割为网格”命令

选择一个对象，如图3-117所示。选择“对象 > 路径 > 分割为网格”命令，弹出“分割为网格”对话框，如图3-118所示。在对话框的“行”选项组中，“数量”选项可以设置对象的行数；在“列”选项组中，“数量”选项可以设置对象的列数。单击“确定”按钮，效果如图3-119所示。

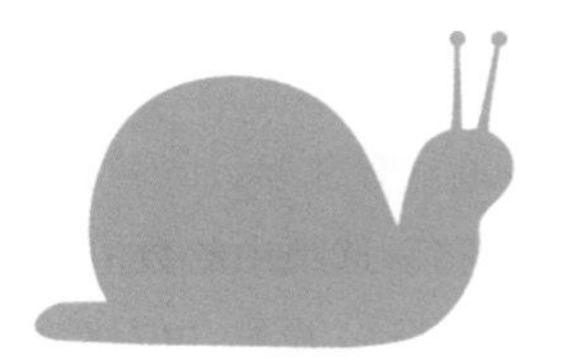

图3-117

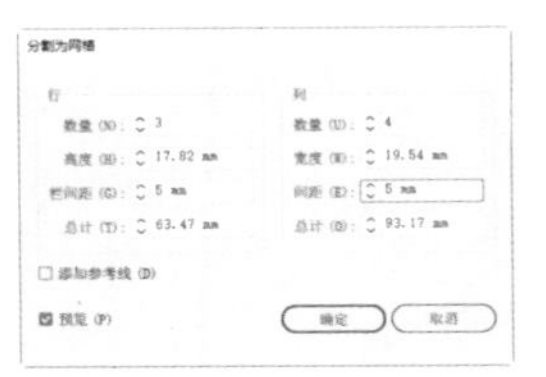

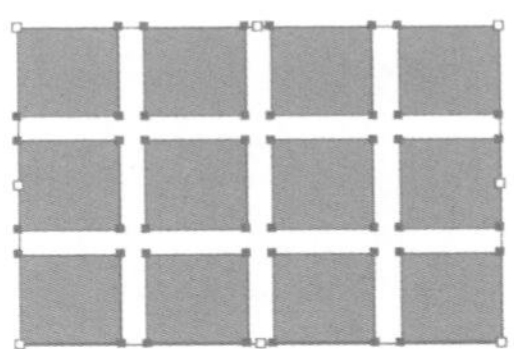

图3-118　　图3-119

3.4.11 使用“清理”命令

“清理”命令可以为当前的文档删除3种多余的对象：游离点、未上色对象和空文本路径。

选择“对象 > 路径 > 清理”命令，弹出“清理”对话框，如图3-120所示。在对话框中，勾选“游离点”复选项，可以删除所有的游离点。游离点是一些可以有路径属性但不能打印的点，使用钢笔工具有时会导致游离点的产生。勾选“未上色对象”复选项，可以删除所有没有填充色和描边色的对象，但不能删除蒙版对象。勾选“空文本路径”复选项，可以删除所有没有字符的文本路径。设置完成后，单击“确定”按钮。系统将会自动清理当前文档。如果文档中没有上述类型的对象，就会弹出一个提示对话框，提示当前文档无须清理，如图3-121所示。

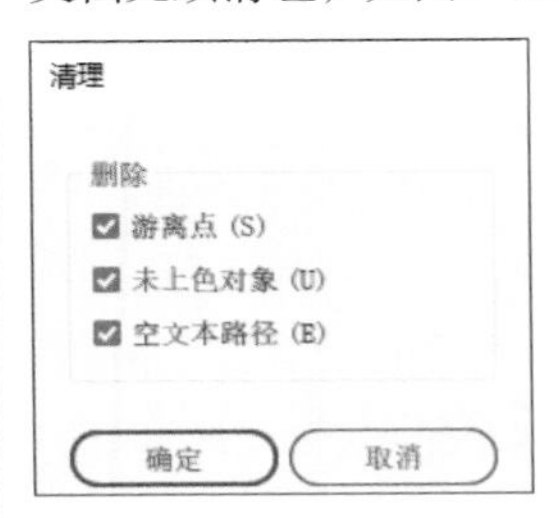

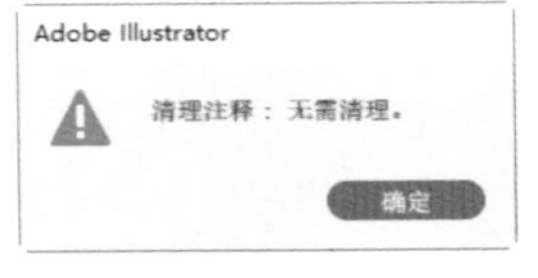

图3-120　　图3-121

3.5 课堂练习——绘制可爱小鳄鱼

【练习知识要点】使用矩形工具、直线段工具、旋转工具绘制背景；使用钢笔工具、椭圆工具、直线段工具、画笔控制面板和填充工具绘制小鳄鱼。效果如图3-122所示。

【素材所在位置】Ch03\素材\绘制可爱小鳄鱼\01。

【效果所在位置】Ch03\效果\绘制可爱小鳄鱼.ai。

图3-122

3.6 课后习题——绘制婴儿贴

【习题知识要点】使用多边形工具、圆角命令制作婴儿贴底部；使用偏移路径命令创建外部路径；使用椭圆工具、简化命令制作腮红；使用文字工具添加文字。效果如图3-123所示。

【效果所在位置】Ch03\效果\绘制婴儿贴.ai。

图3-123

第4章

图像对象的组织

本章介绍

Illustrator CC 2019的对象组织功能包括对象的对齐与分布、前后顺序调整、编组、锁定与隐藏等。这些功能对组织图形对象而言是非常有用的。本章将主要讲解对象的排列、编组以及控制对象等内容。通过学习本章的内容可以高效、快速地对齐、分布、组合和控制多个对象，使对象在页面中更加有序，使工作更加得心应手。

学习目标

- 掌握对齐和分布对象的方法。
- 掌握调整对象和图层顺序的技巧。
- 熟练掌握对象的编组方法。
- 掌握控制对象的技巧。

技能目标

- 掌握“寿司店海报”的制作方法。

4.1 对象的对齐和分布

选择“窗口 > 对齐”命令，弹出“对齐”控制面板，如图4-1所示。单击控制面板右上方的图标 ≡，在弹出的菜单中选择“显示选项”命令，弹出“分布间距”和“对齐”选项组，如图4-2所示。单击“对齐”控制面板右下方的“对齐”按钮，弹出其下拉菜单，如图4-3所示。

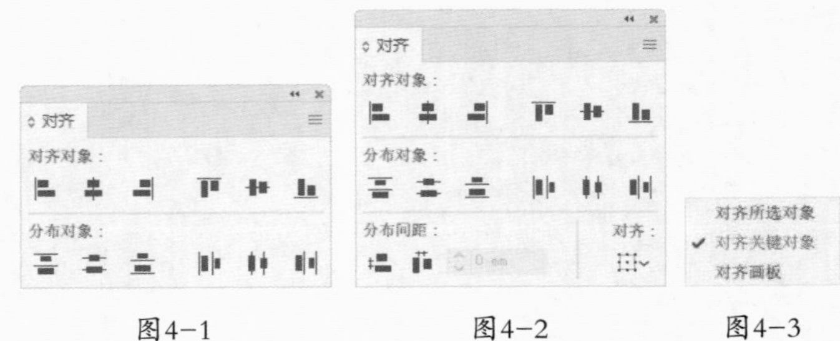

图4-1　　图4-2　　图4-3

命令介绍

对齐命令：可以打开“对齐”控制面板，快速有效地对齐或分布多个图形。

4.1.1 课堂案例——制作寿司店海报

【案例学习目标】学习使用对齐控制面板制作寿司店海报。

【案例知识要点】使用置入命令置入素材图片；使用对齐控制面板对齐图片；使用矩形工具、剪切蒙版命令制作图片蒙版效果；使用文字工具、字符控制面板添加宣传信息。寿司店海报效果如图4-4所示。

【效果所在位置】Ch04\效果\制作寿司店海报.ai。

图4-4

01 按Ctrl+N快捷键，弹出“新建文档”对话框，设置文档的宽度为1080 px，高度为1440 px，取向为竖向，颜色模式为RGB，单击“创建”按钮，新建一个文档。

02 选择“文件 > 置入”命令，弹出“置入”对话框，选择本书学习资源中的“Ch04\素材\制作寿司店海报\01”文件，单击“置入”按钮，在页面中单击置入图片，单击属性栏中的“嵌入”按钮，嵌入图片。选择选择工具，拖曳图片到适当的位置，效果如图4-5所示。按Ctrl+2快捷键，锁定所选对象。

03 按Ctrl+O快捷键，打开本书学习资源中的“Ch04\素材\制作寿司店海报\02”文件，按Ctrl+A快捷键，全选图片。按Ctrl+C快捷键，复制图片。选择正在编辑的页面，按Ctrl+V快捷键，将其粘贴到页面中，选择选择工具，并拖曳复制的图片到适当的位置，效果如图4-6所示。

图4-5

图4-6

04 用框选的方法将第一排图片同时选取，如图4-7所示，选择“窗口 > 对齐”命令，弹出“对齐”控制面板，将对齐方式设为“对齐所选对象”，单击垂直居中对齐按钮，如图4-8所示，居中对齐效果如图4-9所示。

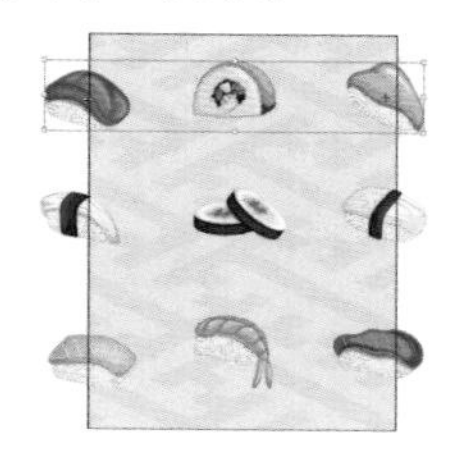

图4-7

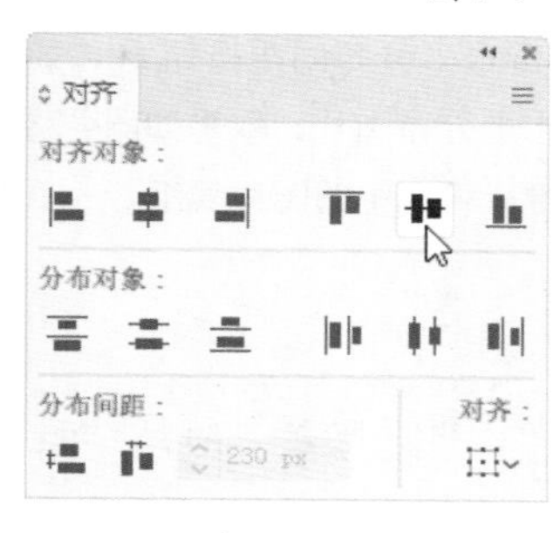

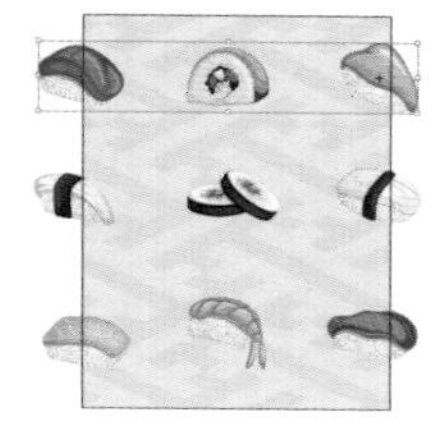

图4-8　　图4-9

05 用框选的方法将第二排图片同时选取，如图4-10所示，在“对齐”控制面板中单击垂直底对齐按钮，如图4-11所示，底部对齐效果如图4-12所示。

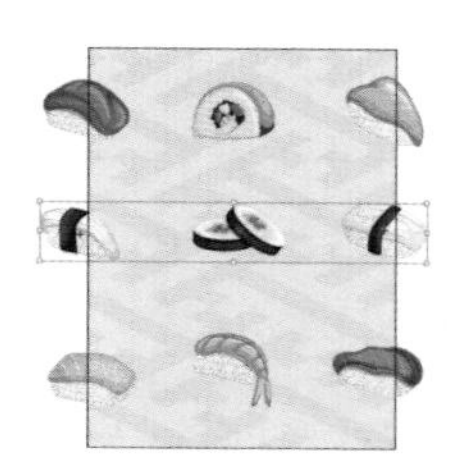

图4-10

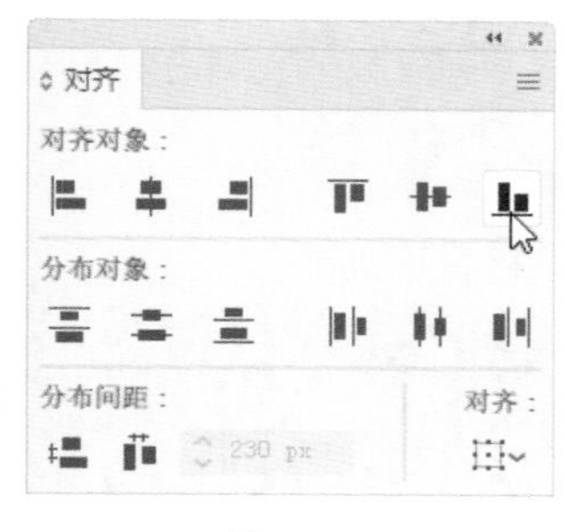

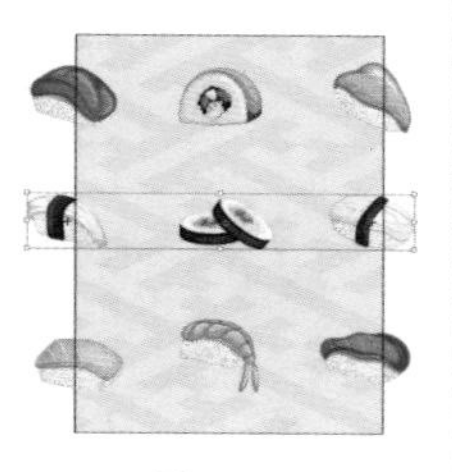

图4-11　　图4-12

06 用框选的方法将第三排图片同时选取，如图4-13所示，在“对齐”控制面板中单击垂直顶对齐按钮，如图4-14所示，顶部对齐效果如图4-15所示。

图4-13

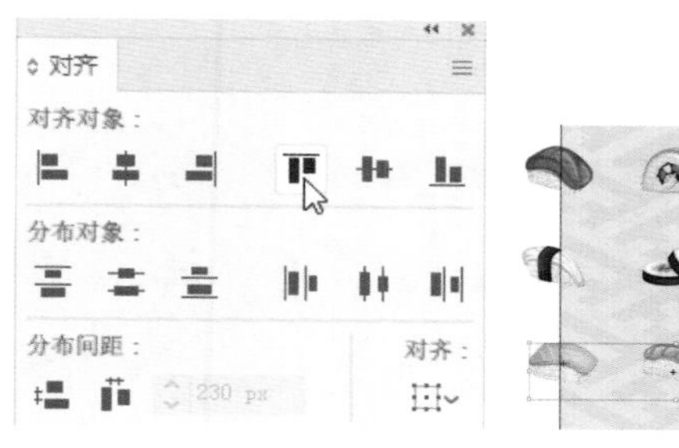

图4-14　　图4-15

07 用框选的方法将第一列图片同时选取，如图4-16所示，在“对齐”控制面板中单击水平居中对齐按钮，如图4-17所示，居中对齐效果如图4-18所示。按Ctrl+G快捷键，将第一列图片编组。

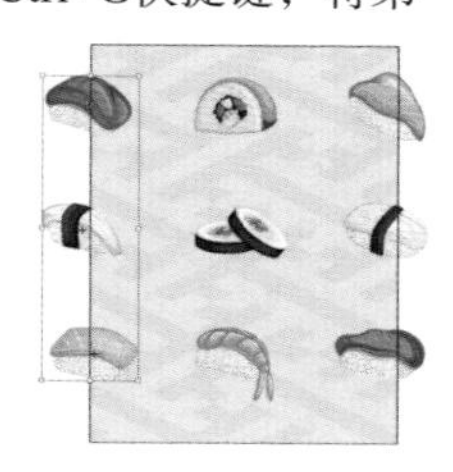

图4-16

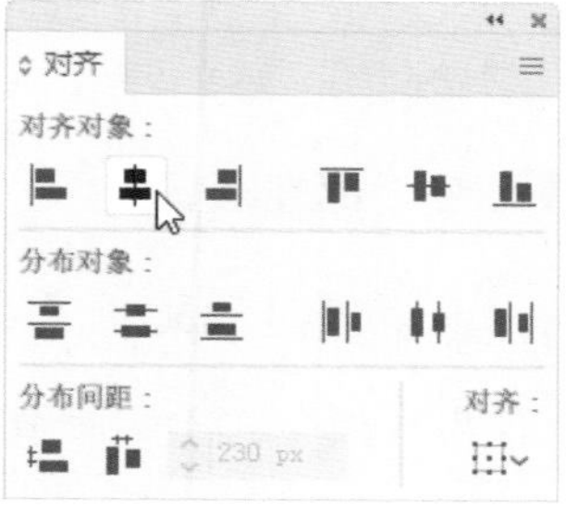

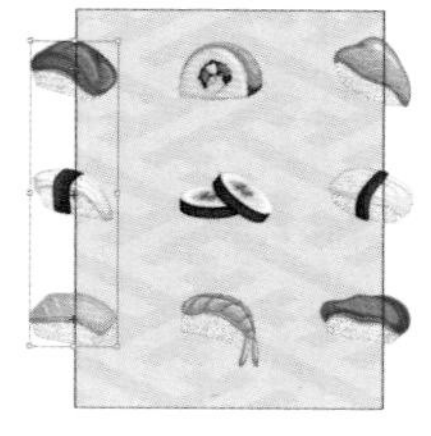

图4-17　　图4-18

08 用框选的方法将第二列图片同时选取，如图4-19所示，在“对齐”控制面板中单击水平右对齐按钮，如图4-20所示，右侧对齐效果如图4-21所示。按Ctrl+G快捷键，将第二列图片编组。

图4-19

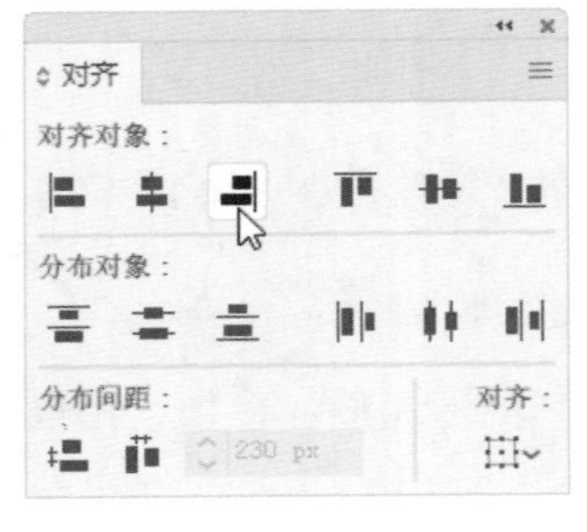

图4-20

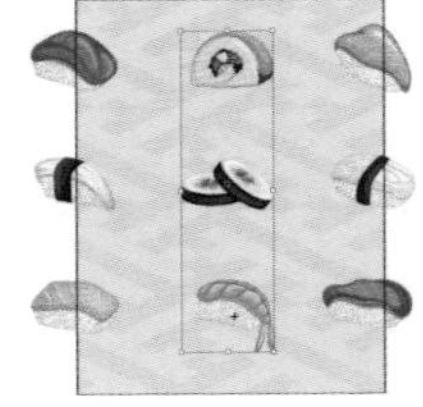

图4-21

09 用框选的方法将第三列图片同时选取，如图4-22所示，在“对齐”控制面板中单击水平左对齐按钮，如图4-23所示，左侧对齐效果如图4-24所示。按Ctrl+G快捷键，将第三列图片编组。

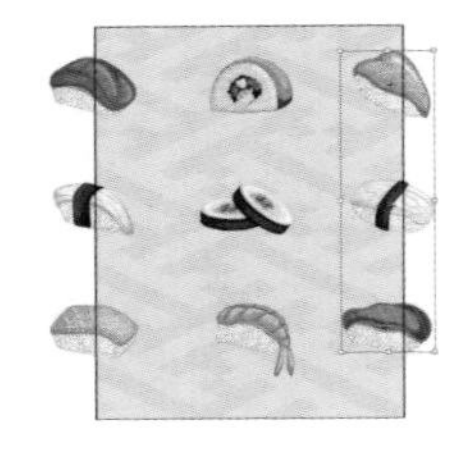

图4-22

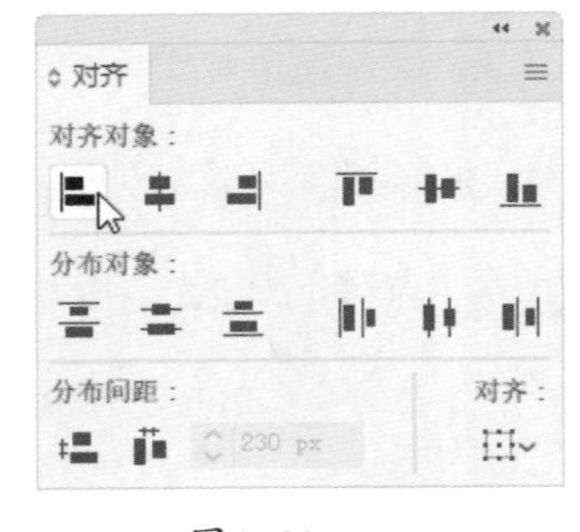

图4-23

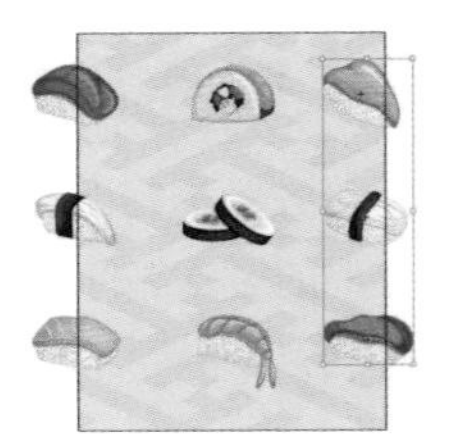

图4-24

10 用框选的方法将所有图片同时选取，如图4-25所示，再次单击第一列编了组的图片将其作为参照对象，如图4-26所示。

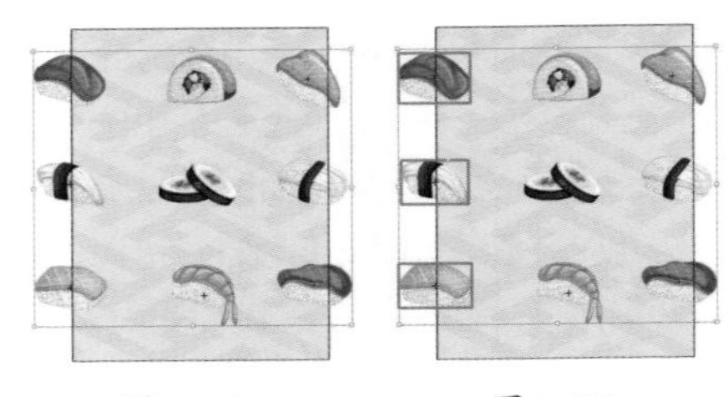

图4-25　　图4-26

11 在“对齐”控制面板中下方的数值框中将间距值设为230 px，再单击水平分布间距按钮，如图4-27所示，等距离水平分布图片，效果如图4-28所示。按Ctrl+G快捷键，将选中的图片编组。

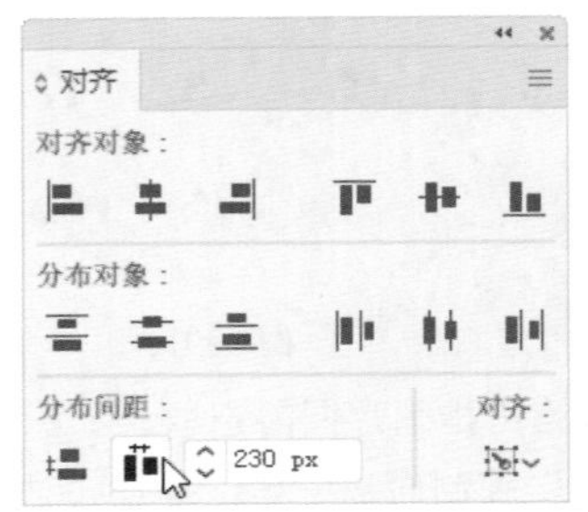

图4-27

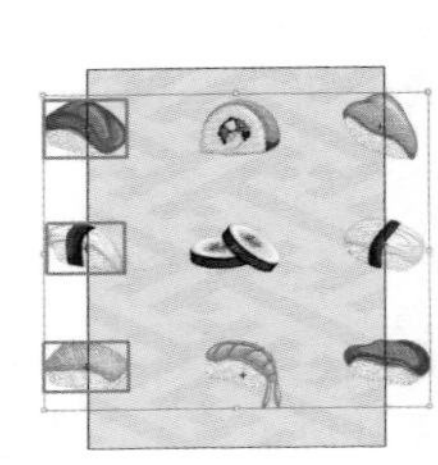

图4-28

12 选择矩形工具，绘制一个与页面大小相等的矩形，如图4-29所示。选择选择工具，按住Shift键的同时，单击下方编了组的图片将其同时选取，如图4-30所示，按Ctrl+7快捷键，建立剪切蒙版，效果如图4-31所示。

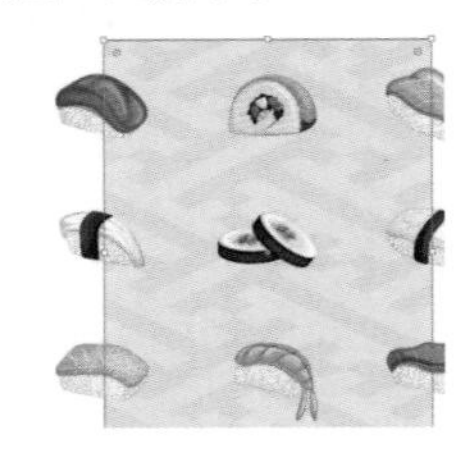

图4-29

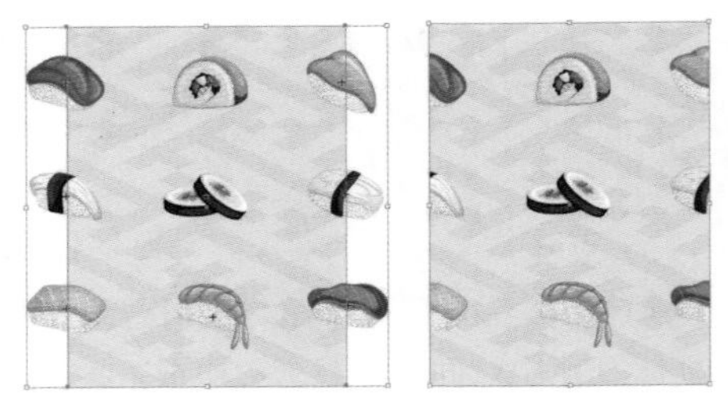

图4-30　　图4-31

13 选择文字工具 T ，在页面中分别输入需要的文字，选择选择工具 ▶ ，在属性栏中选择合适的字体并设置文字大小，效果如图4-32所示。按住Shift键的同时，将需要的文字同时选取，按Alt+→快捷键，调整文字间距，效果如图4-33所示。

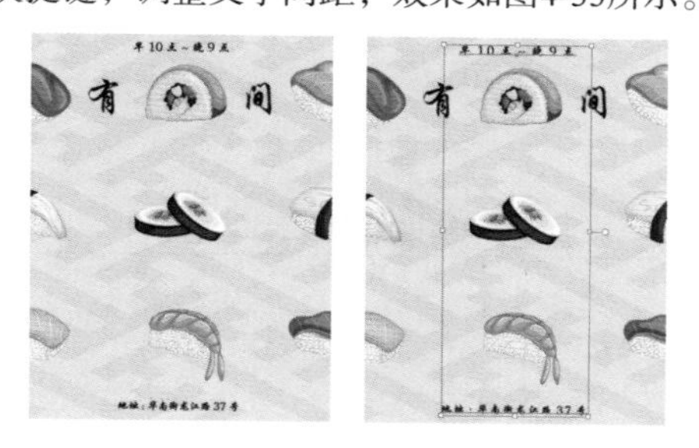

图4-32　　图4-33

14 选择直排文字工具 ↓T ，在适当的位置输入需要的文字，选择选择工具 ▶ ，在属性栏中选择合适的字体并设置文字大小，效果如图4-34所示。

15 选取文字“寿司店”，按Ctrl+T快捷键，弹出“字符”控制面板，将设置所选字符的字距调整 选项设为50，其他选项的设置如图4-35所示；按Enter键确认操作，效果如图4-36所示。设置填充色为深蓝色（其R、G、B的值分别为94、129、142），填充文字，效果如图4-37所示。

图4-34　　图4-35

图4-36　　图4-37

16 选取右侧需要的文字，在“字符”控制面板中将设置行距 选项设为60 pt，其他选项的设置如图4-38所示；按Enter键确认操作，效果如图4-39所示。寿司店海报制作完成，效果如图4-40所示。

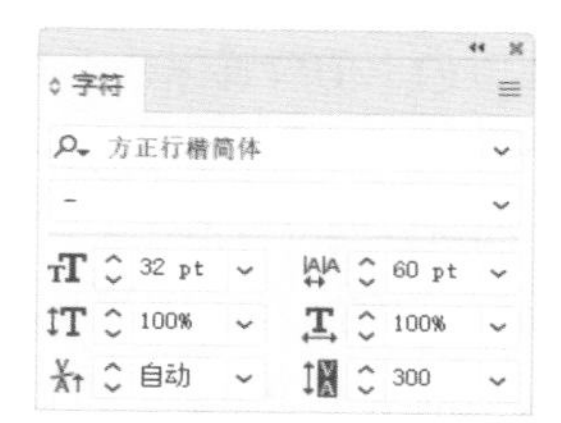

图4-38

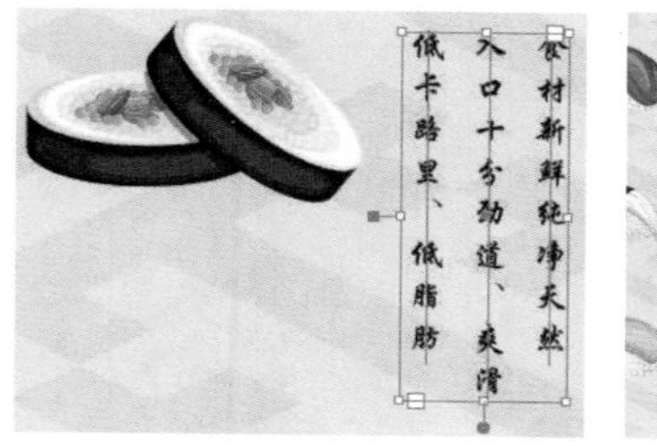

图4-39　　图4-40

4.1.2 对齐对象

“对齐”控制面板中的“对齐对象”选项组中包括6个对齐按钮：水平左对齐按钮 、水平居中对齐按钮 、水平右对齐按钮 、垂直顶对齐按钮 、垂直居中对齐按钮 、垂直底对齐按钮 。

1. 水平左对齐

以最左边对象的左边线为基准线，被选中对象的左边缘都和这条线对齐（最左边对象的位置不变）。

选取要对齐的对象，如图4-41所示。单击“对齐”控制面板中的水平左对齐按钮 ，所有选取的对象都将向左对齐，如图4-42所示。

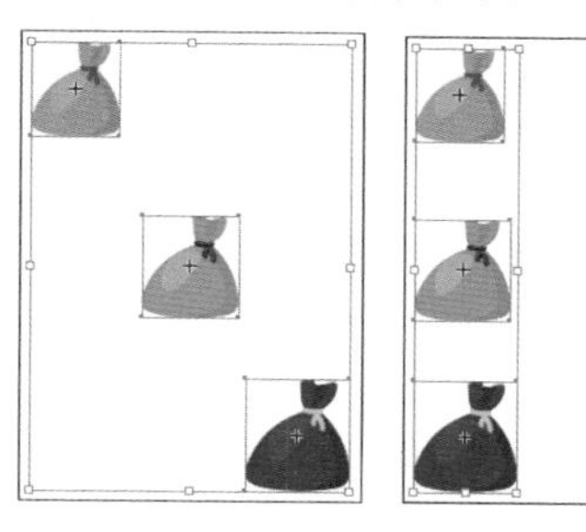

图4-41　　图4-42

2. 水平居中对齐

以选定对象的竖直中心线为基准线对齐，所有对象在竖直方向上的位置保持不变（多个对象水平居中对齐时，以中间对象的竖直中心线为基准线对齐，中间对象的位置不变）。

选取要对齐的对象，如图4-43所示。单击“对齐”控制面板中的水平居中对齐按钮，所有选取的对象将都水平居中对齐，如图4-44所示。

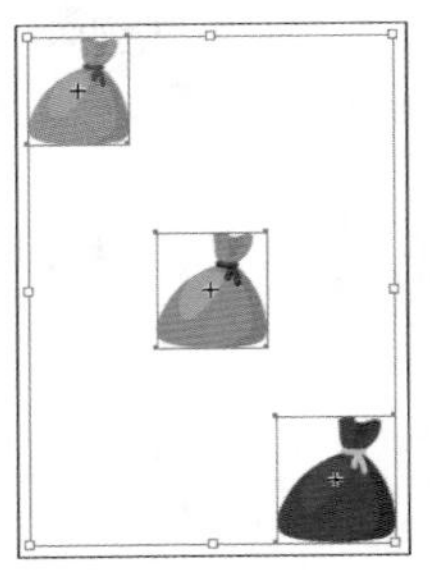

图4-43

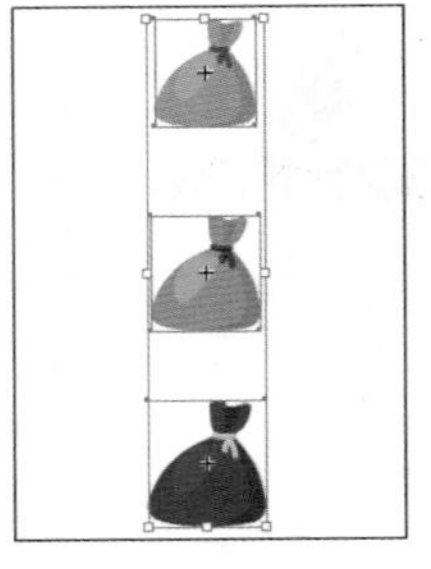

图4-44

3. 水平右对齐

以最右边对象的右边线为基准线，被选中对象的右边缘都和这条线对齐（最右边对象的位置不变）。

选取要对齐的对象，如图4-45所示。单击“对齐”控制面板中的水平右对齐按钮，所有选取的对象都将水平向右对齐，如图4-46所示。

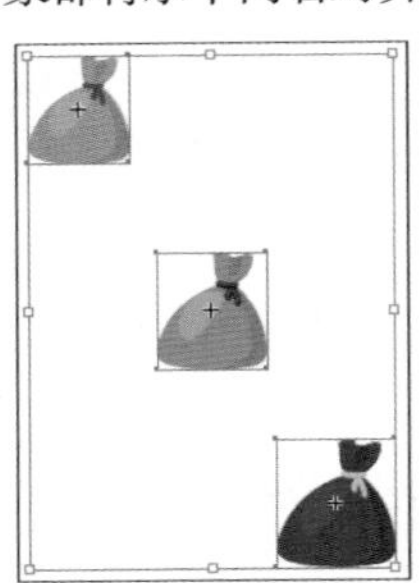

图4-45

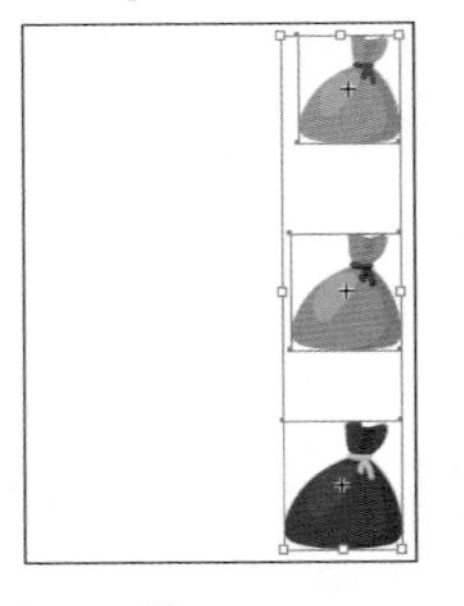

图4-46

4. 垂直顶对齐

以多个要对齐的对象中最上面对象的上边线为基准线，选定对象的上边线都和这条线对齐（最上面对象的位置不变）。

选取要对齐的对象，如图4-47所示。单击“对齐”控制面板中的垂直顶对齐按钮，所有选取的对象都将向上对齐，如图4-48所示。

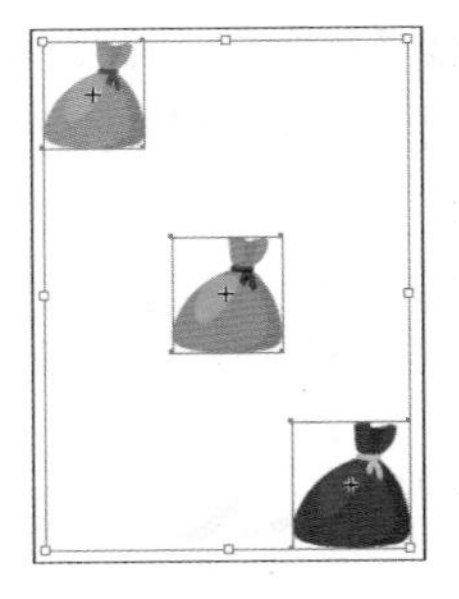

图4-47

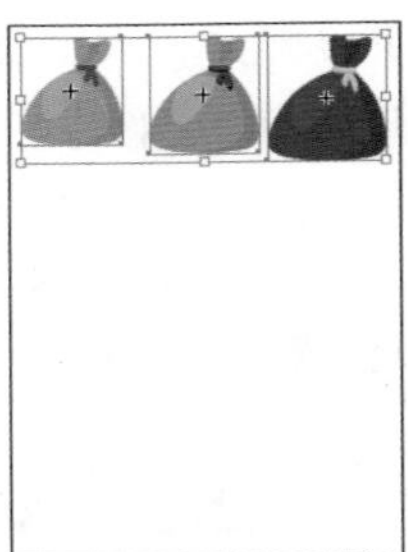

图4-48

5. 垂直居中对齐

以多个要对齐的对象的水平中心线为基准线对齐，所有对象竖直移动，水平方向上的位置不变（多个对象竖直居中对齐时，以中间对象的水平中心线为基准线对齐，中间对象的位置不变）。

选取要对齐的对象，如图4-49所示。单击“对齐”控制面板中的垂直居中对齐按钮，所有选取的对象都将竖直居中对齐，如图4-50所示。

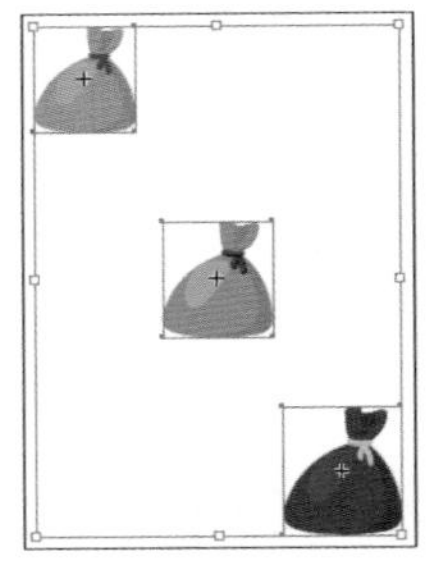

图4-49

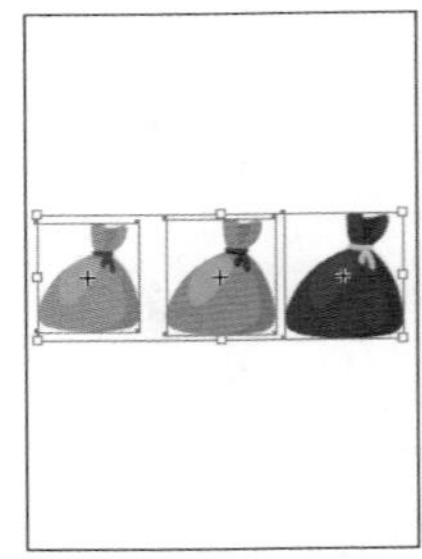

图4-50

6. 垂直底对齐

以多个要对齐的对象中最下面对象的下边线为基准线，选定对象的下边线都和这条线对齐（最下面对象的位置不变）。

选取要对齐的对象，如图4-51所示。单击“对齐”控制面板中的垂直底对齐按钮，所有选取的对象都将竖直向底对齐，如图4-52所示。

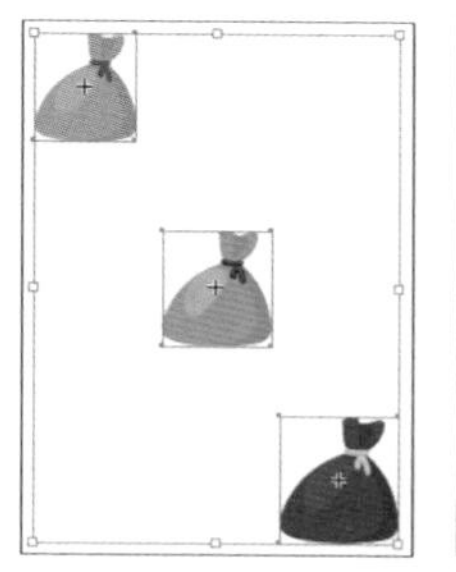

图4-51

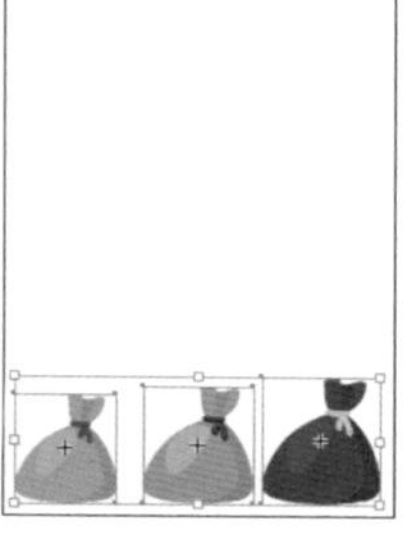

图4-52

4.1.3 分布对象

“对齐”控制面板中的“分布对象”选项组包括6个分布按钮：垂直顶分布按钮、垂直居中分布按钮、垂直底分布按钮、水平左分布按钮、水平居中分布按钮、水平右分布按钮。

1. 垂直顶分布

以每个选取对象的上边线为基准线，使对象按相等的间距竖直分布。

选取要分布的对象，如图4-53所示。单击“对齐”控制面板中的垂直顶分布按钮，所有选取的对象将按各自的上边线等距离竖直分布，如图4-54所示。

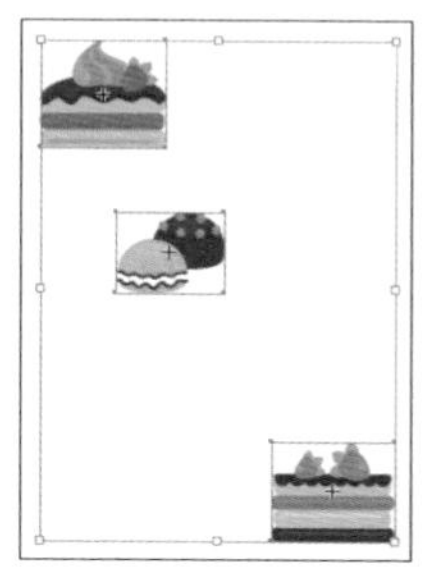

图4-53

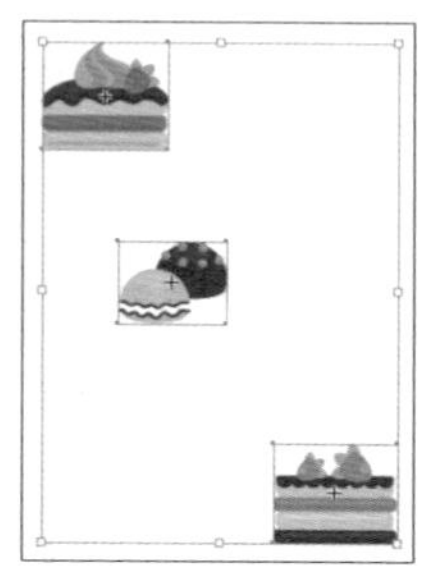

图4-54

2. 垂直居中分布

以每个选取对象的水平中心线为基准线，使对象按相等的间距竖直分布。

选取要分布的对象，如图4-55所示。单击“对齐”控制面板中的垂直居中分布按钮，所有选取的对象将按各自的水平中心线等距离竖直分布，如图4-56所示。

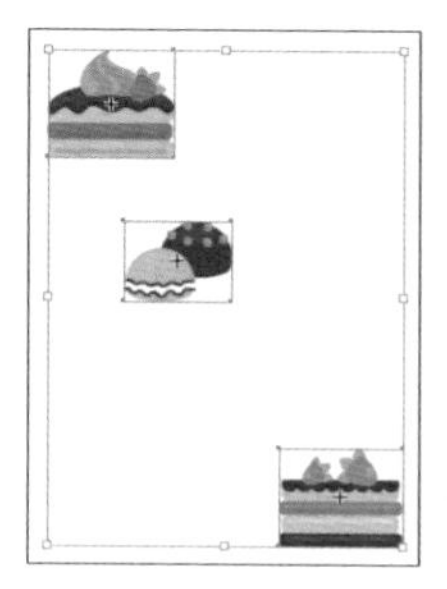

图4-55

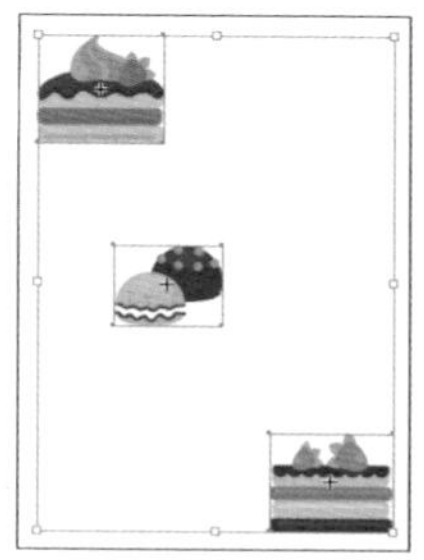

图4-56

3. 垂直底分布

以每个选取对象的下边线为基准线，使对象按相等的间距竖直分布。

选取要分布的对象，如图4-57所示。单击“对齐”控制面板中的垂直底分布按钮，所有选取的对象将按各自的下边线等距离竖直分布，如图4-58所示。

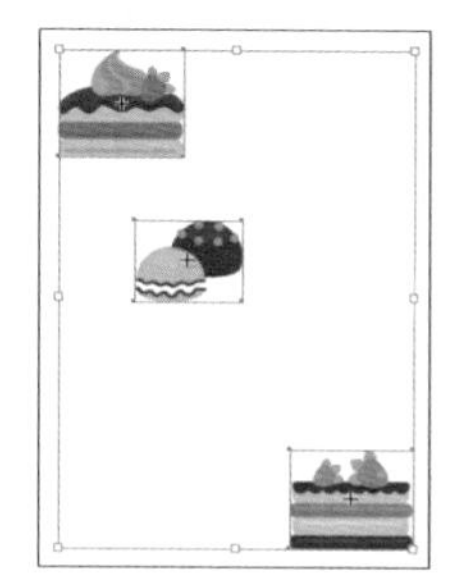

图4-57

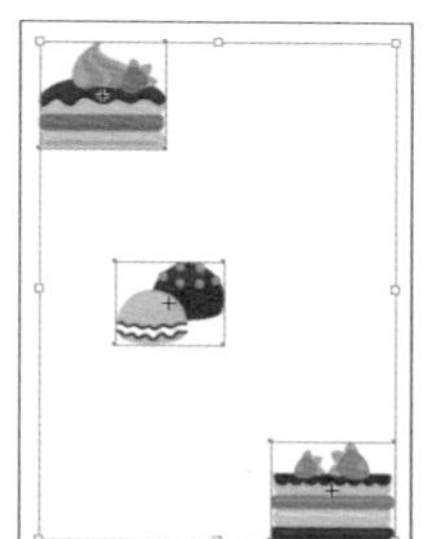

图4-58

4. 水平左分布

以每个选取对象的左边线为基准线，使对象按相等的间距水平分布。

选取要分布的对象，如图4-59所示。单击“对齐”控制面板中的水平左分布按钮，所有选取的对象将按各自的左边线等距离水平分布，如图4-60所示。

5. 水平居中分布

以每个选取对象的竖直中心线为基准线，使对象按相等的间距水平分布。

选取要分布的对象，如图4-61所示。单击“对齐”控制面板中的水平居中分布按钮，所有选取的对象将按各自的竖直中心线等距离水平分布，如图4-62所示。

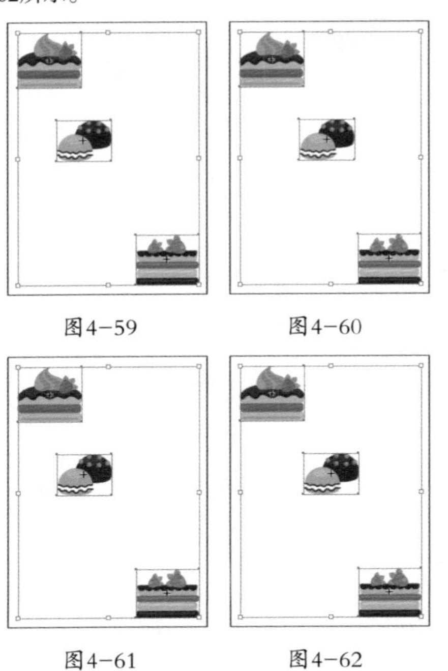
图4-59　图4-60

图4-61　图4-62

6. 水平右分布

以每个选取对象的右边线为基准线，使对象按相等的间距水平分布。

选取要分布的对象，如图4-63所示。单击“对齐”控制面板中的水平右分布按钮，所有选取的对象将按各自的右边线等距离水平分布，如图4-64所示。

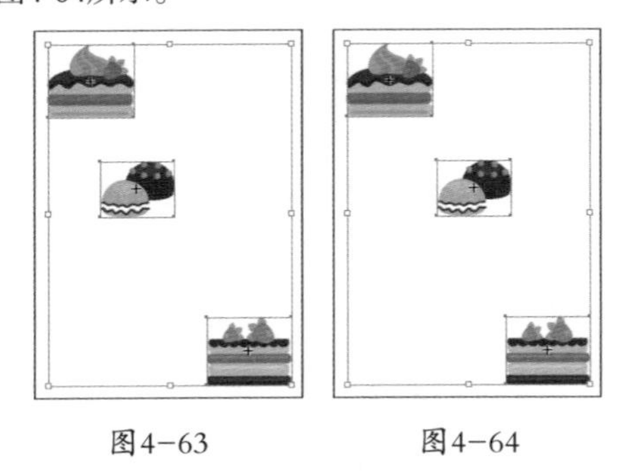
图4-63　图4-64

7. 垂直分布间距

要精确指定对象间的距离，需用到“对齐”控制面板中的“分布间距”选项组，其中包括垂直分布间距按钮和水平分布间距按钮。

选取要分布的多个对象，如图4-65所示。再单击被选取对象中的任意一个对象，该对象将作为其他对象分布时的参照，如图4-66所示。在“对齐”控制面板下方的数值框中将距离数值设为10 mm，如图4-67所示。

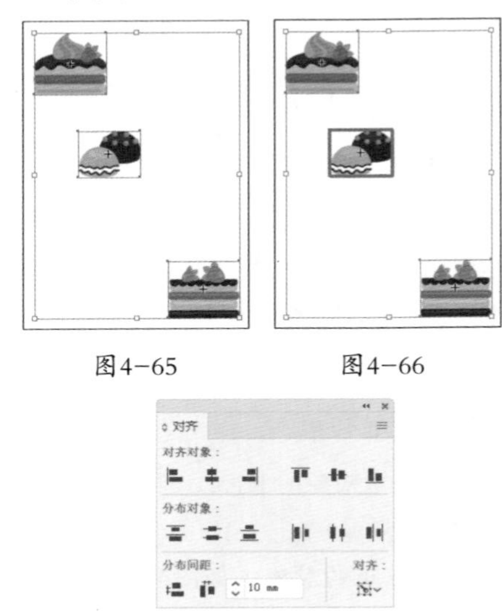

图4-65　图4-66

图4-67

单击“对齐”控制面板中的垂直分布间距按钮。所有被选取的对象将以汉堡图像为参照按设置的数值等距离竖直分布，效果如图4-68所示。

8. 水平分布间距

选取要分布的对象，如图4-69所示。再单击被选取对象中的任意一个对象，该对象将作为其他对象分布时的参照，如图4-70所示。在“对齐”控制面板下方的数值框中将距离数值设为3 mm，如图4-71所示。

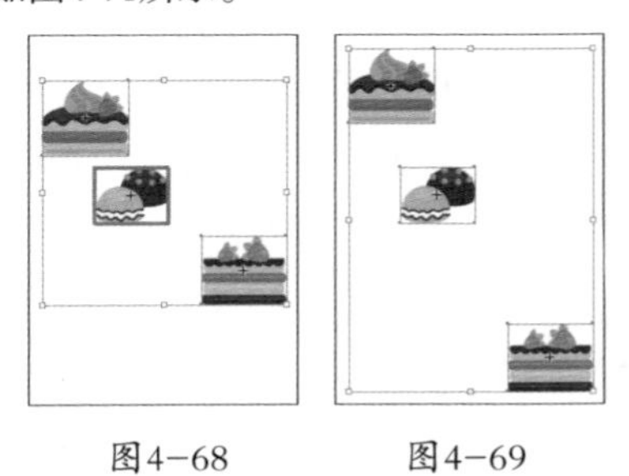
图4-68　图4-69

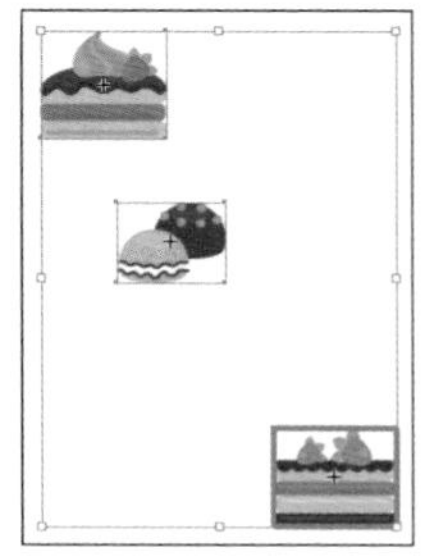

图4-70

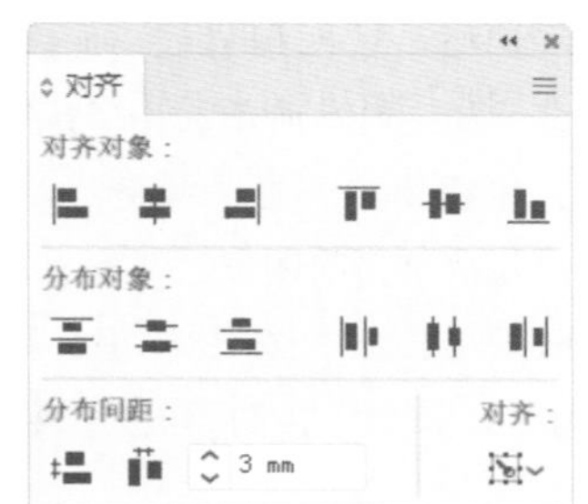

图4-71

单击“对齐”控制面板中的水平分布间距按钮，所有被选取的对象将以樱桃面包图像作为参照按设置的数值等距离水平分布，效果如图4-72所示。

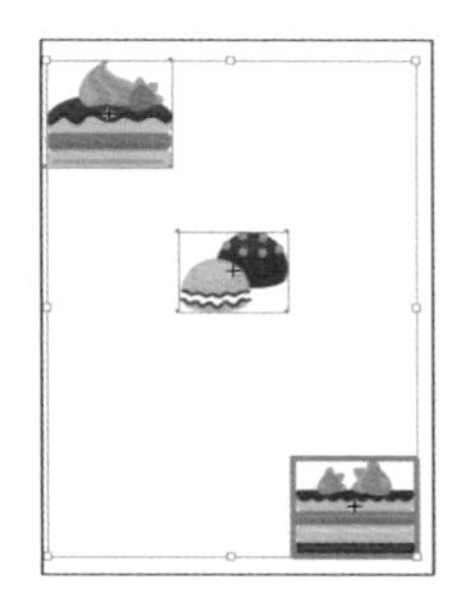

图4-72

4.2 对象和图层的顺序

对象之间存在着堆叠的关系，后绘制的对象一般显示在先绘制的对象之上，在实际操作中，可以根据需要改变对象之间的堆叠顺序。通过改变图层的排列顺序也可以改变对象的排序。

4.2.1 对象的顺序

选择“对象 > 排列”命令，其子菜单包括5个命令，即置于顶层、前移一层、后移一层、置于底层和发送至当前图层，使用这些命令可以改变图形对象的排序。对象间堆叠的效果如图4-73所示。

图4-73

选中要排序的对象，用鼠标右键单击页面，在弹出的快捷菜单中也可选择“排列”命令，还可以应用快捷键来对对象进行排序。

1. 置于顶层

将选取的图像移到所有图像的顶层。选取要移动的图像，如图4-74所示。用鼠标右键单击页面，弹出其快捷菜单，在“排列”命令的子菜单中选择“置于顶层”命令，图像排到顶层，效果如图4-75所示。

图4-74

图4-75

2. 前移一层

将选取的图像向前移过一个图像。选取要移动的图像，如图4-76所示。用鼠标右键单击页面，弹出其快捷菜单，在“排列”命令的子菜单中选择“前移一层”命令，图像向前移动一层，效果如图4-77所示。

图4-76

图4-77

3. 后移一层

将选取的图像向后移过一个图像。选取要移动的图像，如图4-78所示。用鼠标右键单击页面，弹出其快捷菜单，在“排列”命令的子菜单中选择“后移一层”命令，图像向后移动一层，效果如图4-79所示。

图4-78

图4-79

4. 置于底层

将选取的图像移到所有图像的底层。选取要移动的图像，如图4-80所示。用鼠标右键单击页面，弹出其快捷菜单，在“排列”命令的子菜单中选择“置于底层”命令，图像将排到最后面，效果如图4-81所示。

图4-80

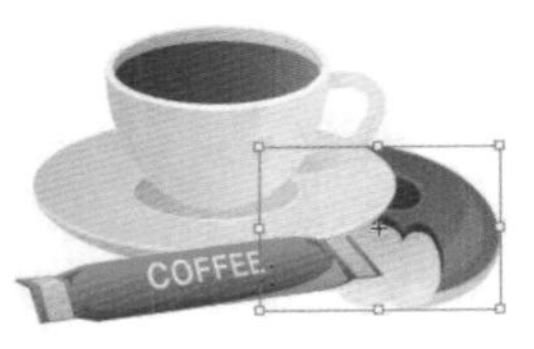

图4-81

5. 发送至当前图层

选择“窗口 > 图层”命令，弹出“图层”控制面板，在“图层1”上方新建“图层2”，如图4-82所示。选取要发送到当前图层中的咖啡图像，如图4-83所示，这时“图层1”变为当前图层，如图4-84所示。

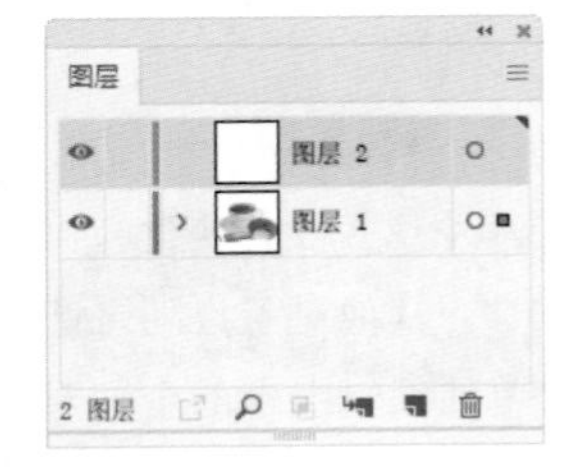

图4-82

图4-83

单击“图层2”，使“图层2”成为当前图层，如图4-85所示。用鼠标右键单击页面，弹出其快捷菜单，在“排列”命令的子菜单中选择“发送至当前图层”命令，咖啡图像被发送到当前图层，即“图层2”中，页面效果如图4-86所示，“图层”控制面板如图4-87所示。

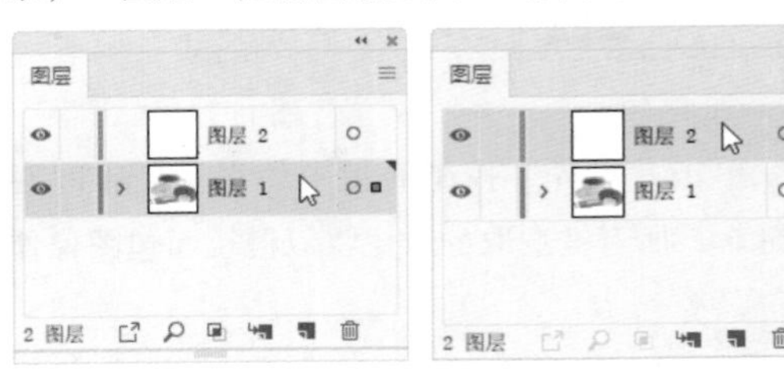

图4-84　　图4-85

图4-86

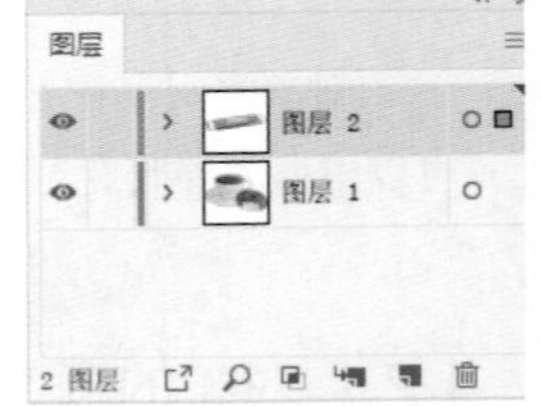

图4-87

4.2.2 使用图层控制对象

1. 通过改变图层的排列顺序改变图像的排序

页面中图像的排列顺序如图4-88所示。“图层”控制面板中图层的排列顺序如图4-89所示。咖啡杯在“图层1”中，咖啡在“图层2”中，饼干在“图层3”中。

图4-88

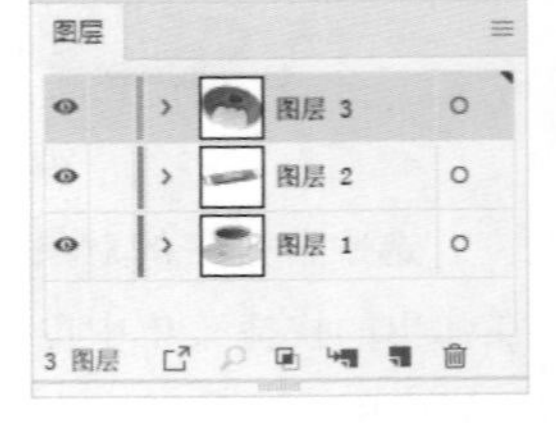

图4-89

提示

在“图层”控制面板中图层的顺序越靠上，该图层中包含的图像在页面中的排列顺序越靠前。

如想使咖啡排列在饼干之上，选中“图层3”并按住鼠标左键不放，将“图层3”向下拖曳至“图层2”的下方，如图4-90所示。释放鼠标左键后，咖啡就排列到饼干的前面，效果如图4-91所示。

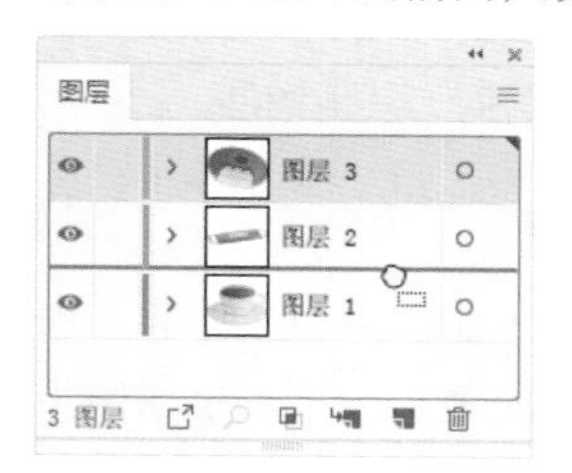

图4-90

图4-91

2. 在图层之间移动图像

选取要移动的饼干，如图4-92所示。在“图层3”的右侧出现一个彩色小方块，如图4-93所示。单击小方块，将它拖曳到“图层2”上，如图4-94所示。

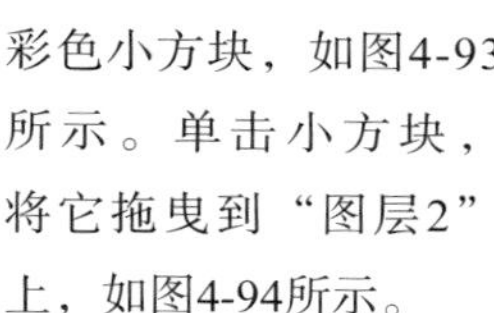

图4-92

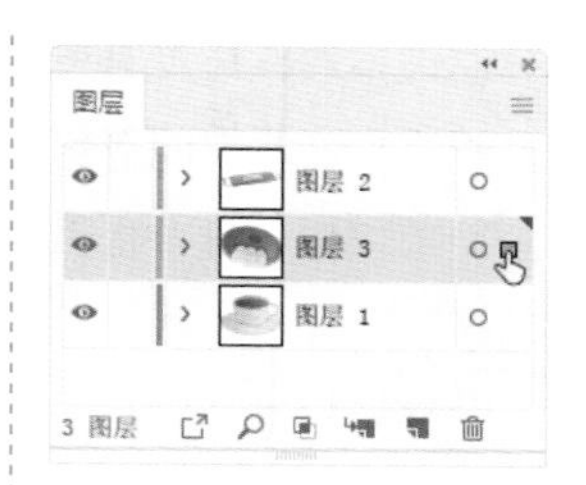

图4-93

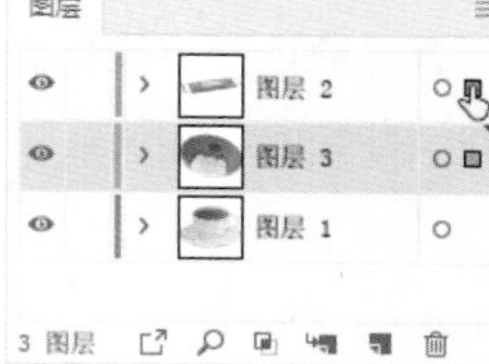

图4-94

释放鼠标左键后，页面中的饼干随着“图层”控制面板中彩色小方块的移动，也移动到了页面的最前面。移动后，“图层”控制面板如图4-95所示，图形对象的效果如图4-96所示。

图4-95

图4-96

4.3 控制对象

在Illustrator CC 2019中，控制对象的方法非常灵活有效，可以对多个图形进行编组，从而组合成一个图形组，还有锁定和解锁对象等方法。

4.3.1 编组

使用“编组”命令，可以将多个对象组合在一起，使其成为一个对象。使用选择工具▶，选取要编组的图像，编组之后，单击任何一个图像，其他图像都会被一起选取。

1. 创建组

选取要编组的对象，如图4-97所示，选择“对象 > 编组”命令（快捷键为Ctrl+G），将选取的对象组合，选择组合后的图像中的任何一个图像，其他的图像也会同时被选取，如图4-98所示。

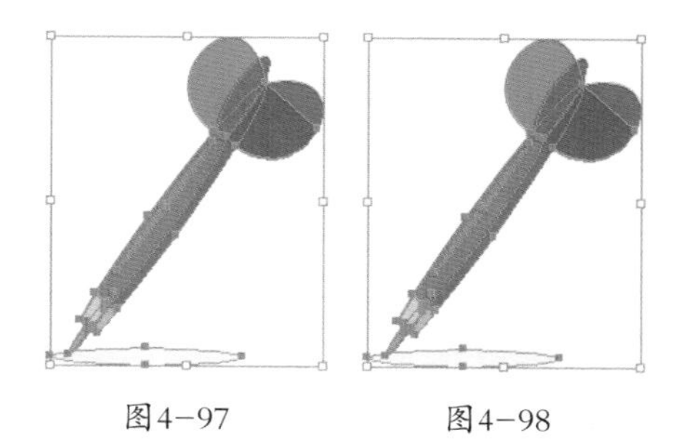

图4-97　　图4-98

将多个对象组合后，其外观并没有变化，当对任何一个对象进行编辑时，其他对象也随之产生相应的变化。如果需要单独编辑组中的个别对象，而不改变其他对象的状态，可以应用编组选择工具进行选取。选择编组选择工具，单击要移动的对象并按住鼠标左键不放，拖曳对象到合适的位置，效果如图4-99所示，其他的对象并没有变化。

图4-99

提示

"编组"命令还可以对几个不同的组进行进一步的组合，或在组与对象之间进行进一步的组合。在几个组之间进行组合时，原来的组并没有消失，它与新得到的组是嵌套的关系。组合不同图层上的对象，组合后所有的对象将自动移动到最上边对象的图层中，并形成组。

2. 取消组合

选取要取消组合的对象，如图4-100所示。选择"对象 > 取消编组"命令（快捷键为Shift+Ctrl+G），取消组合。取消组合后，可通过单击鼠标选取任意一个图像，如图4-101所示。

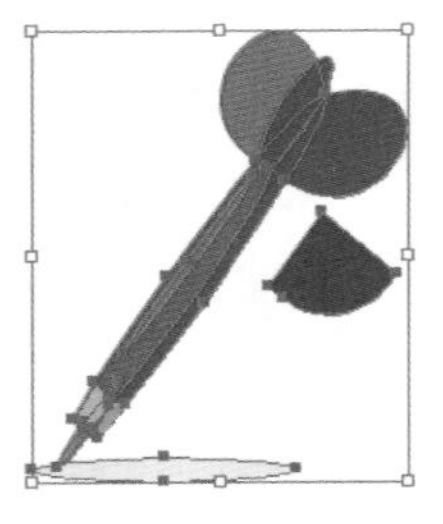

图4-100　　图4-101

执行一次"取消编组"命令只能取消一层组合，例如，两个组使用"编组"命令得到一个新的组，应用"取消编组"命令取消这个新组后，得到两个原始的组。

4.3.2 锁定对象

锁定对象可以防止操作时误选对象，也可以防止当多个对象重叠在一起而只选择一个对象时，其他对象也连带被选取。锁定对象包括3个命令：所选对象、上方所有图稿、其他图层。

1. 锁定选择的对象

选取要锁定的图形，如图4-102所示。选择"对象 > 锁定 > 所选对象"命令（快捷键为Ctrl+2），将所选图形锁定。锁定后，当其他图像移动时，被锁定对象不会随之移动，如图4-103所示。

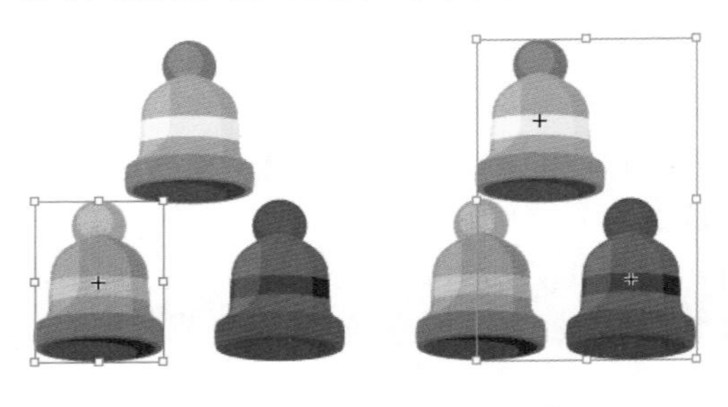

图4-102　　图4-103

2. 锁定上方所有图稿的图像

选取蓝色图形，如图4-104所示。选择"对象 > 锁定 > 上方所有图稿"命令，蓝色图形之上的绿色图形和紫色图形被锁定。当移动蓝色图形时，绿色图形和紫色图形不会随之移动，如图4-105所示。

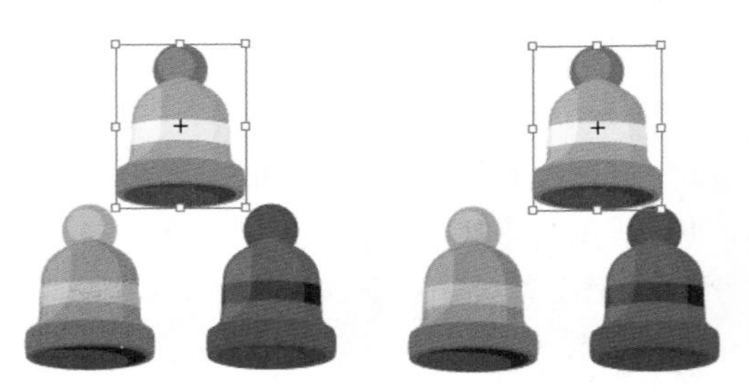

图4-104　　图4-105

3. 锁定其他图层

蓝色图形、绿色图形、紫色图形分别在不同的图层上，如图4-106所示。选取紫色图形，如

图4-107所示。选择“对象 > 锁定 > 其他图层”命令，在“图层”控制面板中，除了紫色图形所在的图层外，其他图层都被锁定了。被锁定图层的左边将会出现一个锁头图标🔒，如图4-108所示。被锁定图层中的图像在页面中也都被锁定了。

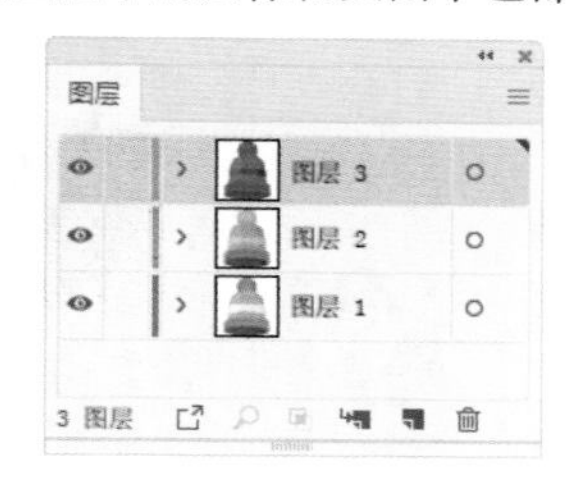

图4-106

图4-107

图4-108

4. 解除锁定

选择“对象 > 全部解锁”命令（快捷键为Alt+Ctrl+2），被锁定的图像就会被取消锁定。

4.3.3 隐藏对象

可以将当前不重要或已经做好的图像隐藏起来，避免妨碍其他图像的编辑。

隐藏图像包括3个命令：所选对象、上方所有图稿、其他图层。

1. 隐藏选择的对象

选取要隐藏的图形，如图4-109所示。选择“对象 > 隐藏 > 所选对象”命令（快捷键为Ctrl+3），所选图形被隐藏起来，效果如图4-110所示。

2. 隐藏上方所有图稿的图像

选取蓝色图形，如图4-111所示。选择“对象 > 隐藏 > 上方所有图稿”命令，蓝色图形之上的所有图形都被隐藏，如图4-112所示。

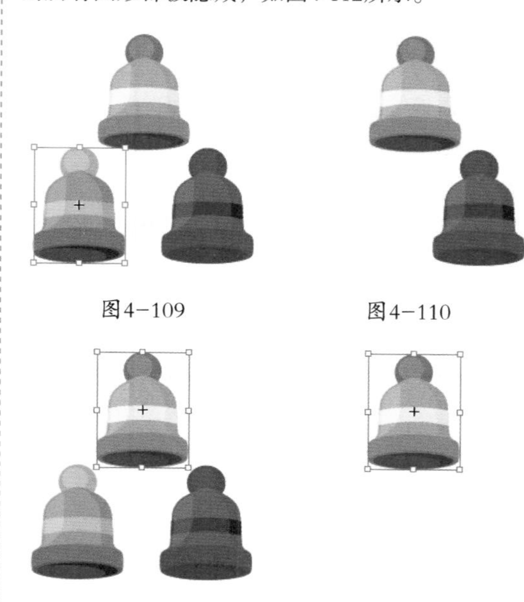

图4-109　图4-110

图4-111　图4-112

3. 隐藏其他图层

选取紫色图形，如图4-113所示。选择“对象 > 隐藏 > 其他图层”命令，在“图层”控制面板中，除了紫色图形所在的图层外，其他图层都被隐藏了，即眼睛图标👁消失了，如图4-114所示。其他图层中的图像在页面中都被隐藏了，效果如图4-115所示。

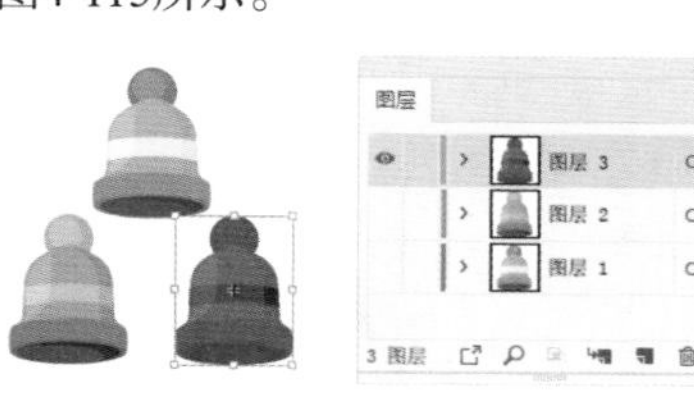

图4-113　图4-114　图4-115

4. 显示所有对象

当对象被隐藏后，选择“对象 > 显示全部”命令（快捷键为Alt+Ctrl+3），所有对象都将被显示出来。

4.4 课堂练习——绘制时尚插画

【练习知识要点】使用矩形工具、倾斜工具、缩放命令和对齐面板绘制插画背景；使用钢笔工具、椭圆工具、剪切蒙版命令绘制人物；使用对齐面板对齐文字。效果如图4-116所示。

【素材所在位置】Ch04\素材\绘制时尚插画\01、02。

【效果所在位置】Ch04\效果\绘制时尚插画.ai。

图4-116

4.5 课后习题——制作家居画册内页

【习题知识要点】使用矩形工具绘制背景底图；使用锁定命令锁定所选对象；使用置入命令和对齐控制面板对齐素材图片；使用文字工具、字符控制面板添加内容文字；使用编组命令将需要的图形编组。效果如图4-117所示。

【素材所在位置】Ch04\素材\制作家居画册内页\01~06。

【效果所在位置】Ch04\效果\制作家居画册内页.ai。

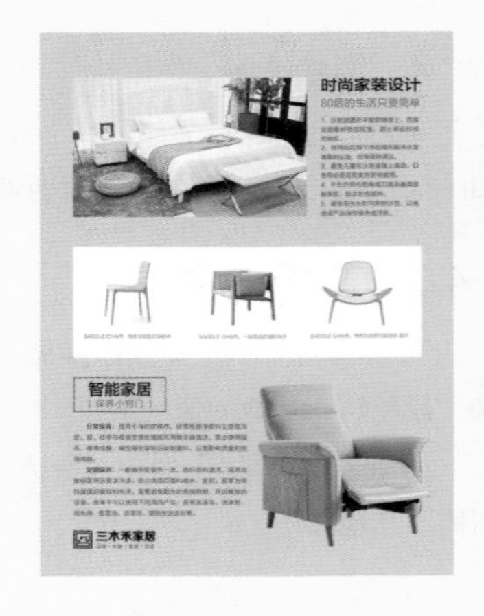

图4-117

第 5 章

颜色填充与描边

本章介绍

本章将介绍Illustrator CC 2019中填充工具和命令的使用方法，以及描边和符号的添加和编辑技巧。通过对本章的学习，读者可以利用颜色填充和描边功能绘制出漂亮的图形，还可将需要重复应用的图形制作成符号，以提高工作效率。

学习目标

- 掌握3种色彩模式的区别与应用。
- 熟练掌握不同的填充方法和技巧。
- 熟练掌握描边和使用符号的技巧。

技能目标

- 掌握“餐饮图标”的绘制方法。
- 掌握“许愿灯插画”的绘制方法。

5.1 色彩模式

Illustrator CC 2019提供了RGB、CMYK、Web安全RGB、 HSB和灰度5种色彩模式。最常用的是CMYK模式和RGB模式，其中CMYK是默认的色彩模式。不同的色彩模式调配颜色的基本色不尽相同。

5.1.1 RGB模式

RGB模式源于有色光的三原色原理。它是一种加色模式，就是通过红、绿、蓝3种颜色相叠加而产生更多的颜色。同时，RGB也是色光的色彩模式。在编辑图像时，建议选择RGB色彩模式。因为它可以提供全屏幕的多达24位的色彩范围。RGB色彩模式的“颜色”控制面板如图5-1所示，可以在控制面板中设置RGB颜色。

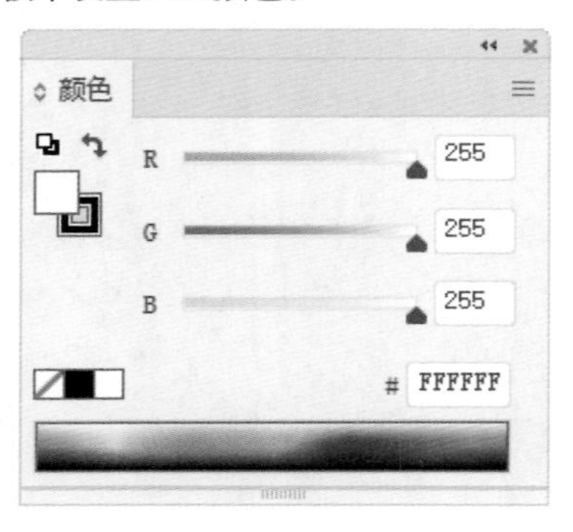

图5-1

5.1.2 CMYK模式

CMYK模式主要应用在印刷领域。它通过反射某些颜色的光并吸收另外一些颜色的光来产生不同的颜色，是一种减色模式。CMYK代表了印刷上用的4种油墨：C代表青色，M代表洋红色，Y代表黄色，K代表黑色。CMYK色彩模式的“颜色”控制面板如图5-2所示，可以在控制面板中设置CMYK颜色。

CMYK模式是图片、插图和其他作品最常用的一种印刷模式。这是因为在印刷中通常都要进行四色分色，出四色胶片，然后再进行印刷。

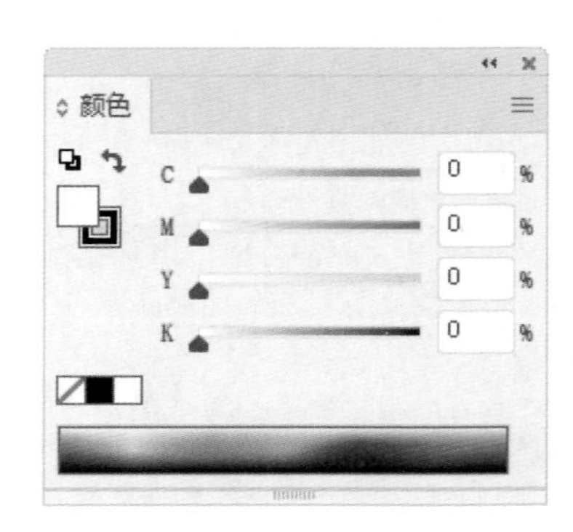

图5-2

5.1.3 灰度模式

灰度模式的图像又叫8位深度图。每个像素用8个二进制位表示，能产生2^8（即256）级灰色调。当一个彩色文件被转换为灰度模式文件时，所有的颜色信息都将从文件中丢失。

灰度模式的图像中存在256种灰度级，灰度模式只有1个亮度调节滑杆，0%代表白色，100%代表黑色。灰度模式经常应用在成本相对低廉的黑白印刷中。另外，将彩色模式转换为双色调模式或位图模式时，必须先转换为灰度模式，然后由灰度模式转换为双色调模式或位图模式。灰度模式的“颜色”控制面板如图5-3所示，可以在其中设置灰度值。

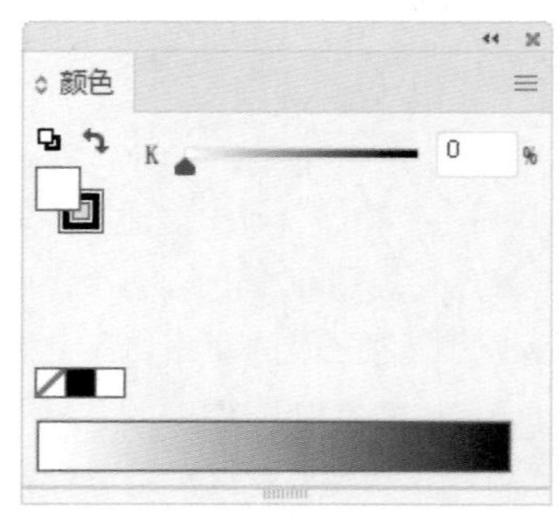

图5-3

5.2 颜色填充

Illustrator CC 2019用于填充的内容包括“色板”控制面板中的单色对象、图案对象和渐变对象，以及“颜色”控制面板中的自定义颜色。另外，“色板库”提供了多种外挂的色谱、渐变对象和图案对象。

5.2.1 填充工具

应用工具箱中的填色工具和描边工具，可以指定所选对象的填充颜色和描边颜色。当单击按钮（快捷键为X）时，可以切换填色显示框和描边显示框的位置。按Shift+X快捷键时，可使选定对象的颜色在填充颜色和描边填充颜色之间切换。

在填色工具和描边工具下面有3个按钮，即，它们分别是“颜色”按钮、“渐变”按钮和“无”按钮。

5.2.2 “颜色”控制面板

Illustrator通过“颜色”控制面板设置对象的填充颜色。单击“颜色”控制面板右上方的图标，在下拉菜单中选择当前取色时使用的颜色模式。无论选择哪一种颜色模式，控制面板中都将显示出相关的颜色内容，如图5-4所示。

图5-4

选择“窗口 > 颜色”命令，弹出“颜色”控制面板。“颜色”控制面板上的按钮用来进行填充颜色和描边颜色之间的互相切换，操作方法与工具箱中按钮的使用方法相同。

将鼠标指针移动到取色区域，鼠标指针变为吸管形状，单击就可以选取颜色。拖曳各个颜色滑块或在各个数值框中输入有效的数值，可以调配出更精确的颜色，如图5-5所示。

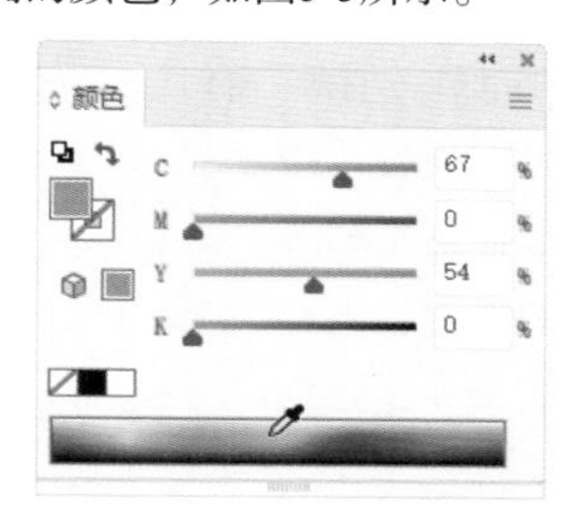

图5-5

更改或设定对象的描边颜色时，单击选取已有的对象，在“颜色”控制面板中切换到描边颜色，选取或调配出新颜色，这时新选的颜色将被应用到当前选定对象的描边中，如图5-6所示。

图5-6

5.2.3 “色板”控制面板

选择“窗口 > 色板”命令，弹出“色板”控制面板，在“色板”控制面板中单击需要的颜色或样本，可以将其选中，如图5-7所示。

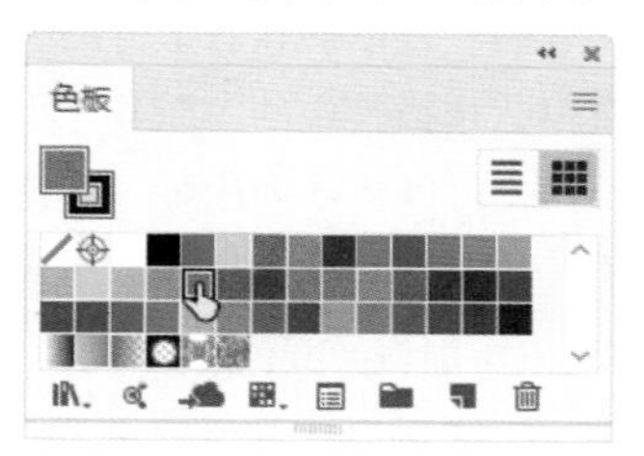

图5-7

“色板”控制面板提供了多种颜色和图案，并且允许添加并存储自定义的颜色和图案。单击显示“色板类型”菜单按钮，可以使所有的样本显示出来；单击色板选项按钮，可以打开“色板选项”对话框；单击“新建颜色组”按钮，可以新建颜色组；“新建色板”按钮用于定义和新建一个新的样本；“删除色板”按钮可以将选定的样本从“色板”控制面板中删除。

绘制一个图形，如图5-8所示，单击填色按钮，如图5-9所示。选择“窗口 > 色板”命令，弹出“色板”控制面板，在“色板”控制面板中单击需要的颜色或图案，来对图形内部进行填充，效果如图5-10所示。

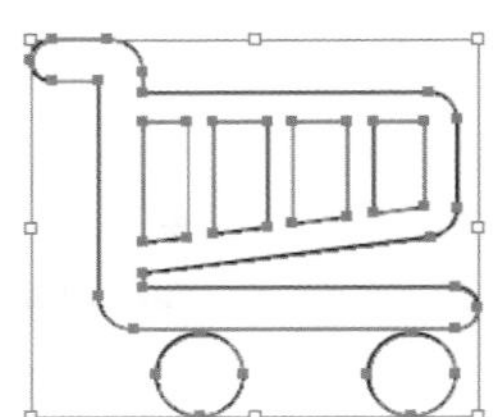

图5-8

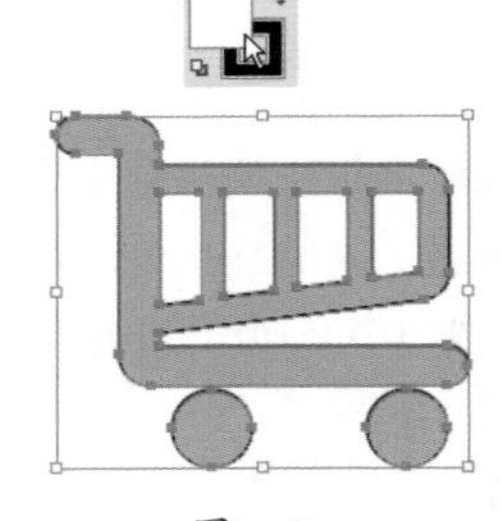

图5-9

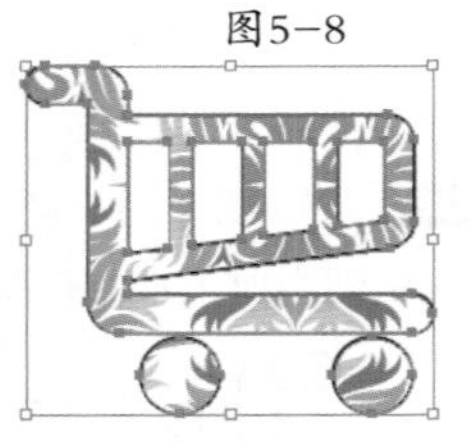

图5-10

选择“窗口 > 色板库”命令，可以调出更多的色板库。引入外部色板库，增选的多个色板库都将显示在同一个“色板”控制面板中。

在“色板”控制面板左上角的方块上标有红色斜杠，表示无颜色填充。双击“色板”控制面板中的颜色缩略图时会弹出“色板选项”对话框，可以设置颜色属性，如图5-11所示。

单击“色板”控制面板右上方的按钮，将弹出下拉菜单，选择其中的“新建色板”命令，如图5-12所示，可以将选中的某一颜色或样本添加到“色板”控制面板中；单击“新建色板”按钮，也可以添加新的颜色或样本到“色板”控制面板中。

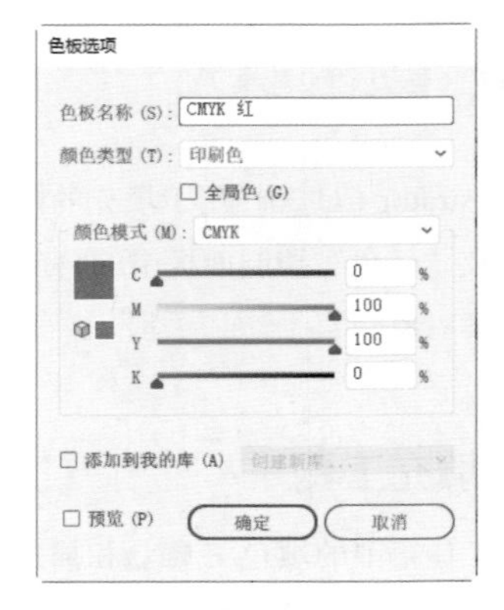

图5-11

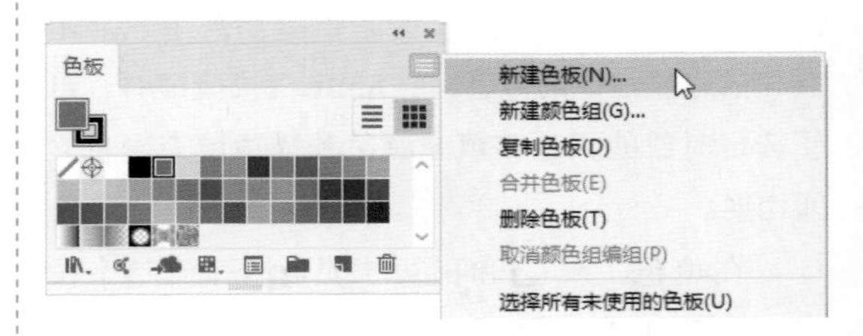

图5-12

Illustrator CC 2019除了“色板”控制面板中默认的样本外，其“色板库”中还提供了多种色板。选择“窗口 > 色板库”命令，或单击“色板”控制面板左下角的“‘色板库’菜单”按钮，可以看到在其菜单中包括了不同的样本供选择使用。

当选择“窗口 > 色板库 > 其他库”命令时，弹出对话框，可以将其他文件中的色板样本、渐变样本和图案样本导入“色板”控制面板中。

Illustrator CC 2019增强了“色板”面板的搜索功能，可以键入颜色名称或输入CMYK颜色值进行搜索。查找栏在默认情况下不启用，单击“色板”控制面板右上方的按钮，在弹出的弹出式菜单中选择“显示查找栏位”命令，面板上方显示查找栏。

单击“打开颜色主题面板”按钮，弹出“Adobe Color Themes”面板，可以试用、创建和共享在项目中使用的颜色。

单击“将选定色板和颜色组添加到我的当前库”按钮，可以在应用程序之间共享色板。

5.3 渐变填充

渐变填充是指两种或多种不同颜色在同一条直线上逐渐过渡填充。建立渐变填充有多种方法，可以使用渐变工具■，也可以使用"渐变"控制面板和"颜色"控制面板来设置选定对象的渐变颜色，还可以使用"色板"控制面板中的渐变样本。

5.3.1 课堂案例——绘制餐饮图标

【案例学习目标】学习使用绘图工具、渐变工具绘制餐饮图标。

【案例知识要点】使用矩形工具、变换控制面板、直接选择工具和渐变工具绘制杯子；使用椭圆工具、添加锚点工具、矩形工具和画笔控制面板绘制杯口及吸管。餐饮图标效果如图5-13所示。

【效果所在位置】Ch05\效果\绘制餐饮图标.ai。

图5-13

01 按Ctrl+O快捷键，打开本书学习资源中的"Ch05\素材\绘制餐饮图标\01"文件，效果如图5-14所示。

图5-14

02 选择矩形工具□，在页面外单击鼠标左键，弹出"矩形"对话框，选项的设置如图5-15所示，单击"确定"按钮，出现一个矩形。选择选择工具▶，拖曳矩形到适当的位置，效果如图5-16所示。

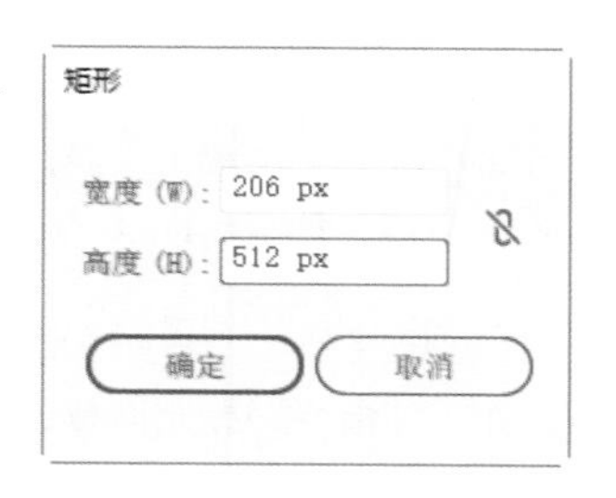

图5-15

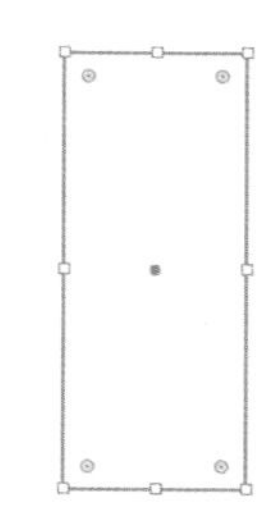

图5-16

03 选择"窗口 > 变换"命令，弹出"变换"控制面板，在"矩形属性"选项组中将"圆角半径"选项设为0 px和15 px，如图5-17所示，按Enter键确认操作，效果如图5-18所示。

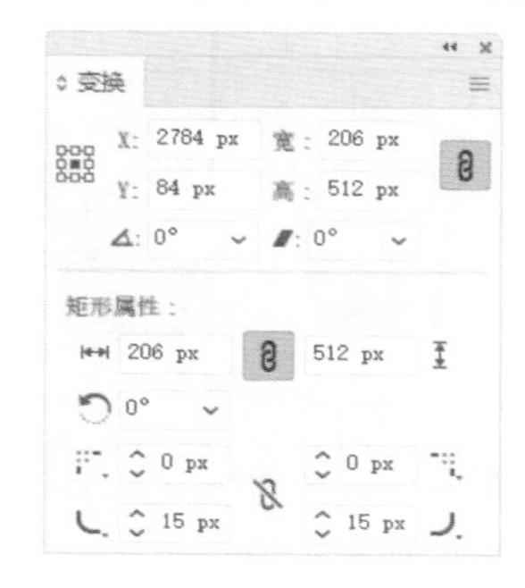

图5-17

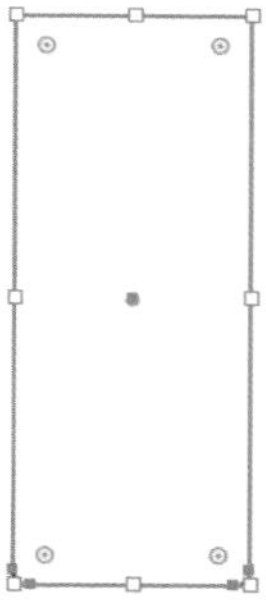

图5-18

04 选择直接选择工具▷，选取右上角的锚点，并向右拖曳锚点到适当的位置，效果如图5-19所示。用相同的方法调整左上角的锚点，效果如图5-20所示。

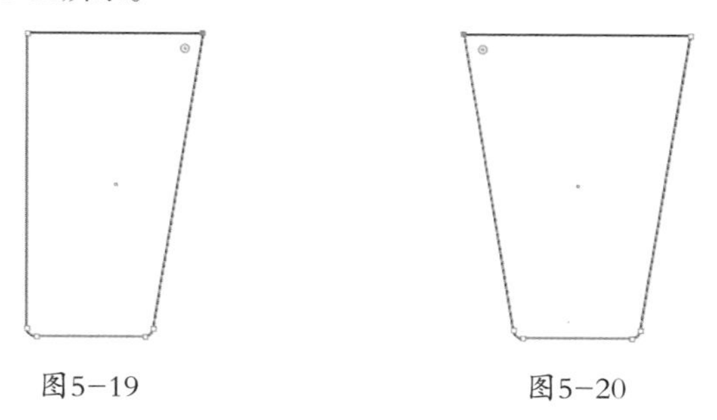

图5-19　　图5-20

05 选择选择工具，选取图形，选择“窗口 > 描边”命令，弹出“描边”控制面板，单击“边角”选项中的“圆角连接”按钮，其他选项的设置如图5-21所示；按Enter键，描边效果如图5-22所示。设置图形描边色为棕色（其R、G、B的值分别为106、57、6），填充描边，效果如图5-23所示。

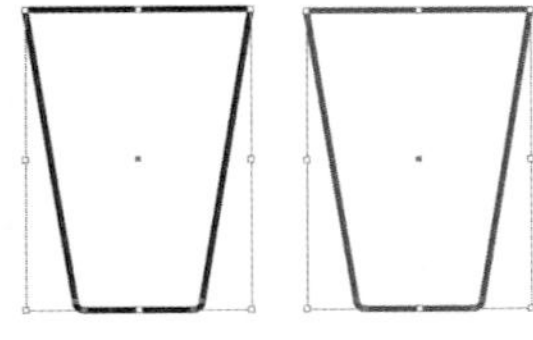

图5-21　图5-22　图5-23

06 双击渐变工具，弹出“渐变”控制面板，选中“任意形状渐变”按钮，如图5-24所示，图形被填充渐变色，如图5-25所示，按住鼠标左键拖曳色标到适当的位置，并设置色标颜色为米黄色（其R、G、B的值分别为248、240、234），效果如图5-26所示。

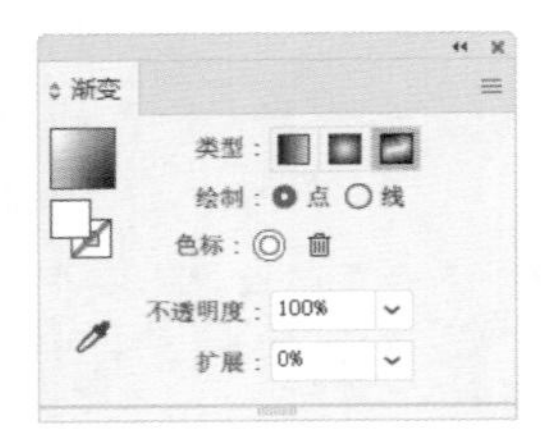

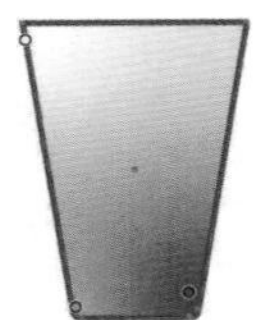

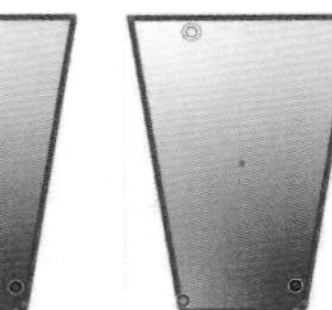

图5-24　图5-25　图5-26

07 将鼠标指针放置在图形中适当的位置，鼠标指针变为形状，如图5-27所示，单击添加一个色标，如图5-28所示，设置色标颜色为红色（其R、G、B的值分别为175、30、30），效果如图5-29所示。用相同的方法调整其他色标，并设置相应的颜色，效果如图5-30所示。

图5-27

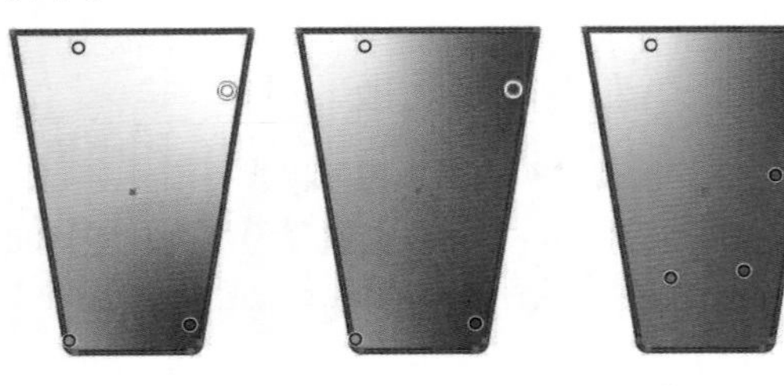

图5-28　图5-29　图5-30

08 选择椭圆工具，在适当的位置绘制一个椭圆形，效果如图5-31所示。设置图形填充色为浅黄色（其R、G、B的值分别为252、241、227），填充图形，并设置图形描边色为棕色（其R、G、B的值分别为106、57、6），填充描边，效果如图5-32所示。

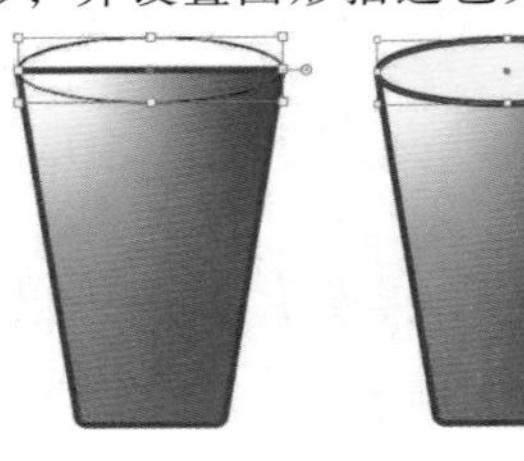

图5-31　图5-32

09 选择添加锚点工具，在适当的位置分别单击，添加2个锚点，如图5-33所示。选择直接选择工具，选取添加的锚点之间的线段，如图5-34所示。按Delete键将其删除，效果如图5-35所示。

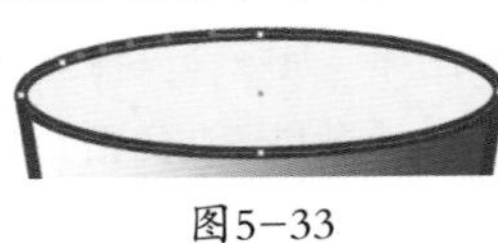

图5-33

图5-34　图5-35

10 选择“窗口 > 画笔”命令，在弹出的“画笔”控制面板中选择需要的画笔，如图5-36所示，在适当的位置单击绘制图形，效果如图5-37所示。

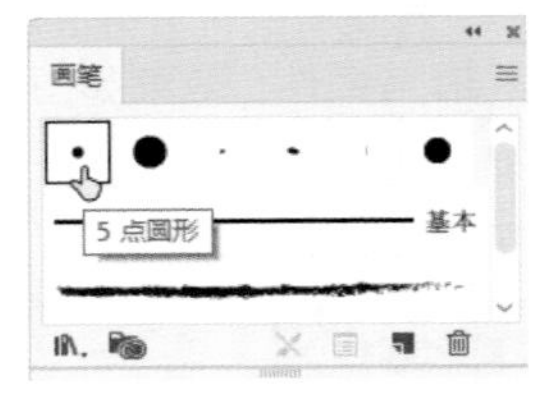

图5-36　图5-37

11 选择矩形工具，在适当的位置分别绘制矩形，如图5-38所示。选择选择工具，将绘制的矩形同时选取，如图5-39所示。

图5-38　图5-39

12 选择“窗口 > 路径查找器”命令，弹出“路径查找器”控制面板，单击“联集”按钮，如图5-40所示，生成新的对象，效果如图5-41所示。设置图形填充色为灰色（其R、G、B的值分别为232、232、232），填充图形，并设置图形描边色为棕色（其R、G、B的值分别为106、57、6），填充描边，效果如图5-42所示。

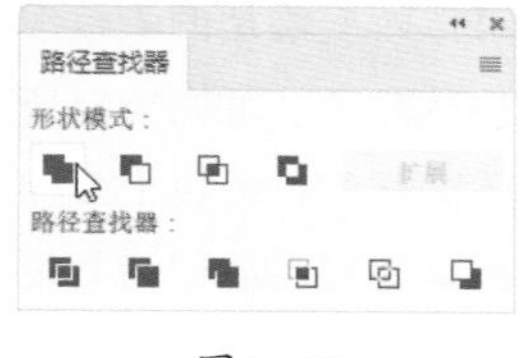

图5-40

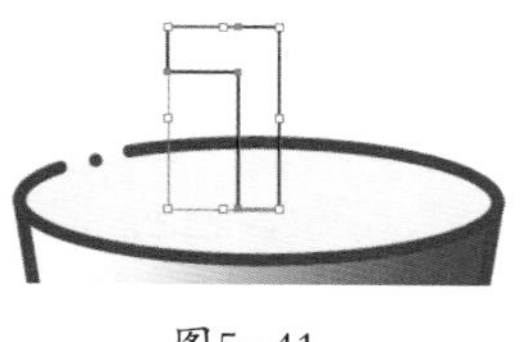

图5-41

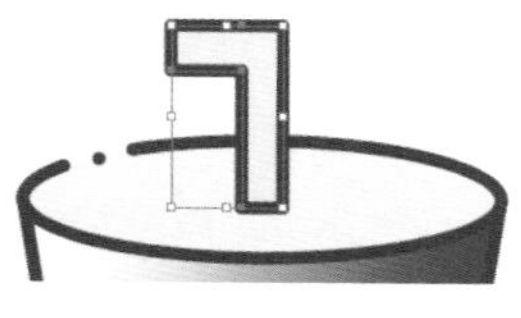

图5-42

13 选择添加锚点工具，在适当的位置分别单击，添加2个锚点，如图5-43所示。选择直接选择工具，选取添加的锚点之间的线段，按Delete键将其删除，效果如图5-44所示。

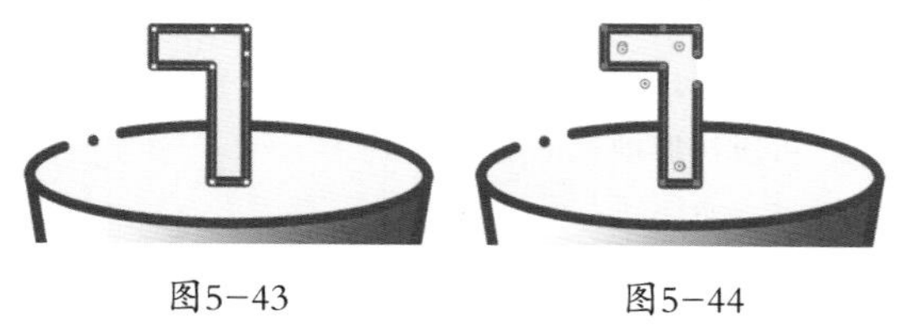

图5-43　　图5-44

14 在“画笔”控制面板中选择需要的画笔，如图5-45所示，在适当的位置单击绘制图形，效果如图5-46所示。

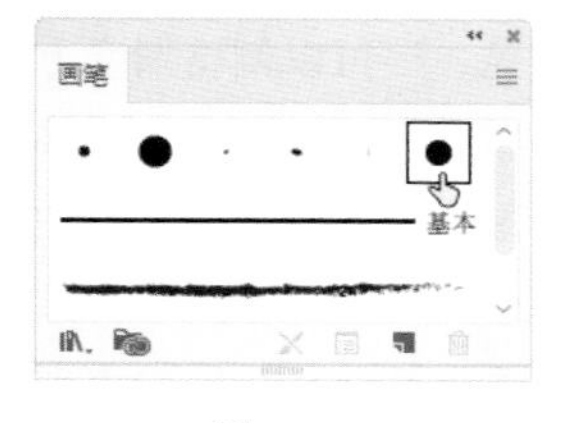

图5-45

图5-46

15 选择选择工具，用框选的方法将所绘制的图形同时选取，按Ctrl+G快捷键，将图形编组，并将其拖曳到页面中适当的位置，效果如图5-47所示。按Ctrl+Shift+[快捷键，将其置于底层，效果如图5-48所示。餐饮图标绘制完成。

图5-47

图5-48

5.3.2 创建渐变填充

选择绘制好的图形，如图5-49所示。单击工具箱下部的“渐变”按钮，对图形进行渐变填充，效果如图5-50所示。选择渐变工具，在图形需要的位置按住鼠标左键确定渐变的起点，拖曳至图标位置，释放鼠标左键确定渐变的终点，如图5-51所示，渐变填充的效果如图5-52所示。

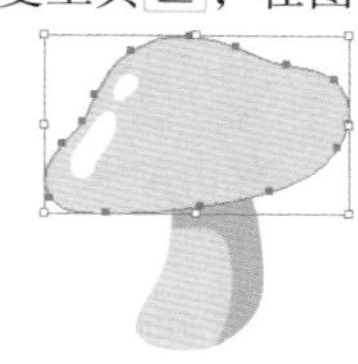

图5-49

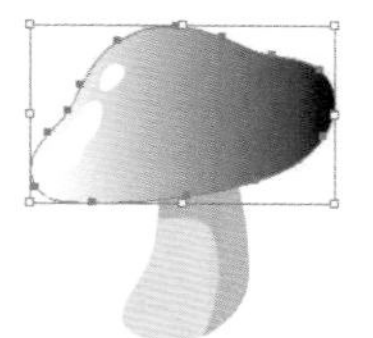

图5-50

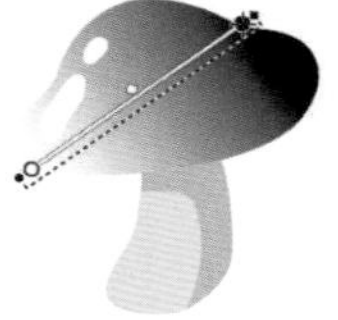

图5-51

图5-52

在“色板”控制面板中单击需要的渐变样本，对图形进行渐变填充，效果如图5-53所示。

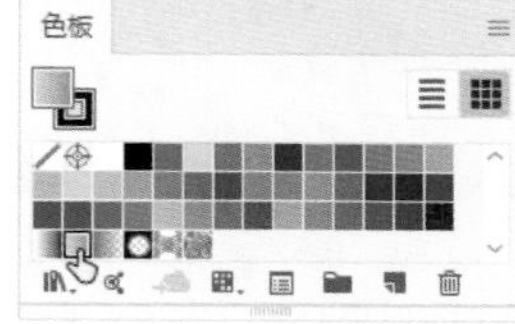

图5-53

5.3.3 渐变控制面板

在“渐变”控制面板中可以设置渐变参数，可选择“线性渐变”“径向渐变”或“任意形状渐变”，设置渐变的起始、中间和终止颜色，还可以设置渐变的位置和角度。

双击渐变工具或选择“窗口 > 渐变”命令（快捷键为Ctrl+F9），弹出“渐变”控制面板，如图5-54所示。可以从“类型”选项组中选择“线性渐变”“径向渐变”或“任意形状渐变”方式，如图5-55所示。

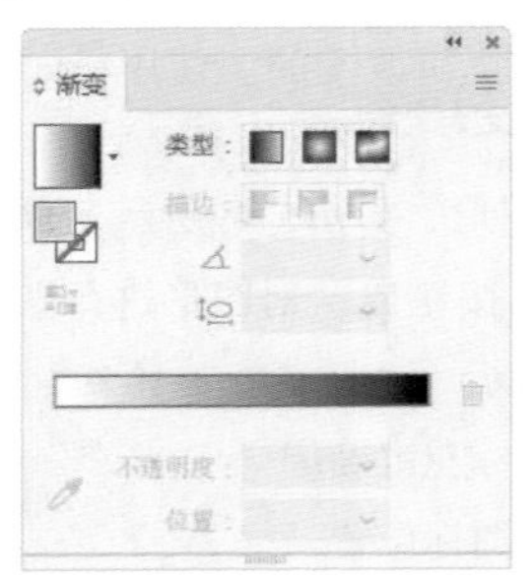

图5-54　　图5-55

“角度”选项的数值框中显示当前的渐变角度，重新输入数值后按Enter键，可以改变渐变的角度，如图5-56所示。

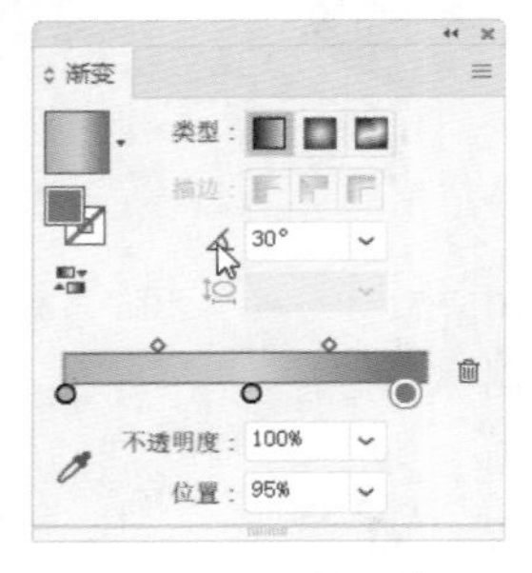

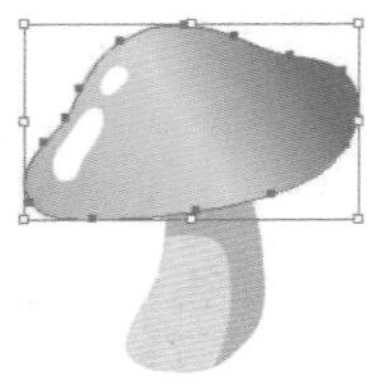

图5-56

单击“渐变”控制面板下面的颜色滑块，“位置”选项的数值框中显示出该颜色在渐变颜色中位置的百分比，如图5-57所示，拖动该滑块，改变该颜色的位置，即改变颜色的渐变梯度，如图5-58所示。

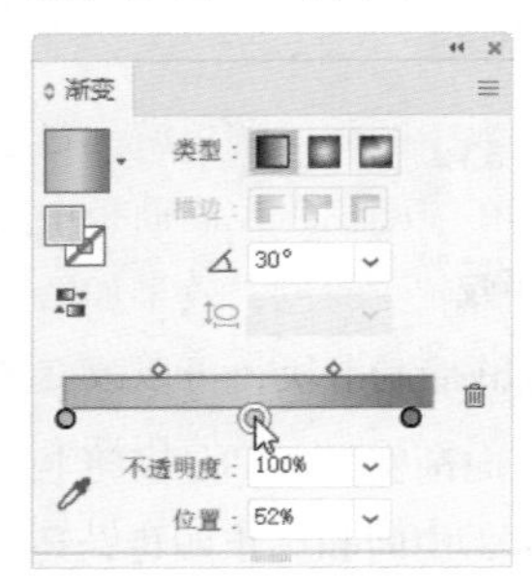

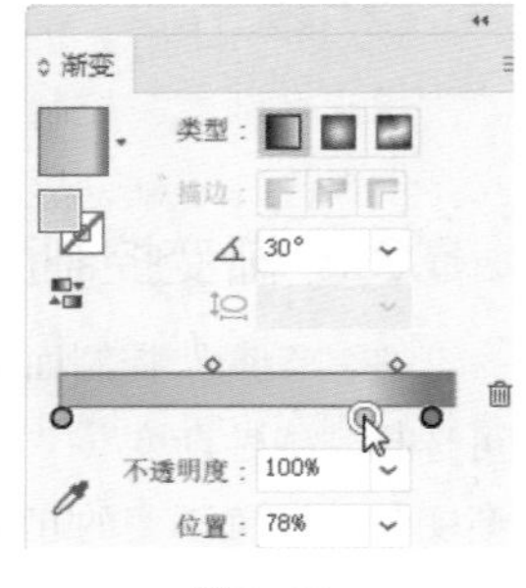

图5-57　　图5-58

在渐变色带底部单击，可以添加一个颜色滑块，如图5-59所示。在“颜色”控制面板中调配颜色，如图5-60所示，可以改变添加的颜色滑块的颜色，如图5-61所示。在颜色滑块上按住鼠标左键不放，将其拖曳到“渐变”控制面板外，可以直接删除该颜色滑块。

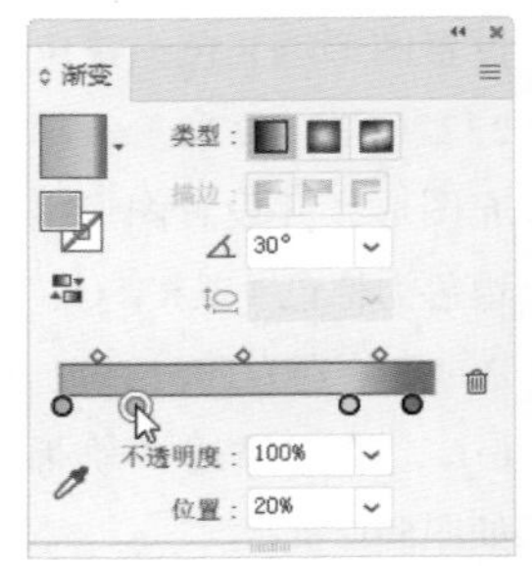

图5-59

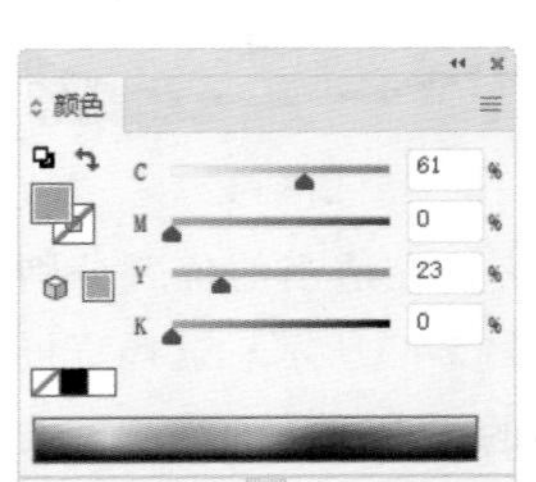

图5-60　　图5-61

双击渐变色带上的颜色滑块，弹出颜色面板，可以快速地选取所需的颜色。

5.3.4 渐变填充的样式

1. 线性渐变填充

线性渐变填充是一种比较常用的渐变填充方式，通过“渐变”控制面板，可以精确地指定线性渐变的起始和终止颜色，还可以调整渐变方向。通过调整中心点的位置，可以生成不同的颜色渐变效果。当需要线性渐变填充图形时，可按以下步骤操作。

选择绘制好的图形，如图5-62所示。双击渐变工具，弹出“渐变”控制面板。“渐变”控制面板色带中显示程序默认的白色到黑色的线性渐变样式，如图5-63所示。在“渐变”控制面板“类型”选项组中，单击“线性渐变”按钮，如图5-64所示，图形将被线性渐变填充，如图

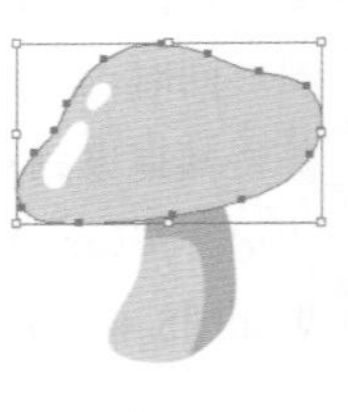

图5-62

5-65所示。

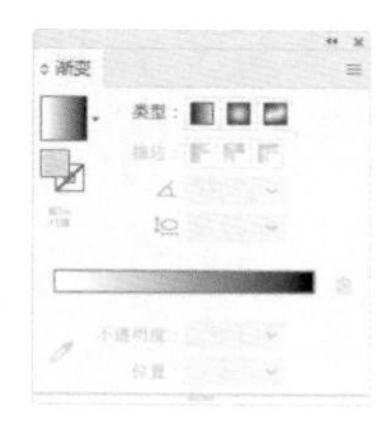

图5-63

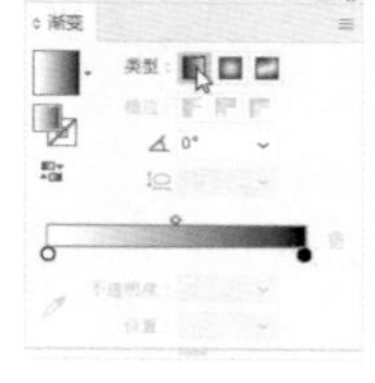

图5-64

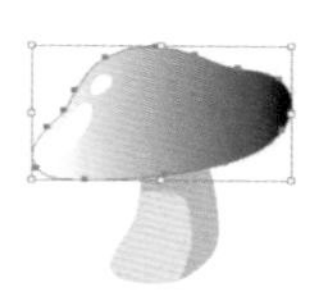

图5-65

单击“渐变”控制面板中的起始颜色游标○，如图5-66所示，然后在“颜色”控制面板中调配所需的颜色，设置渐变的起始颜色。再单击终止颜色游标●，如图5-67所示，设置渐变的终止颜色，效果如图5-68所示，图形的线性渐变填充效果如图5-69所示。

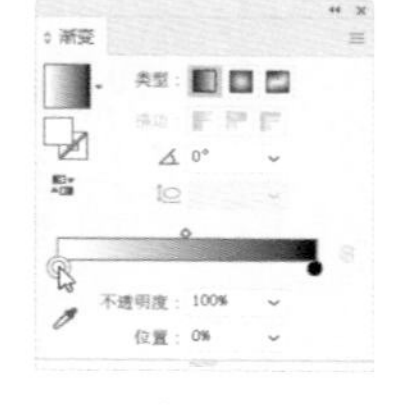

图5-66

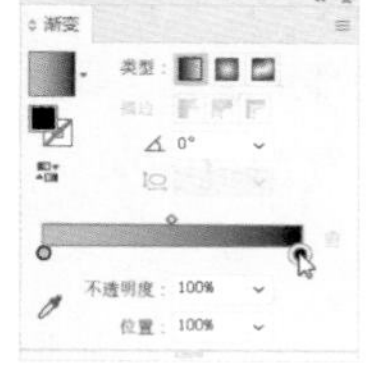

图5-67

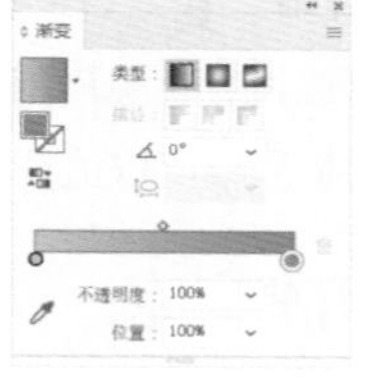

图5-68

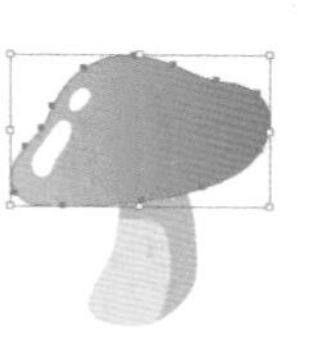

图5-69

拖动色带上边的控制滑块，可以改变颜色的渐变位置，如图5-70所示。“位置”数值框中的数值也会随之发生变化，设置“位置”数值框中的数值也可以改变颜色的渐变位置，图形的线性渐变填充效果也将改变，如图5-71所示。

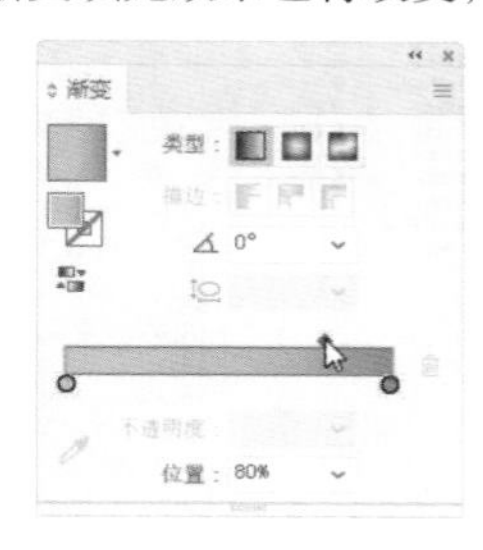

图5-70

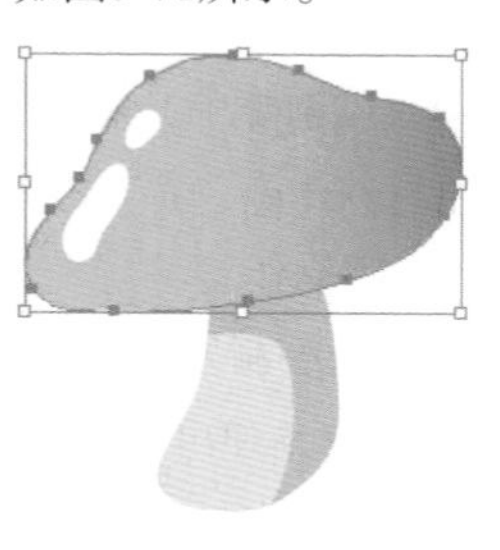

图5-71

如果要改变颜色渐变的方向，选择渐变工具后直接在图形中拖曳即可。当需要精确地改变渐变方向时，可通过“渐变”控制面板中的“角度”选项来控制图形的渐变方向。

2. 径向渐变填充

径向渐变填充是Illustrator CC 2019的另一种渐变填充类型，与线性渐变填充不同，它是从起始颜色开始以圆的形式向外发散，逐渐过渡到终止颜色。它的起始颜色和终止颜色，以及渐变填充中心点的位置都是可以改变的。使用径向渐变填充可以生成多种渐变填充效果。

选择绘制好的图形，如图5-72所示。双击渐变工具，弹出“渐变”控制面板。“渐变”控制面板色带中显示程序默认的白色到黑色的线性渐变样式，如图5-73所示。在“渐变”控制面板“类型”选项组中，单击“径向渐变”按钮，如图5-74所示，图形将被径向渐变填充，效果如图5-75所示。

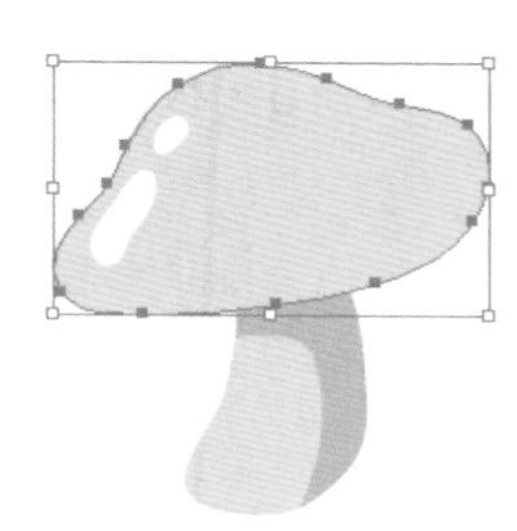

图5-72

图5-73

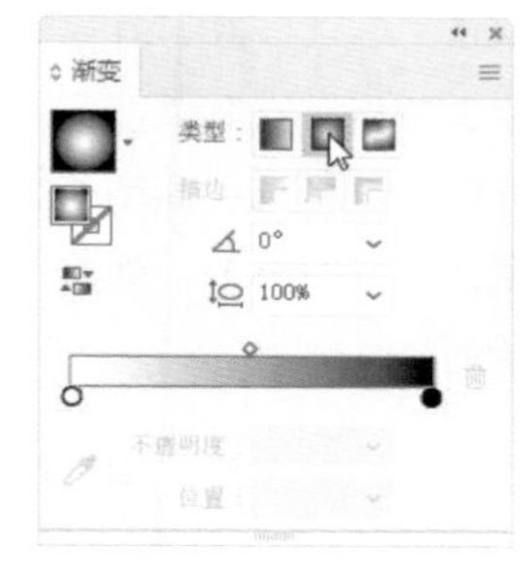

图5-74

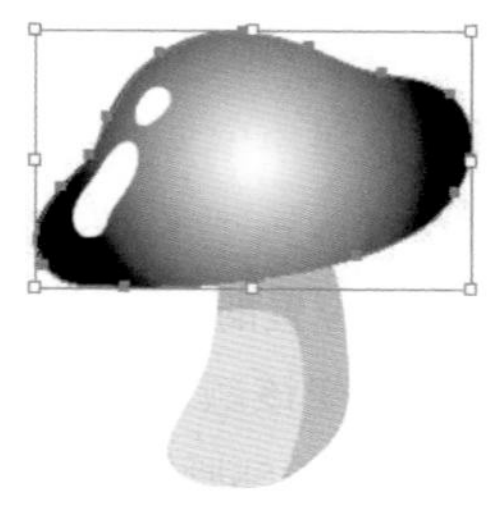

图5-75

单击“渐变”控制面板中的起始颜色游标○或终止颜色游标●，然后在“颜色”控制面板中调配颜色，即可改变图形的渐变颜色，效果如图5-76所示。拖动色带上边的控制滑块，可以改变颜色的渐变位置，效果如图5-77所示。使用渐变工具，可改变径向渐变的中心点位置，效果如图5-78所示。

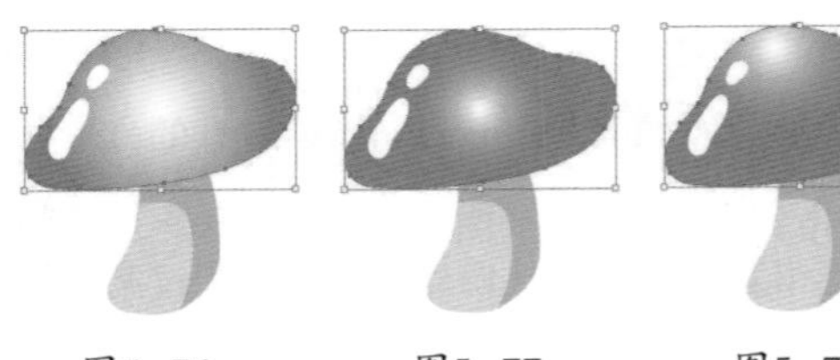

图5-76　　图5-77　　图5-78

3. 任意形状渐变填充

任意形状渐变可以在某个形状内使色标形成逐渐过渡的混合，可以是有序混合，也可以是随意混合，以使混合看起来很平滑、自然。

选择绘制好的图形，如图5-79所示。双击渐变工具，弹出“渐变”控制面板。“渐变”控制面板色带中显示程序默认的白色到黑色的线性渐变样式，如图5-80所示。在“渐变”控制面板“类型”选项组中，单击“任意形状渐变”按钮，如图5-81所示，图形将被任意形状渐变填充，效果如图5-82所示。

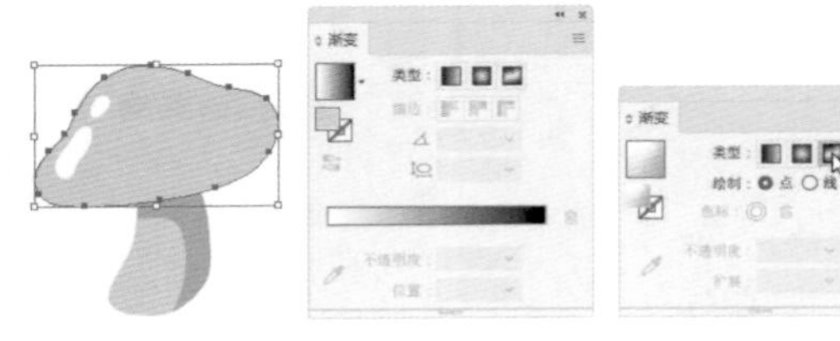

图5-79　　图5-80　　图5-81

在“绘制”选项组中，选择“点”单选项，可以在对象中创建单独点形式的色标，如图5-83所示；选择“线”单选项，可以在对象中创建线段形式的色标，如图5-84所示。

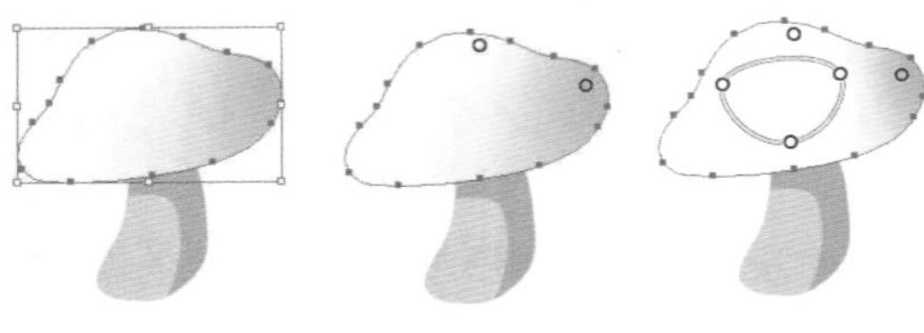

图5-82　　图5-83　　图5-84

在对象中将鼠标光标放置在线段上，光标变为图标，如图5-85所示，单击可以添加一个色标，如图5-86所示；然后在“颜色”控制面板中调配颜色，即可改变图形的渐变颜色，如图5-87所示。

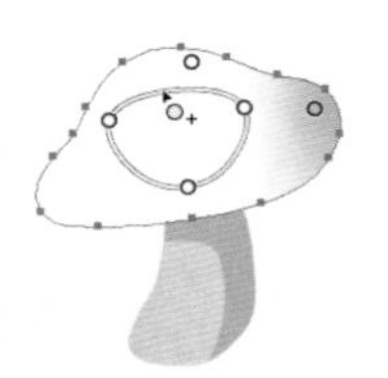

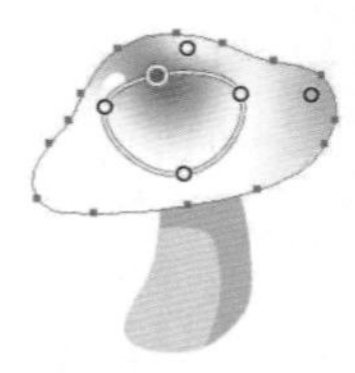

图5-85　　图5-86　　图5-87

在对象中按住鼠标拖曳色标，可以移动色标，如图5-88所示；在“渐变”控制面板“色标”选项组中，单击“删除色标”按钮，可以删除选中的色标，如图5-89所示。

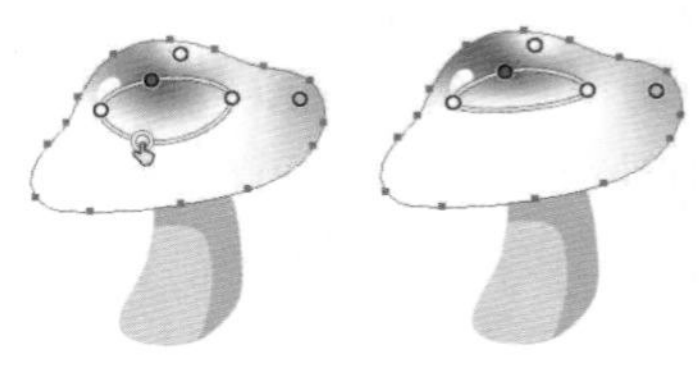

图5-88　　图5-89

“扩展”选项：在“点”模式下，“扩展”选项被激活，可以设置色标周围的环形区域，默认情况下，色标的扩展幅度取值范围为0%~100%。

5.3.5 使用渐变库

除了“色板”控制面板中提供的渐变样式外，Illustrator CC 2019还提供了一些渐变库。选择“窗口 > 色板库 > 其他库”命令，弹出“打开”对话框，在“色板\渐变”文件夹内包含了系统提供的渐变库，如图5-90所示，在文件夹中可以选择不同的渐变库，选择后单击“打开”按钮，渐变库的效果如图5-91所示。

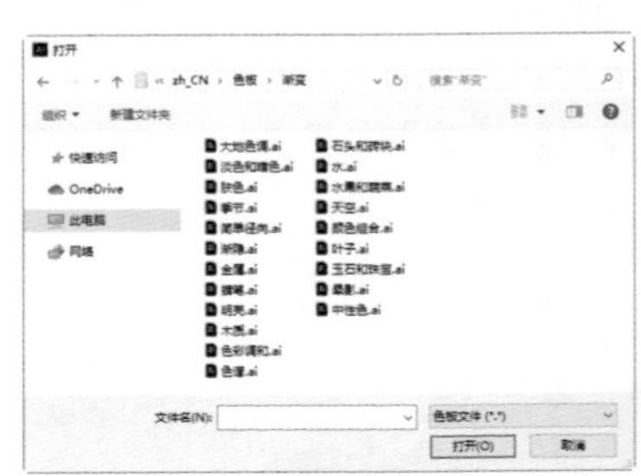

图5-90

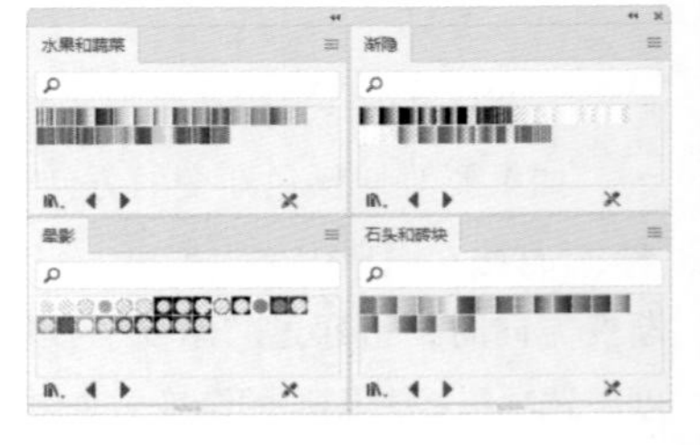

图5-91

5.4 图案填充

图案填充是绘制图形的重要手段，使用合适的图案填充可以使绘制的图形更加生动形象。

5.4.1 使用图案填充

选择“窗口 > 色板库 > 图案”命令，可以选择自然、装饰等多种图案填充图形，如图5-92所示。

绘制一个图形，如图5-93所示。在工具箱下方单击描边按钮，再在“色板”控制面板中选择需要的图案，如图5-94所示。图案填充到图形的描边上，效果如图5-95所示。

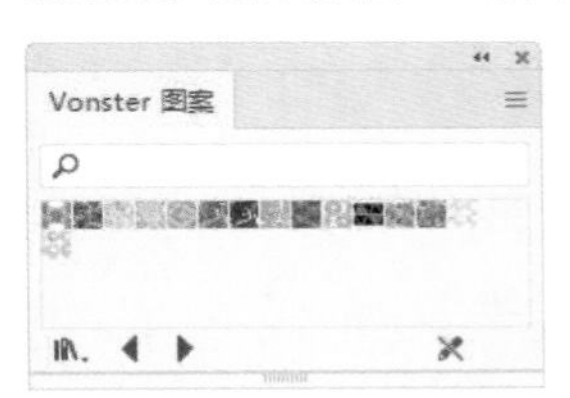

图5-92

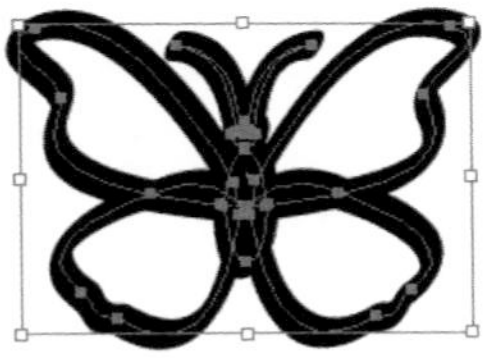

图5-93

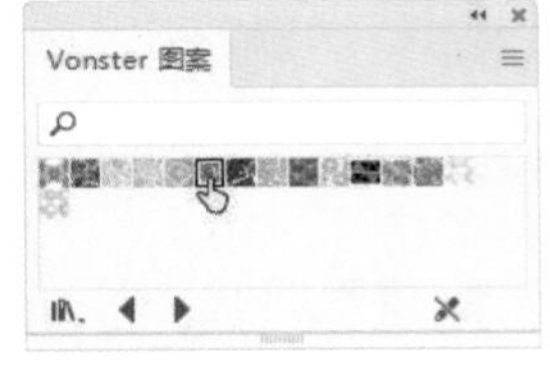

图5-94

图5-95

在工具箱下方单击填色按钮，在“色板”控制面板中单击选择需要的图案，如图5-96所示。图案填充到图形的内部，效果如图5-97所示。

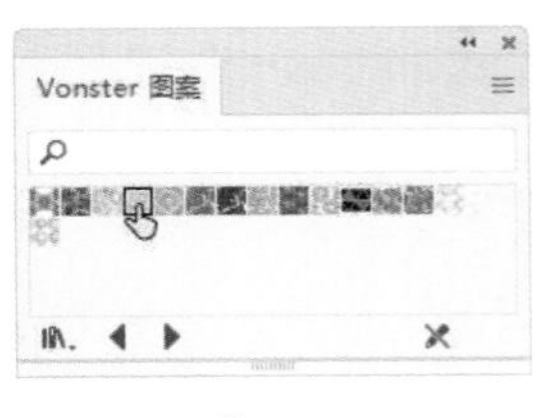

图5-96

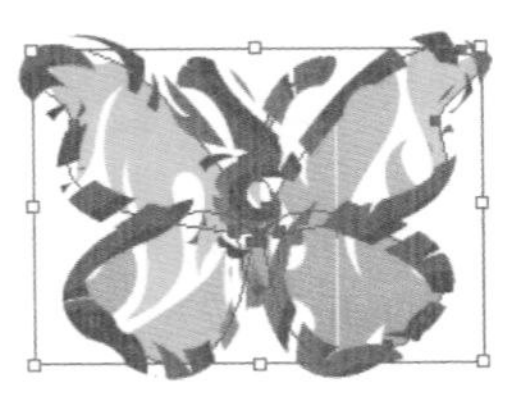

图5-97

5.4.2 创建图案填充

在Illustrator CC 2019中可以将基本图形定义为图案，作为图案的图形不能包含渐变、渐变网格、图案和位图。

使用星形工具绘制3个星形，同时选取3个星形，如图5-98所示。选择“对象 > 图案 > 建立”命令，弹出提示框和“图案选项”面板，如图5-99所示，同时页面进入“图案编辑模式”，单击提示框中的“确定”按钮，在面板中可以设置图案的名称、大小和重叠方式等，设置完成后，单击页面左上方的“完成”按钮，定义的图案就被添加到“色板”控制面板中了，效果如图5-100所示。

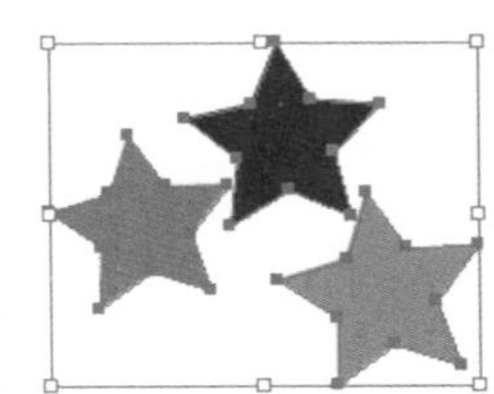

图5-98

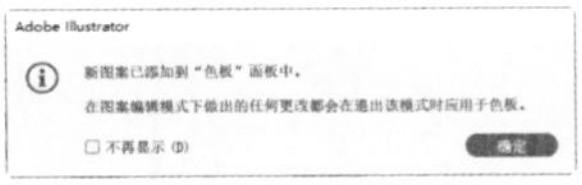

图5-99

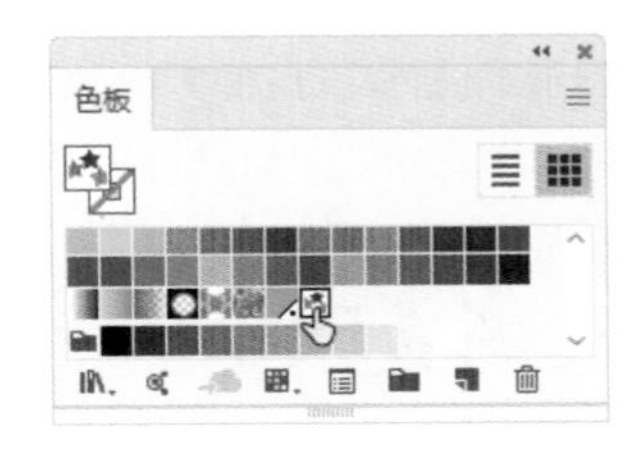

图5-100

在“色板”控制面板中单击新定义的图案并将其拖曳到页面上，如图5-101所示。选择“对象 > 取消编组”命令，取消图案组合，可以重新编辑图案，效果如图5-102所示。选择“对象 > 编组”命令，将新编辑的图案组合，将图案拖曳到“色板”控制面板中，如图5-103所示，在“色板”控制面板中添加了新定义的图案，如图5-104所示。

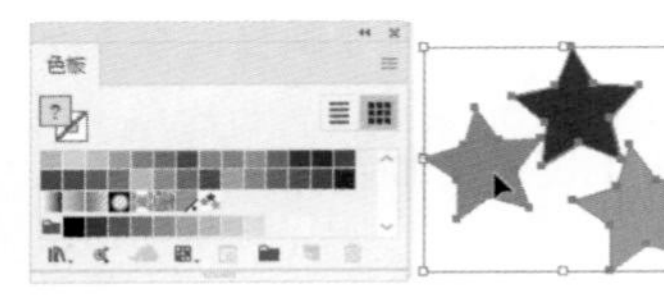

图5-101

图5-102

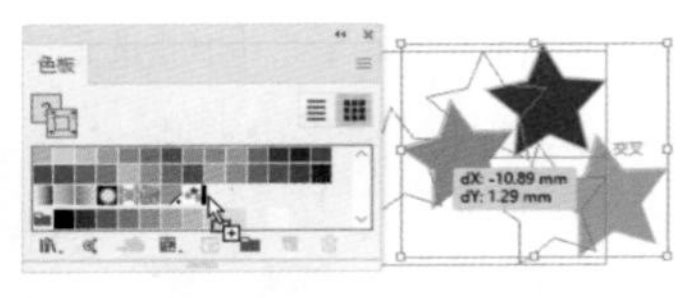

图5-103

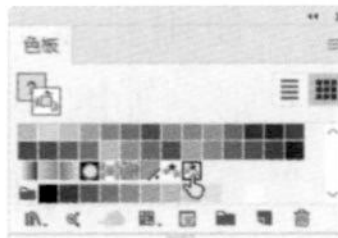

图5-104

使用多边形工具绘制一个多边形，如图5-105所示。在“色板”控制面板中单击新定义的图案，如图5-106所示，多边形的图案填充效果如图5-107所示。

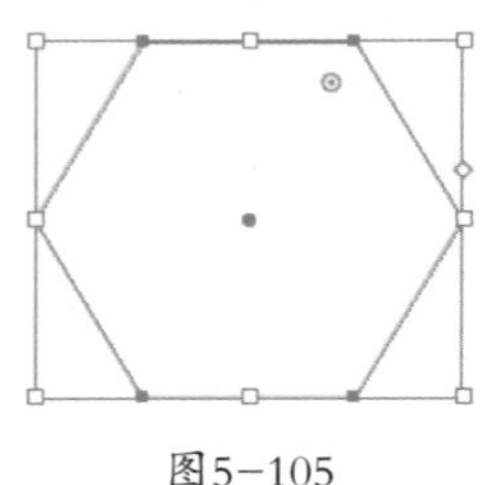

图5-105

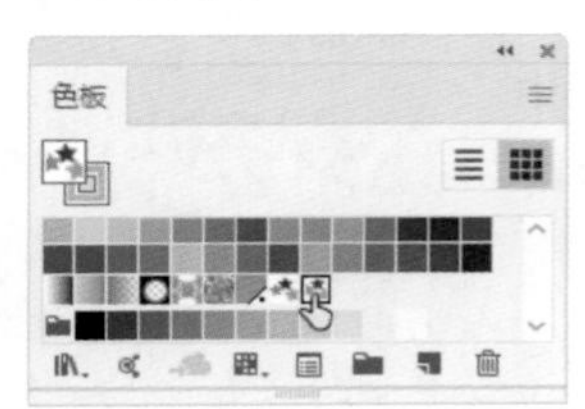

图5-106

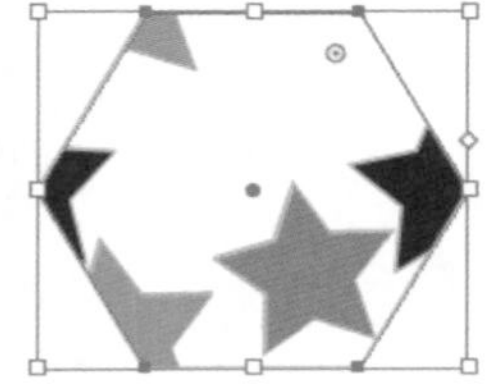

图5-107

Illustrator CC 2019自带一些图案库。选择“窗口 > 图形样式库”子菜单下的各种样式，可以加载不同的样式库。可以选择“其他库”命令来加载外部样式库。

5.4.3 使用图案库

除了“色板”控制面板中提供的图案外，Illustrator CC 2019还提供了一些图案库。选择“窗口 > 色板库 > 其他库”命令，弹出“打开”对话框，在“色板\图案”文件夹中包含了系统提供的图案库，如图5-108所示，在文件夹中可以选择不同的图案库，选择后单击“打开”按钮，图案库的效果如图5-109所示。

图5-108

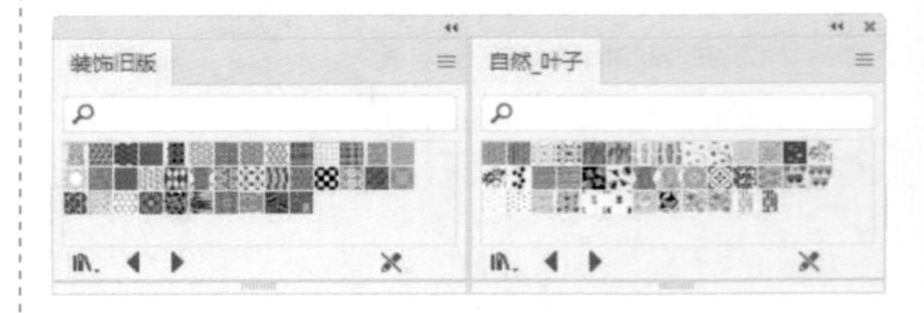

图5-109

5.5 渐变网格填充

应用渐变网格功能可以制作出图形颜色细微之处的变化，并且易于控制图形颜色。使用渐变网格可以对图形应用多个方向、多种颜色的渐变填充。

5.5.1 建立渐变网格

应用“网格”工具可以在图形中形成网格，使图形颜色的变化更加柔和自然。

1. 使用网格工具建立渐变网格

使用椭圆工具绘制一个椭圆形并保持其被选取状态，如图5-110所示。选择网格工具，在椭圆形中单击，将椭圆形建立为渐变网格对象，在椭圆形中增加了横竖两条线交叉形成的网格，如图5-111所示，继续在椭圆形中单击，可以增加新的网格，效果如图5-112所示。

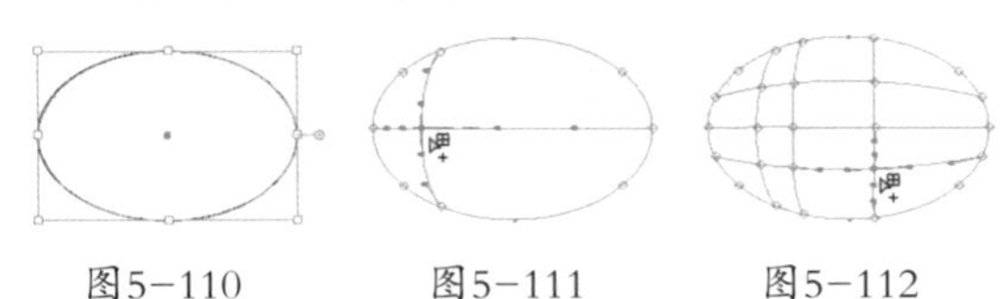

图5-110　　图5-111　　图5-112

网格中横竖两条线交叉形成的点就是网格点，而横、竖线就是网格线。

2. 使用“创建渐变网格”命令创建渐变网格

使用椭圆工具绘制一个椭圆形并保持其被选取状态，如图5-113所示。选择“对象 > 创建渐变网格”命令，弹出“创建渐变网格”对话框，如图5-114所示，设置数值后，单击“确定”按钮，可以为图形创建渐变网格的填充，效果如图5-115所示。

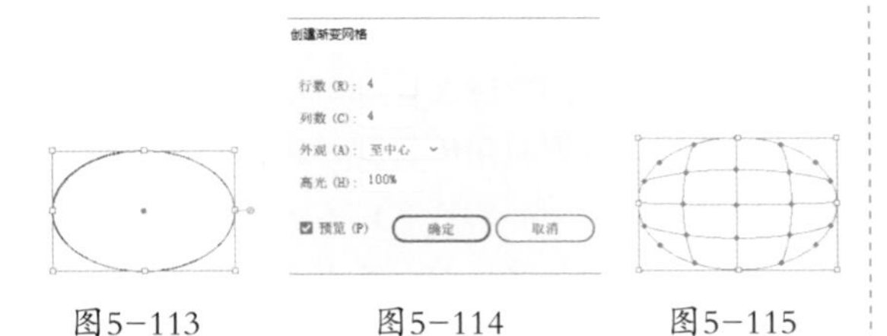

图5-113　　图5-114　　图5-115

在“创建渐变网格”对话框中，在“行数”选项的数值框中可以输入水平方向网格线的行数；在“列数”选项的数值框中可以输入竖直方向网络线的列数；在“外观”选项的下拉列表中可以选择创建渐变网格后图形高光部位的表现方式，有平淡色、至中心、至边缘3种方式可以选择；在“高光”选项的数值框中可以设置高光处的强度，当数值为0%时，图形没有高光点，而是均匀的颜色填充。

5.5.2 编辑渐变网格

1. 添加网格点

使用椭圆工具，绘制一个椭圆形并保持其被选取状态，如图5-116所示，选择网格工具，在椭圆形中单击，建立渐变网格对象，如图5-117所示，在椭圆形中的其他位置再次单击，可以添加网格点，如图5-118所示，同时添加了网格线。在网格线上再次单击，可以继续添加网格点，如图5-119所示。

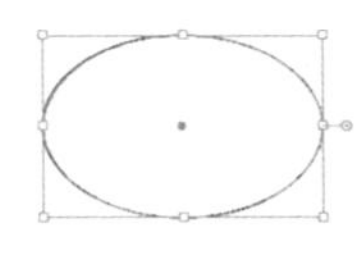

图5-116

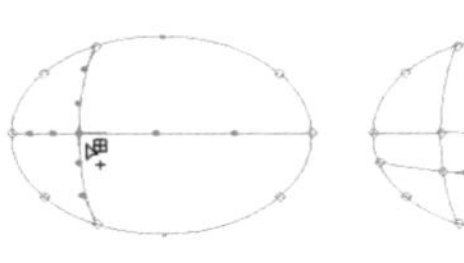

图5-117

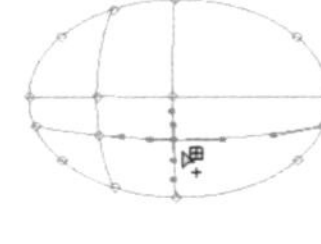

图5-118

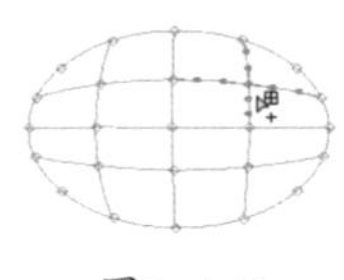

图5-119

2. 删除网格点

选择网格工具，按住Alt键的同时，将鼠标指针移至网格点上，指针变为图标，如图5-120所示，单击网格点即可将网格点删除，效果如图5-121所示。

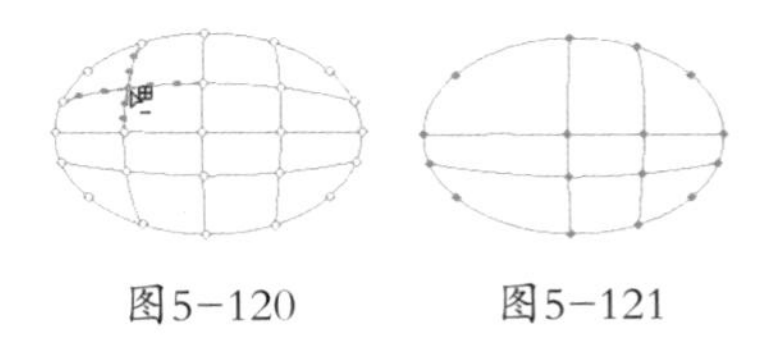

图5-120　　图5-121

3. 编辑网格颜色

选择直接选择工具，单击选中网格点，如图5-122所示，在“色板”控制面板中单击需要的颜色块，如图5-123所示，可以为网格点填充颜色，效果如图5-124所示。

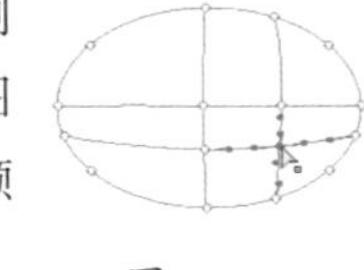

图5-122

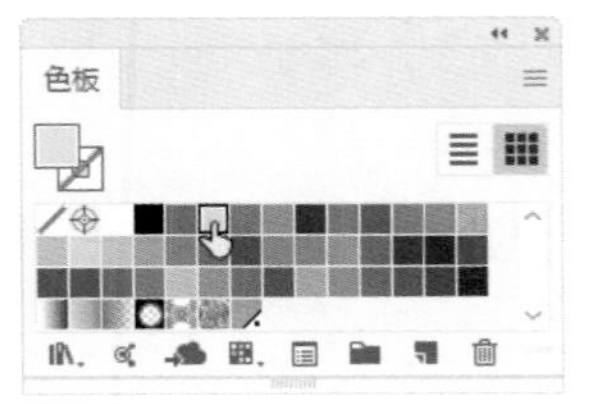

图5-123

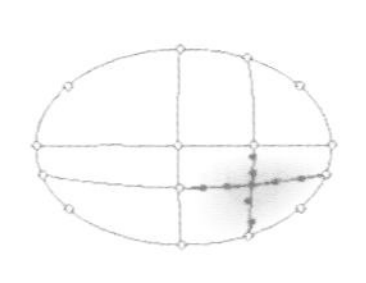

图5-124

选择直接选择工具，单击选中网格，如图5-125所示，在“色板”控制面板中单击需要的颜色块，如图5-126

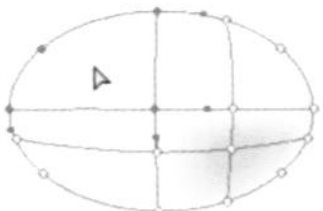

图5-125

所示，可以为网格填充颜色，效果如图5-127所示。

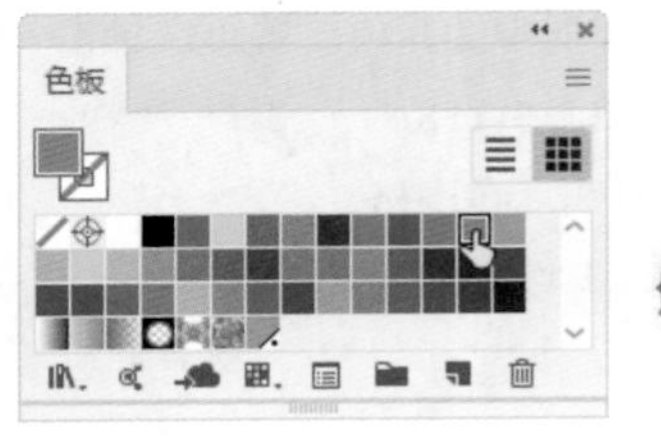

图5-126

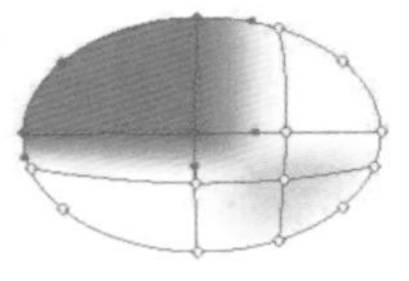

图5-127

选择直接选择工具，拖曳网格点，可以移动网格点，效果如图5-128所示。拖曳网格点的控制手柄可以调节网格线，效果如图5-129所示。

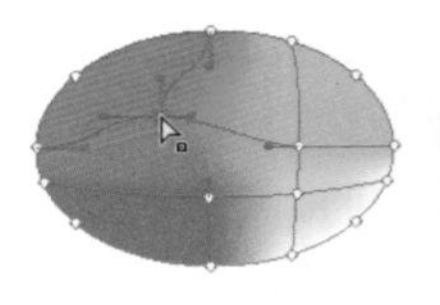

图5-128

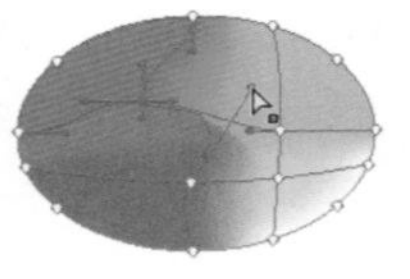

图5-129

5.6 编辑描边

描边其实就是对象的描边线，对描边进行填充时，还可以对其进行一定的设置，如更改描边的形状、粗细以及设置为虚线描边等。

“图形样式”控制面板是Illustrator CC 2019中比较重要的控制面板，在“图形样式”控制面板中有多种已经预设好的填充和描边填充图案可供用户选择使用。

5.6.1 使用“描边”控制面板

选择“窗口 > 描边”命令（快捷键为Ctrl+F10），弹出“描边”控制面板，如图5-130所示。“描边”控制面板主要用来设置对象描边的属性，如粗细、形状等。

图5-130

在“描边”控制面板中，通过“粗细”选项设置描边的宽度；“端点”选项组指定描边各线段的首端和尾端的形状样式，它有平头端点、圆头端点和方头端点3种不同的端点样式；“边角”选项组指定一段描边的拐点，即描边的拐角形状，它有3种不同的拐角接合形式，分别为斜接连接、圆角连接和斜角连接；“限制”选项用于设置斜角的长度，它将决定描边沿路径改变方向时伸展的长度；“对齐描边”选项组用于设置描边与路径的对齐方式，包括使描边居中对齐、使描边内侧对齐和使描边外侧对齐；勾选“虚线”复选项可以创建描边的虚线效果。

5.6.2 设置描边的粗细

当需要设置描边的宽度时，要用到“粗细”选项，可以在其下拉列表中选择合适的粗细，也可以直接输入合适的数值。

单击工具箱下方的描边按钮，使用星形工具绘制一个星形并保持其被选取状态，效果如图5-131所

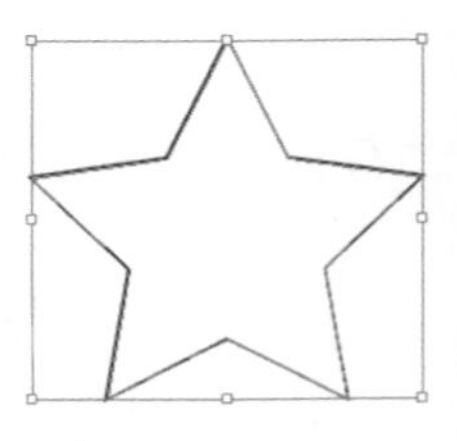

图5-131

示。在“描边”控制面板中“粗细”选项的下拉列表中选择需要的描边粗细值，或者直接输入合适的数值。本例设置的粗细数值为30 pt，如图5-132所示，星形的描边粗细被改变，效果如图5-133所示。

图5-132

图5-133

当要更改描边的单位时，可选择“编辑 > 首选项 > 单位”命令，弹出“首选项”对话框，如图5-134所示。可以在“描边”选项的下拉列表中选择需要的描边单位。

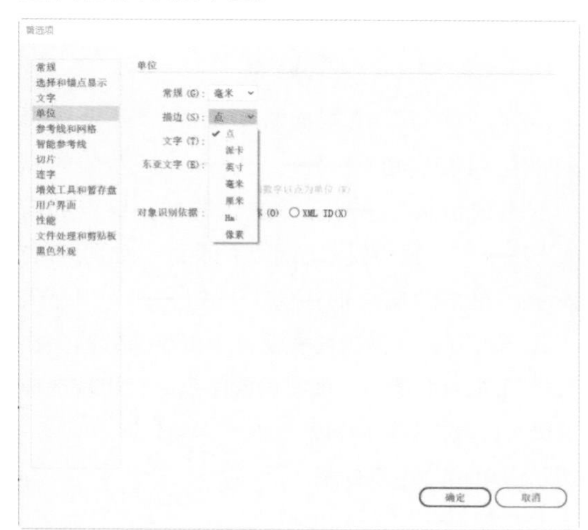

图5-134

5.6.3 设置描边的填充

保持星形处于被选取的状态，效果如图5-135所示。在“色板”控制面板中单击选取所需的填充样本，对象描边的填充效果如图5-136所示。

图5-135

图5-136

保持星形处于被选取的状态，效果如图5-137所示。在“颜色”控制面板中调配所需的颜色，如图5-138所示，或双击工具箱下方的“描边”按钮，弹出“拾色器”对话框，如图5-139所示。在对话框中可以调配所需的颜色，对象描边的颜色填充效果如图5-140所示。

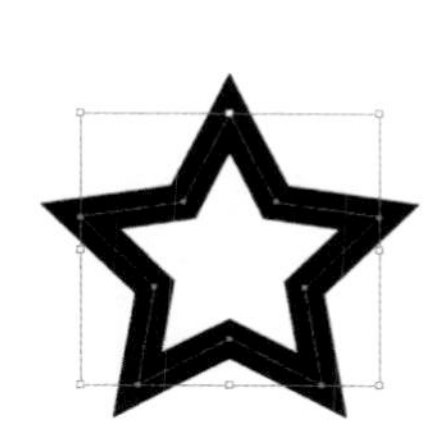

图5-137

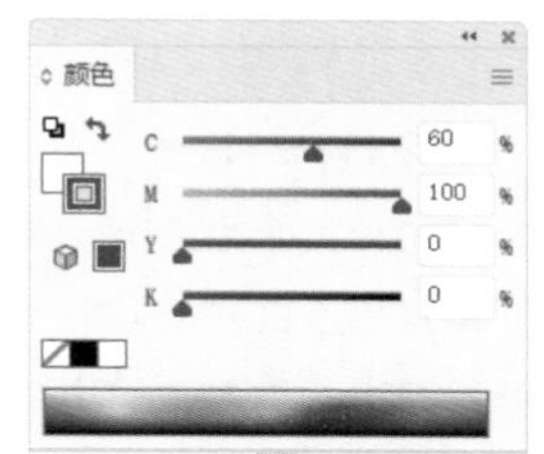

图5-138

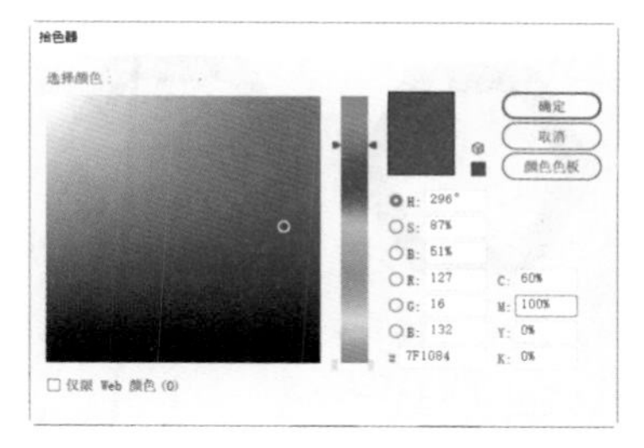

图5-139

图5-140

5.6.4 编辑描边的样式

1．设置“限制”选项

“限制”选项可以设置描边沿路径改变方向时的伸展长度。可以在其下拉列表中选择所需的数值，也可以在数值框中直接输入合适的数值，分别将“限制”选项设置为2和20时的对象描边效果如图5-141所示。

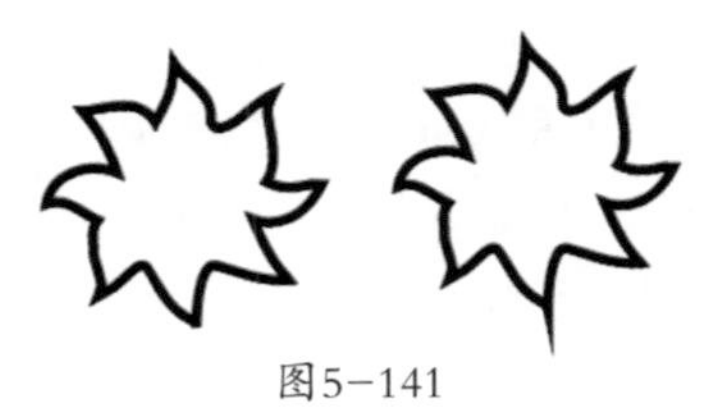

图5-141

2. 设置“端点”和“边角”选项组

端点是指一段描边的首端和末端，可以为描边的首端和末端选择不同的端点样式来改变描边端点的形状。使用钢笔工具绘制一段描边，单击“描边”控制面板中的3个不同端点样式的按钮，选定的端点样式会应用到选定的描边中，如图5-142所示。

平头端点　　圆头端点　　方头端点

图5-142

边角是指一段描边的拐点，边角样式就是指描边拐角处的形状。该选项组有斜接连接、圆角连接和斜角连接3种不同的转角边角样式。绘制多边形的描边，单击“描边”控制面板中的3个不同边角样式按钮，选定的边角样式会应用到选定的描边中，如图5-143所示。

斜接连接　　圆角连接　　斜角连接

图5-143

3. 设置“虚线”选项

虚线选项里包括6个数值框，勾选“虚线”复选项，数值框被激活，第1个数值框默认的虚线值为2 pt，如图5-144所示。

“虚线”选项用来设定每一段虚线段的长度，数值框中输入的数值越大，虚线的长度就越长；反之，输入的数值越小，虚线的长度就越短。设置不同虚线长度值的描边效果如图5-145所示。

图5-144

“间隙”选项用来设定虚线段之间的距离，输入的数值越大，虚线段之间的距离越大；反之，输入的数值越小，虚线段之间的距离就越小。设置不同虚线间隙的描边效果如图5-146所示。

图5-145

图5-146

4. 设置“箭头”选项

在“描边”控制面板中有两个可供选择的下拉列表按钮，左侧的是“起点的箭头”，右侧的是“终点的箭头”。选中要添加箭头的曲线，如图5-147所示。单击“起点的箭头”按钮，弹出“起点的箭头”下拉列表框，单击需要的箭头样式，如图5-148所示。曲线的起始点处会出现选择的箭头，效果如图5-149所示。单击“终点的箭头”按钮，弹出“终点的箭头”下拉列表框，单击需要的箭头样式，如图5-150所示。曲线的终点处会出现选

图5-147

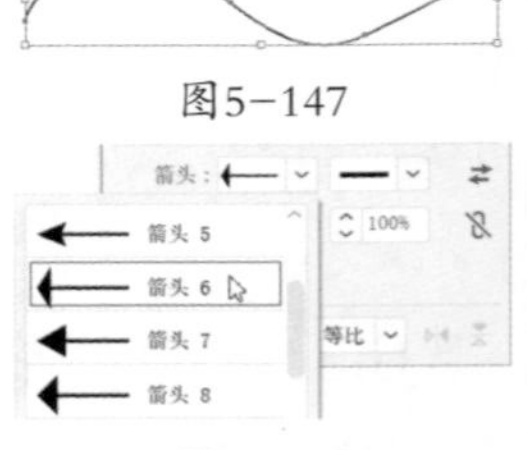

图5-148

择的箭头，效果如图5-151所示。

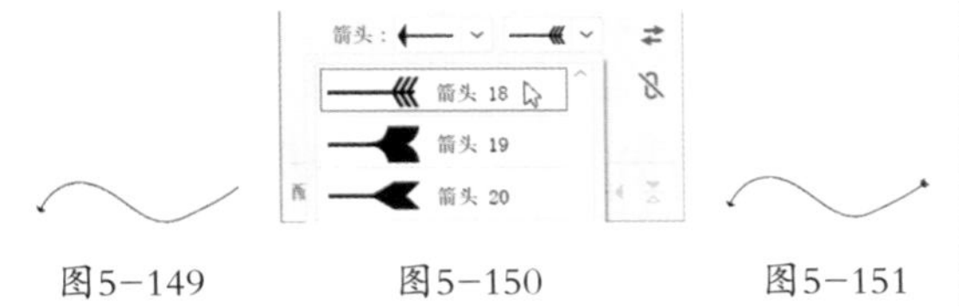

图5-149　　图5-150　　图5-151

“互换箭头起始处和结束处”按钮可以互换起始箭头和终点箭头。选中曲线，如图5-152所示。在“描边”控制面板中单击“互换箭头起始处和结束处”按钮，如图5-153所示，效果如图5-154所示。

图5-152　　图5-153　　图5-154

在“缩放”选项中，左侧的是“箭头起始处的缩放因子”数值框，右侧的是“箭头结束处的缩放因子”数值框，设置需要的数值，可以缩放曲线的起始箭头和结束箭头。选中要缩放的曲线，如图5-155所示。单击“箭头起始处的缩放因子”数值框，将“箭头起始处的缩放因子”设置为200%，如图5-156所示，效果如图5-157所示。单击“箭头结束处的缩放因子”数值框，将“箭头结束处的缩放因子”设置为200%，效果如图5-158所示。

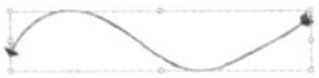

图5-155

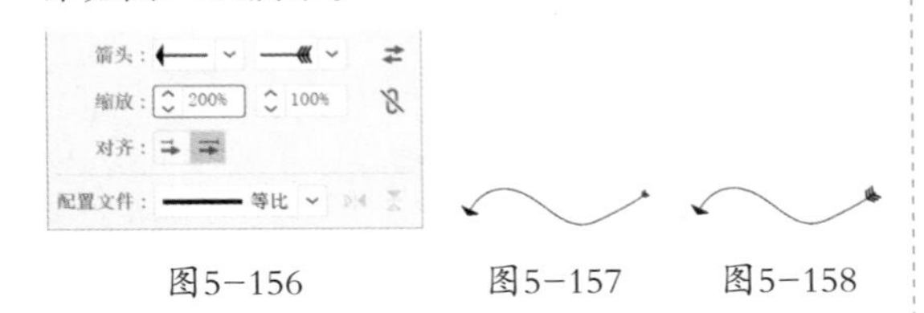

图5-156　　图5-157　　图5-158

单击“缩放”选项右侧的“链接箭头起始处和结束处缩放”按钮，可以同时改变起始箭头和结束箭头的大小。

在“对齐”选项中，左侧的是“将箭头提示扩展到路径终点外”按钮，右侧的是“将箭头提示放置于路径终点处”按钮，这两个按钮分别可以设置箭头在终点以外和箭头在终点处。选中曲线，如图5-159所示。单击“将箭头提示扩展到路径终点外”按钮，如图5-160所示，效果如图5-161所示。单击“将箭头提示放置于路径终点处”按钮，箭头在终点处显示，效果如图5-162所示。

图5-159

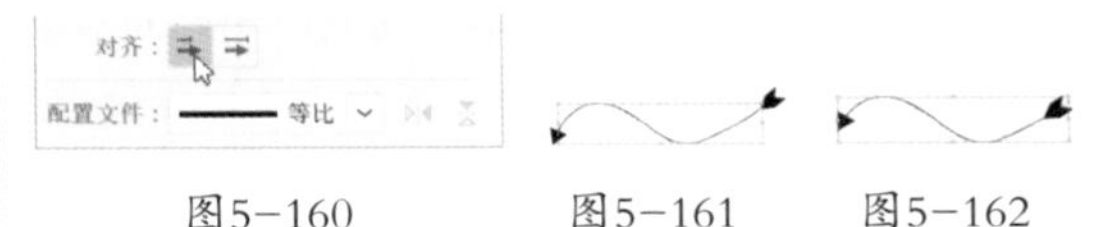

图5-160　　图5-161　　图5-162

在“配置文件”选项中，单击“配置文件”按钮，弹出宽度配置文件下拉列表，如图5-163所示。在下拉列表中选中任意一个宽度配置文件可以改变曲线描边的形状。选中曲线，如图5-164所示。单击“配置文件”按钮，在弹出的下拉列表中选中任意一个宽度配置文件，如图5-165所示，效果如图5-166所示。

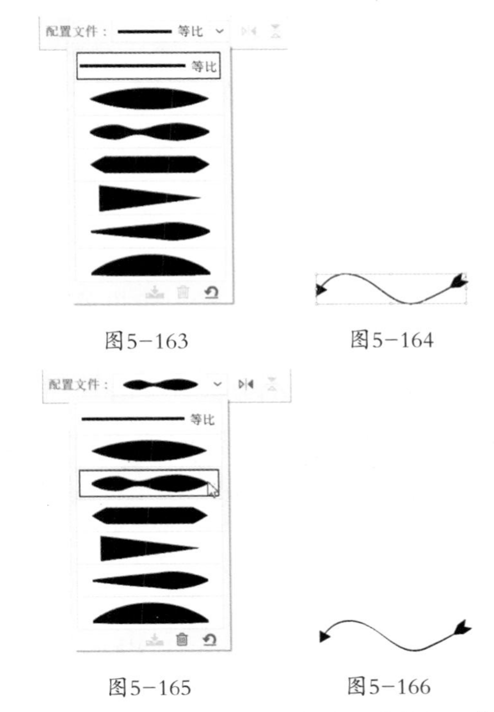

图5-163　　图5-164

图5-165　　图5-166

在“配置文件”选项右侧有两个按钮，分别是“纵向翻转”按钮和“横向翻转”按钮。单击“纵向翻转”按钮，可以改变曲线描边的左右位置。单击“横向翻转”按钮，可以改变曲线描边的上下位置。

5.7 使用符号

符号是一种能存储在“符号”控制面板中，并且在一个插图中可以多次重复使用的对象。Illustrator CC 2019提供了“符号”控制面板，专门用来创建、存储和编辑符号。

当需要在一个插图中多次制作同样的对象，并需要对对象进行多次类似的编辑操作时，可以使用符号来完成。这样，可以大大提高效率、节省时间。例如，在一个网站设计中多次应用到一个按钮的图样，这时就可以将这个按钮的图样定义为符号范例，这样可以对按钮符号进行多次重复使用。利用符号体系工具组中的相应工具可以对符号范例进行各种编辑操作。默认设置下的“符号”控制面板如图5-167所示。

命令介绍

符号命令：可以打开符号控制面板，具有创建、编辑和存储符号的功能。

在插图中如果应用了符号集合，那么当使用选择工具选取符号范例时，则把整个符号集合同时选中。此时，被选中的符号集合只能被移动，而不能被编辑。图5-168所示为应用到插图中的符号范例与符号集合。

提示

Illustrator CC 2019中的各种对象，如普通的图形、文本对象、复合路径、渐变网格等均可以被定义为符号。

图5-167

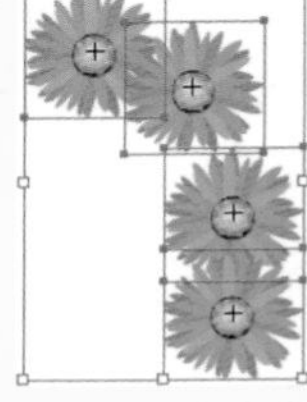

图5-168

5.7.1 课堂案例——绘制许愿灯插画

【案例学习目标】学习使用符号控制面板、符号喷枪工具绘制许愿灯插画。

【案例知识要点】使用钢笔工具、椭圆工具、路径查找器命令和渐变工具绘制许愿灯；使用符号控制面板、符号喷枪工具定义并绘制符号；使用符号缩放器工具、符号旋转器工具和符号滤色器工具调整符号大小、旋转角度和透明度。许愿灯插画效果如图5-169所示。

【效果所在位置】Ch05\效果\绘制许愿灯插画.ai。

01 按Ctrl+O快捷键，打开本书学习资源中的“Ch05\素材\绘制许愿灯插画\01”文件，如图5-170所示。

图5-169

图5-170

02 选择钢笔工具，在页面外绘制一个不规则图形，如图5-171所示。设置填充色为橙色（其R、G、B的值分别为239、124、19），填充图形，并设置描边色为无，效果如图5-172所示。

03 选择钢笔工具，在适当的位置分别绘制不规则图形，如图5-173所示。选择选择工具，选取需要的图形，设置填充色为淡红色（其R、

G、B的值分别为189、55、0），填充图形，并设置描边色为无，效果如图5-174所示。

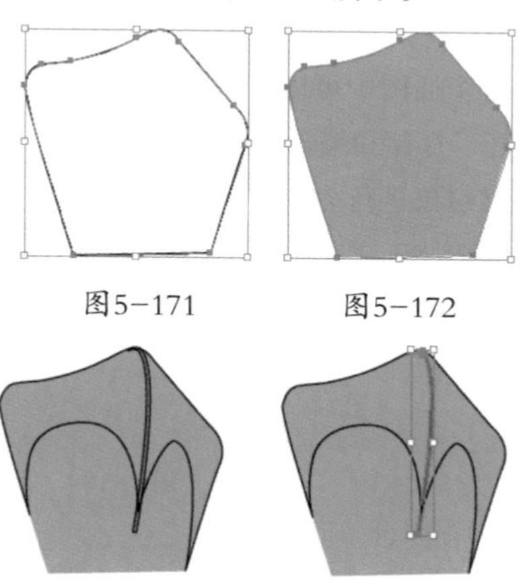

图5-171　　图5-172

图5-173　　图5-174

04 选取需要的图形，设置填充色为深红色（其R、G、B的值分别为227、66、0），填充图形，并设置描边色为无，效果如图5-175所示。在属性栏中将“不透明度”选项设为50%，按Enter键确认操作，效果如图5-176所示。

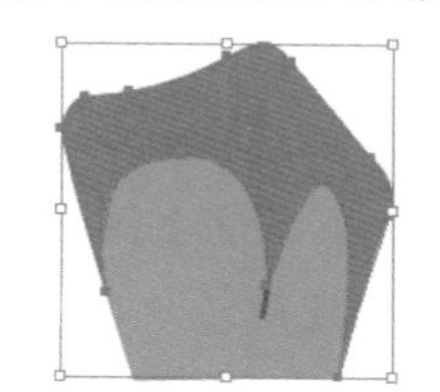

图5-175

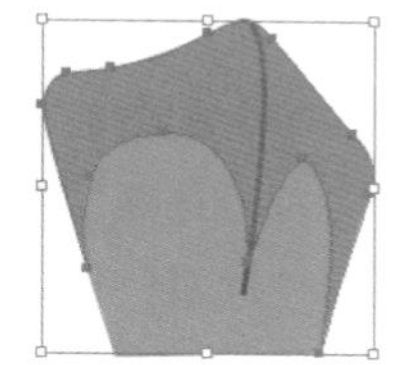

图5-176

05 选择椭圆工具，在适当的位置绘制一个椭圆形，效果如图5-177所示。选择直接选择工具，选取椭圆形下方的锚点，并向上拖曳锚点到适当的位置，效果如图5-178所示。选取左侧的锚点，拖曳下方的控制手柄到适当的位置，调整其弧度，效果如图5-179所示。用相同的方法调整右侧锚点，效果如图5-180所示。

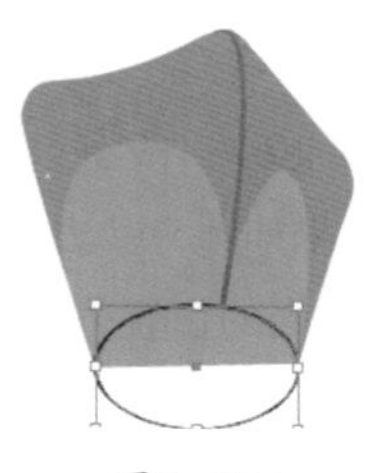

图5-177

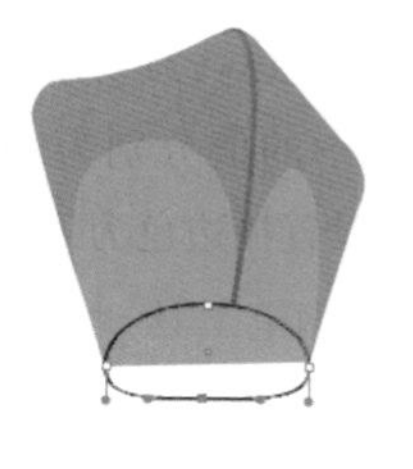

图5-178

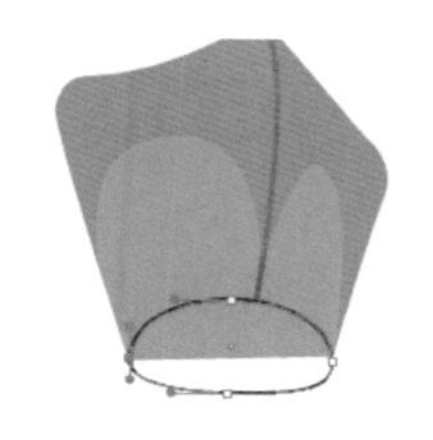

图5-179

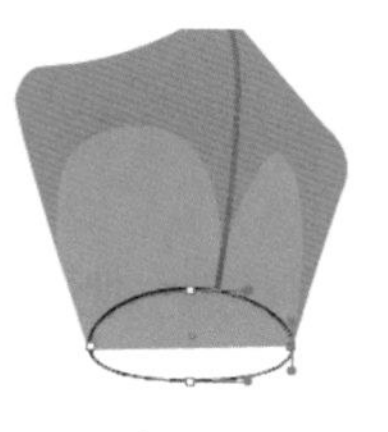

图5-180

06 选择选择工具，选取图形，设置填充色为橘黄色（其R、G、B的值分别为251、183、39），填充图形，并设置描边色为无，效果如图5-181所示。选择椭圆工具，在适当的位置绘制一个椭圆形，效果如图5-182所示。

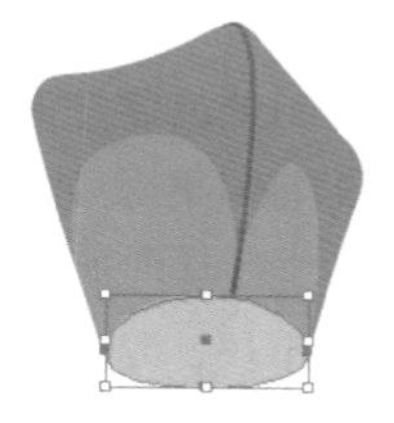

图5-181

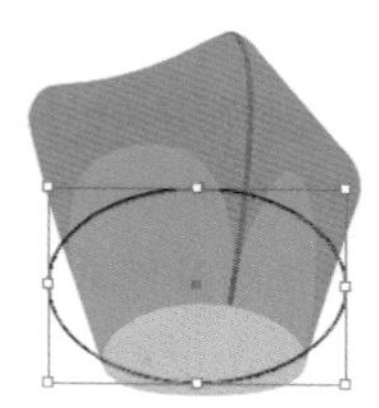

图5-182

07 选择选择工具，选取下方橘黄色图形，按Ctrl+C快捷键，复制图形，按Ctrl+F快捷键，将复制的图形粘贴在前面，如图5-183所示。按住Shift键的同时，单击上方椭圆形将其同时选取，如图5-184所示。

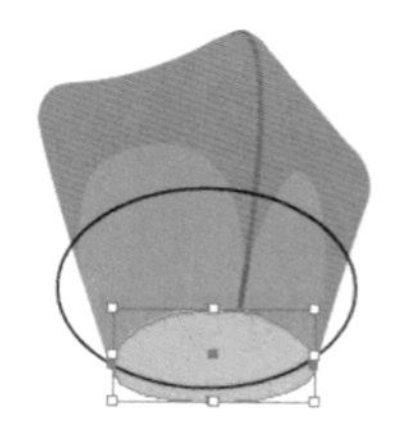

图5-183

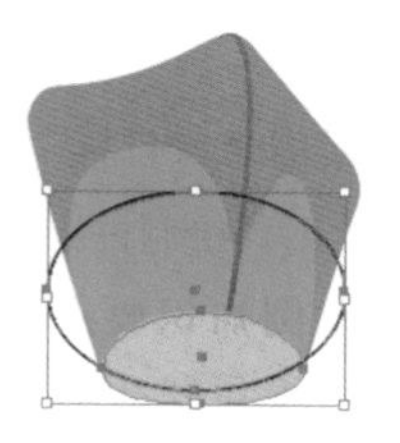

图5-184

08 选择“窗口 > 路径查找器”命令，弹出“路径查找器”控制面板，单击“交集”按钮，如图5-185所示，生成新的对象，效果如图5-186所示。

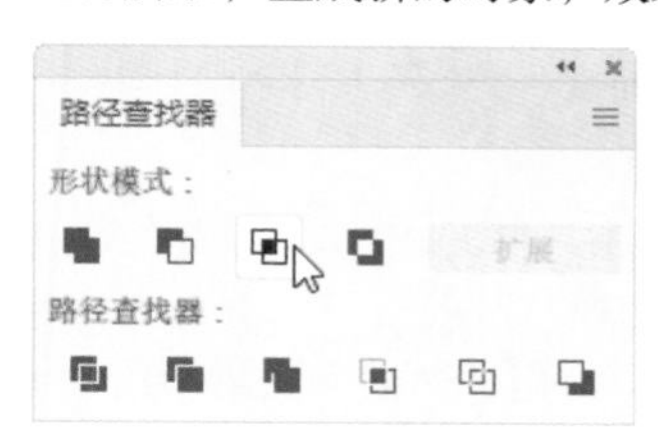

图5-185

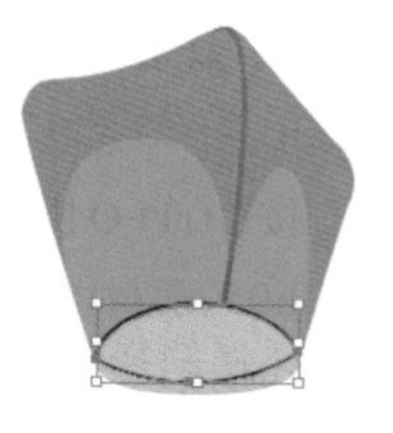

图5-186

09 保持图形被选取状态，设置填充色为深红色（其R、G、B的值分别为227、66、0），填充图形，并设置描边色为无，效果如图5-187所示。在属性栏中将“不透明度”选项设为50%，按Enter键确认操作，效果如图5-188所示。用相同的方法制作其他图形，并填充相应的颜色，效果如图5-189所示。

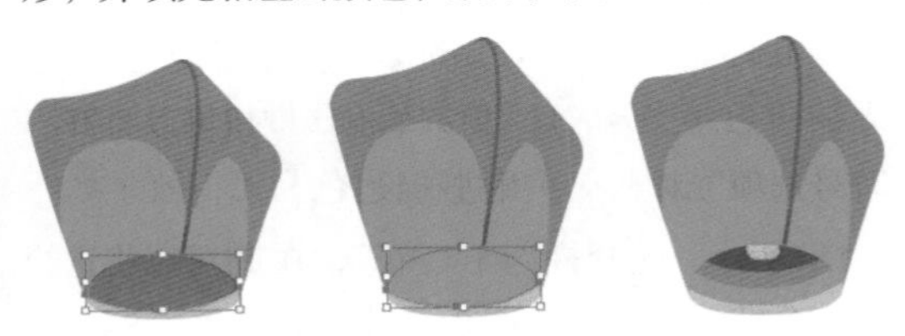

图5－187　　图5－188　　图5－189

10 选择椭圆工具，在适当的位置绘制一个椭圆形，效果如图5-190所示。双击渐变工具，弹出“渐变”控制面板，选中“径向渐变”按钮，在色带上设置两个渐变滑块，分别将渐变滑块的位置设为0%、100%，并设置R、G、B的值分别为0%（255、255、0）、100%（251、176、59），将上方控制滑块的“位置”选项设为31%，其他选项的设置如图5-191所示，图形被填充为渐变色，并设置描边色为无，效果如图5-192所示。

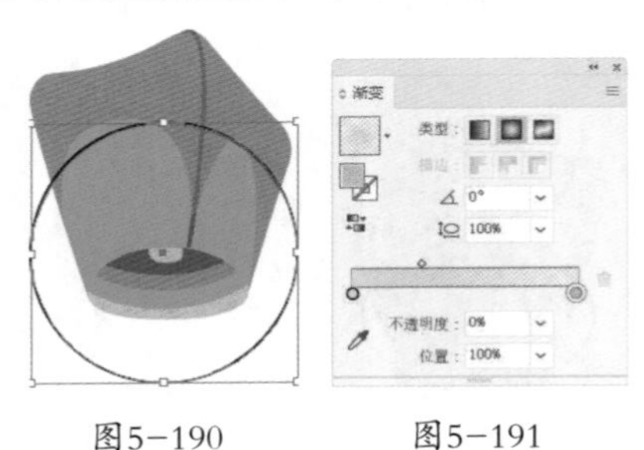

图5－190　　图5－191

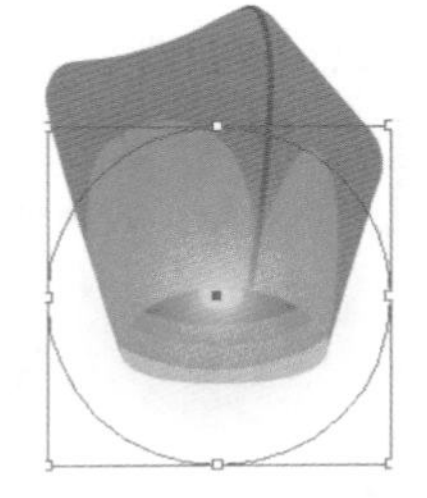

图5－192

11 选择选择工具，用框选的方法将所绘制的图形同时选取，按Ctrl+G快捷键，将其编组，如图5-193所示。选择“窗口 > 变换”命令，弹出“变换”控制面板，将“旋转”选项设为9°，如图5-194所示，按Enter键确认操作，效果如图5-195所示。

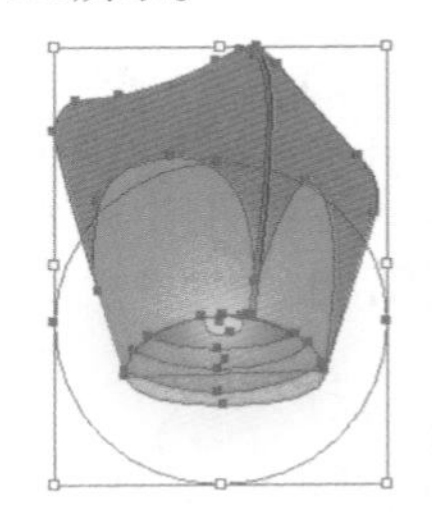

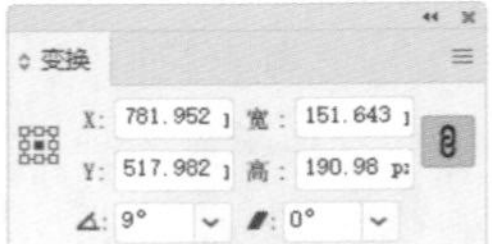

图5－193　　图5－194

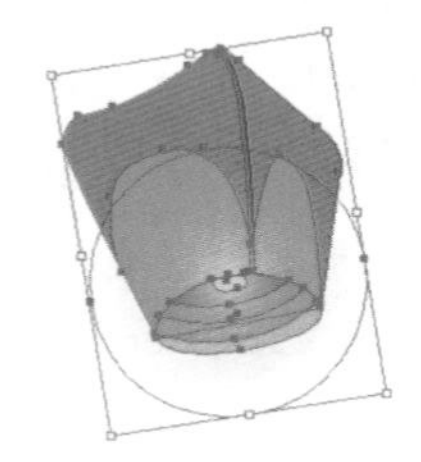

图5－195

12 选择“窗口 > 符号”命令，弹出“符号”控制面板，如图5-196所示。将选中的许愿灯拖曳到“符号”控制面板中，如图5-197所示，同时弹出“符号选项”对话框，设置如图5-198所示，单击“确定”按钮，创建符号，如图5-199所示。

图5－196

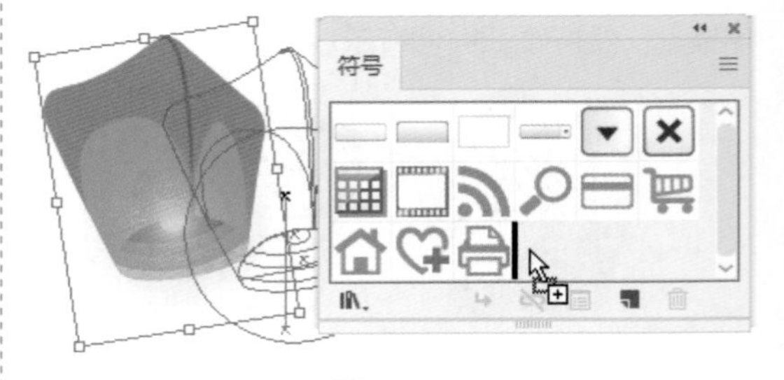

图5－197

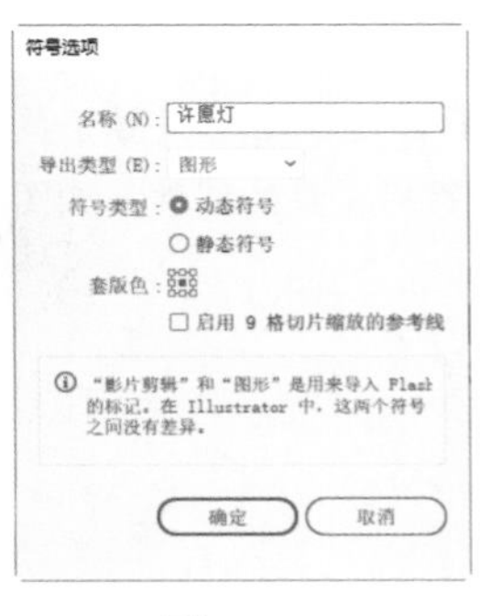

图5-198

图5-199

13 选择符号喷枪工具，在页面中拖曳鼠标绘制多个许愿灯符号，效果如图5-200所示。使用符号缩放器工具、符号旋转器工具和符号滤色器工具，分别调整符号大小、旋转角度及透明度，效果如图5-201所示。许愿灯插画绘制完成，效果如图5-202所示。

图5-200

图5-201

图5-202

5.7.2 "符号"控制面板

"符号"控制面板具有创建、编辑和存储符号的功能。单击控制面板右上方的≡图标，弹出其弹出式菜单，如图5-203所示。

图5-203

在"符号"控制面板下边有以下6个按钮。

"符号库菜单"按钮：包括了多种符合库，可以选择调用。

"置入符号实例"按钮：将当前选中的一个符号范例放置在页面的中心。

"断开符号链接"按钮：将添加到插图中的符号范例与"符号"控制面板的链接断开。

"符号选项"按钮：单击该按钮可以打开"符号选项"对话框，并进行设置。

"新建符号"按钮：单击该按钮可以将选中的要定义为符号的对象添加到"符号"控制面板中作为符号。

"删除符号"按钮：单击该按钮可以删除"符号"控制面板中被选中的符号。

5.7.3 创建和应用符号

1. 创建符号

单击"新建符号"按钮可以将选中的要定义为符号的对象添加到"符号"控制面板中作为符号。

将选中的对象直接拖曳到"符号"控制面板中，弹出"符号选项"对话框，单击"确定"按钮，可以创建符号，如图5-204所示。

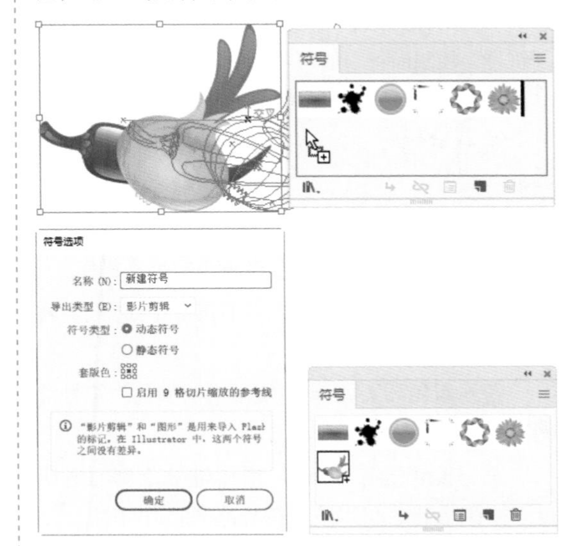

图5-204

2. 应用符号

在“符号”控制面板中选中需要的符号，直接将其拖曳到当前插图中，得到一个符号范例，如图5-205所示。

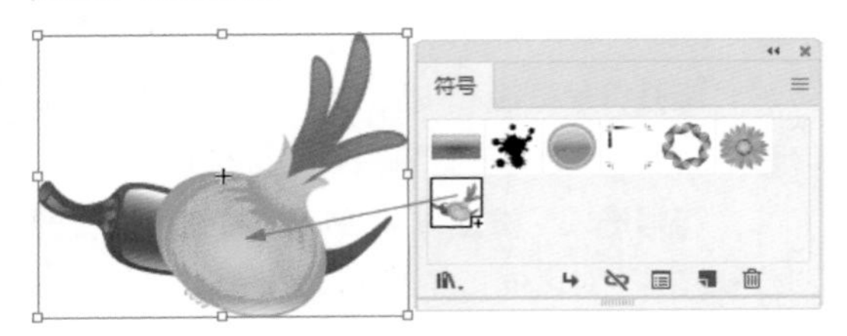

图5-205

选择符号喷枪工具，可以同时创建多个符号范例，并且可以将它们作为一个符号集合。

5.7.4 使用符号工具

Illustrator CC 2019工具箱的符号工具组中提供了8个符号工具，展开的符号工具组如图5-206所示。

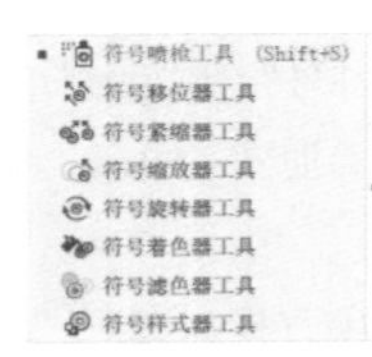

图5-206

符号喷枪工具：创建符号集合，可以将“符号”控制面板中的符号对象应用到插图中。

符号移位器工具：移动符号范例。

符号紧缩器工具：对符号范例进行紧缩变形。

符号缩放器工具：对符号范例进行放大操作。按住Alt键，可以对符号范例进行缩小操作。

符号旋转器工具：对符号范例进行旋转操作。

符号着色器工具：使用当前颜色为符号范例填色。

符号滤色器工具：增加符号范例的透明度。按住Alt键，可以减小符号范例的透明度。

符号样式器工具：将当前样式应用到符号范例中。

双击任意一个符号工具将弹出“符号工具选项”对话框，可以设置符号工具的属性，如图5-207所示。

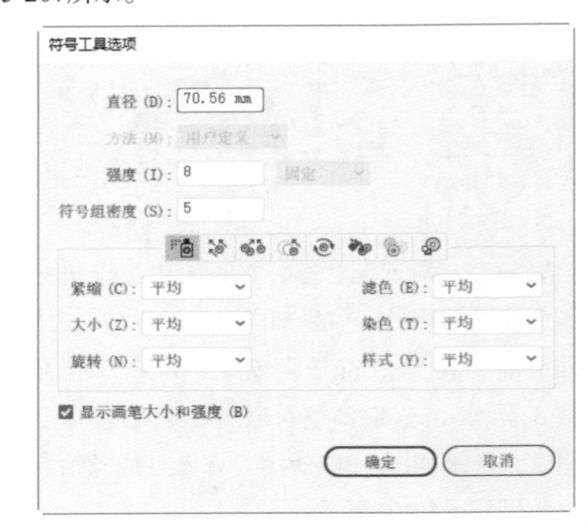

图5-207

“直径”选项：设置笔刷直径的数值。这时的笔刷指的是选取符号工具后光标的形状。

“强度”选项：设定拖曳鼠标时符号范例随鼠标变化的速度，数值越大，被操作的符号范例变化越快。

“符号组密度”选项：设定符号集合中包含符号范例的密度，数值越大，符号集合所包含的符号范例的数目就越多。

“显示画笔大小和强度”复选框：勾选该复选框，在使用符号工具时可以看到笔刷，不勾选该复选框则隐藏笔刷。

使用符号工具应用符号的具体操作如下。

选择符号喷枪工具，光标将变成一个中间有喷壶的圆形，如图5-208所示。在“符号”控制面板中选取一种需要的符号对象，如图5-209所示。

图5-208　　图5-209

在页面上按住鼠标左键不放并拖曳光标，符号喷枪工具将沿着拖曳的轨迹喷射出多个符号范例，这些符号范例将组成一个符号集合，如图5-210所示。

使用选择工具选中符号集合，再选择符号移位器工具，将光标移到要移动的符号范例上，按住鼠标左键不放并拖曳光标，光标之中的符号范例将随其移动，如图5-211所示。

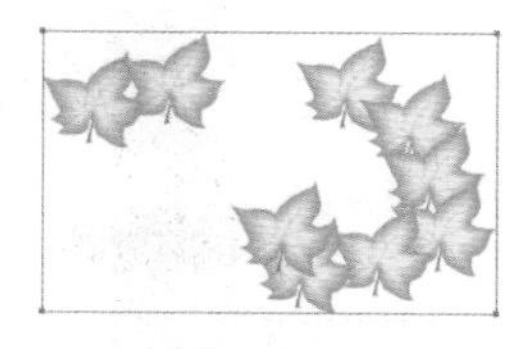

图5-210

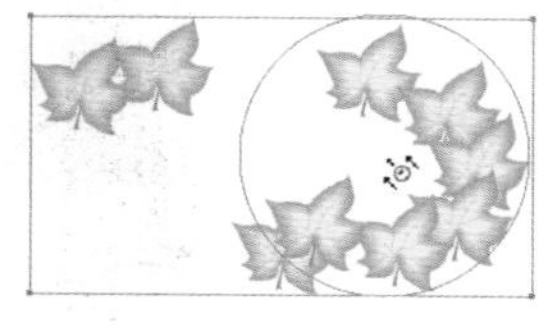

图5-211

使用选择工具选中符号集合，选择符号紧缩器工具，将光标移到要使用符号紧缩器工具的符号范例上，按住鼠标左键不放并拖曳光标，符号范例被紧缩，如图5-212所示。

使用选择工具选中符号集合，选择符号缩放器工具，将光标移到要调整的符号范例上，按住鼠标左键不放并拖曳光标，光标之中的符号范例将变大，如图5-213所示。按住Alt键，则可缩小符号范例。

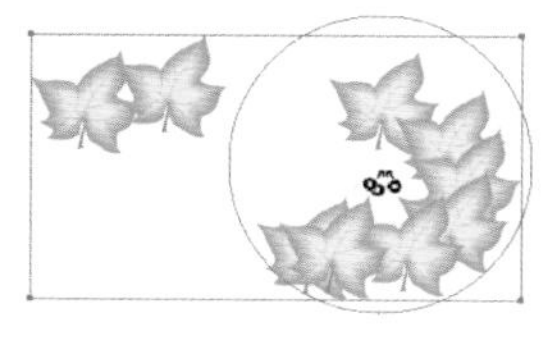

图5-212

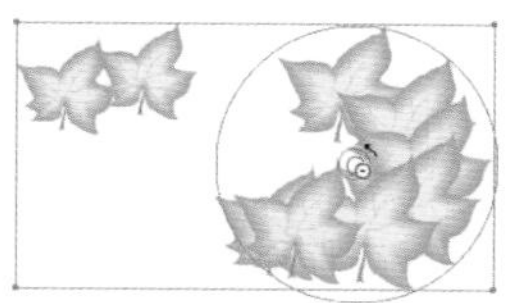

图5-213

使用选择工具选中符号集合，选择符号旋转器工具，将光标移到要旋转的符号范例上，按住鼠标左键不放并拖曳光标，光标之中的符号范例将发生旋转，如图5-214所示。

在“色板”控制面板或“颜色”控制面板中设定一种颜色作为当前色，使用选择工具选中符号集合，选择符号着色器工具，将光标移到要填充颜色的符号范例上，按住鼠标左键不放并拖曳光标，光标中的符号范例被填充上当前色，如图5-215所示。

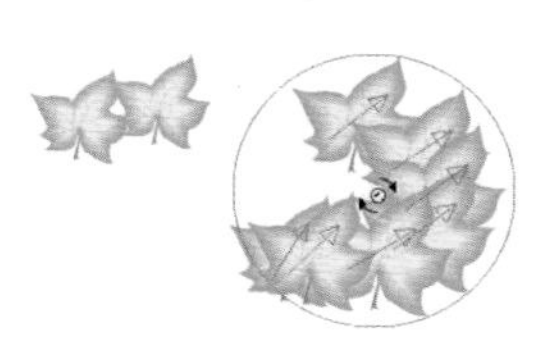

图5-214

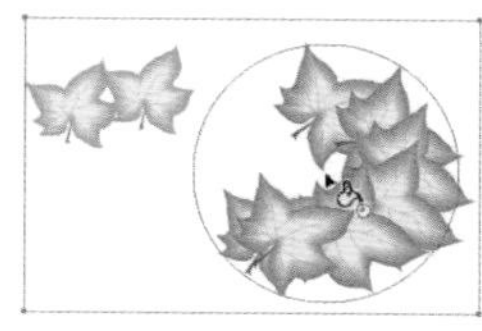

图5-215

使用选择工具选中符号集合，选择符号滤色器工具，将光标移到要改变透明度的符号范例上，按住鼠标左键不放并拖曳光标，光标中的符号范例的透明度将被增大，如图5-216所示。按住Alt键，可以减小符号范例的透明度。

使用选择工具选中符号集合，选择符号样式器工具，在“图形样式”控制面板中选中一种样式，将光标移到要改变样式的符号范例上，按住鼠标左键不放并拖曳光标，光标中的符号范例样式将被改变，如图5-217所示。

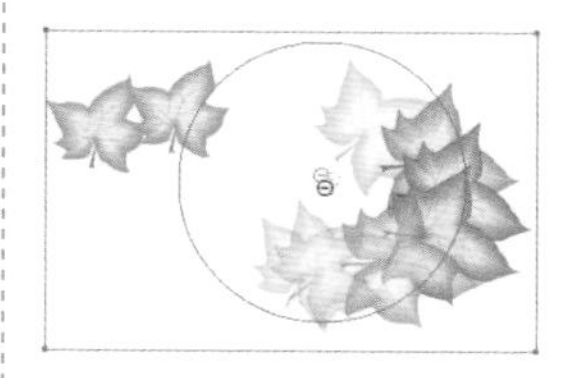

图5-216

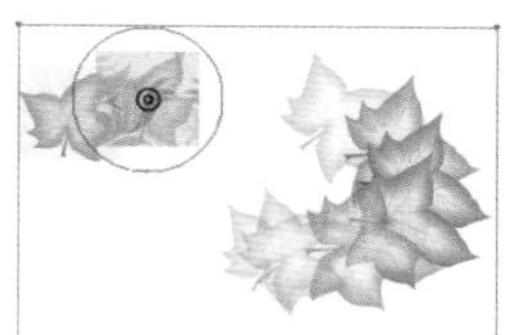

图5-217

使用选择工具选中符号集合，选择符号喷枪工具，按住Alt键，在要删除的符号范例上按住鼠标左键不放并拖曳光标，光标经过的区域中的符号范例被删除，如图5-218所示。

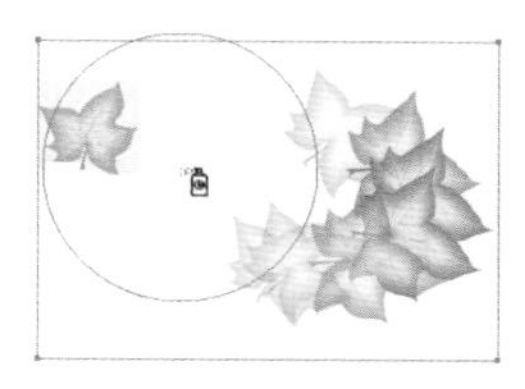

图5-218

5.8 课堂练习——制作金融理财App弹窗

【练习知识要点】使用矩形工具、椭圆工具、变换命令、路径查找器命令和渐变工具制作红包袋；使用圆角矩形工具、渐变工具和文本工具绘制领取按钮。效果如图5-219所示。

【素材所在位置】Ch05\素材\制作金融理财App弹窗\01、02。

【效果所在位置】Ch05\效果\制作金融理财App弹窗.ai。

图5-219

5.9 课后习题——制作化妆品Banner

【习题知识要点】使用矩形工具、直接选择工具和填充工具绘制背景；使用投影命令为边框添加投影效果；使用钢笔工具、渐变工具、创建渐变网格命令、矩形工具和圆角矩形工具绘制香水瓶。效果如图5-220所示。

【素材所在位置】Ch05\素材\制作化妆品Banner\01。

【效果所在位置】Ch05\效果\制作化妆品Banner.ai。

图5-220

第 6 章

文本的编辑

本章介绍

Illustrator CC 2019提供了强大的文本编辑和图文混排功能。文本对象将和一般图形对象一样可以被进行各种变换和编辑，同时还可以通过应用各种外观和样式属性制作出绚丽多彩的文本效果。Illustrator CC 2019支持多种语言，对于汉字等双字节编码的文字具有竖排功能。

学习目标

- 掌握不同类型文字的输入方法。
- 掌握编辑文本的技巧。
- 熟练掌握字符格式的设置。
- 熟练掌握段落格式的设置。
- 了解分栏和链接文本的技巧。
- 掌握图文混排的设置。

技能目标

- 掌握“电商广告”的制作方法。
- 掌握“文字海报”的制作方法。

6.1 创建文本

当准备创建文本时，按住文字工具T不放，弹出文字展开式工具组，单击工具组后面的 按钮，可使文字的展开式工具组从工具箱中分离出来，如图6-1所示。

工具组中共有7种文字工具，前6种工具可以输入各种类型的文字，以满足不同的文字处理需要；第7种工具可以对文字进行修饰操作。7种文字工具依次为文字工具T、区域文字工具、路径文字工具、直排文字工具、直排区域文字工具、直排路径文字工具、修饰文字工具。

文字可以直接输入，也可通过选择“文件 > 置入”命令从外部置入。单击各个文字工具，会显示文字工具对应的光标，如图6-2所示。从当前文字工具的光标样式可以知道创建文字对象的样式。

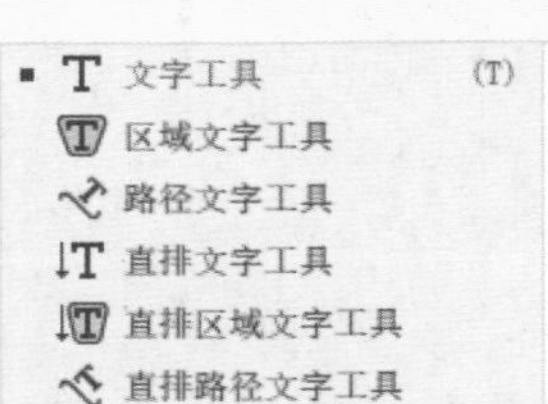

图6-1

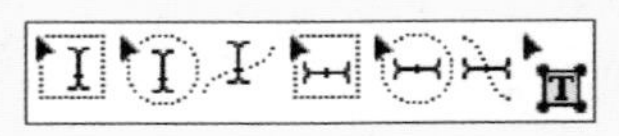

图6-2

工具介绍

文字工具：可以输入点文本和文本块。

路径文字工具：可以在创建文本时，让文本沿着一个开放或闭合路径的边缘水平或竖直排列，路径可以是规则或不规则的。

6.1.1 课堂案例——制作电商广告

【案例学习目标】学习使用文字工具和创建轮廓命令制作电商广告。

【案例知识要点】使用文字工具输入文字；使用创建轮廓命令将文字转换为轮廓路径。电商广告效果如图6-3所示。

【效果所在位置】Ch06\效果\制作电商广告.ai。

图6-3

01 按Ctrl+N快捷键，弹出“新建文档”对话框，设置文档的宽度为1 920 px，高度为850 px，取向为横向，颜色模式为RGB，单击“创建”按钮，新建一个文档。

02 选择矩形工具，绘制一个与页面大小相等的矩形，设置图形填充色为浅灰色（其R、G、B的值分别为228、224、220），填充图形，并设置描边色为无，效果如图6-4所示。

03 选择“文件 > 置入”命令，弹出“置入”对话框，选择本书学习资源中的“Ch06\素材\制作电商广告\01”文件，单击“置入”按钮，在页面中单击置入图片，单击属性栏中的“嵌入”按钮，嵌入图片。选择选择工具，拖曳图片到适当的位置，效果如图6-5所示。按Ctrl+2快捷键，锁定所选对象。

图6-4

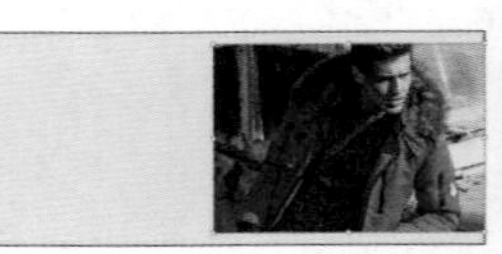

图6-5

04 选择矩形工具，在适当的位置绘制一个矩形，如图6-6所示。在属性栏中将“描边粗细”选项设置为8 pt，按Enter键确认操作，效果如图6-7所示。

05 选择直接选择工具，单击选取矩形右侧的边线，按Delete键将其删除，如图6-8所示。

图6-6

图6-7

图6-8

06 选择文字工具T，在页面中分别输入需要的文字，选择选择工具▶，在属性栏中分别选择合适的字体并设置文字大小，效果如图6-9所示。

图6-9

07 选取文字“杰森派克 男装”，设置文字填充色为灰色（其R、G、B的值分别为89、87、87），填充文字，效果如图6-10所示。

图6-10

08 按Ctrl+T快捷键，弹出“字符”控制面板，将“设置所选字符的字距调整”选项设为-100，其他选项的设置如图6-11所示；按Enter键确认操作，效果如图6-12所示。

图6-11

图6-12

09 选取英文“NEW PRODUCTS”，在“字符”控制面板中将“水平缩放”选项设为76%，其他选项的设置如图6-13所示；按Enter键确认操作，效果如图6-14所示。设置文字填充色为蓝色（其R、G、B的值分别为0、20、104），填充文字，效果如图6-15所示。

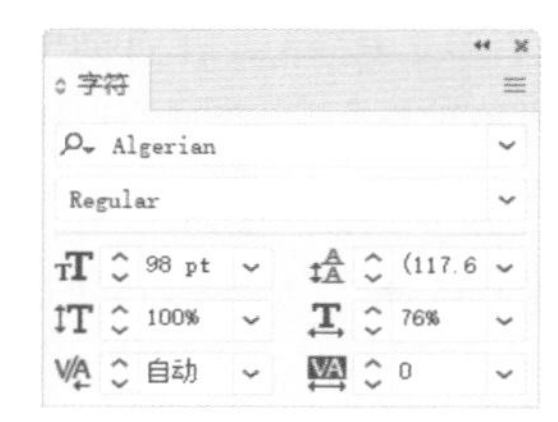

图6-13

图6-14　　图6-15

10 选取文字“秋冬上新”，在“字符”控制面板中将“设置所选字符的字距调整”选项设为-60，其他选项的设置如图6-16所示；按Enter键确认操作，效果如图6-17所示。

图6-16

图6-17

11 选择“文字 > 创建轮廓”命令，将文字转换为轮廓，效果如图6-18所示。选择直接选择工具▷，用框选的方法选取需要的锚点，如图6-19所示，选择选择工具，拖曳右上角的控制手柄，将其旋转适当的角度，效果如图6-20所示。

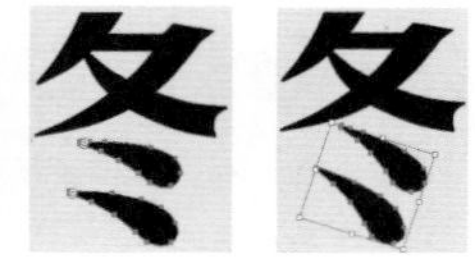

图6-18　　图6-19　　图6-20

12 选择直线段工具，按住Shift键的同时，在适当的位置绘制一条直线，并在属性栏中将“描边粗细”选项设置为5 pt，按Enter键确认操作，效果如图6-21所示。

图6-21

13 选择圆角矩形工具，在页面中单击鼠标左键，弹出“圆角矩形”对话框，选项的设置如图6-22所示，单击“确定”按钮，出现一个圆角矩形。选择选择工具，拖曳圆角矩形到适当的位置，效果如图6-23所示。

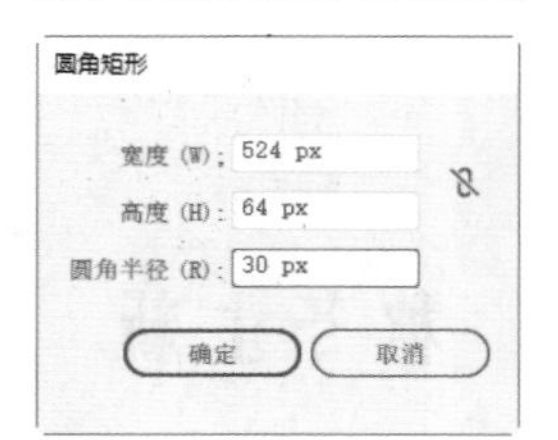

图6-22　　图6-23

14 保持图形被选取状态。设置图形填充色为蓝色（其R、G、B的值分别为0、20、104），填充图形，并设置描边色为无，效果如图6-24所示。

15 选择文字工具，在适当的位置输入需要的文字，选择选择工具，在属性栏中选择合适的字体并设置文字大小，将文字填充为白色，效果如图6-25所示。电商广告制作完成，效果如图6-26所示。

图6-24　　图6-25

图6-26

6.1.2 文本工具的使用

利用文字工具和直排文字工具可以直接输入沿水平方向和竖直方向排列的文本。

1. 输入点文本

选择文字工具或直排文字工具，在绘图页面中单击鼠标左键，出现一个带有选中文本的文本区域，如图6-27所示，切换到需要的输入法并输入文本，如图6-28所示。

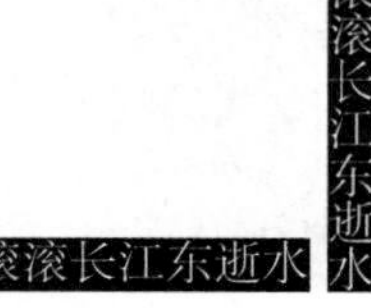

图6-27　　图6-28

提示

当输入文本需要换行时，按Enter键开始新的一行。

结束文字的输入后，单击选择工具即可选中所输入的文字，这时文字周围将出现一个选择框，文本上的细线是文字基线，效果如图6-29所示。

图6-29

2. 输入文本块

使用文字工具或直排文字工具可以绘制一个文本框，然后在文本框中输入文字。

选择文字工具或直排文字工具，在页面中需要输入文字的位置按住鼠标左键拖曳，如

图6-30所示。当绘制的文本框大小符合需要时，释放鼠标左键，页面上会出现一个蓝色边框且带有选中文本的矩形文本框，如图6-31所示。

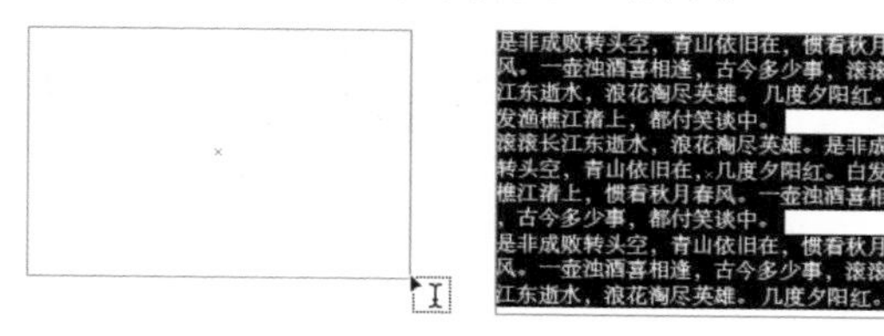

图6-30　　图6-31

可以在矩形文本框中输入文字，输入的文字将在指定的区域内排列，如图6-32所示。当输入的文字到矩形文本框的边界时，文字将自动换行，文本块的效果如图6-33所示。

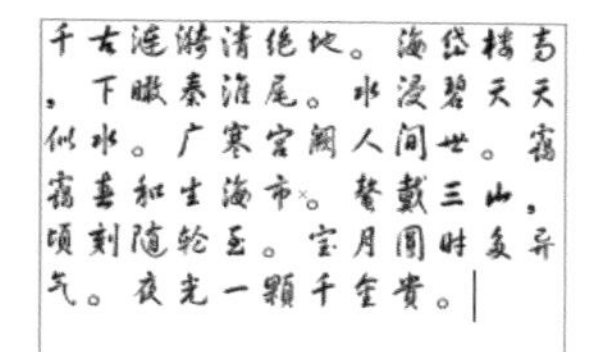

图6-32　　图6-33

3. 转换点文本和文本块

在Illustrator CC 2019中，在文本框的外侧会出现转换点，空心状态的转换点表示当前文本为点文本，实心状态的转换点表示当前文本为文本块，双击可将点文字转换为文本块，也可将文本块转换为点文本。

选择选择工具，将输入的文本块选取，如图6-34所示。将光标置于右侧的转换点上，双击，如图6-35所示，将文本块转换为点文本，如图6-36所示。再次双击，可将点文本转换为文本块，如图6-37所示。

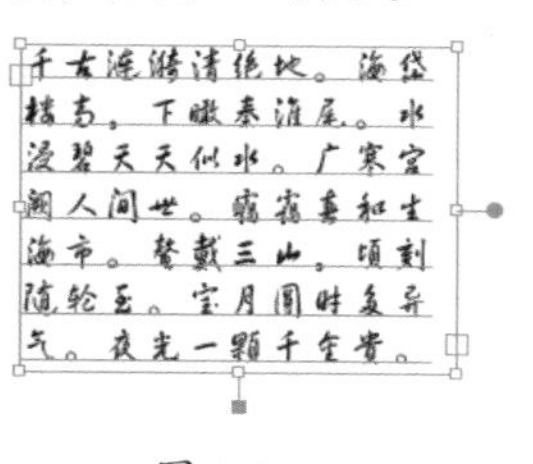

图6-34　　图6-35

图6-36　　图6-37

6.1.3 区域文本工具的使用

在Illustrator CC 2019中，还可以创建任意形状的文本对象。

绘制一个填充颜色的图形对象，如图6-38所示。选择文字工具或区域文字工具，当光标移动到图形对象的边框上时，将变成“”形状，如图6-39所示，在图形对象上单击，图形对象的填充和描边填充属性被取消，图形对象转换为文本路径，并且在图形对象内出现一个带有选中文本的区域，如图6-40所示。

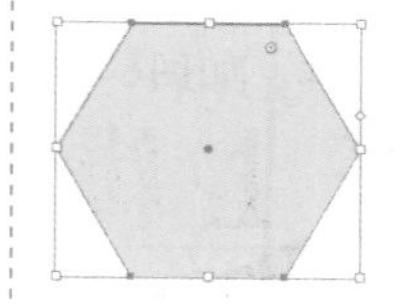

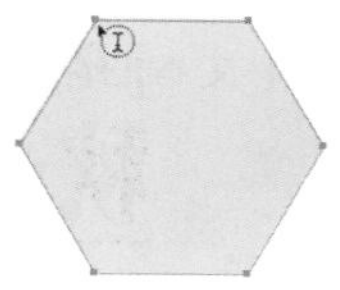

图6-38　　图6-39　　图6-40

在选中文本区域输入文字，输入的文本会按水平方向在该对象内排列。如果输入的文字超出了文本路径所能容纳的范围，将出现文本溢出的现象，这时文本路径的右下角会出现一个红色的小正方形标志“⊞”，效果如图6-41所示。

使用选择工具选中文本路径，拖曳文本路径周围的控制点来调整文本路径的大小，可以显示所有的文字，效果如图6-42所示。

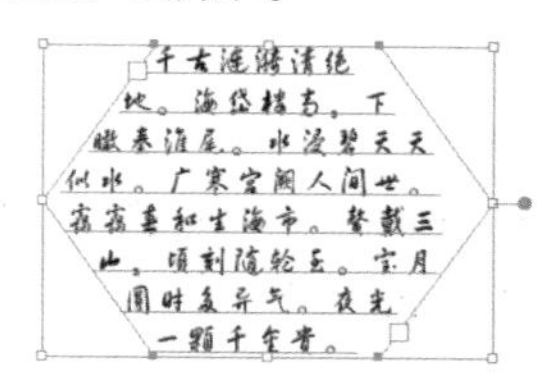

图6-41　　图6-42

使用直排文字工具或直排区域文字工具与使用文字工具的方法是一样的，但直排

文字工具 和直排区域文字工具 在文本路径中创建的是竖排文字，如图6-43所示。

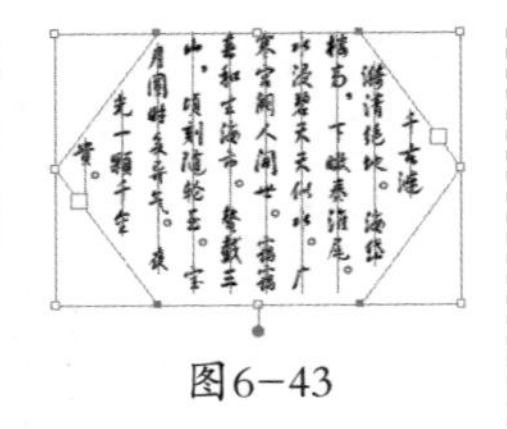

图6－43

6.1.4 路径文本工具的使用

使用路径文字工具 和直排路径文字工具 ，可以在创建文本时让文本沿着一个开放或闭合路径的边缘水平或竖直排列，路径可以是规则或不规则的。如果使用这两种工具，原来的路径将不再具有填充和描边的属性。

1. 创建路径文本

（1）沿路径创建水平方向文本。

使用钢笔工具 ，在页面上绘制一个任意形状的开放路径，如图6-44所示。选择路径文字工具 ，在绘制好的路径上单击，路径将转换为文本路径，且带有选中文本的路径文本，如图6-45所示。

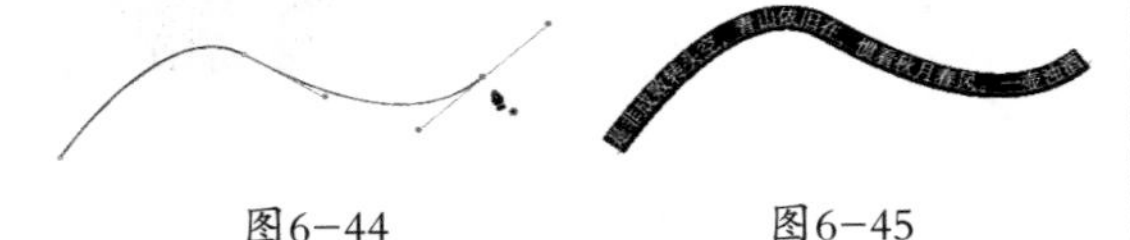

图6－44　　图6－45

在选中文本区域输入所需要的文字，文字将会沿着路径排列，文字的基线与路径是重合的，效果如图6-46所示。

（2）沿路径创建竖直方向文本。

使用钢笔工具 ，在页面上绘制一个任意形状的开放路径，选择直排路径文字工具 ，在绘制好的路径上单击，路径将转换为文本路径，且带有选中文本的路径文本，如图6-47所示。

图6－46　　图6－47

在光标处输入所需要的文字，文字将会沿着路径排列，文字的基线与路径是重合的，效果如图6-48所示。

2. 编辑路径文本

如果对创建的路径文本不满意，可以对其进行编辑。

选择选择工具 或直接选择工具 ，选取要编辑的路径文本。这时在文本开始处会出现一个“|”形的符号，如图6-49所示。

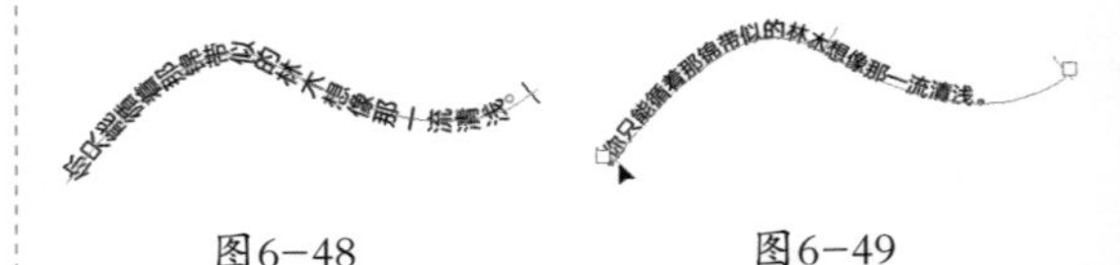

图6－48　　图6－49

拖曳文字左侧的“|”形符号，可沿路径移动文本，效果如图6-50所示。还可以按住中间的“|”形的符号向路径另一侧拖曳，文本会翻转，效果如图6-51所示。

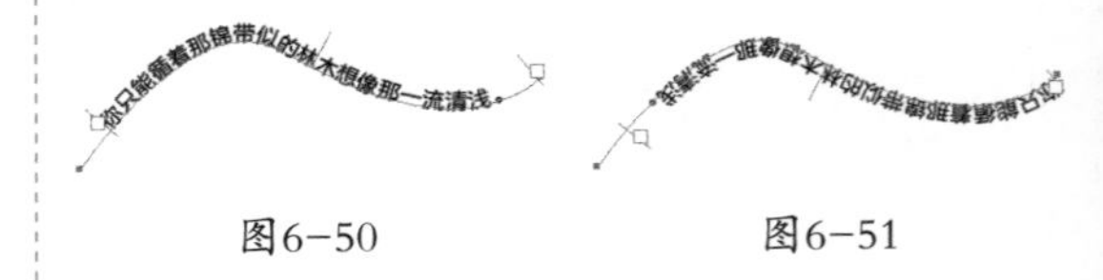

图6－50　　图6－51

6.2 编辑文本

在Illustrator CC 2019中，可以使用选择工具和菜单命令对文本框进行编辑，也可以使用修饰文字工具对文本框中的文本进行单独编辑。

6.2.1 编辑文本块

通过选择工具和菜单命令可以改变文本框的形状以编辑文本。

选择选择工具▶，单击文本，可以选中文本对象。完全选中的文本块包括内部文字与文本框。文本块被选中的时候，文字的基线就会显示出来，如图6-52所示。

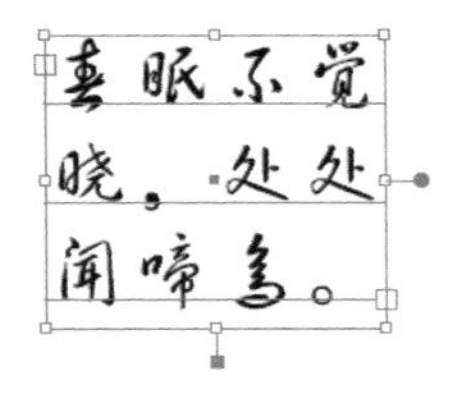

图6-52

提示

编辑文本之前，必须选中文本。

当文本对象完全被选中后，拖动它可以移动它。选择“对象 > 变换 > 移动”命令，弹出“移动”对话框，可以通过设置数值来精确移动文本对象。

选择选择工具▶，拖动文本框上的控制点，可以改变文本框的大小，如图6-53所示，释放鼠标左键，效果如图6-54所示。

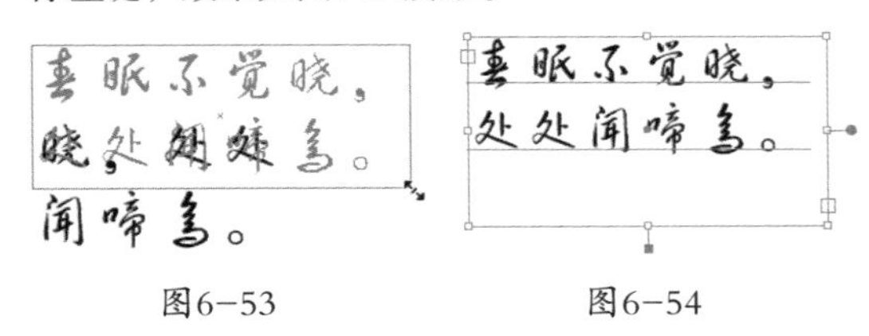

图6-53　　图6-54

使用比例缩放工具可以对选中的文本对象进行缩放，如图6-55所示。选择“对象 > 变换 > 缩放”命令，弹出“比例缩放”对话框，可以通过设置数值精确缩放文本对象，效果如图6-56所示。

编辑部分文字时，先选择文字工具T，移动光标到文本上，单击插入光标并按住鼠标左键拖曳，即可选中部分文本。选中的文本将反白显示，效果如图6-57所示。

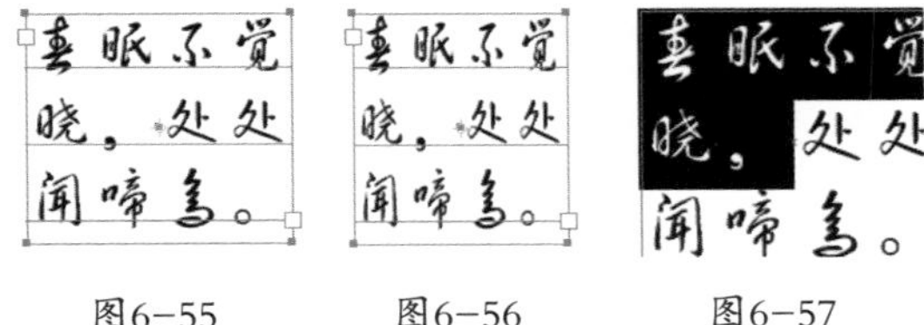

图6-55　　图6-56　　图6-57

选择选择工具▶，在文本区域内双击，进入文本编辑状态。在文本编辑状态下，双击一句话即可选中这句话；按Ctrl+A快捷键，可以选中整个段落，如图6-58所示。

选择“对象 > 路径 > 清理”命令，弹出“清理”对话框，如图6-59所示，勾选“空文本路径”复选项可以删除空的文本路径。

图6-58

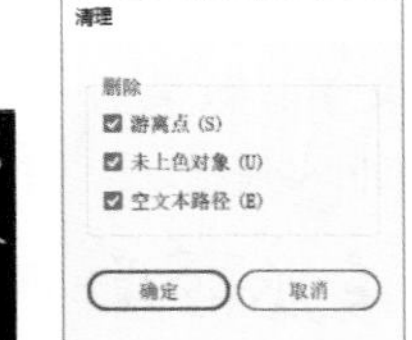

图6-59

提示

在其他的软件中复制文本，再在Illustrator CC 2019中选择“编辑 > 粘贴”命令，可以将其他软件中的文本复制到Illustrator CC 2019中。

6.2.2 编辑文字

利用修饰文字工具，可以对文本框中的文本进行单独的属性设置和编辑操作。

选择修饰文字工具，单击选取需要编辑的文字，如图6-60所示，在属性栏中设置适当的字体和文字大小，效果如图6-61所示。再次单击选取需要的文字，如图6-62所示，拖曳右下角的节点调整文字的水平比例，如图6-63所示，松开鼠标左键，效果如图6-64所示，拖曳左上角的节点可以调整文字的竖直比例，拖曳右上角的节点可以等比例缩放文字。

图6-60 　　图6-61

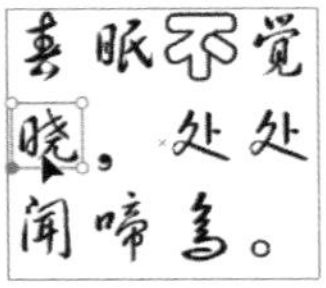

图6-62 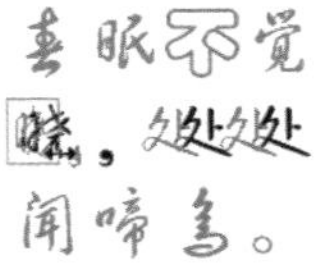　　图6-63 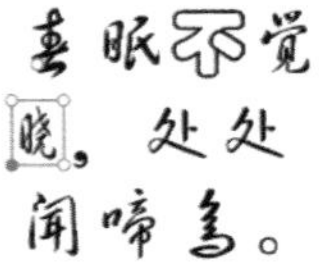　　图6-64

再次单击选取需要的文字，如图6-65所示。拖曳左下角的节点，可以调整文字的基线偏移，如图6-66所示，松开鼠标左键，效果如图6-67所示。将光标置于正上方的空心节点处，光标变为旋转图标，拖曳鼠标，如图6-68所示，旋转文字，效果如图6-69所示。

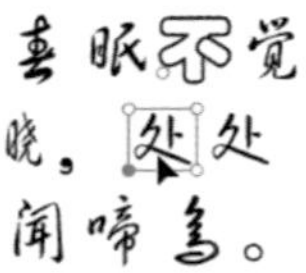

图6-65 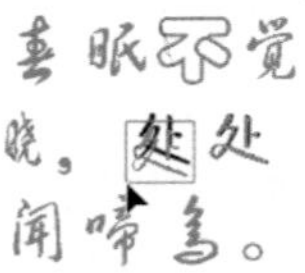　　图6-66

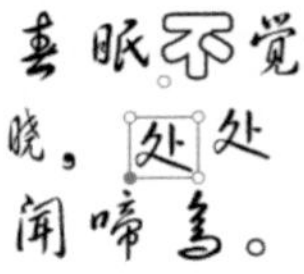

图6-67 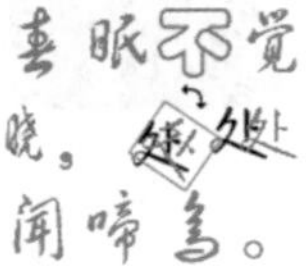　　图6-68 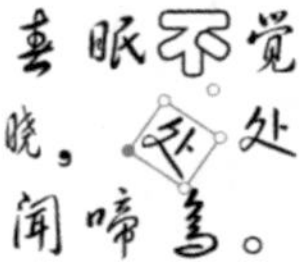　　图6-69

6.2.3 创建文本轮廓

选中文本，选择“文字 > 创建轮廓”命令（快捷键为Shift+Ctrl+O），创建文本轮廓，如图6-70所示。文本转化为轮廓后，可以对文本进行渐变填充，效果如图6-71所示，还可以对文本应用滤镜，效果如图6-72所示。

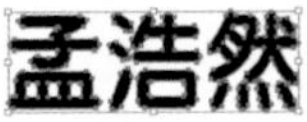

图6-70 　　图6-71 　　图6-72

提示

文本转化为轮廓后，将不再具有文本的一些属性，这就需要在文本转化成轮廓之前先按需要调整文本的文字大小。而且将文本转化为轮廓时，会把文本框中的文本全部转化为路径。不能在一行文本内转化单个文字。

6.3 设置字符格式

在Illustrator CC 2019中，可以设定字符的格式。这些格式包括文字的字号、颜色和字符间距等。

选择“窗口 > 文字 > 字符”命令（快捷键为Ctrl+T），弹出“字符”控制面板，如图6-73所示。

图6-73

“设置字体系列”选项：单击选项文本框右侧的按钮，可以从弹出的下拉列表中选择一种需要的字体。

“设置字体大小”选项：用于控制文本的大小，单击数值框左侧的上、下微调按钮，可以逐级调整字号大小的数值。

“设置行距”选项：用于控制文本的行距，定义文本中行与行之间的距离。

“垂直缩放”选项：可以使文字横向尺寸保持不变，纵向被缩放，缩放比例小于100%表示文字被压扁，大于100%表示文字被拉长。

“水平缩放”选项：可以使文字的纵向大小保持不变，横向被缩放，缩放比例小于100%表示文字被压扁，大于100%表示文字被拉伸。

“设置两个字符间的字距微调”选项：用于细微地调整两个字符之间的水平距离。输入正值时，字距变大，输入负值时，字距变小。

“设置所选字符的字距调整”选项：用于调整字符与字符之间的距离。

“设置基线偏移”选项：用于调节文字的上下位置。可以通过此选项设置文字为上标或下标。正值表示文字上移，负值表示文字下移。

“字符旋转”选项：用于设置字符的旋转角度。

命令介绍

字体和大小命令：设定文字的字体和大小。

6.3.1 课堂案例——制作文字海报

【案例学习目标】学习使用文字工具、字符控制面板制作文字海报。

【案例知识要点】使用置入命令置入素材图片；使用直线段工具、描边控制面板绘制装饰线条；使用钢笔工具、路径文字工具制作路径文字；使用文字工具、直排文字工具和字符控制面板添加海报内容。文字海报效果如图6-74所示。

【效果所在位置】Ch06\效果\制作文字海报.ai。

图6-74

01 按Ctrl+N快捷键，弹出“新建文档”对话框，设置文档的宽度为600 px，高度为600 px，取向为横向，颜色模式为RGB，单击“创建”按钮，新建一个文档。

02 选择“文件 > 置入”命令，弹出“置入”对话框，选择本书学习资源中的“Ch06\素材\制作文字海报\01”文件，单击“置入”按钮，在页面中单击置入图片，单击属性栏中的“嵌入”按钮，嵌入图片，如图6-75所示。

图6-75

03 选择“窗口 > 对齐”命令，弹出“对齐”控制面板，将对齐方式设为“对齐画板”，如图6-76所示。分别单击“水平居中对齐”按钮和“垂直居中对齐”按钮，图片与页面居中对齐，效果如图6-77所示。按Ctrl+2快捷键，锁定所选对象。

图6-76

图6-77

04 选择文字工具 T，在页面中分别输入需要的文字，选择选择工具，在属性栏中分别选择合适的字体并设置文字大小，效果如图6-78所示。

图6-78

05 选取文字“森林的声音”，按Ctrl+T快捷键，弹出“字符”控制面板，将“设置所选字符的字距调整”选项设为150，其他选项的设置如图6-79所示；按Enter键确认操作，效果如图6-80所示。

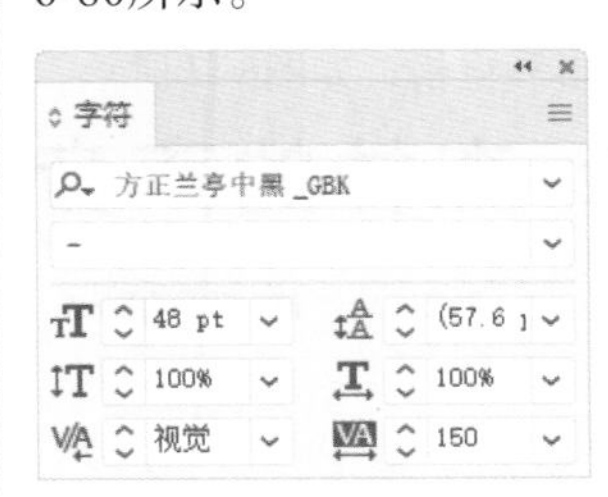

图6-79

图6-80

06 选取英文“VOICE OF THE FOREST”，在“字符”控制面板中将“设置所选字符的字距调整”选项设为400，其他选项的设置如图6-81所示；按Enter键确认操作，效果如图6-82所示。

07 选择文字工具 T，在文字“尚”右侧单击鼠标左键，插入光标，如图6-83所示。选择“文字 > 字形”命令，弹出“字形”控制面板，设置字体并选择需要的字形，如图6-84所示，双击鼠标左键插入字形，效果如图6-85所示。

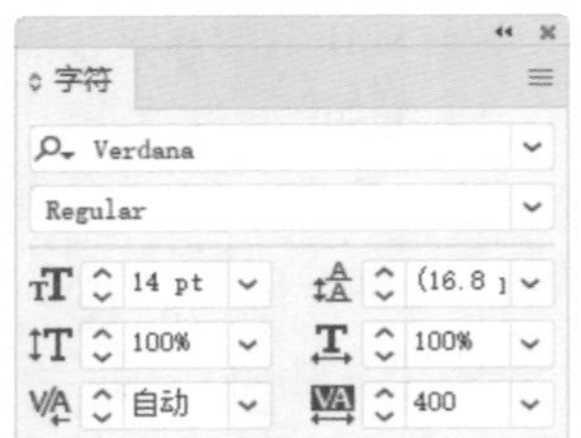

图6-81

图6-82

图6-83

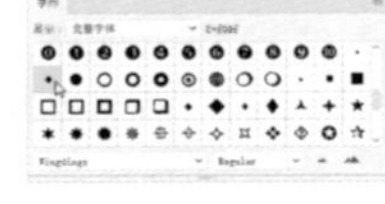

图6-84

图6-85

08 连续按6次空格键，插入空格，如图6-86所示，选择文字工具T，选取刚插入的空格，如图6-87所示，按Ctrl+C快捷键，复制空格，在文字“尚”右侧单击鼠标左键，插入光标，按Ctrl+V快捷键，粘贴空格，如图6-88所示。

图6-86 　图6-87 　图6-88

09 使用文字工具T，选取字形和空格，如图6-89所示，按Ctrl+C快捷键，复制字形和空格，在文字“约”右侧单击鼠标左键，插入光标，按Ctrl+V快捷键，粘贴字形和空格，如图6-90所示。

图6-89 　图6-90

10 选择直线段工具，按住Shift键的同时，在适当的位置绘制一条直线，效果如图6-91所示。选择选择工具，按住Alt+Shift快捷键的同时，水平向右拖曳直线到适当的位置，复制直线，效果如图6-92所示。

图6-91 　图6-92

11 选择钢笔工具，在适当的位置绘制一条曲线，如图6-93所示。选择路径文字工具，在曲线路径上单击鼠标左键，出现一个带有选中文本的文本区域，如图6-94所示；输入需要的文字，在属性栏中选择合适的字体并设置适当的文字大小，效果如图6-95所示。单击属性栏中的“居中对齐”按钮，效果如图6-96所示。

图6-93

图6-94　图6-95

图6-96

12 在“字符”控制面板中，将“设置所选字符的字距调整”选项设为400，其他选项的设置如图6-97所示；按Enter键确认操作，效果如图6-98所示。

13 选择直排文字工具，在适当的位置输入需要的文字，选择选择工具，在属性栏中选择合适的字体并设置文字大小，效果如图6-99所示。

图6-97

图6-98

图6-99

14 在“字符”控制面板中，将“设置所选字符的字距调整”选项设为180，其他选项的设置如图6-100所示；按Enter键确认操作，效果如图6-101所示。

15 选择直线段工具，按住Shift键的同时，在适当的位置绘制一条竖线，效果如图6-102所示。设置描边色为草绿色（其R、G、B的值分别为140、177、125），填充描边，效果如图6-103所示。

图6-100 　图6-101 　图6-102 　图6-103

16 选择“窗口 > 描边”命令，弹出“描边”控制面板，勾选“虚线”复选框，数值框被激活，各选项的设置如图6-104所示；按Enter键确认操作，效果如图6-105所示。

图6-104　　图6-105

17 选择选择工具▶，按住Shift键的同时，单击上方文字将其同时选取，按住Alt+Shift快捷键的同时，水平向右拖曳文字和图形到适当的位置，复制文字和图形，效果如图6-106所示。选择直排文字工具↓T，选取复制的文字并重新输入需要的文字，效果如图6-107所示。

图6-106　　图6-107

18 选择矩形工具□，在适当的位置绘制一个矩形，设置描边色为草绿色（其R、G、B的值分别为140、177、125），填充描边，效果如图6-108所示。

19 选择文字工具T，在适当的位置输入需要的文字，选择选择工具▶，在属性栏中选择合适的字体并设置文字大小，效果如图6-109所示。

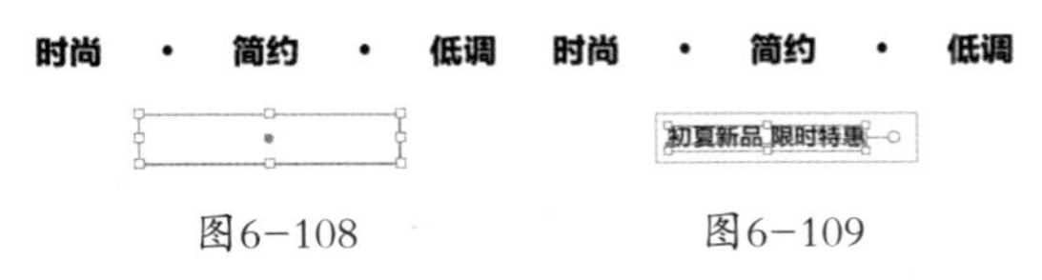

图6-108　　图6-109

20 在“字符”控制面板中，将“设置所选字符的字距调整”选项VA设为180，其他选项的设置如图6-110所示；按Enter键确认操作，效果如图6-111所示。

图6-110 　　图6-111

21 选择直线段工具／，按住Shift键的同时，在适当的位置绘制一条直线，效果如图6-112所示。选择吸管工具，将吸管图标放置在上方虚线上，单击鼠标左键吸取属性，如图6-113所示。

图6-112　　图6-113

22 选择选择工具▶，按住Alt+Shift快捷键的同时，水平向右拖曳直线到适当的位置，复制直线，效果如图6-114所示。文字海报制作完成，效果如图6-115所示。

图6-114　　图6-115

6.3.2 设置字体和字号

选择“字符”控制面板，在“设置字体系列”选项的下拉列表中选择一种字体即可将该字体应用到选中的文字中，各种字体的效果如图6-116所示。

Illustrator　文鼎齿轮体　Illustrator　文鼎弹簧体　Illustrator　文鼎花瓣体

Illustrator　Arial　Illustrator　Arial Black　Illustrator　ITC Garamond

图6-116

Illustrator CC 2019提供的每种字体都有一定的字形，如常规、加粗和斜体等，字体的具体选项因字而定。

默认字号单位为pt，72 pt相当于1英寸。默认状态下字号为12 pt，可调整的范围为0.1～1296 pt。

设置字体的具体操作如下。

选中部分文本，如图6-117所示。选择“窗

口 > 文字 > 字符”命令，弹出“字符”控制面板，从“设置字体系列”选项的下拉列表中选择一种字体，如图6-118所示；或选择“文字 > 字体”命令，在列出的字体中进行选择，更改文本字体后的效果如图6-119所示。

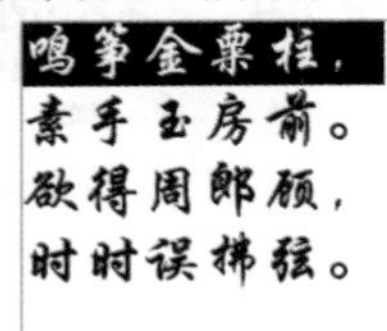

图6-117

图6-118　　图6-119

选中文本，单击“设置字体大小”选项数值框后的按钮，在弹出的下拉列表中可以选择合适的字号大小；也可以通过数值框左侧的上、下微调按钮来调整字号大小。文本字号分别为28 pt和33 pt时的效果如图6-120和图6-121所示。

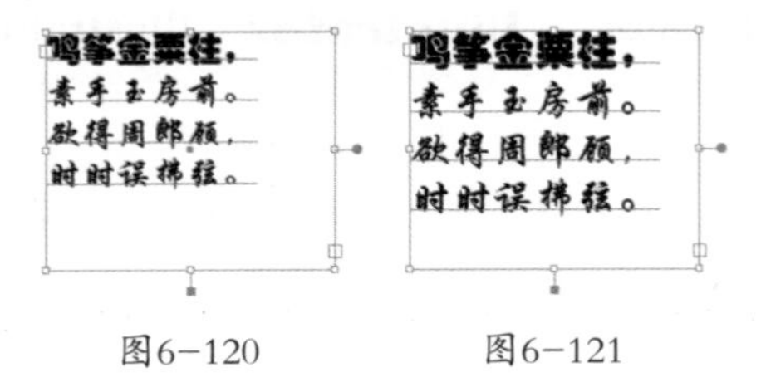

图6-120　　图6-121

6.3.3 设置行距

行距是指文本中行与行之间的距离。如果没有自定义行距值，系统将使用自动行距，这时系统将以最合适的参数设置行间距。

选中文本，如图6-122所示。在“字符”控制面板中的“设置行距”选项数值框中输入所需要的数值，可以调整行与行之间的距离。设置“行距”数值为48 pt，按Enter键确定，行距效果如图6-123所示。

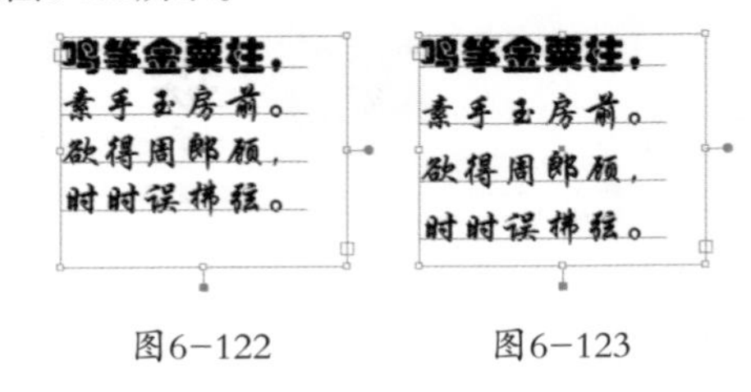

图6-122　　图6-123

6.3.4 水平或竖直缩放

当改变文本的字号时，它的高度和宽度将同时发生改变，而利用“垂直缩放”选项和“水平缩放”选项可以单独改变文本的高度和宽度。

默认状态下，对于横排的文本，“垂直缩放”选项保持文字的宽度不变，只改变文字的高度；“水平缩放”选项将在保持文字高度不变的情况下，改变文字宽度。对于竖排的文本，会产生相同的效果，即“垂直缩放”选项改变文本的高度，“水平缩放”选项改变文本的宽度。

选中文本，如图6-124所示，文本为默认状态下的效果。在“垂直缩放”选项数值框内设置数值为175%，按Enter键确定，文字的竖直缩放效果如图6-125所示。

在“水平缩放”选项数值框内设置数值为175%，按Enter键确定，文字的水平缩放效果如图6-126所示。

图6-124　　图6-125　　图6-126

6.3.5 调整字距

当需要调整文字或字符之间的距离时，可使用“字符”控制面板中的两个选项，即“设置两个字符间的字距微调”选项和“设置所选字符的字距调整”选项。“设置两个字符间的字距微调”

选项用来控制两个文字或字母之间的距离。“设置所选字符的字距调整”选项可使两个或更多个被选择的文字或字母之间保持相同的距离。

选中要设定字距的文字，如图6-127所示。在“字符”控制面板中的“设置两个字符间的字距微调”选项的下拉列表中选择“自动”选项，这时程序就会以最合适的参数值设置选中文字的距离。

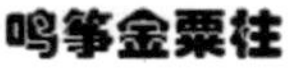

鸣筝金粟柱

图6-127

提示

在“设置两个字符间的字距微调”选项的数值框中键入“0”时，将关闭自动调整文字距离的功能。

将光标插入到需要调整间距的两个文字或字符之间，如图6-128所示。在“设置两个字符间的字距微调”选项的数值框中输入所需要的数值，就可以调整两个文字或字符之间的距离。设置数值为300，按Enter键确定，字距效果如图6-129所示，设置数值为-300，按Enter键确定，字距效果如图6-130所示。

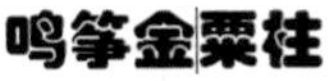

鸣筝金粟柱　鸣筝金 粟柱　鸣筝金粟柱

图6-128 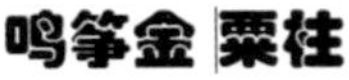　图6-129 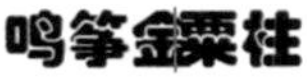　图6-130

选中整个文本对象，如图6-131所示，在“设置所选字符的字距调整”选项的数值框中输入所需要的数值，可以调整文本字符间的距离。设置数值为200，按Enter键确定，字距效果如图6-132所示，设置数值为-200，按Enter键确定，字距效果如图6-133所示。

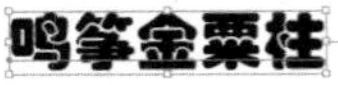

鸣筝金粟柱　鸣 筝 金 粟 柱　鸣筝金粟柱

图6-131 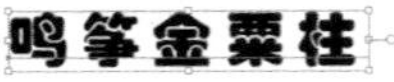　图6-132 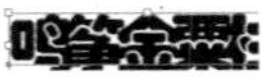　图6-133

6.3.6 基线偏移

基线偏移就是改变文字与基线的距离，从而提高或降低被选中文字相对于其他文字的排列位置，达到突出显示的目的。使用“设置基线偏移”选项可以创建上标或下标，或在不改变文本方向的情况下，更改路径文本在路径上的排列位置。

如果“设置基线偏移”选项在“字符”控制面板中是隐藏的，可以从“字符”控制面板的下拉菜单中选择“显示选项”命令，如图6-134所示，显示出“设置基线偏移”选项，如图6-135所示。

图6-134

“设置基线偏移”选项可以改变文本在路径上的位置。文本在路径的上方时选中文本，如图6-136所示。在“设置基线偏移”选项的数值框中设置数值为-30，按Enter键确定，文本移动到路径的下方，效果如图6-137所示。

快乐的日子　快乐的日子

图6-135 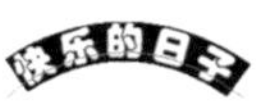　图6-136 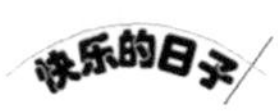　图6-137

通过“设置基线偏移”选项，还可以制作出有上标和下标显示的数学题。输入需要的等式，如图6-138所示，将表示平方的字符“2”选中并使用较小的字号，如图6-139所示。再在“设置基线偏移”选项的数值框中设置数值为28，按Enter键确定，平方的字符制作完成，如图6-140所示。使用相同的方法就可以制作出数学题，效果如图6-141所示。

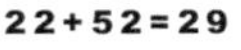

22+52=29　22+52=29　22+52=29　$2^2+5^2=29$

图6-138 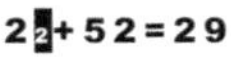　图6-139 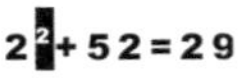　图6-140 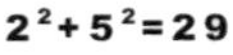　图6-141

提示

若要取消“设置基线偏移”的效果，选择相应的文本后，在“设置基线偏移”选项的数值框中设置数值为0即可。

6.4 设置段落格式

“段落”控制面板提供了文本对齐、段落缩进、段落间距以及制表符等的设置，可用于处理较长的文本。选择“窗口 > 文字 > 段落”命令（快捷键为Alt+Ctrl+T），弹出“段落”控制面板，如图6-142所示。

图6-142

6.4.1 文本对齐

文本对齐是指所有的文字在段落中按一定的标准有序地排列。Illustrator CC 2019提供了7种文本对齐的方式，分别为左对齐、居中对齐、右对齐、两端对齐末行左对齐、两端对齐末行居中对齐、两端对齐末行右对齐和全部两端对齐。

选中要对齐的段落文本，单击“段落”控制面板中的各个对齐方式按钮，应用不同对齐方式的段落文本效果如图6-143所示。

图6-143

6.4.2 段落缩进

段落缩进是指在一个段落文本开始时需要空出的字符位置。选定的段落文本可以是文本块、区域文本或文本路径。段落缩进有5种方式：“左缩进”、“右缩进”、“首行左缩进”、“段前间距”和“段后间距”。

选中段落文本，单击“左缩进”图标或“右缩进”图标，在缩进数值框内输入合适的数值。单击“左缩进”图标或“右缩进”图标右边的上下微调按钮，一次可以调整1 pt。在缩进数值框内输入正值时，表示文本框和文本之间的距离拉开；输入负值时，表示文本框和文本之间的距离缩小。

单击“首行左缩进”图标，在第1行左缩进数值框内输入数值可以设置首行缩进后空出的字符位置。应用“段前间距”图标和“段后间距”图标，可以设置段落间的距离。

选中要缩进的段落文本，单击“段落”控制面板中的各个缩进方式按钮，应用不同缩进方式的段落文本效果如图6-144所示。

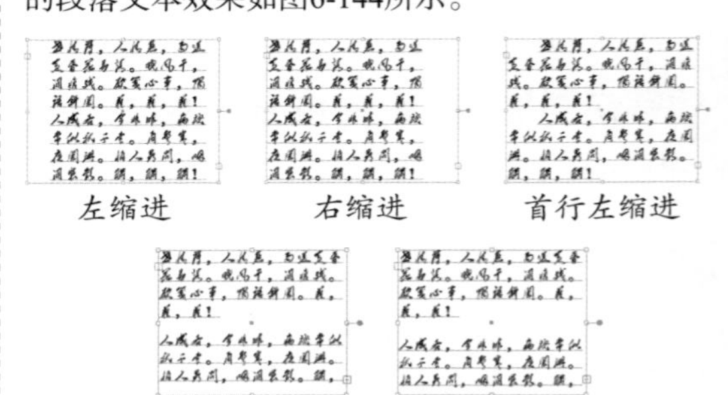

图6-144

6.5 分栏和链接文本

在Illustrator CC 2019中，大的段落文本经常采用分栏这种页面形式。分栏时，可自动创建链接文本，也可手动创建文本的链接。

6.5.1 创建文本分栏

在Illustrator CC 2019中，可以对一个选中的段落文本块进行分栏。不能对点文本或路径文本进行分栏，也不能对一个文本块中的部分文本进行分栏。

选中要进行分栏的文本块，如图6-145所示，选择“文字 > 区域文字选项”命令，弹出“区域文字选项”对话框，如图6-146所示。

图6-145

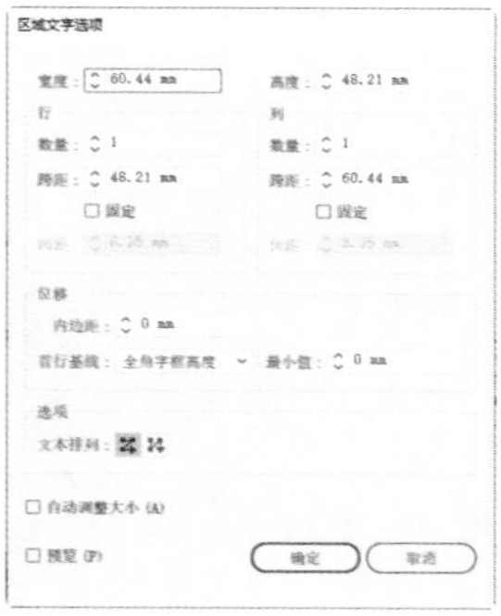

图6-146

在“行”选项组的“数量”选项中输入行数，所有的行被自动定义为相同的高度，建立文本分栏后可以改变各行的高度。“跨距”选项用于设置行的高度。

在“列”选项组的“数量”选项中输入栏数，所有的栏被自动定义为相同的宽度，建立文本分栏后可以改变各栏的宽度。“跨距”选项用于设置栏的宽度。

单击“文本排列”选项后的图标按钮，可以选择一种文本流在链接时的排列方式，每个图标上的方向箭头指明了文本流的方向。

“区域文字选项”对话框按图6-147进行设定，单击“确定”按钮创建文本分栏，效果如图6-148所示。

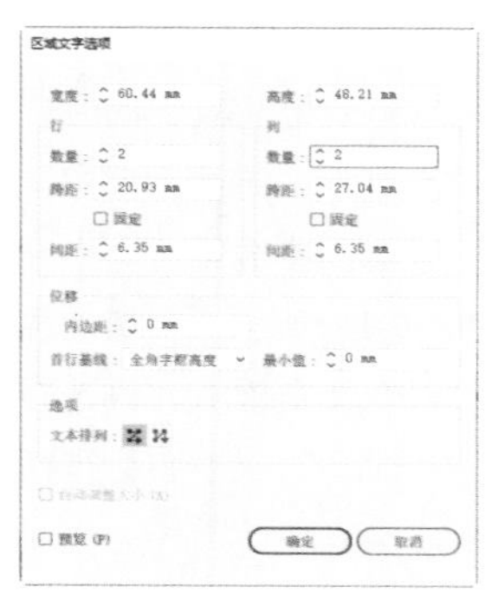

图6-147

图6-148

6.5.2 链接文本框

如果文本块出现文本溢出的现象，可以通过调整文本块的大小显示所有的文本，也可以将溢出的文本链接到另一个文本框中，还可以进行多个文本框的链接。点文本和路径文本不能被链接。

选择有文本溢出的文本块。在文本框的右下角出现了图标，表示因文本框太小而有文本溢出，绘制一个闭合路径或创建一个文本框，同时将文本块和闭合路径选中，如图6-149所示。

选择“文字 > 串接文本 > 创建”命令，左边文本框中溢出的文本会自动移到右边的闭合路径中，效果如图6-150所示。

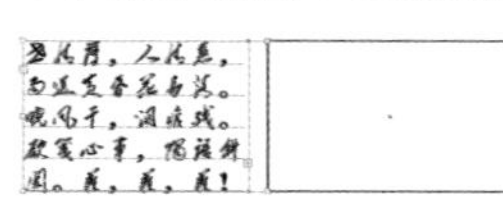

图6-149

图6-150

如果右边的文本框中还有文本溢出，可以继续添加文本框来链接溢出的文本，方法同上。链接的多个文本框其实还是一个文本块。选择“文字 > 串接文本 > 释放所选文字”命令，可以解除各文本框之间的链接状态。

6.6 图文混排

图文混排效果是版式设计中经常使用的一种效果，使用文本绕排命令可以制作出漂亮的图文混排效果。文本绕排对整个文本框起作用，对文本框中的部分文本，以及点文本、路径文本都不能进行文本绕排。

在文本框上放置图形并调整好位置，同时选中文本框和图形，如图6-151所示。选择“对象 > 文本绕排 > 建立”命令，建立文本绕排，文本和图形结合在一起，效果如图6-152所示。要增加绕排的图形，可先将图形放置在文本框上，再选择“对象 > 文本绕排 > 建立”命令，文本将会重新排列，效果如图6-153所示。

选中文本绕排对象，选择“对象 > 文本绕排 > 释放”命令，可以取消文本绕排。

图6-151

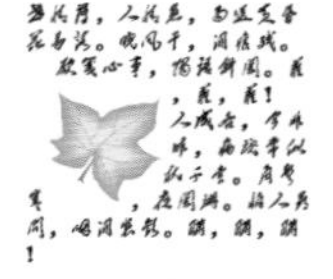

图6-152

图6-153

提示

图形必须放置在文本框之上才能进行文本绕排。

6.7 课堂练习——制作美食线下海报

【练习知识要点】使用文本工具、字符控制面板添加并编辑标题文字；使用钢笔工具、路径文字工具制作路径文字。效果如图6-154所示。

【素材所在位置】Ch06\素材\制作美食线下海报\01、02。

【效果所在位置】Ch06\效果\制作美食线下海报.ai。

图6-154

6.8 课后习题——制作服装饰品杂志封面

【习题知识要点】使用置入命令导入背景底图；使用文字工具、字符控制面板添加杂志名称及栏目内容。效果如图6-155所示。

【素材所在位置】Ch06\素材\制作服装饰品杂志封面\01。

【效果所在位置】Ch06\效果\制作服装饰品杂志封面.ai。

图6-155

第 7 章

图表的编辑

本章介绍

Illustrator CC 2019不仅具有强大的绘图功能，而且还具有强大的图表处理功能。本章将系统地介绍Illustrator CC 2019中提供的9种基本图表形式，通过学习使用图表工具，可以创建出各种不同类型的图表，以更好地表现复杂的数据。另外，自定义图表各部分的颜色，以及将创建的图案应用到图表中，能更加生动地表现数据内容。

学习目标

- 掌握图表的创建方法。
- 了解不同图表之间的转换技巧。
- 掌握图表的属性设置。
- 掌握自定义图表图案的方法。

技能目标

- 掌握“招聘求职领域月活跃人数图表”的制作方法。
- 掌握“娱乐直播统计图表”的制作方法。

7.1 创建图表

在Illustrator CC 2019中，提供了9种不同的图表工具，利用这些工具可以创建不同类型的图表。

工具介绍

条形图工具：以水平方向上的矩形来显示图表中的数据。

7.1.1 课堂案例——制作招聘求职领域月活跃人数图表

【案例学习目标】学习使用图表绘制工具、图表类型对话框制作招聘求职领域月活跃人数图表。

【案例知识要点】使用矩形工具、多边形工具制作图表底图；使用柱形图工具、图表类型对话框和文字工具制作柱形图表；使用文字工具、字符控制面板添加文字信息。招聘求职领域月活跃人数图表效果如图7-1所示。

【效果所在位置】Ch07\效果\制作招聘求职领域月活跃人数图表.ai。

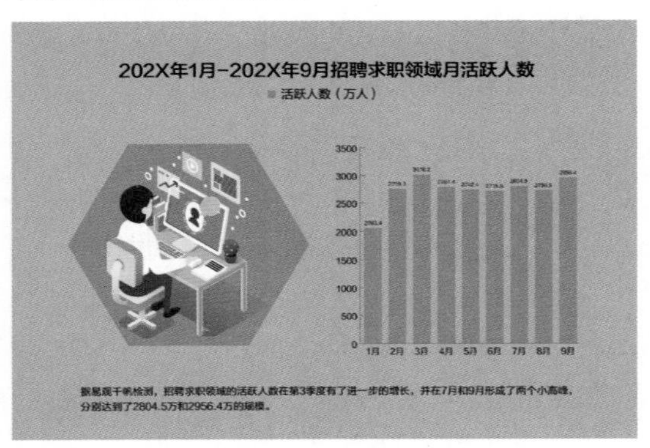

图7-1

01 按Ctrl+N快捷键，弹出“新建文档”对话框，设置文档的宽度为254 mm，高度为190.5 mm，取向为横向，颜色模式为RGB，单击“创建”按钮，新建一个文档。

02 选择矩形工具▭，绘制一个与页面大小相等的矩形，设置填充色为浅蓝色（其R、G、B的值分别为115、224、229），填充图形，并设置描边色为无，效果如图7-2所示。

03 选择多边形工具⬡，在页面中单击鼠标左键，弹出“多边形”对话框，选项的设置如图7-3所示，单击“确定”按钮，出现一个多边形。选择选择工具▶，拖曳多边形到适当的位置，设置填充色为深蓝色（其R、G、B的值分别为40、175、198），填充图形，并设置描边色为无，效果如图7-4所示。

图7−2

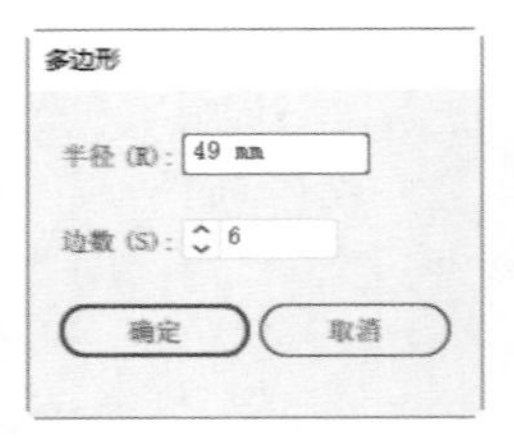

图7−3

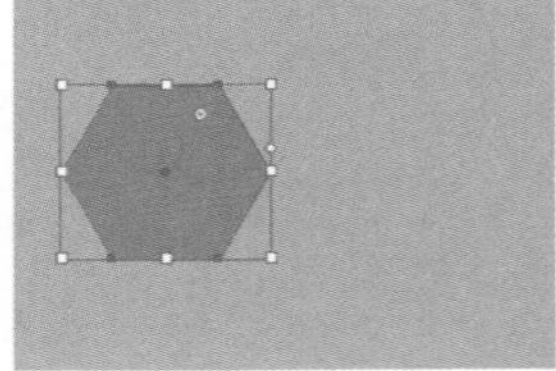

图7−4

04 按Ctrl+O快捷键，打开本书学习资源中的“Ch07\素材\制作招聘求职领域月活跃人数图表\01”文件，选择选择工具▶，选取需要的图形，按Ctrl+C快捷键，复制图形。选择正在编辑的页面，按Ctrl+V快捷键，将其粘贴到页面中，并拖曳复制的图形到适当的位置，效果如图7-5所示。

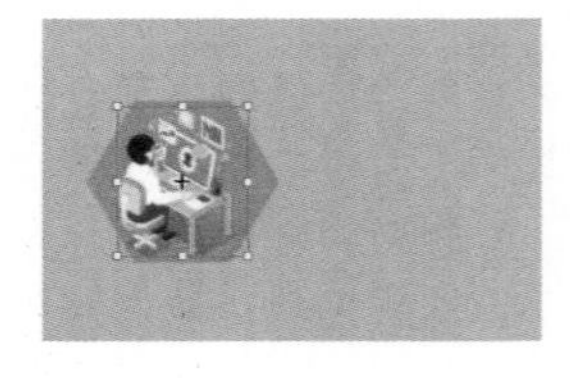

图7−5

05 选择文字工具T，在页面中分别输入需要的文字，选择选择工具▶，在属性栏中选择合适的字体并设置文字大小，效果如图7-6所示。

06 选择矩形工具▭，在适当的位置绘制一个矩形，设置填充色为深蓝色（其R、G、B的值分别为40、175、198），填充图形，并设置描边色为无，效果如图7-7所示。

图7-6

活跃人数（万人）

图7-7

07 选择柱形图工具，在页面中单击鼠标，弹出“图表”对话框，设置如图7-8所示，单击“确定”按钮，弹出“图表数据”对话框，单击“导入数据”按钮，弹出“导入图表数据”对话框，选择本书学习资源中的“Ch07\素材\制作招聘求职领域月活跃人数图表\数据信息”文件，单击“打开”按钮，导入需要的数据，效果如图7-9所示。

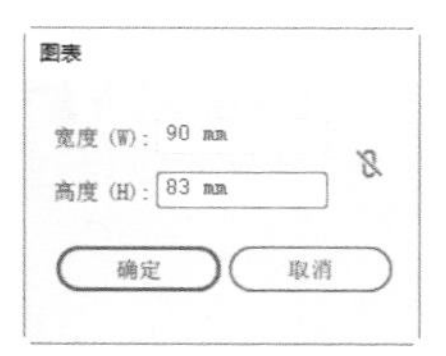

图7-8

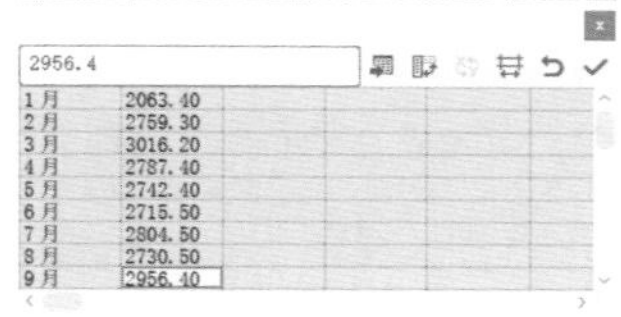

2956.4

1月	2063.40
2月	2759.30
3月	3016.20
4月	2787.40
5月	2742.40
6月	2715.50
7月	2804.50
8月	2730.50
9月	2956.40

图7-9

08 导入完成后，单击“应用”✓，再关闭“图表数据”对话框，建立柱形图表，效果如图7-10所示。双击柱形图工具，弹出“图表类型”对话框，设置如图7-11所示，单击“确定”按钮，效果如图7-12所示。

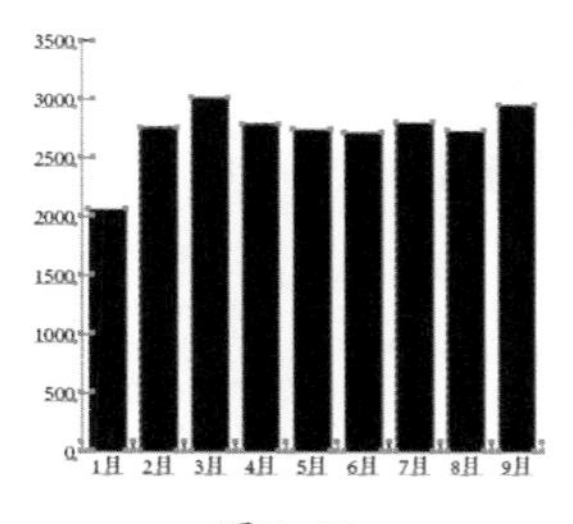

图7-10

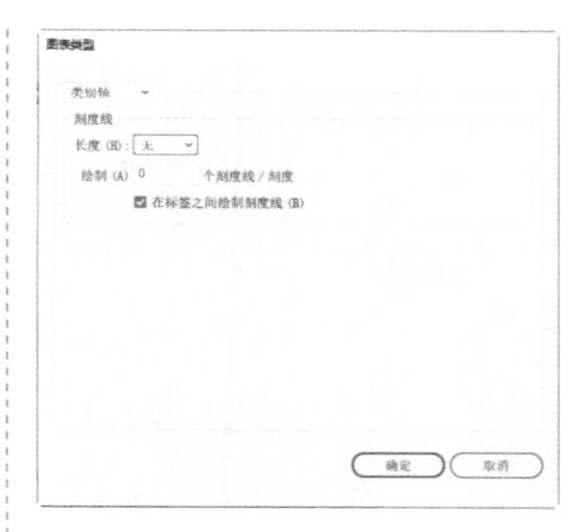

图7-11

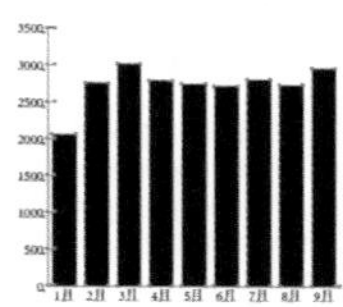

图7-12

09 选择选择工具▶，在属性栏中选择合适的字体并设置文字大小，效果如图7-13所示。选择编组选择工具，按住Shift键的同时，依次单击选取需要的矩形，设置填充色为深蓝色（其R、G、B的值分别为40、175、198），填充图形，并设置描边色为无，效果如图7-14所示。

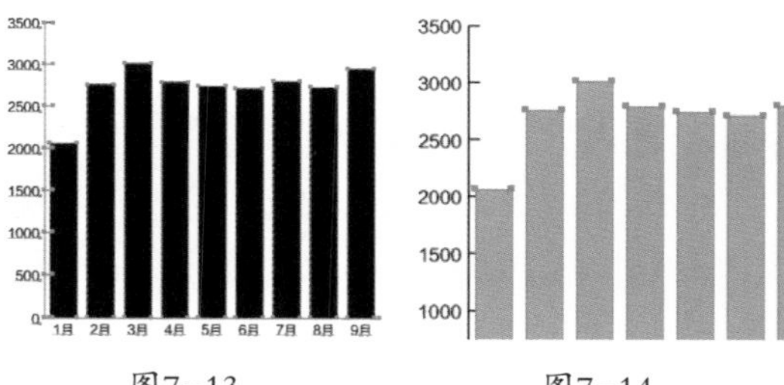

图7-13　图7-14

10 选择编组选择工具，按住Shift键的同时，依次单击选取需要的刻度线，设置描边色为灰色（其R、G、B的值分别为125、125、125），填充描边，效果如图7-15所示。

11 使用编组选择工具，选取下方类别轴线，按Shift+Ctrl+]快捷键，将其置于顶层，效果如图7-16所示。

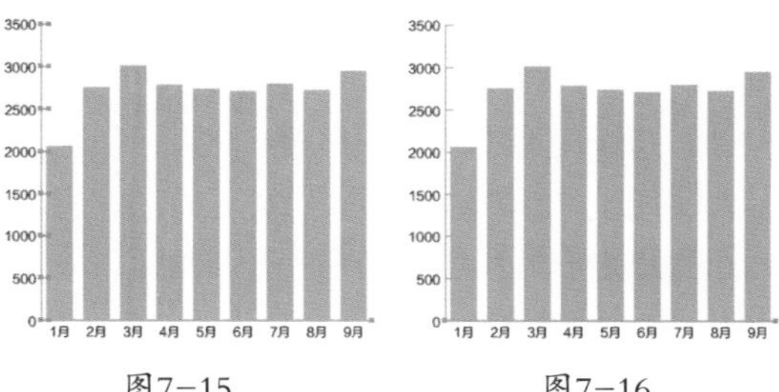

图7-15　图7-16

12 选择文字工具T，在适当的位置分别输入需要的文字，选择选择工具▶，在属性栏中选择合适的字体并设置文字大小，效果如图7-17所示。

13 选择选择工具▶，用框选的方法将柱形图和输入的数值文字同时选取，按Ctrl+G快捷键，将其编组，并拖曳编了组的图表到页面中适当的位置，效果如图7-18所示。

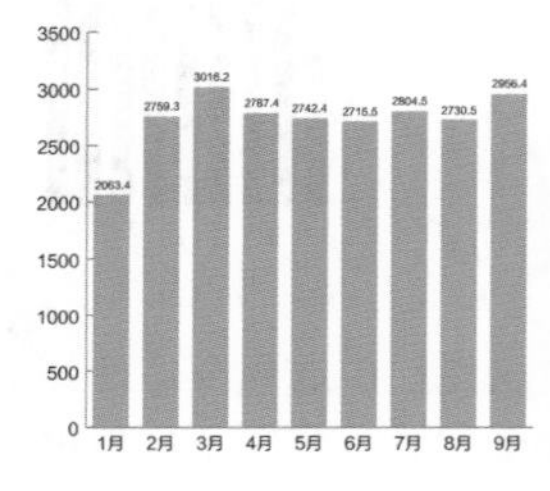

图7−17

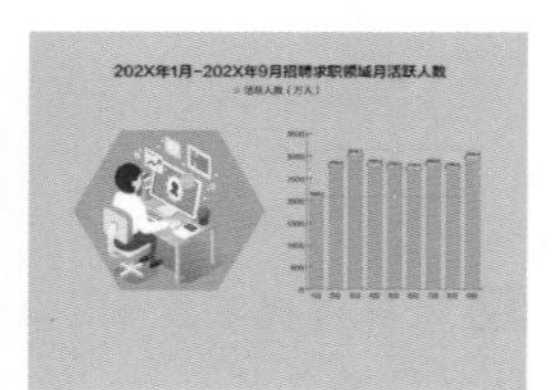

图7−18

14 选择文字工具T，在适当的位置输入需要的文字，选择选择工具▶，在属性栏中选择合适的字体并设置文字大小，效果如图7-19所示。

15 按Ctrl+T快捷键，弹出“字符”控制面板，将“设置行距”选项设为18 pt，其他选项的设置如图7-20所示；按Enter键确认操作，效果如图7-21所示。招聘求职领域月活跃人数图表制作完成，效果如图7-22所示。

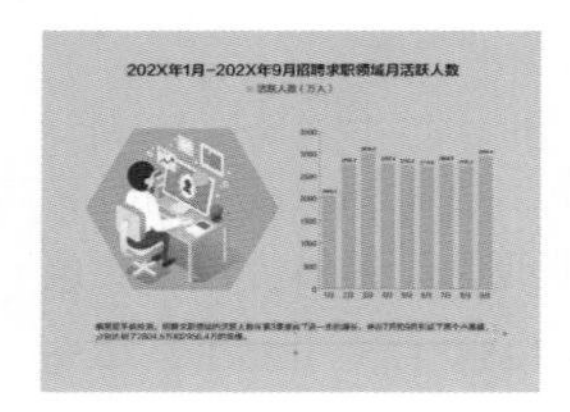

图7−19

图7−20

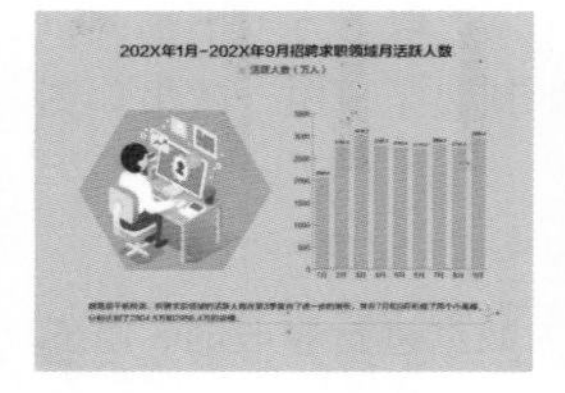

图7−21

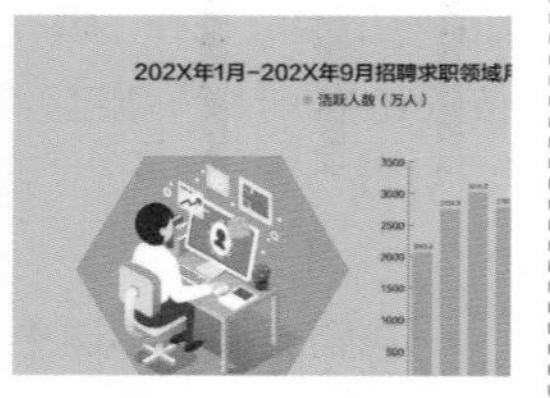

图7−22

7.1.2 图表工具

在工具箱中的柱形图工具上按住鼠标左键不放，将弹出图表工具组。工具组中包含的图表工具依次为柱形图工具、堆积柱形图工具、条形图工具、堆积条形图工具、折线图工具、面积图工具、散点图工具、饼图工具、雷达图工具，如图7-23所示。

图7−23

7.1.3 柱形图

柱形图是较为常用的一种图表类型，它使用一些竖排的高度可变的矩形柱来表示各种数据，矩形的高度与数据大小成正比。创建柱形图的具体步骤如下。

选择柱形图工具，在页面中拖曳鼠标绘制出一个矩形区域来设置图表大小，或在页面上任意位置单击鼠标，将弹出“图表”对话框，如图7-24所示，在“宽度”选项和“高度”选项的数值框中输入图表的宽度和高度数值，设定完成后，单击“确定”按钮，将自动在页面中建立图表，如图7-25所示，同时弹出“图表数据”对话框，如图7-26所示。

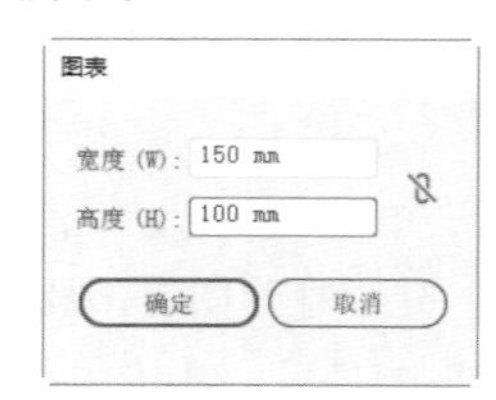

图7−24

图7−25

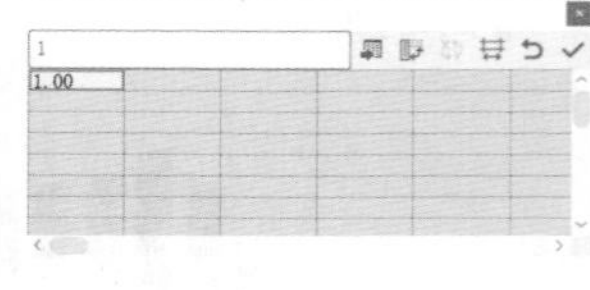

图7−26

在“图表数据”对话框左上方的文本框中可以直接输入各种文本或数值，然后按Tab键或

Enter键确认，文本或数值将会被自动添加到“图表数据”对话框的单元格中。单击可以选取各个单元格，输入要更改的文本或数据值后，再按Enter键确认。

在“图表数据”对话框右上方有一组按钮。单击“导入数据”按钮，可以从外部文件中输入数据信息。单击“换位行/列”按钮，可使横排和竖排的数据相互交换位置。单击“切换X/Y轴”按钮，将调换x轴和y轴的位置。单击“单元格样式”按钮，弹出“单元格样式”对话框，可以设置单元格的样式。单击“恢复”按钮，在没有单击“应用”按钮以前使文本框中的数据恢复到前一个状态。单击“应用”按钮，确认输入的数值并生成图表。

单击“单元格样式”按钮，将弹出“单元格样式”对话框，如图7-27所示。该对话框可以设置小数点的位置和数字栏的宽度。可以在“小数位数”和“列宽度”选项的文本框中输入所需要的数值。另外，将鼠标指针放置在各单元格相交处时，将会变成两条竖线和双向箭头的形状，这时拖曳光标可调整数字栏的宽度。

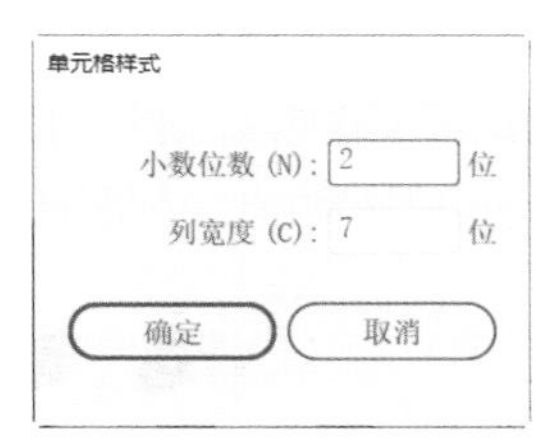

图7-27

双击柱形图工具，将弹出“图表类型”对话框，如图7-28所示。柱形图表是默认的图表，其他参数也采用默认设置，单击“确定”按钮。

在“图表数据”对话框中的文本表格的第1格中单击，删除默认数值1。按照文本表格的组织方式输入数据。如用来比较3个人3科分数情况，如图7-29所示。

图7-28

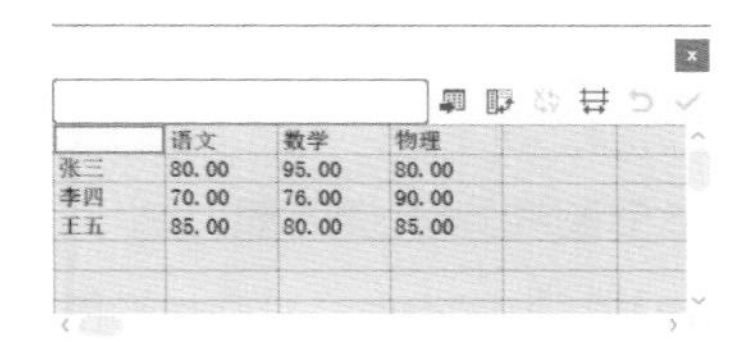

	语文	数学	物理
张三	80.00	95.00	80.00
李四	70.00	76.00	90.00
王五	85.00	80.00	85.00

图7-29

单击“应用”按钮，生成图表，所输入的数据被应用到图表上，柱形图效果如图7-30所示，从图中可以看到，柱形图是对每一行中的数据进行比较。

在“图表数据”对话框中单击“换位行/列”按钮，互换行、列数据得到新的柱形图，效果如图7-31所示。在“图表数据”对话框中单击关闭按钮将对话框关闭。

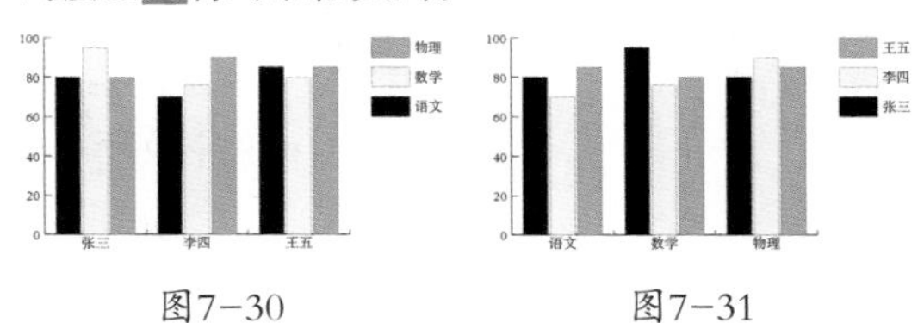

图7-30　　图7-31

当需要对柱形图中的数据进行修改时，先选取要修改的图表，选择“对象 > 图表 > 数据”命令，弹出“图表数据”对话框。在对话框中可以再修改数据，设置数据后，单击“应用”按钮，将修改后的数据应用到选定的图表中。

选取图表，用鼠标右键单击页面，在弹出的菜单中选择“类型”命令，弹出“图表类型”对话框，可以在对话框中选择其他的图表类型。

7.1.4 其他图表效果

1. 堆积柱形图

堆积柱形图与柱形图类似，只是它们的显示方式不同。柱形图显示为单一的数据比较，而堆积柱形图显示的是全部数据总和的比较。因此，在进行数据总量的比较时，多用堆积柱形图来表示，效果如图7-32所示。从图表中可以看出，堆积柱形图对每个人的数值总量进行比较，并且每一个人都用不同颜色的矩形来显示。

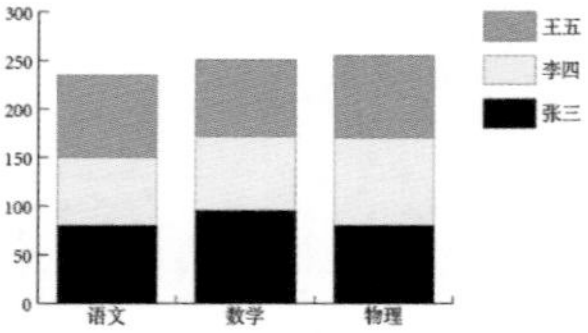

图7－32

2. 条形图和堆积条形图

条形图与柱形图类似，只是柱形图是以竖直方向上的矩形显示图表中的各组数据，而条形图是以水平方向上的矩形来显示图表中的数据，效果如图7-33所示。

堆积条形图与堆积柱形图类似，但是堆积条形图是以水平方向的矩形条来显示数据总量的，堆积柱形图正好与之相反。堆积条形图效果如图7-34所示。

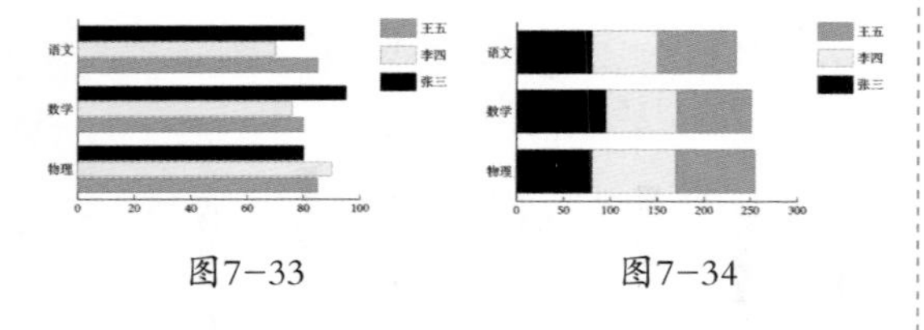

图7－33　　图7－34

3. 折线图

折线图可以显示出某种事物随时间变化的发展趋势，很明显地表现出数据的变化走向。折线图也是一种比较常见的图表，给人以很直接明了的视觉效果。与创建柱形图的步骤相似，选择折线图工具，拖曳光标绘制出一个矩形区域，或在页面上任意位置单击鼠标，在弹出的“图表数据”对话框中输入相应的数据，最后单击“应用”按钮，折线图表效果如图7-35所示。

4. 面积图

面积图可以用来表示一组或多组数据。通过不同折线连接图表中所有的点，形成面积区域，并且折线内部可填充为不同的颜色。面积图表其实与折线图表类似，是一个填充了颜色的线段图表，效果如图7-36所示。

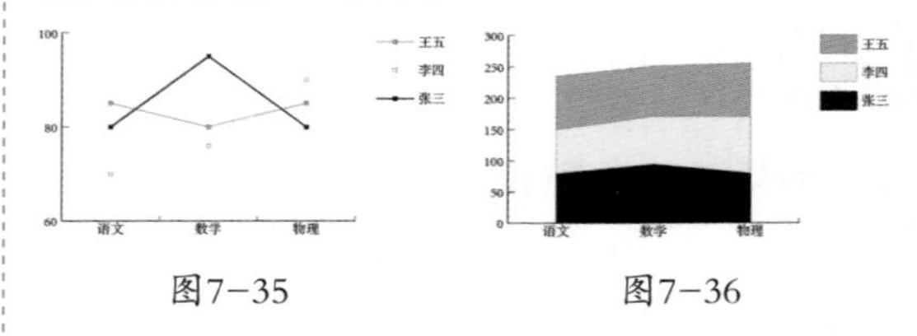

图7－35　　图7－36

5. 散点图

散点图是一种比较特殊的数据图表。散点图的横坐标和纵坐标都是数据坐标，两组数据的交叉点形成了坐标点。因此，它的数据点由横坐标和纵坐标确定。图表中的数据点位置所创建的线能贯穿自身却无具体方向，如图7-37所示。散点图不适合用于太复杂的内容，它只适合显示图例的说明。

6. 饼图

饼图适用于一个整体中各组成部分的比较。该类图表应用的范围比较广。饼图的数据整体显示为一个圆，每组数据按照其在整体中所占的比例，以不同颜色的扇形区域显示出来。但是它不能准确地显示出各部分的具体数值，效果如图7-38所示。

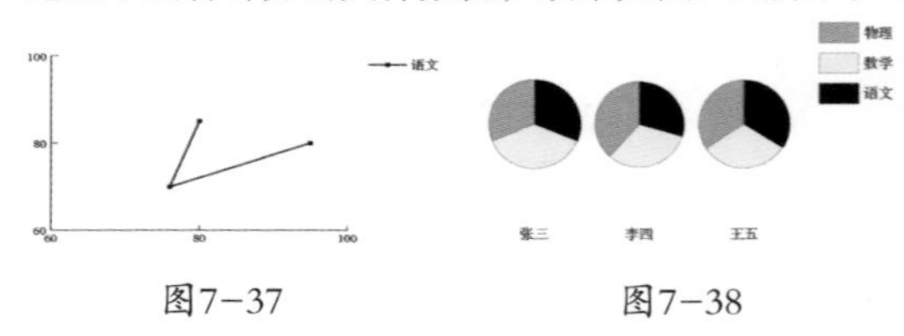

图7－37　　图7－38

7. 雷达图

雷达图是一种较为特殊的图表类型，它以一种环形的形式对图表中的各组数据进行比较，形成比较明显的数据对比。雷达图适合表现一些变换悬殊的数据，效果如图7-39所示。

图7－39

7.2 设置图表

在Illustrator CC 2019中，可以重新调整各种类型图表的选项，以及更改某一组数据，还可以解除图表组合，应用描边或填色。

7.2.1 设置“图表数据”对话框

选中图表，单击鼠标右键，在弹出的菜单中选择“数据”命令，或直接选择“对象 > 图表 > 数据”命令，弹出“图表数据”对话框。在对话框中可以进行数据的修改。

1. 编辑一个单元格

选取该单元格，在文本框中输入新的数据，按Enter键确认并下移到另一个单元格中。

2. 删除数据

选取数据单元格，删除文本框中的数据，按Enter键确认并下移到另一个单元格中。

3. 删除多个数据

选取要删除数据的多个单元格，选择“编辑 > 清除”命令，即可删除多个数据。

7.2.2 设置“图表类型”对话框

1. 设置图表选项

选中图表，双击“图表工具”或选择“对象 > 图表 > 类型”命令，弹出“图表类型”对话框，如图7-40所示。在“数值轴”选项的下拉列表中包括“位于左侧”“位于右侧”和“位于两侧”选项，分别用来表示图表中坐标轴的位置，可根据需要选择（对饼形图表来说此选项不可用）。

“样式”选项组包括4个选项。勾选“添加投影”复选项，可以为图表添加一种阴影效果；勾选“在顶部添加图例”复选项，可以将图表中的图例说明放到图表的顶部；勾选“第一行在前”复选项，图表中的各个柱形或其他对象将会重叠地覆盖行，并按照从左到右的顺序排列；“第一列在前”是默认的放置柱形的方式，它能够从左到右依次放置柱形。

图7-40

“选项”选项组包括两个选项。“列宽”“簇宽度”两个选项分别用来控制图表的横栏宽和组宽。横栏宽是指图表中每个柱形条的宽度，组宽是指所有柱形所占据的可用空间。

选择折线图、散点图和雷达图时，“选项”选项组如图7-41所示。勾选“标记数据点”复选项，可使数据点显示为正方形，否则直线段中间的数据点不显示；勾选“连接数据点”复选项，可在每组数据点之间进行连线，否则只显示一个个孤立的点；勾选“线段边到边跨X轴”复选项，可使线条从图表左边和右边伸出，它对分散图表无作用；勾选“绘制填充线”复选项，将激活其下方的“线宽”选项。

图7-41

选择饼图时，“选项”选项组如图7-42所示。对于饼图，“图例”选项控制图例的显示，在其下拉列表中，“无图例”选项是不要图例；“标准图例”选项是将图例放在图表的外围；“楔形图例”选项是将图例插入相应的扇形中。“位置”选项控制饼图以及扇形块的摆放位置，在其下拉列表中，“比例”选项是按比例显示各个饼图的大小，“相等”选项是使所有饼图的直径相等，“堆积”选项是将所有的饼图叠加在一起。“排序”选项控制图表元素的排列顺序，在其下拉列表中，“全部”选项是将元素信息由大到小顺时针排列；“第一个”选项是将最大值元素信息放在顺时针方向的第一位，其余按输入顺序排列；“无”选项是按元素的输入顺序顺时针排列。

选项

图例（G）：标准图例　排序（S）：无

位置（T）：比例

图7-42

2. 设置数值轴

在“图表类型”对话框左上方选项的下拉列表中选择“数值轴”选项，切换到相应的对话框，如图7-43所示。

“刻度值”选项组：当勾选“忽略计算出的值”复选项时，下面的3个数值框被激活。“最小值”选项的数值表示坐标轴的起始值，也就是图表原点的坐标值，它不能大于“最大值”选项的数值；“最大值”选项中的数值表示的是坐标轴的最大刻度值；“刻度”选项中的数值用来决定将坐标轴上下分为多少部分。

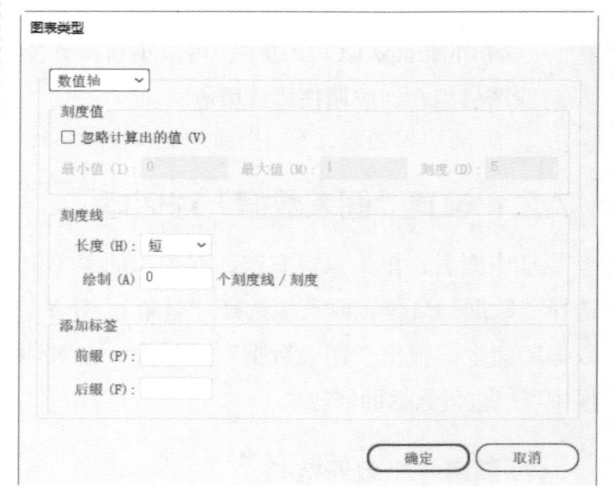

图7-43

“刻度线”选项组：“长度”选项的下拉列表中包括3个选项。选择“无”选项，表示不使用刻度标记；选择“短”选项，表示使用短的刻度标记；选择“全宽”选项，刻度线将贯穿整个图表，效果如图7-44所示。“绘制”选项数值框中的数值表示每一个坐标轴间隔的区分标记。

“添加标签”选项组：“前缀”选项是在数值前加符号，“后缀”选项是在数值后加符号。在“后缀”选项的文本框中输入“分”后，图表效果如图7-45所示。

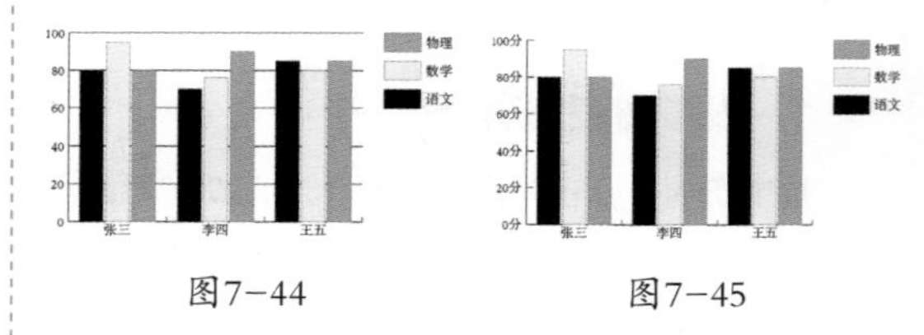

图7-44　　图7-45

7.3 自定义图表

除了提供图表的创建和编辑这些基本的操作，Illustrator CC 2019还可以对图表中的局部进行编辑和修改，并可以自己定义图表的图案，使图表中所表现的数据更加生动。

命令介绍

设计命令：可以将选择的图形对象创建为图表中替代柱形和图例的设计图案。

柱形图命令：可以使用定义的图案替换图表中的柱形和标记。

7.3.1 课堂案例——制作娱乐直播统计图表

【案例学习目标】学习使用条形图工具、设计命令和柱形图命令制作统计图表。

【案例知识要点】使用条形图工具建立条形图表；使用设计命令定义图案；使用柱形图命令制作图案图表；使用钢笔工具、直接选择工具和编组选择工具编辑女性图案；使用文字工具、字符控制面板添加标题及统计信息。娱乐直播统计图表效果如图7-46所示。

【效果所在位置】Ch07\效果\制作娱乐直播统计图表.ai。

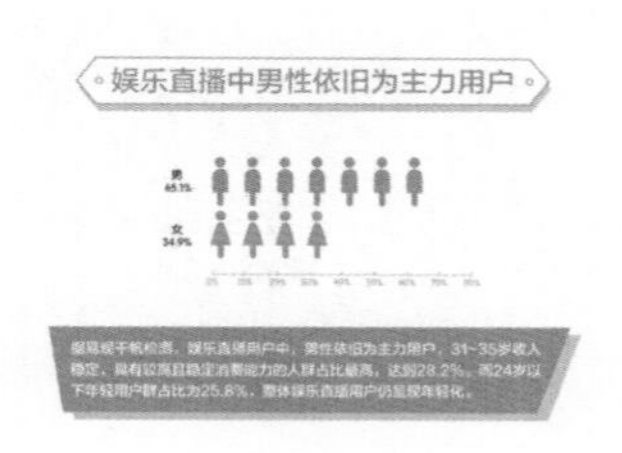

图7-46

01 按Ctrl+N快捷键，弹出“新建文档”对话框，设置文档的宽度为285 mm，高度为210 mm，取向为横向，颜色模式为CMYK，单击“创建”按钮，新建一个文档。

02 选择矩形工具，绘制一个与页面大小相等的矩形，设置填充色为米黄色（其C、M、Y、K的值分别为4、4、10、0），填充图形，并设置描边色为无，效果如图7-47所示。

03 使用矩形工具，再绘制一个矩形，设置填充色为米黄色（其C、M、Y、K的值分别为4、4、10、0），填充图形；设置描边色为蓝色（其C、M、Y、K的值分别为65、21、0、0），填充描边；在属性栏中将“描边粗细”选项设置为2 pt，按Enter键确认操作，效果如图7-48所示。

04 选择添加锚点工具，分别在矩形左右两条边中间的位置单击鼠标左键，添加两个锚点，如图7-49所示。选择直接选择工具，选取右边添加的锚点，并向右拖曳锚点到适当的位置，效果如图7-50所示。用相同的方法调整左边添加的锚点，效果如图7-51所示。

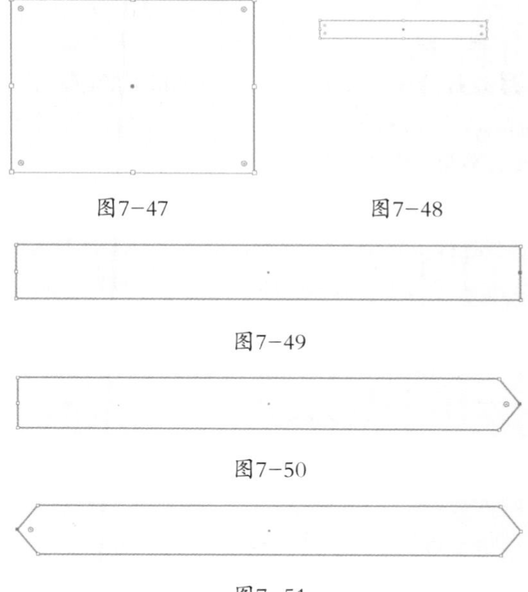

图7-47　图7-48

图7-49

图7-50

图7-51

05 选择选择工具，选取图形，按Ctrl+C快捷键，复制图形，按Ctrl+B快捷键，将复制的图形粘贴在后面。按→和↓方向键，微调复制的图形到适当的位置，效果如图7-52所示。设置填充色为浅蓝色（其C、M、Y、K的值分别为45、0、4、0），填充图形，效果如图7-53所示。

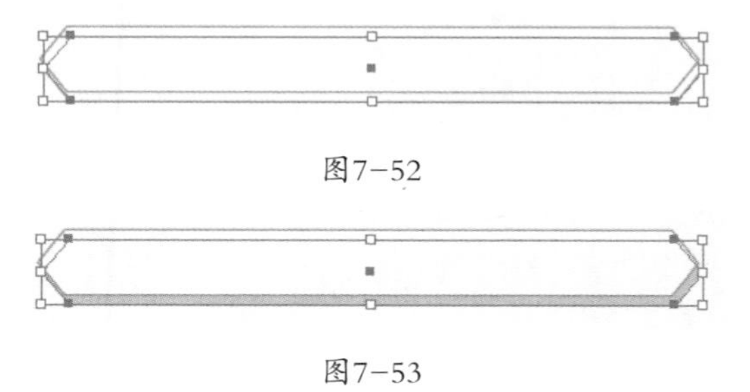

图7-52

图7-53

06 选择椭圆工具，按住Shift键的同时，在适当的位置绘制一个圆形，效果如图7-54所示。选择吸管工具，将吸管图标放置在下方矩形上，如图7-55所示，单击鼠标左键吸取属性，如图7-56所示。

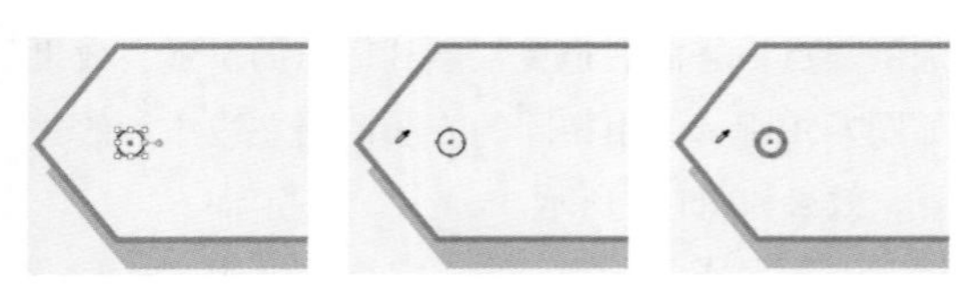

图7-54　　图7-55　　图7-56

07 选择选择工具▶，按住Alt+Shift快捷键的同时，水平向右拖曳圆形到适当的位置，复制圆形，效果如图7-57所示。

08 选择文字工具T，在页面中输入需要的文字，选择选择工具▶，在属性栏中选择合适的字体并设置文字大小，效果如图7-58所示。设置填充色为蓝色（其C、M、Y、K的值分别为65、21、0、0），填充文字，效果如图7-59所示。

图7-57　　图7-58　　图7-59

09 选择条形图工具，在页面中单击鼠标，弹出“图表”对话框，设置如图7-60所示；单击“确定”按钮，弹出“图表数据”对话框，输入需要的数据，如图7-61所示。输入完成后，单击“应用”按钮✓，关闭“图表数据”对话框，建立柱形图表，并将其拖曳到页面中适当的位置，效果如图7-62所示。

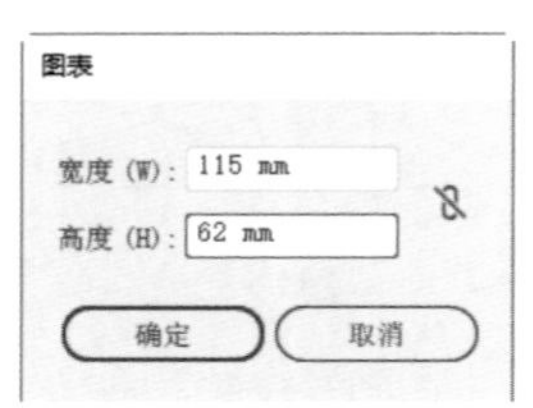

图7-60

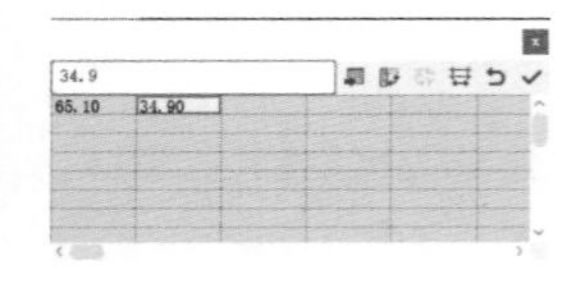

图7-61 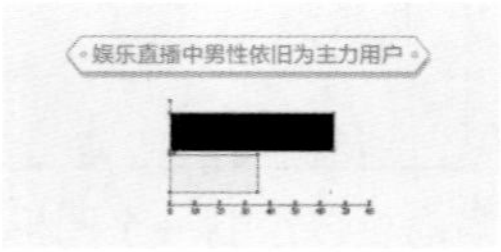　　图7-62

10 选择“对象 > 图表 > 类型”命令，弹出“图表类型”对话框，选项的设置如图7-63所示；单击“图表选项”选项右侧的⌄按钮，在弹出的下拉列表中选择“数值轴”，切换到相应的对话框进行设置，如图7-64所示；单击“数值轴”选项右侧的⌄按钮，在弹出的下拉列表中选择“类别轴”，切换到相应的对话框进行设置，如图7-65所示；设置完成后，单击“确定”按钮，效果如图7-66所示。

11 按Ctrl+O快捷键，打开本书学习资源中的“Ch07\素材\制作娱乐直播统计图表\01”文件，选择选择工具▶，选取需要的图形，如图7-67所示。

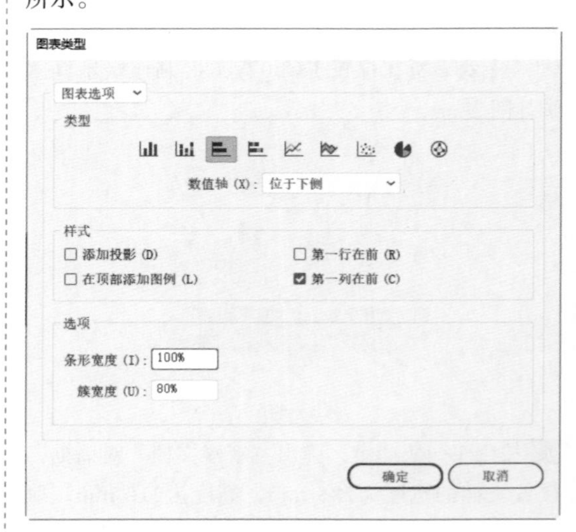

图7-63

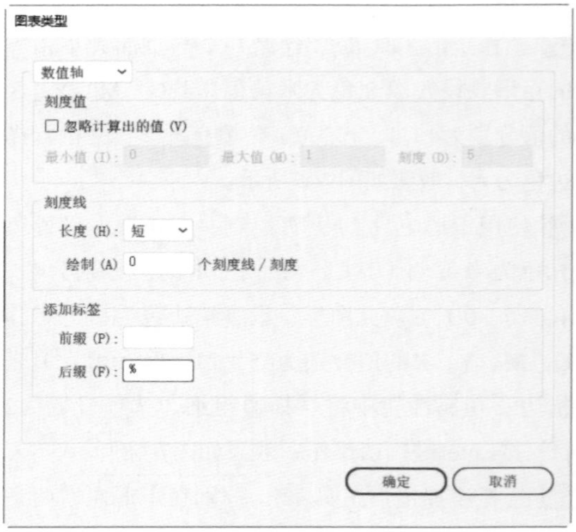

图7-64

图7-65

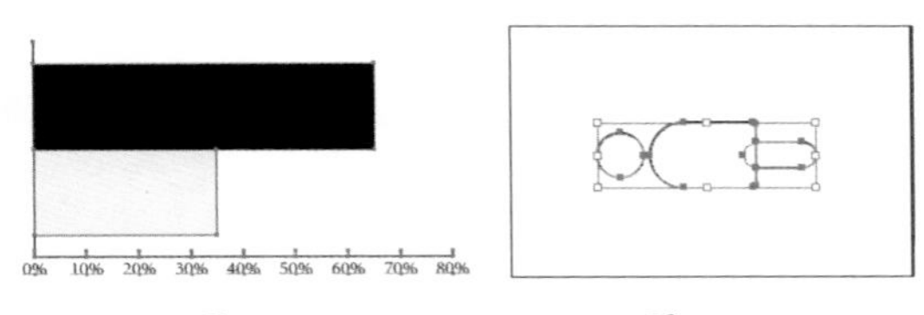

图7-66　　图7-67

12 选择"对象 > 图表 > 设计"命令，弹出"图表设计"对话框，单击"新建设计"按钮，显示所选图形的预览效果，如图7-68所示；单击"重命名"按钮，在弹出的小"图表设计"对话框中输入名称，如图7-69所示；单击"确定"按钮，返回到"图表设计"对话框，如图7-70所示，单击"确定"按钮，完成图表图案的定义。

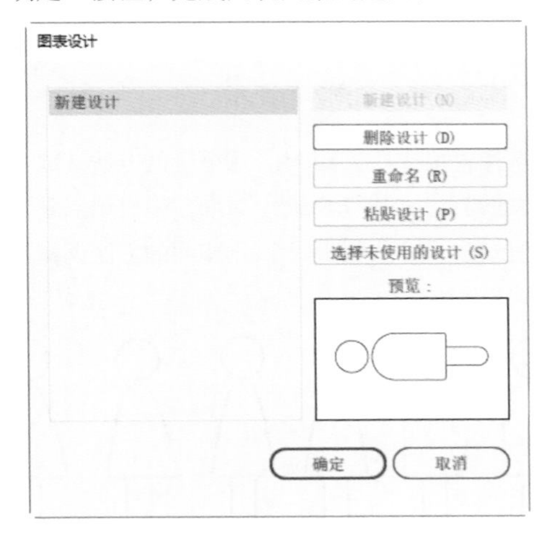

图7-68

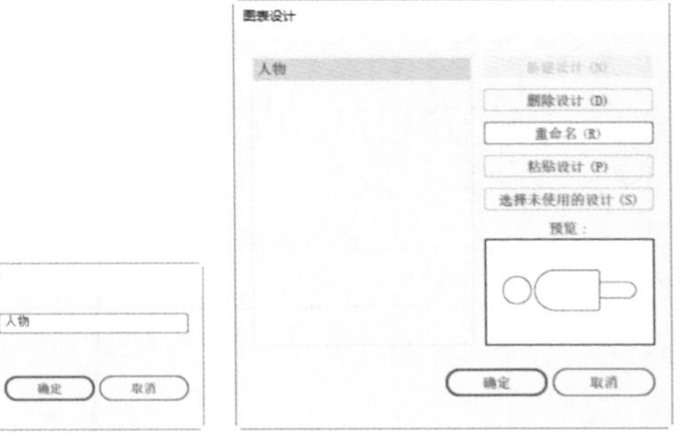

图7-69　　图7-70

13 返回到正在编辑的页面，选取图表，选择"对象 > 图表 > 柱形图"命令，弹出"图表列"对话框，选择新定义的图案名称，其他选项的设置如图7-71所示；单击"确定"按钮，如图7-72所示。

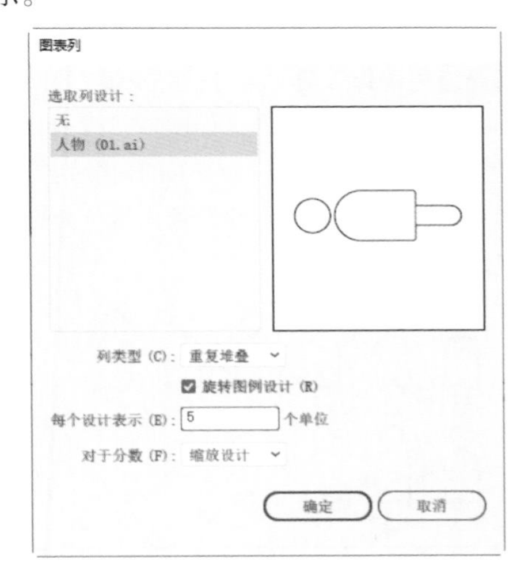

图7-71

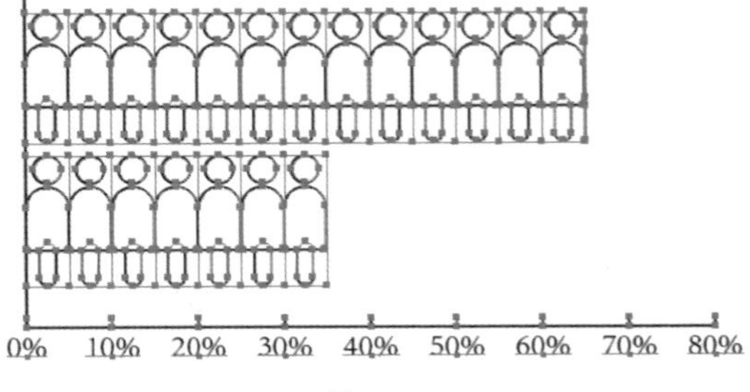

图7-72

14 选择编组选择工具，按住Shift键的同时，依次单击选取需要的图形，如图7-73所示。按Delete键将其删除，效果如图7-74所示。

0%
10%
20%
30%
40%
50%
60%
70%
80%

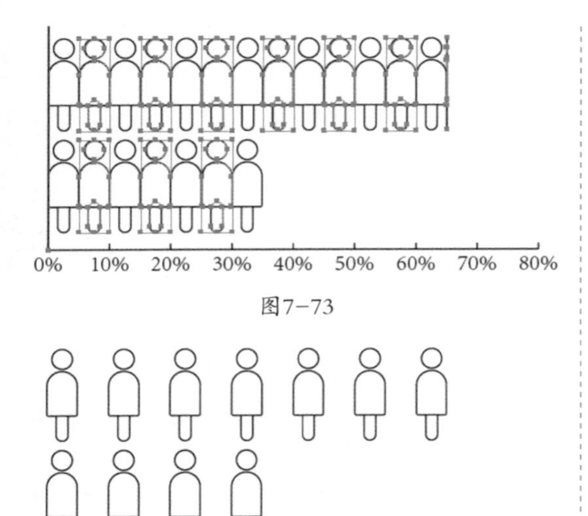

图7－73

0%
10%
20%
30%
40%
50%
60%
70%
80%

图7－74

15 选择编组选择工具，按住Shift键的同时，依次单击选取需要的图形，如图7-75所示。设置填充色为蓝色（其C、M、Y、K的值分别为65、21、0、0），填充图形，并设置描边色为无，效果如图7-76所示。

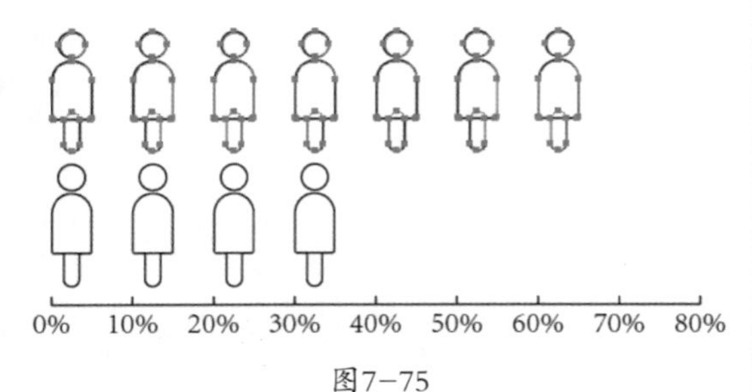

0%
10%
20%
30%
40%
50%
60%
70%
80%

图7－75

0%
10%
20%
30%
40%
50%
60%
70%
80%

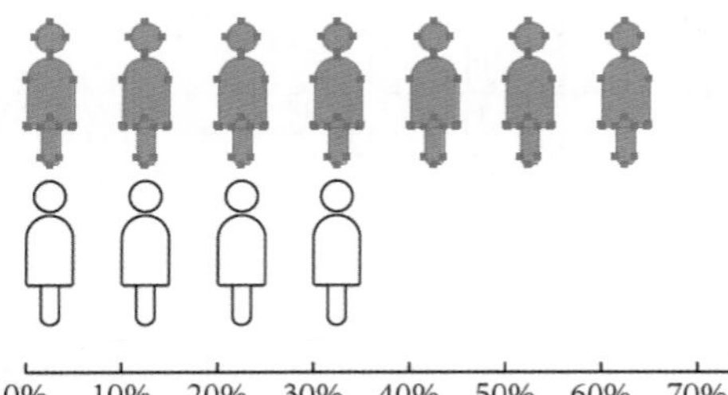

图7－76

16 选择编组选择工具，用框选的方法将刻度线同时选取，设置描边色为灰色（其C、M、Y、K的值分别为0、0、0、60），填充描边，效果如图7-77所示。

0%
10%
20%
30%
40%
50%
60%
70%
80%

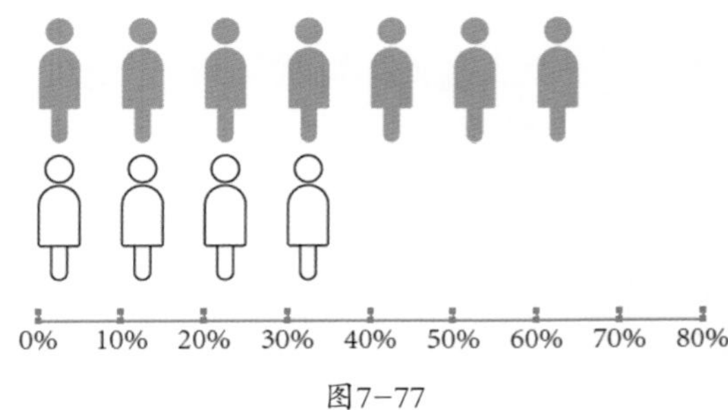

图7－77

17 选择编组选择工具，用框选的方法将下方数值同时选取，在属性栏中选择合适的字体并设置文字大小；设置填充色为灰色（其C、M、Y、K的值分别为0、0、0、60），填充文字，效果如图7-78所示。

0%
10%
20%
30%
40%
50%
60%
70%
80%

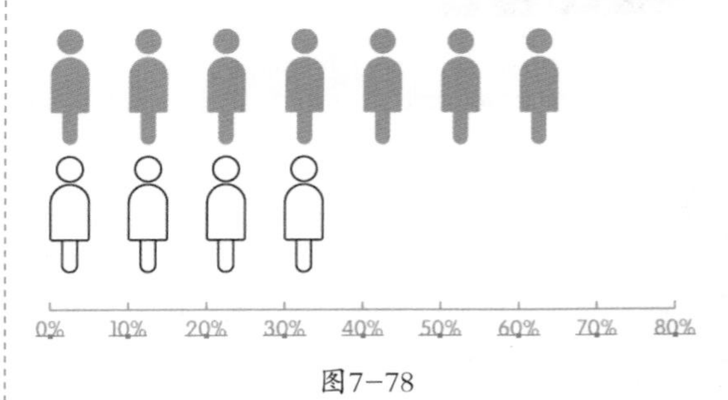

图7－78

18 选择直接选择工具，选取需要的路径，如图7-79所示。选择钢笔工具，在路径上适当的位置分别单击鼠标左键，添加两个锚点，如图7-80所示。在不需要的锚点上分别单击鼠标左键，删除锚点，如图7-81所示。

19 选择直接选择工具，用框选的方法选取左下角的锚点，如图7-82所示，向左拖曳锚点到适当的位置，如图7-83所示。用相同的方法调整右下角的锚点，如图7-84所示。

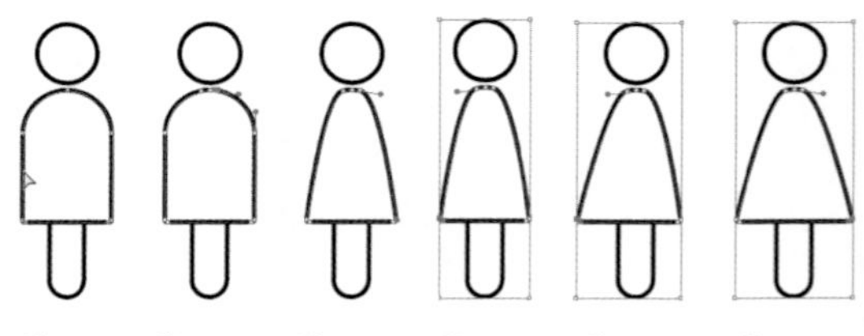

图7－79 图7－80 图7－81 图7－82 图7－83 图7－84

20 选择编组选择工具，按住Shift键的同时，依次单击选取需要的图形，设置填充色为粉红色（其C、M、Y、K的值分别为0、75、36、0），填充图形，并设置描边色为无，效果如图7-85所示。用相同的方法调整其他图形，并填充相应的颜色，效果如图7-86所示。

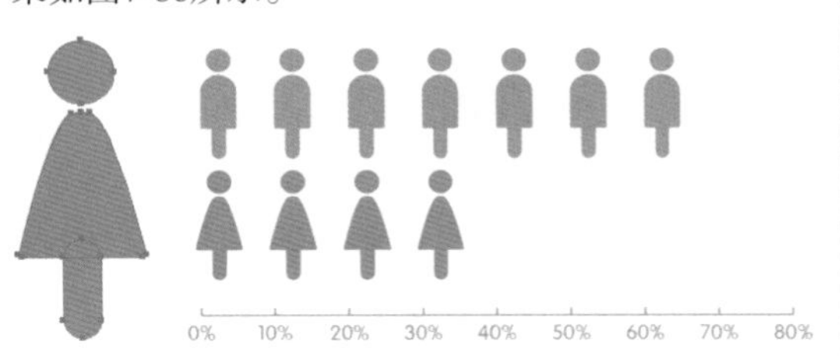

图7-85 图7-86

21 选择文字工具，在适当的位置分别输入需要的文字，选择选择工具，在属性栏中选择合适的字体并设置文字大小；单击"居中对齐"按钮，将文字居中对齐，如图7-87所示。

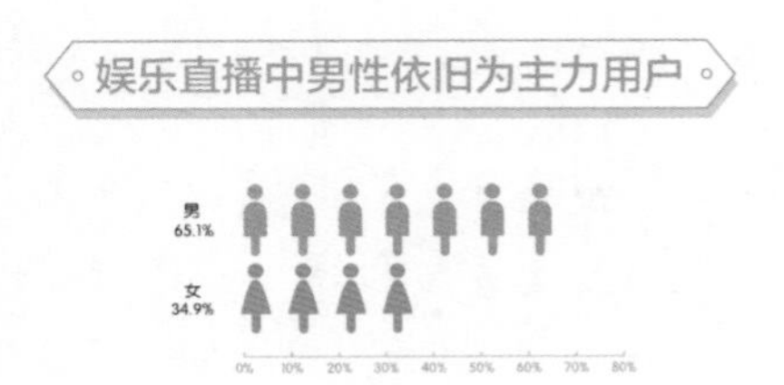

图7-87

22 选择矩形工具，在适当的位置绘制一个矩形，设置填充色为蓝色（其C、M、Y、K的值分别为65、21、0、0），填充图形，并设置描边色为无，效果如图7-88所示。

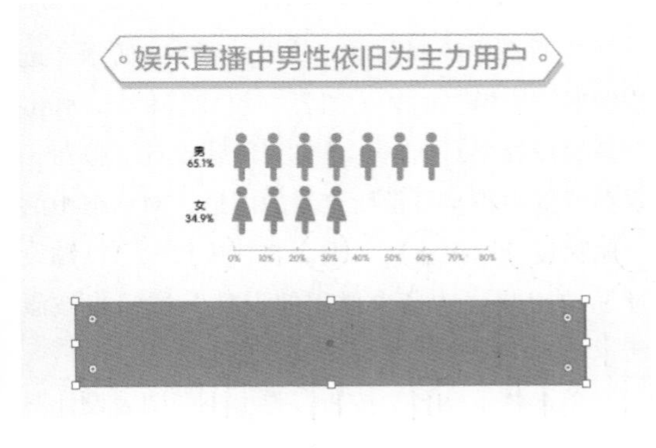

图7-88

23 选择直接选择工具，选取左下角的锚点，并向右拖曳锚点到适当的位置，效果如图7-89所示。用相同的方法调整右下角的锚点，效果如图7-90所示。

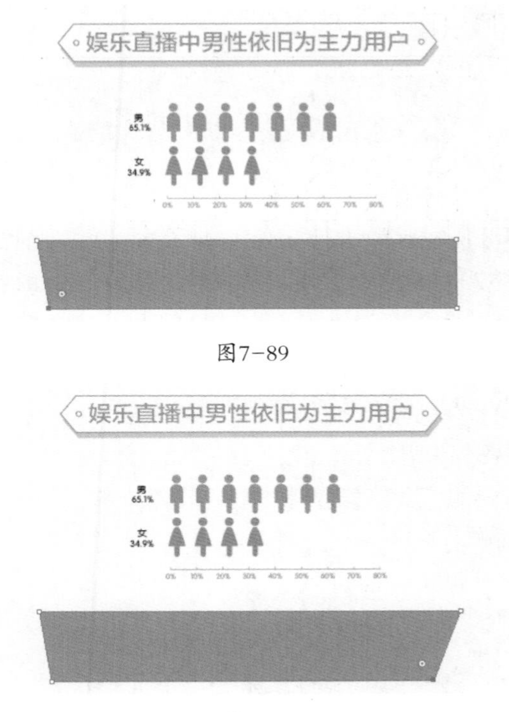

图7-89

图7-90

24 选择选择工具，选取图形，按Ctrl+C快捷键，复制图形，按Ctrl+B快捷键，将复制的图形粘贴在后面。按→和↓方向键，微调复制的图形到适当的位置，效果如图7-91所示。设置填充色为浅蓝色（其C、M、Y、K的值分别为45、0、4、0），填充图形，效果如图7-92所示。

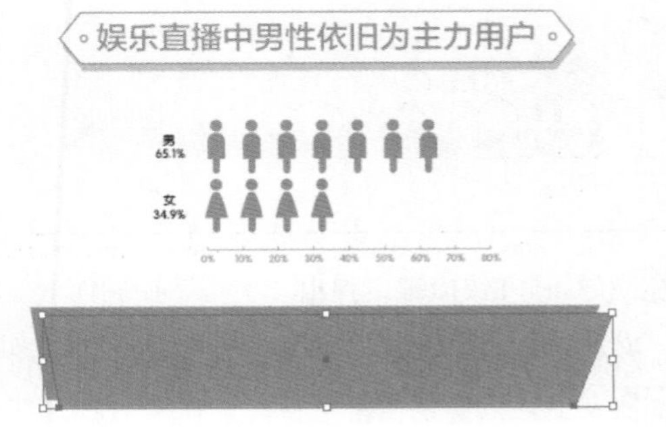

图7-91

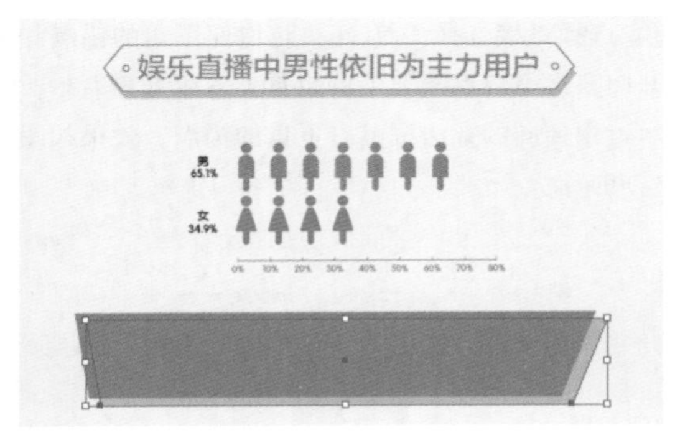

图7-92

25 选择文字工具T，在适当的位置输入需要的文字，选择选择工具▶，在属性栏中选择合适的字体并设置文字大小，效果如图7-93所示。设置填充色为米黄色（其C、M、Y、K的值分别为4、4、10、0），填充文字，效果如图7-94所示。

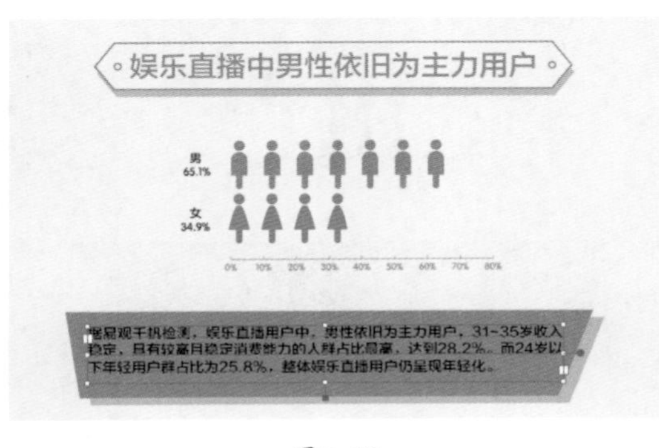

图7-93

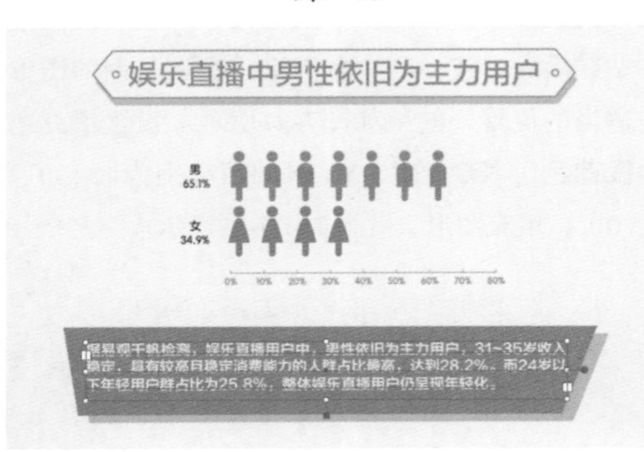

图7-94

26 按Ctrl+T快捷键，弹出“字符”控制面板，将“设置行距”选项设为24 pt，其他选项的设置如图7-95所示；按Enter键确认操作，效果如图7-96所示。娱乐直播统计图表制作完成，效果如图7-97所示。

图7-95

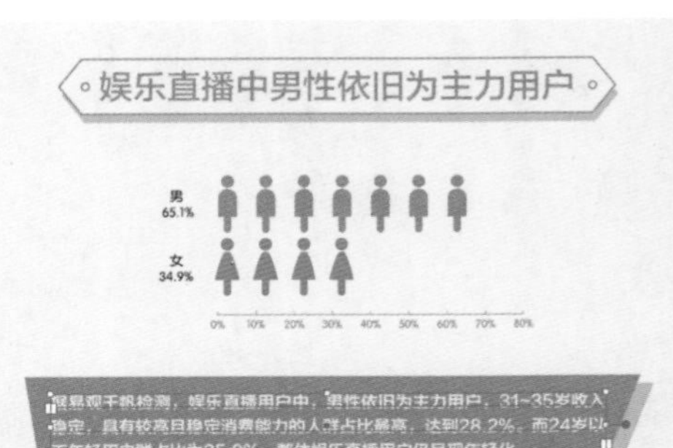

图7-96

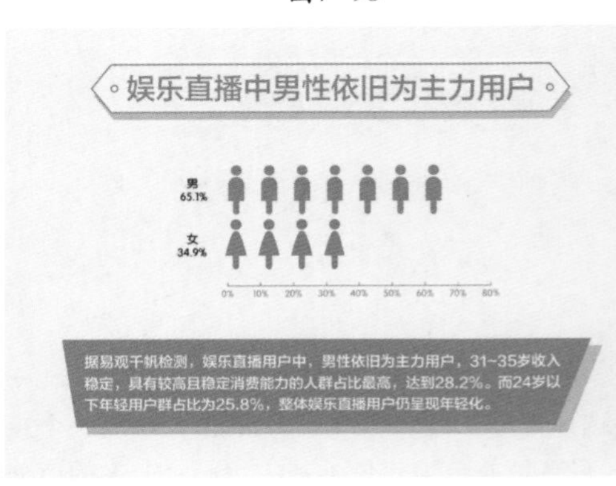

图7-97

7.3.2 自定义图表图案

在页面中绘制图形，效果如图7-98所示。选中图形，选择“对象 > 图表 > 设计”命令，弹出“图表设计”对话框。单击“新建设计”按钮，在预览框中将会显示所绘制的图形，对话框中的“删除设计”按钮、“重命名”按钮、“粘贴设计”按钮和“选择未使用的设计”按钮将被激活，如图7-99所示。

单击“重命名”按钮，弹出小“图表设计”对话框，在对话框中输入自定义图案的名称，如

图7-100所示，单击“确定”按钮，完成命名。

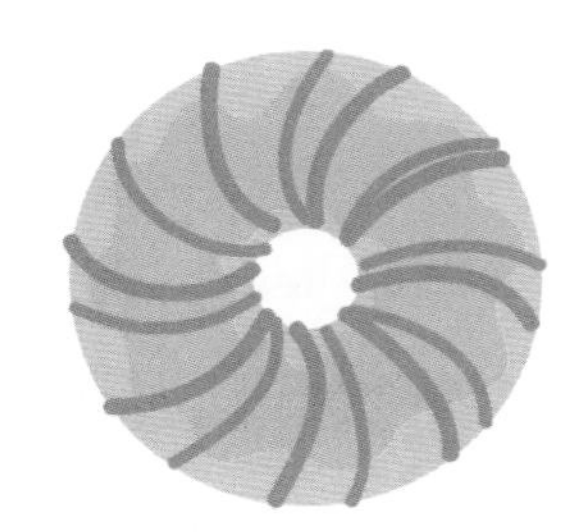

图7-98

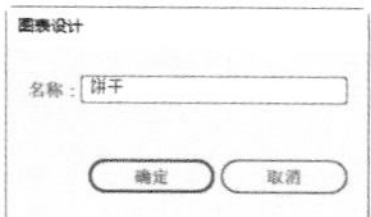

图7-99　　图7-100

在“图表设计”对话框中单击“粘贴设计”按钮，可以将图案粘贴到页面中，重新对其进行修改和编辑。编辑修改后，还可以再将其重新定义。在对话框中完成编辑后，单击“确定”按钮，完成对一个图表图案的定义。

7.3.3 应用图表图案

用户可以将自定义的图案应用到图表中。选择要应用图案的图表，再选择“对象 > 图表 > 柱形图”命令，弹出“图表列”对话框。

在“图表列”对话框中，“列类型”选项包括4种缩放图案的类型：“垂直缩放”选项表示根据数据的大小，对图表的自定义图案进行竖直方向上的放大与缩小，水平方向上保持不变；“一致缩放”选项表示图表将按照图案的比例并结合图表中数据的大小对图案进行放大和缩小；“重复堆叠”选项可以以重复堆积的方式用图案填满柱形；“局部缩放”选项与“垂直缩放”选项类似，但可以指定伸展或压缩的位置。“重复堆叠”选项要和“每个设计表示”选项、“对于分数”选项结合使用。“每个设计表示”选项表示每个图案代表几个单位，如果在数值框中输入“50”，表示1个图案就代表50个单位。在“对于分数”选项的下拉列表中，“截断设计”选项表示不足一个图案时由图案的一部分来表示；“缩放设计”选项表示不足一个图案时，通过对最后那个图案进行成比例压缩来表示。设置完成后，如图7-101所示，单击“确定”按钮，将自定义的图案应用到图表中，如图7-102所示。

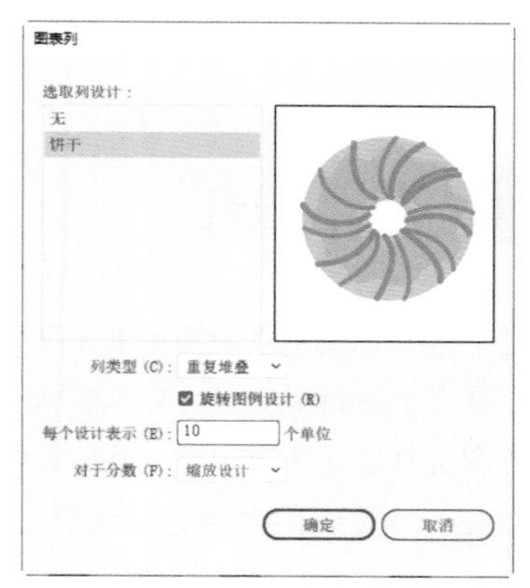

图7-101

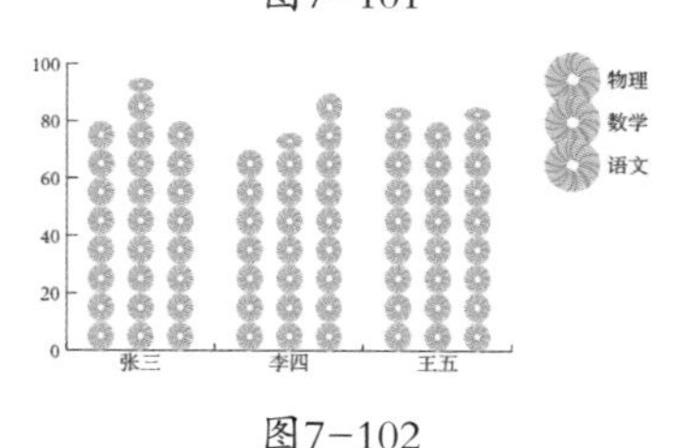

图7-102

7.4 课堂练习——制作用户年龄分布图表

【练习知识要点】使用文字工具、字符控制面板添加标题及介绍文字；使用矩形工具、变换面板和直排文字工具制作分布模块；使用饼图工具建立饼形图表。效果如图7-103所示。

【素材所在位置】Ch07\素材\制作用户年龄分布图表\01。

【效果所在位置】Ch07\效果\制作用户年龄分布图表.ai。

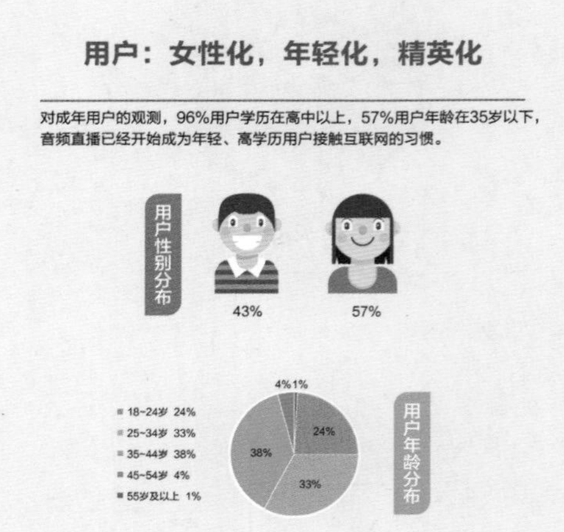

图7-103

7.5 课后习题——制作旅行主题偏好图表

【习题知识要点】使用矩形工具、直线段工具、文字工具和倾斜工具制作标题文字；使用条形图工具建立条形图表；使用编组选择工具、填充工具更改图表颜色。效果如图7-104所示。

【素材所在位置】Ch07\素材\制作旅行主题偏好图表\01、02。

【效果所在位置】Ch07\效果\制作旅行主题偏好图表.ai。

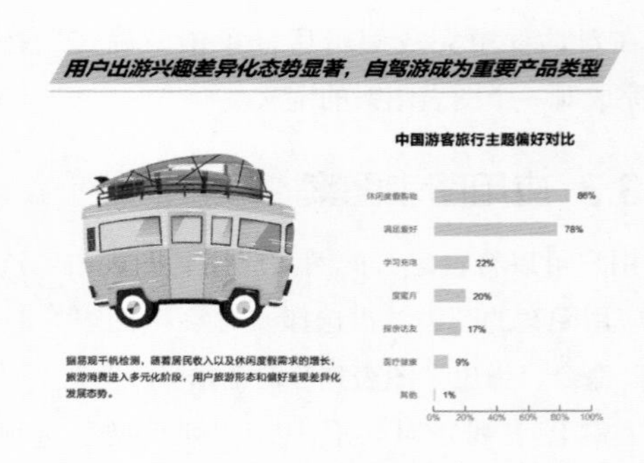

图7-104

第 8 章

图层和蒙版的使用

本章介绍

本章将重点讲解Illustrator CC 2019中图层和蒙版的使用方法。掌握图层和蒙版的功能，可以帮助读者在图形设计中提高效率，快速、准确地设计和制作出精美的平面设计作品。

学习目标

- 了解图层的含义与图层面板。
- 掌握图层的基本操作方法。
- 掌握蒙版的创建和编辑方法。
- 掌握不透明度面板的使用方法。

技能目标

- 掌握“脐橙线下海报”的制作方法。

8.1 图层的使用

在平面设计中，特别是包含复杂图形的设计中，需要在页面上创建多个对象，由于每个对象的大小不一致，小的对象可能隐藏在大的对象下面。这样，选择和查看对象就很不方便。使用图层来管理对象，就可以很好地解决这个问题。图层就像一个文件夹，它可包含多个对象，也可以对图层进行多种编辑。

选择“窗口 > 图层”命令（快捷键为F7），弹出“图层”控制面板，如图8-1所示。

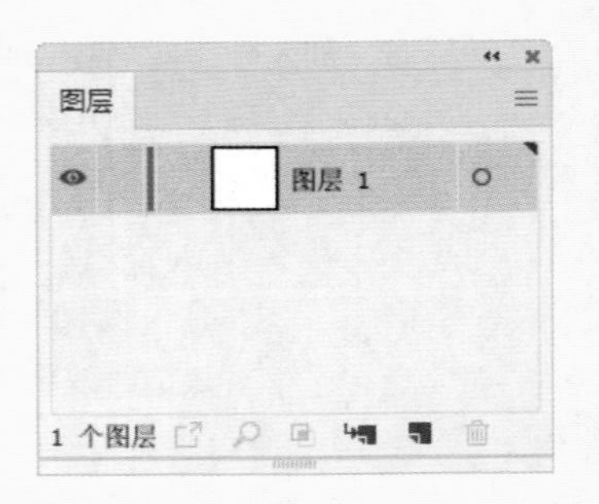

图8-1

8.1.1 了解图层的含义

选择“文件 > 打开”命令，弹出“打开”对话框，选择需要的文件，如图8-2所示，单击“打开”按钮，打开的图像效果如图8-3所示。

图8-2　　图8-3

打开图像后，观察“图层”控制面板，可以发现在“图层”控制面板中显示出3个图层，如图8-4所示。如果只想看到“图层1” 上的图像，用鼠标依次单击其他图层的眼睛图标，其他图层的眼睛图标将关闭，如图8-5所示，这样就只显示“图层1”，此时图像效果如图8-6所示。

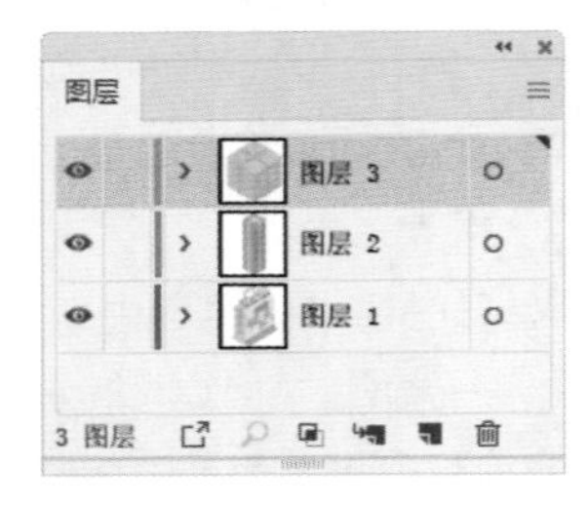

图8-4

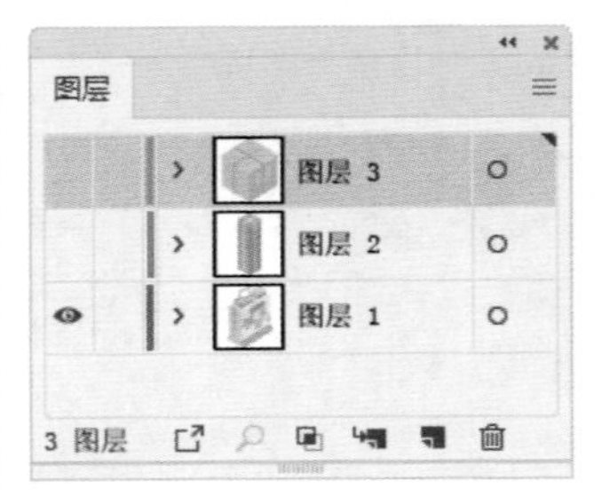

图8-5　　图8-6

Illustrator的图层是透明层，在每一层中可以放置不同的图像，上面的图层将影响下面的图层，修改其中的某一图层不会改动其他的图层，将这些图层叠在一起显示在图像视窗中，就形成了一幅完整的图像。

8.1.2 认识“图层”控制面板

下面来介绍“图层”控制面板。打开一幅图像，选择“窗口 > 图层”命令，弹出“图层”控制面板，如图8-7所示。

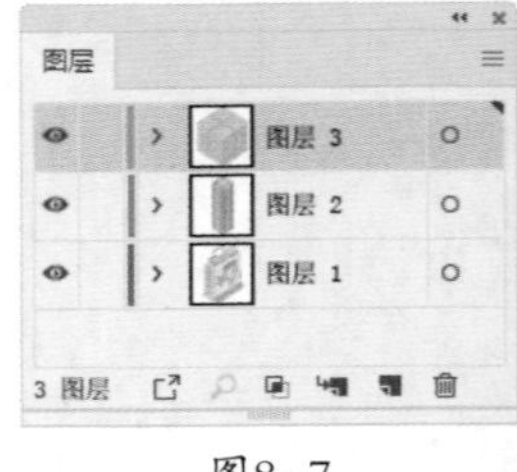

图8-7

在“图层”控制面板的右上方有两个系统按钮，分别是“折叠为图标”按钮和“关闭”按钮。单击“折叠为图标”按钮，可以将“图层”控制面板折叠为图标；单击“关闭”按钮，可以关闭“图层”控制面板。

图层名称显示在当前图层中。默认状态下，在新建图层时，如果未指定名称，程序将以递增的数字为图层指定名称，如图层1、图层2等，可以根据需要为图层重新命名。

单击图层名称前的箭头形按钮，可以展开或折叠图层。当按钮为 › 时，表示此图层中的内容处于未显示状态，单击此按钮就可以展开当前图层中所有的选项；当按钮为 ⌄ 时，表示显示了图层中的选项，单击此按钮，可以将图层折叠起来，这样可以节省“图层”控制面板的空间。

眼睛图标 用于显示或隐藏图层；图层右上方的黑色三角形图标 表示该图层是当前正被编辑的图层；锁定图标 表示当前图层和透明区域被锁定，不能被编辑。

在“图层”控制面板的最下面有6个按钮，如图8-8所示，它们从左至右依次是：收集以导出、定位对象、建立/释放剪切蒙版、创建新子图层、创建新图层和删除所选图层。

图8-8

“收集以导出”按钮 ：单击此按钮，打开“资源导出”控制面板，可以导出当前图层的内容。

“定位对象”按钮 ：单击此按钮，可以选中所选对象所在的图层。

“建立/释放剪切蒙版”按钮 ：单击此按钮，将在当前图层上建立或释放一个蒙版。

“创建新子图层”按钮 ：单击此按钮，可以为当前图层新建一个子图层。

“创建新图层”按钮 ：单击此按钮，可以在当前图层上面新建一个图层。

“删除所选图层”按钮 ：即垃圾桶，可以将不想要的图层拖到此处删除。

单击“图层”控制面板右上方的 图标，将弹出其弹出式菜单。

8.1.3 编辑图层

使用图层时，可以通过“图层”控制面板对图层进行编辑，如新建图层、新建子图层、为图层设定选项、合并图层和建立图层蒙版等，这些操作都可以通过选择“图层”控制面板弹出式菜单中的命令来完成。

1. 新建图层

（1）使用“图层”控制面板弹出式菜单。

单击“图层”控制面板右上方的 图标，在弹出的菜单中选择“新建图层”命令，弹出“图层选项”对话框，如图8-9所示。“名称”选项用于设定当前图层的名称，“颜色”选项用于设定新图层的颜色，设置完成后，单击“确定”按钮，可以得到一个新建的图层。

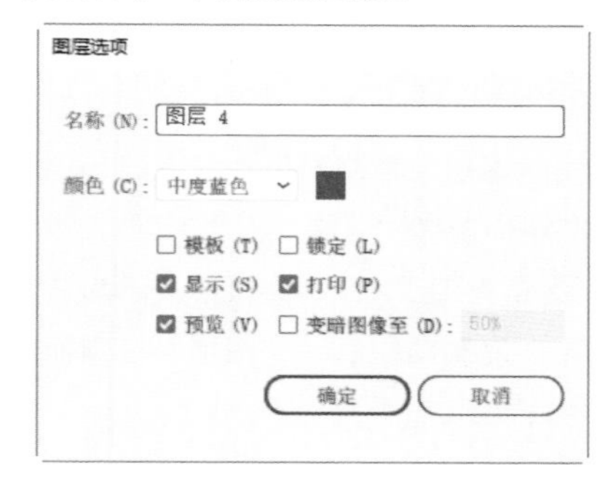

图8-9

（2）使用“图层”控制面板按钮或快捷键。

单击“图层”控制面板下方的“创建新图层”按钮 ，可以创建一个新图层。

按住Alt键，单击“图层”控制面板下方的“创建新图层”按钮 ，将弹出“图层选项”对话框。

按住Ctrl键，单击“图层”控制面板下方的“创建新图层”按钮 ，不管当前选择的是哪一个图层，都可以在图层列表的最上方新建一个图层。

如果要在当前选中的图层中新建一个子图层，可以单击“创建新子图层”按钮 ，或从“图层”控制面板弹出式菜单中选择“新建子图层”命令。按住Alt键的同时，单击“创建新子图层”按钮，也会弹出“图层选项”对话框，它的设定方法和新建图层是一样的。

2. 选择图层

单击图层名称，图层会显示为深灰色，并在名称后出现一个当前图层指示图标，即黑色三角形图标，表示此图层被选择为当前图层。

按住Shift键，分别单击两个图层，即可选择两个图层之间多个连续的图层。

按住Ctrl键，逐个单击想要选择的图层，可以选择多个不连续的图层。

3. 复制图层

复制图层时，会复制图层中所包含的所有对象，包括路径、组等。

（1）使用“图层”控制面板弹出式菜单。

选择要复制的图层“图层3”，如图8-10所示。单击“图层”控制面板右上方的图标，在弹出的菜单中选择“复制‘图层3’”命令，复制出的图层在“图层”控制面板中显示为被复制图层的副本。复制图层后，“图层”控制面板的效果如图8-11所示。

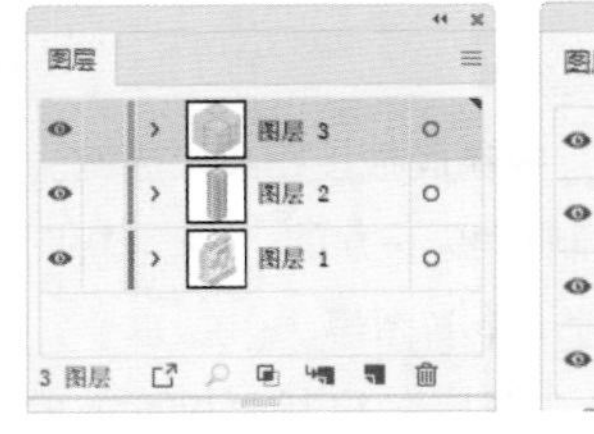

图8-10

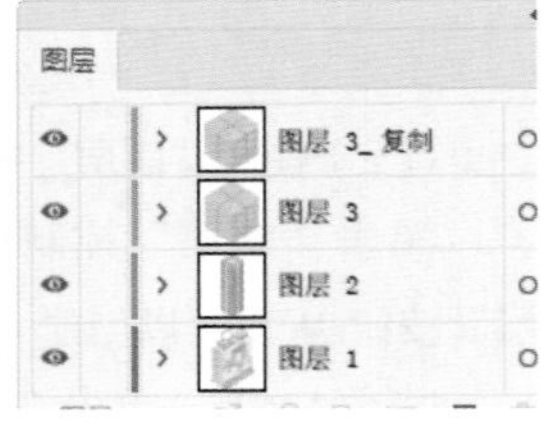

图8-11

（2）使用“图层”控制面板按钮。

将“图层”控制面板中需要复制的图层拖曳到下方的“创建新图层”按钮上，就可以复制出一个新图层。

4. 删除图层

（1）使用“图层”控制面板的弹出式菜单。

选择要删除的图层“图层3_复制”，如图8-12所示。单击“图层”控制面板右上方的图标，在弹出的菜单中选择“删除‘图层3_复制’”命令，如图8-13所示，图层即可被删除，删除图层后的“图层”控制面板如图8-14所示。

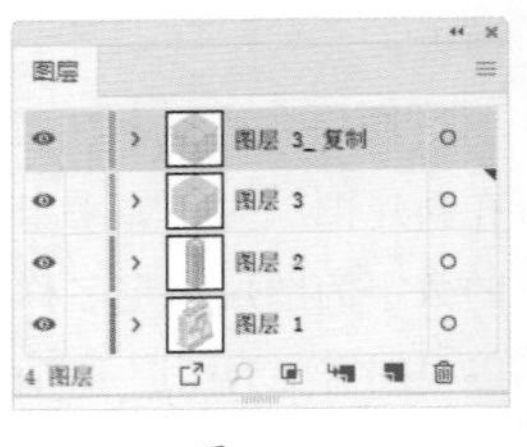

图8-12

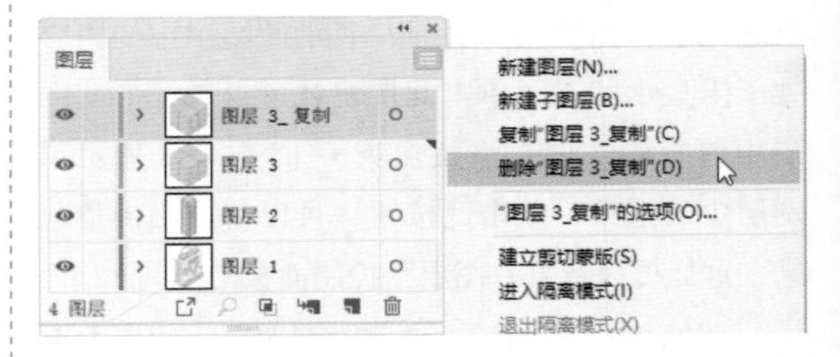

图8-13

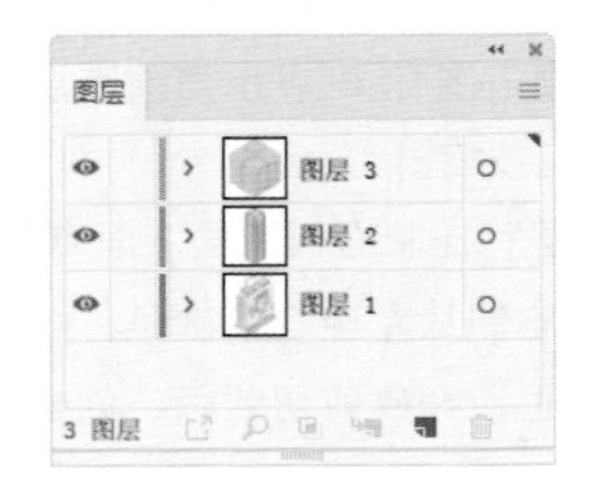

图8-14

（2）使用“图层”控制面板按钮。

选择要删除的图层，单击“图层”控制面板下方的“删除所选图层”按钮，可以将图层删除。将需要删除的图层拖曳到“删除所选图层”按钮上，也可以删除图层。

5. 隐藏或显示图层

隐藏一个图层时，此图层中的对象在绘图页面上不显示，在“图层”控制面板中可以设置隐藏或显示图层。在制作或设计复杂作品时，可以快速隐藏图层中的路径、组和对象。

（1）使用“图层”控制面板的弹出式菜单。

选中一个图层，如图8-15所示。单击“图层”控制面板右上方的图标，在弹出的菜单中选择“隐藏其他图层”命令，“图层”控制面板中除当前选中的图层外，其他图层都被隐藏，效果如图8-16所示。

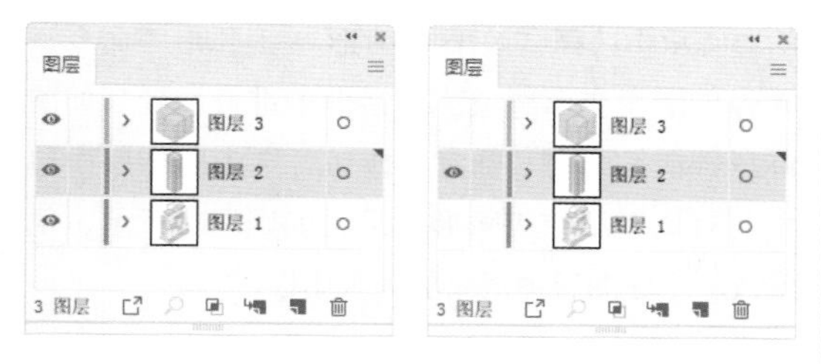

图8-15　　　　图8-16

（2）使用“图层”控制面板中的眼睛图标。

在“图层”控制面板中，单击想要隐藏的图层左侧的眼睛图标，图层被隐藏。单击眼睛图标所在位置的方框，会重新显示此图层。

如果在一个图层的眼睛图标上按住鼠标左键不放，向上或向下拖曳，光标所经过的图层就会被隐藏，这样可以快速隐藏多个图层。

（3）使用“图层选项”对话框。

在“图层”控制面板中双击图层，会弹出“图层选项”对话框，取消勾选“显示”复选框，单击“确定”按钮，图层被隐藏。

6. 锁定图层

当锁定图层后，此图层中的对象不能再被选择或编辑，使用“图层”控制面板，能够快速锁定多个路径、组和子图层。

（1）使用“图层”控制面板的弹出式菜单。

选中一个图层，如图8-17所示。单击“图层”控制面板右上方的≡图标，在弹出的菜单中选择“锁定其他图层”命令，“图层”控制面板中除当前选中的图层外，其他所有图层都被锁定，效果如图8-18所示。选择“解锁所有图层”命令，可以解除对所有图层的锁定。

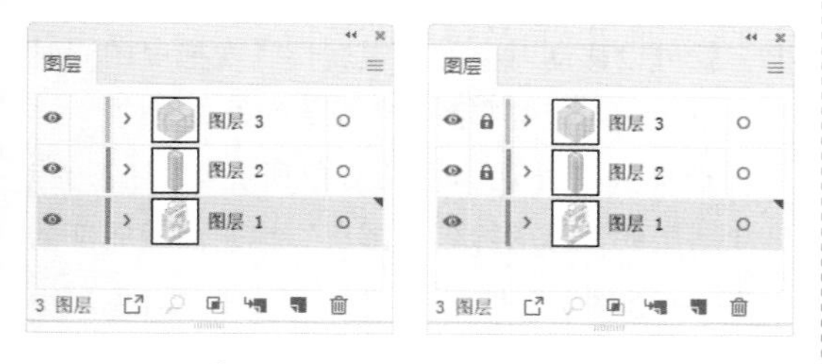

图8-17　　　　图8-18

（2）使用对象命令。

选择“对象 > 锁定 > 其他图层”命令，可以锁定其他未被选中的图层。

（3）使用“图层”控制面板中的锁定图标。

在想要锁定的图层左侧的方框中单击鼠标，出现锁定图标，图层被锁定。单击锁定图标，图标消失，即解除对此图层的锁定。

如果在一个图层左侧的方框中按住鼠标左键不放，向上或向下拖曳，光标经过的方框中出现锁定图标，就可以快速锁定多个图层。

（4）使用“图层选项”对话框。

在“图层”控制面板中双击图层，会弹出“图层选项”对话框，选择“锁定”复选项，单击“确定”按钮，图层被锁定。

7. 合并图层

在“图层”控制面板中选择需要合并的图层，如图8-19所示，单击“图层”控制面板右上方的≡图标，在弹出的菜单中选择“合并所选图层”命令，所有选择的图层将合并到最后一个选择的图层中，效果如图8-20所示。

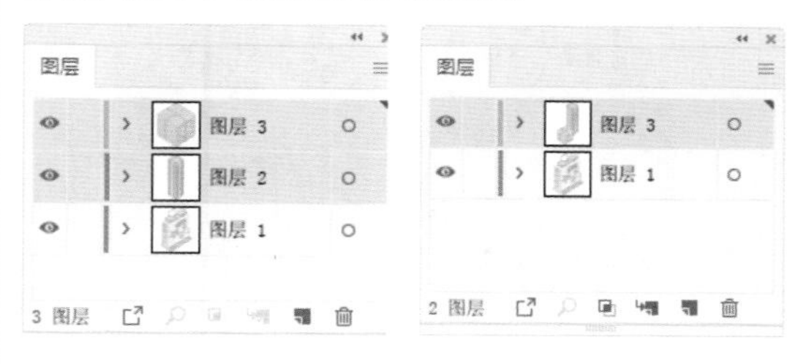

图8-19　　　　图8-20

选择下拉菜单中的“拼合图稿”命令，所有可见的图层将合并为一个图层，合并图层时，不会改变对象在绘图页面上的排序。

8.1.4 使用图层

使用“图层”控制面板可以选择绘图页面中的对象，还可以切换对象的显示模式、更改对象的外观属性。

1. 选择对象

（1）使用“图层”控制面板中的目标图标。

同一图层中的几个图形对象处于未被选取状态，如图8-21所示。单击“图层”控制面板中要选择对象所在图层右侧的目标图标，目标图标变为，如图8-22所示。此时，图层中的对象被全部选中，效果如图8-23所示。

图8-21

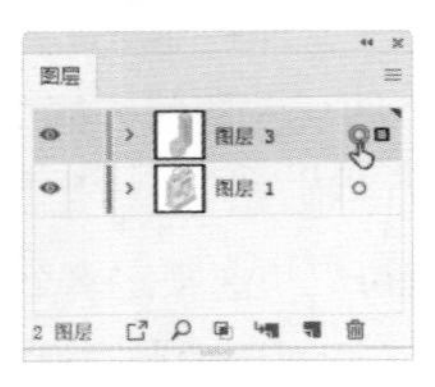

图8-22

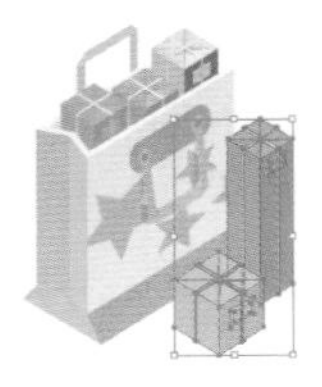

图8-23

（2）结合Alt键使用“图层”控制面板。

按住Alt键的同时，单击“图层”控制面板中的图层名称，此图层中的对象将被全部选中。

（3）使用“选择”菜单下的命令。

使用选择工具选中图层中的一个对象，如图8-24所示。选择“选择 > 对象 > 同一图层上的所有对象”命令，此图层中的对象被全部选中，如图8-25所示。

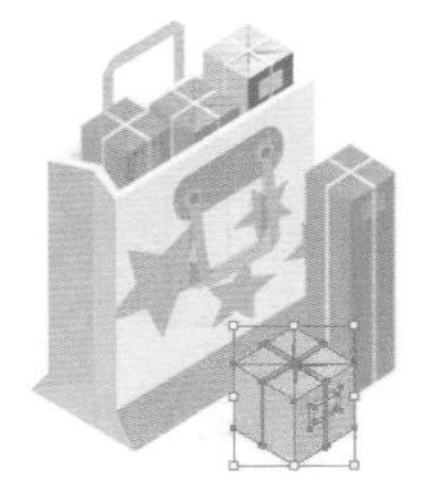

图8-24

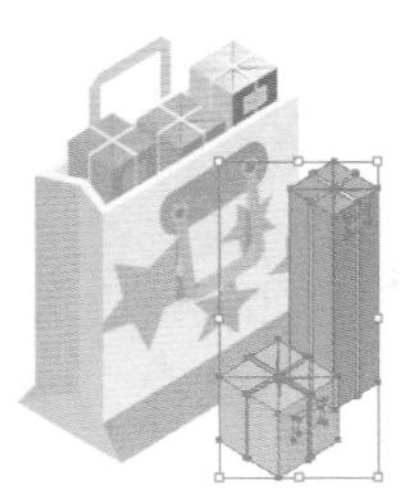

图8-25

2. 更改对象的外观属性

使用“图层”控制面板可以轻松地改变对象的外观。如果对一个图层应用一种特殊效果，则在该图层中的所有对象都将被应用这种效果。如果将图层中的对象移动到此图层之外，对象将不再具有这种效果。因为效果仅仅作用于该图层，而不是对象。

选中一个想要改变对象外观属性的图层，如图8-26所示，选取图层中的全部对象，效果如图8-27所示。选择“效果 > 变形 > 上弧形”命令，在弹出的“变形选项”对话框中进行设置，如图8-28所示，单击“确定”按钮，选中的图层中包括的对象全部变成弧形效果，如图8-29所示，也就改变了此图层中对象的外观属性。

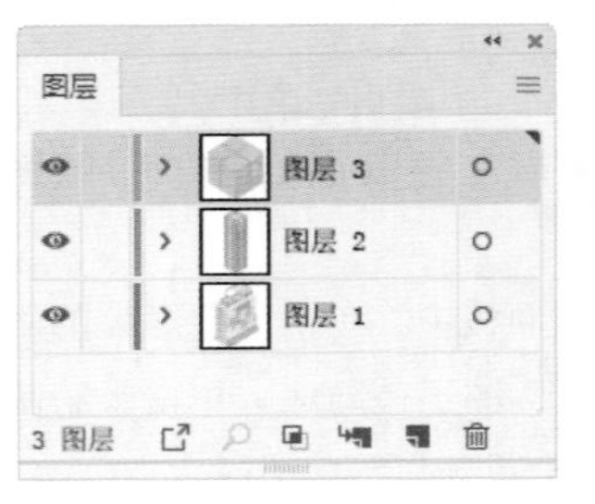

图8-26

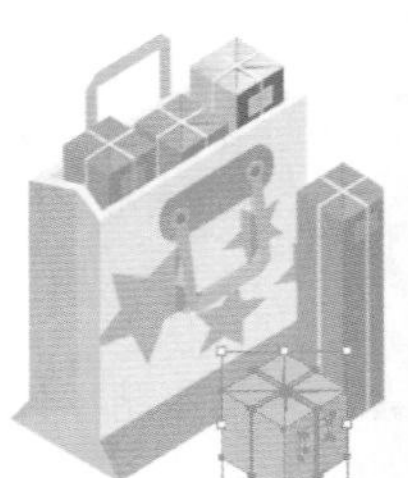

图8-27

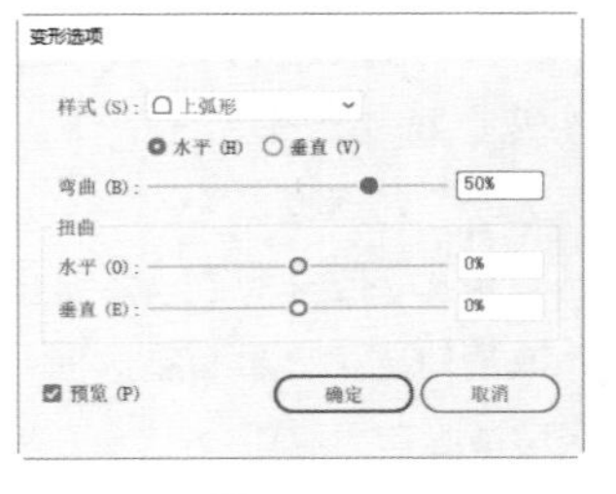

图8-28

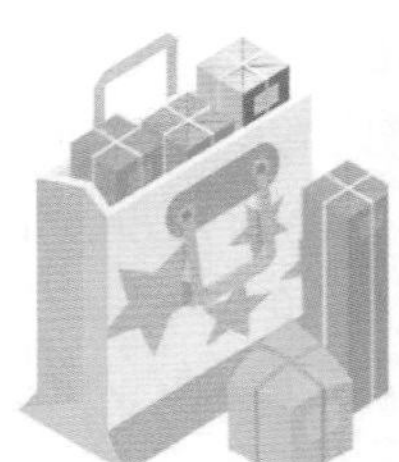

图8-29

在“图层”控制面板中，图层的目标图标也是变化的。当目标图标显示为时，表示当前图层在绘图页面上没有对象被选择，并且没有外观属性；当目标图标显示为时，表示当前图层在绘图页面上有对象被选择，且没有外观属性；当目标图标显示为时，表示当前图层在绘图页面上没有对象被选择，但有外观属性；当目标图标显示为时，表示当前图层在绘图页面上有对象被选择，也有外观属性。

选择具有外观属性的对象所在的图层，拖曳此图层的目标图标到需要应用的图层的目标图标上，就可以移动对象的外观属性。在拖曳的同时按住Alt键，可以复制图层中对象的外观属性。

选择具有外观属性的对象所在的图层，拖曳此图层的目标图标到“图层”控制面板底部的“删除所选图层”按钮上，可以取消此图层中对象的外观属性。如果此图层中包括路径，将会保留路径的填充和描边填充。

8.2 制作图层蒙版

将一个对象制作为蒙版后，对象的内部变得完全透明，这样就可以显示下面的被蒙对象，同时也可以遮挡住不需要显示或打印的部分。

8.2.1 课堂案例——制作脐橙线下海报

【案例学习目标】学习使用图形工具、文字工具和剪切蒙版命令制作脐橙线下海报。

【案例知识要点】使用矩形工具、渐变工具、钢笔工具、置入命令和剪切蒙版命令制作海报背景，使用文字工具、创建轮廓命令、偏移路径命令和剪切蒙版命令添加并编辑标题文字，使用文字工具、字符控制面板添加宣传性文字，脐橙线下海报效果如图8-30所示。

【效果所在位置】Ch08\效果\制作脐橙线下海报.ai。

图8-30

1. 制作海报背景

01 按Ctrl+N快捷键，弹出“新建文档”对话框，设置文档的宽度为500 mm，高度为700 mm，取向为竖向，颜色模式为CMYK，单击“创建”按钮，新建一个文档。

02 选择矩形工具，绘制一个与页面大小相等的矩形，如图8-31所示。双击渐变工具，弹出“渐变”控制面板，选中“径向渐变”按钮，在色带上设置两个渐变滑块，分别将渐变滑块的位置设为0%、100%，并设置C、M、Y、K的值分别为0%（5、15、48、0）、100%（12、54、96、0），其他选项的设置如图8-32所示；图形被填充为渐变色，设置描边色为无，效果如图8-33所示。

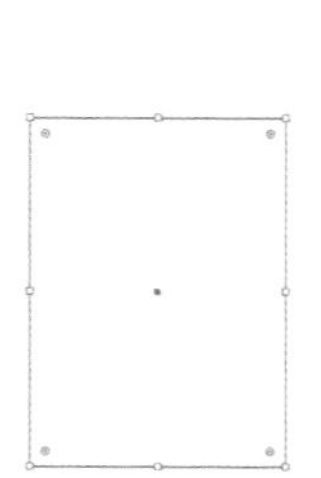

图8-31

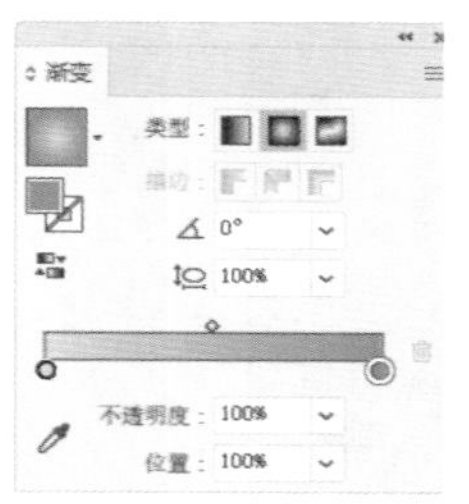

图8-32

图8-33

03 选择钢笔工具，在适当的位置分别绘制不规则图形，如图8-34所示。选择选择工具，按住Shift键的同时，将绘制的图形同时选取，设置图形描边色为深绿色（其C、M、Y、K的值分别为81、52、100、19），填充图形，并设置描边色为无，如图8-35所示。

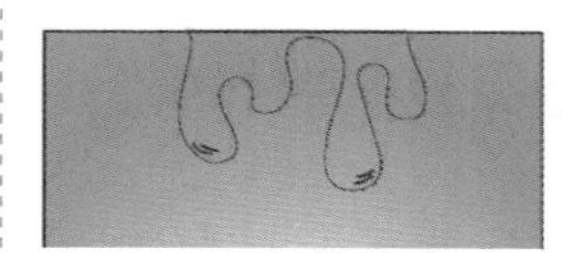

图8-34

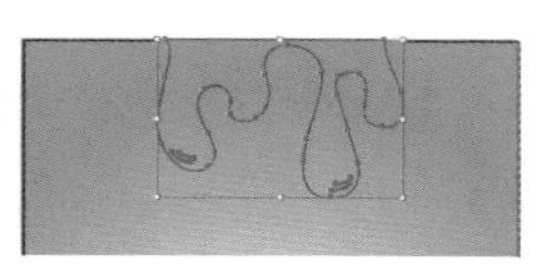

图8-35

04 设置图形填充色为橘黄色（其C、M、Y、K的值分别为3、33、90、0），填充图形，并设置描边色为无，如图8-36所示。用相同的方法绘制其他图形，并填充相同的颜色，效果如图8-37所示。

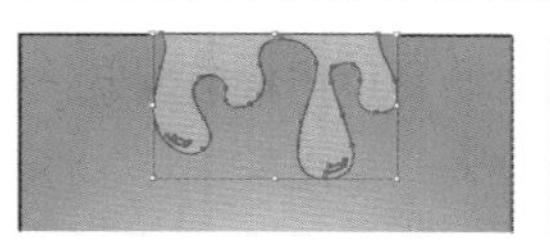

图8-36

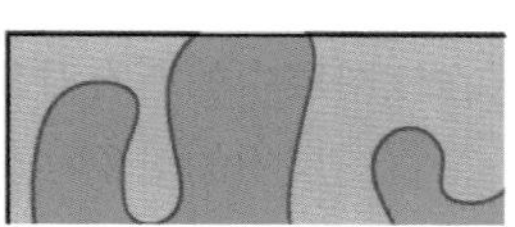

图8-37

05 选择“文件 > 置入”命令，弹出“置入”对话框，选择本书学习资源中的“Ch08\素材\制作脐橙线下海报\01、02”文件，单击“置入”按钮，在页面中分别单击置入图片，单击属性栏中的“嵌入”按钮，嵌入图片。选择选择工具▶，分别拖曳图片到适当的位置，并调整其大小，效果如图8-38所示。

06 选择选择工具▶，按住Shift键的同时，依次单击将图形和图片同时选取，按Ctrl+G快捷键，将其编组，如图8-39所示。

图8-38

图8-39

07 选取下方的矩形背景，按Ctrl+C快捷键，复制图形，按Shift+Ctrl+V快捷键，就地粘贴图形，如图8-40所示。按住Shift键的同时，单击下方编了组的图形将其同时选取，如图8-41所示。按Ctrl+7快捷键，建立剪切蒙版，效果如图8-42所示。

图8-40

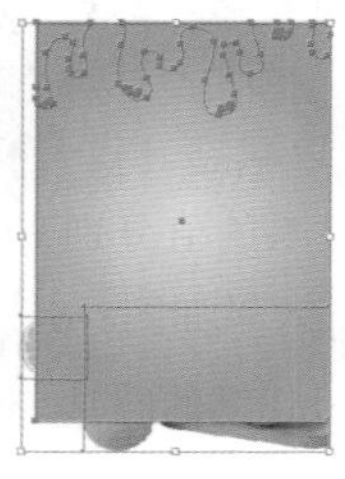

图8-41

图8-42

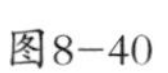

2. 添加并编辑标题文字

01 选择文字工具T，在页面中输入需要的文字，选择选择工具▶，在属性栏中选择合适的字体并设置文字大小，效果如图8-43所示。

图8-43

02 按Ctrl+T快捷键，弹出“字符”控制面板，将“设置所选字符的字距调整”选项VA设为-60，其他选项的设置如图8-44所示；按Enter键确认操作，效果如图8-45所示。

图8-44

图8-45

03 按Shift+Ctrl+O快捷键，将文字转化为轮廓，效果如图8-46所示。按Shift+Ctrl+G快捷键，取消文字编组。选择“对象 > 路径 > 偏移路径”命令，在弹出的对话框中进行设置，如图8-47所示；单击“确定”按钮，效果如图8-48所示。将文字填充为白色，效果如图8-49所示。

图8-46

图8-47

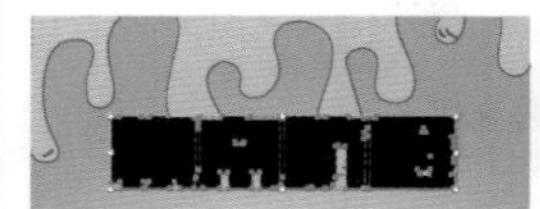

图8-48

图8-49

04 选择“文件 > 置入”命令，弹出“置入”对话框，选择本书学习资源中的“Ch08\素材\制作脐橙线下海报\03”文件，单击“置入”按钮，在页面中单击置入图片，单击属性栏中的“嵌入”按钮，嵌入图片。选择选择工具▶，拖曳图片到适当的位置，效果如图8-50所示。连续按Ctrl+[快捷键，将图片向后移动到适当的位置，效果如图8-51所示。

05 选择选择工具▶，按住Shift键的同时，单击文字“赣”将其同时选取，如图8-52所示。按Ctrl+7快捷键，建立剪切蒙版，效果如图8-53所示。

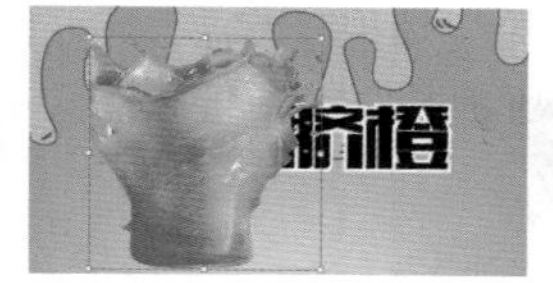

图8-50

图8-51

图8-52

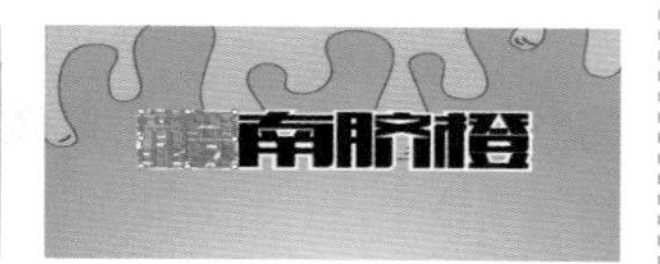

图8-53

06 用相同的方法为其他文字添加剪切蒙版，效果如图8-54所示。选择矩形工具▭，在适当的位置绘制一个矩形，将图形填充为白色，并设置描边色为无，效果如图8-55所示。

图8-54

图8-55

07 选择“窗口 > 变换”命令，弹出“变换”控制面板，在“矩形属性”选项卡中将“圆角半径”选项设为0 mm和3 mm，如图8-56所示，按Enter键确认操作，效果如图8-57所示。

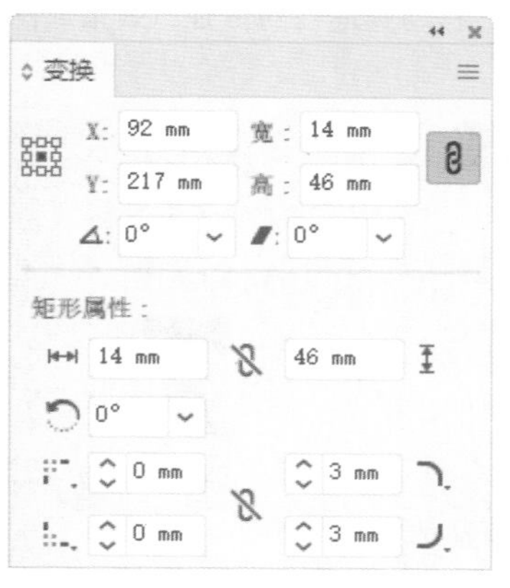

图8-56

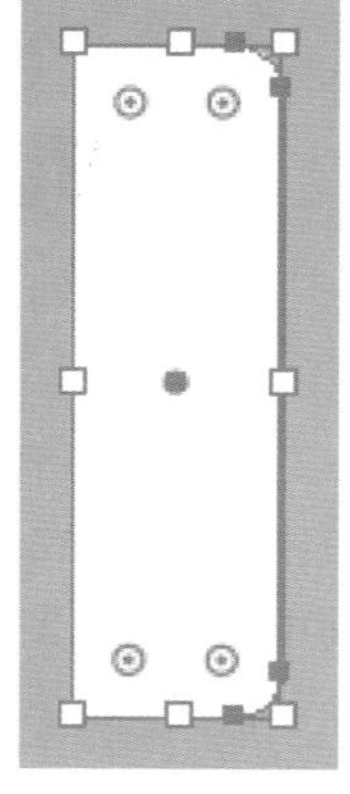

图8-57

08 选择文字工具T，在适当的位置分别输入需要的文字，选择选择工具▶，在属性栏中分别选择合适的字体并设置文字大小，效果如图8-58所示。选取上方的文字，将文字填充为白色，效果如图8-59所示。

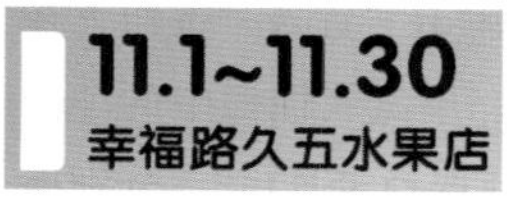

图8-58 　　图8-59

09 在“字符”控制面板中，将“设置所选字符的字距调整”选项设为160，其他选项的设置如图8-60所示；按Enter键确认操作，效果如图8-61所示。

图8-60

图8-61

10 选取下方的文字，在“字符”控制面板中将“设置所选字符的字距调整”选项设为270，其他选项的设置如图8-62所示；按Enter键确认操作，效果如图8-63所示。

图8-62

图8-63

11 保持文字被选取状态。设置文字填充色为绿色（其C、M、Y、K的值分别为82、53、100、20），填充文字，效果如图8-64所示。选择直线段工具／，按住Shift键的同时，在适当的位置绘制一条直线，将描边填充为白色，并在属性栏中将“描边粗细”选项设置为3 pt，按Enter键确认操作，效果如图8-65所示。

图8-64 　　图8-65

12 选择“文件 > 置入”命令，弹出“置入”对话框，选择本书学习资源中的“Ch08\素材\制作脐橙线下海报\02”文件，单击“置入”按钮，在页面中单击置入图片，单击属性栏中的“嵌入”按钮，嵌入图片。选择选择工具▶，拖曳图片到适当的位置，并调整其大小，效果如图8-66所示。

13 选择选择工具▶，按住Alt+Shift快捷键的同时，水平向右拖曳图片到适当的位置，复制图片，效果如图8-67所示。

图8-66

图8-67

14 选择文字工具T，在适当的位置输入需要的文字，选择选择工具▶，在属性栏中选择合适的字体并设置文字大小，效果如图8-68所示。设置文字填充色为绿色（其C、M、Y、K的值分别为82、53、100、20），填充文字，效果如图8-69所示。

图8-68

图8-69

15 在“字符”控制面板中，将“设置所选字符的字距调整”选项设为540，其他选项的设置如图8-70所示；按Enter键确认操作，效果如图8-71所示。

图8-70

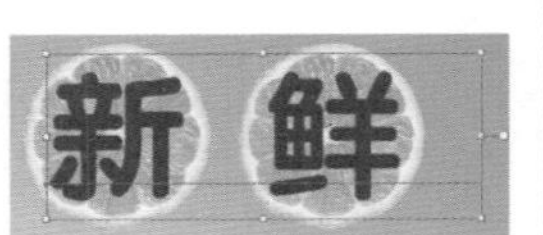

图8-71

16 选择文字工具T，在适当的位置分别输入需要的文字，选择选择工具▶，在属性栏中分别选择合适的字体并设置文字大小，效果如图8-72所示。选取文字“7”，如图8-73所示，按Shift+Ctrl+O快捷键，将文字转化为轮廓，效果如图8-74所示。

图8-72

图8-73

图8-74

17 选择“对象 > 路径 > 偏移路径”命令，在弹出的对话框中进行设置，如图8-75所示；单击“确定”按钮，效果如图8-76所示。将文字填充为白色，效果如图8-77所示。

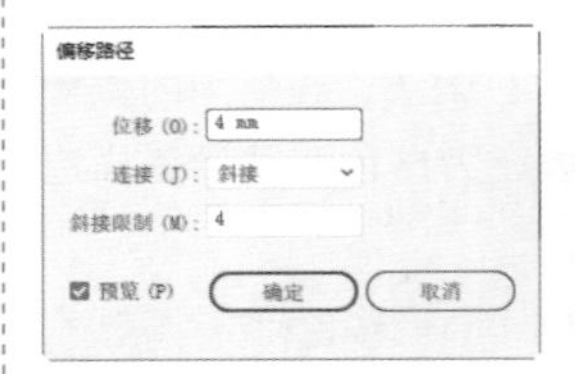

图8-75

图8-76

图8-77

18 选择“文件 > 置入”命令，弹出“置入”对话框，选择本书学习资源中的“Ch08\素材\制作脐橙线下海报\03”文件，单击“置入”按钮，在页面中单击置入图片，单击属性栏中的“嵌入”按钮，嵌入图片。选择选择工具▶，拖曳图片到适当的位置，效果如图8-78所示。连续按Ctrl+[快捷键，将图片向后移动到适当的位置，效果如图8-79所示。

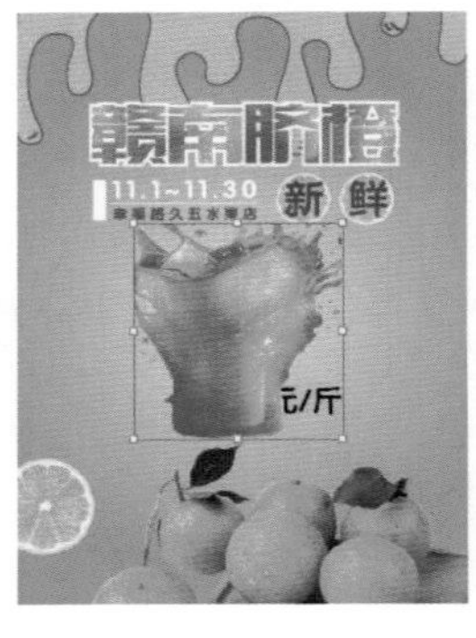

图8-78

图8-79

19 选择选择工具▶，按住Shift键的同时，单击数字“7”将其同时选取，如图8-80所示。按Ctrl+7快捷键，建立剪切蒙版，效果如图8-81所示。

20 选取文字“元/斤”，设置文字填充色为绿色（其C、M、Y、K的值分别为82、53、100、20），填充文字，效果如图8-82所示。

图8-80

图8-81

21 选择文字工具T，在适当的位置输入需要的文字，选择选择工具▶，在属性栏中选择合适的字体并设置文字大小，将文字填充为白色，效果如图8-83所示。

图8-82

图8-83

22 在“字符”控制面板中，将“设置所选字符的字距调整”选项VA设为150，其他选项的设置如图8-84所示；按Enter键确认操作，效果如图8-85所示。

图8-84

图8-85

23 选择文字工具T，在文字“加”右侧单击插入光标，如图8-86所示。选择“文字 > 字形”命令，在弹出的“字形”面板中按需要进行设置并选择需要的字形，如图8-87所示；双击鼠标左键插入字形，效果如图8-88所示。脐橙线下海报制作完成，效果如图8-89所示。

图8-86

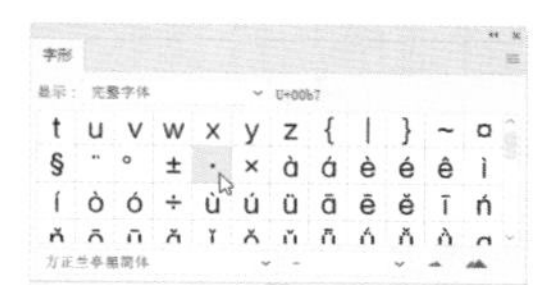

图8-87

图8-88

图8-89

8.2.2 制作图像蒙版

1. 使用“建立”命令制作

新建文档，选择“文件 > 置入”命令，在弹出的“置入”对话框中选择图像文件，如图8-90所示，单击“置入”按钮，图像出现在页面中，效果如图8-91所示。选择椭圆工具◯，在图像上绘制一个椭圆形作为蒙版，如图8-92所示。

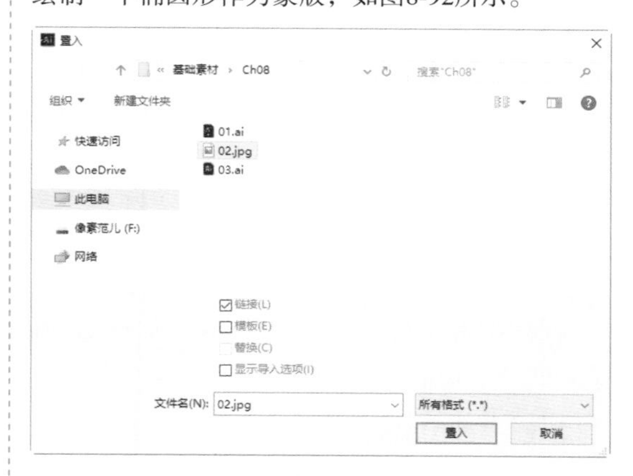

图8-90

图8-91　　图8-92

使用选择工具▶，同时选中图像和椭圆形，如图8-93所示（作为蒙版的图形必须在图像的上面）。选择“对象 > 剪切蒙版 > 建立”命令（快捷键为Ctrl+7），制作出蒙版效果，如图8-94所示。图像在椭圆形蒙版外面的部分被隐藏，取消被选取状态，蒙版效果如图8-95所示。

图8-93

图8-94

图8-95

2．使用鼠标右键的弹出式命令制作蒙版

使用选择工具▶选中图像和椭圆形，在选中的对象上单击鼠标右键，在弹出的菜单中选择“建立剪切蒙版”命令，制作出蒙版效果。

3．用“图层”控制面板中的命令制作蒙版

使用选择工具▶选中图像和椭圆形，单击“图层”控制面板右上方的≡图标，在弹出的菜单中选择“建立剪切蒙版”命令，制作出蒙版效果。

8.2.3 编辑图像蒙版

制作蒙版后，还可以对蒙版进行编辑，如查看、锁定蒙版，添加对象到蒙版中和删除被蒙的对象等操作。

1．查看蒙版

使用选择工具▶选中蒙版图像，如图8-96所示。单击“图层”控制面板右上方的≡图标，在弹出的菜单中选择“定位对象”命令，“图层”控制面板如图8-97所示，可以在“图层”控制面板中查看蒙版状态，也可以编辑蒙版。

图8-96

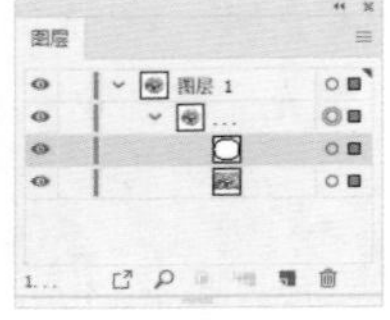

图8-97

2．锁定蒙版

使用选择工具▶选中需要锁定的蒙版图像，如图8-98所示。选择“对象 > 锁定 > 所选对象”命令，可以锁定蒙版图像，效果如图8-99所示。

图8-98

图8-99

3．添加对象到蒙版中

选中要添加的对象，如图8-100所示。选择“编辑 > 剪切”命令，剪切该对象。使用直接选择工具▷选中被蒙图形中的对象，如图8-101所示。选择“编辑 > 贴在前面、贴在后面”命令，就可以将要添加的对象粘贴到相应的蒙版图形的前面或后面，并成为图形的一部分，贴在前面的效果如图8-102所示。

图8-100

图8-101

图8-102

4．删除被蒙的对象

选中被蒙的对象，选择“编辑 > 清除”命令或按Delete键，即可删除被蒙的对象。

在“图层”控制面板中选中被蒙对象所在图层，再单击“图层”控制面板下方的“删除所选图层”按钮🗑，也可删除被蒙的对象。

8.3 制作文本蒙版

在Illustrator CC 2019中，可以将文本制作为蒙版。根据设计需要来制作文本蒙版，可以使文本产生丰富的效果。

8.3.1 制作文本蒙版

1. 使用“对象”命令制作文本蒙版

使用矩形工具▭，绘制一个矩形，在“色板”控制面板中选择需要的图案样式，如图8-103所示，矩形被填充上此样式，效果如图8-104所示。

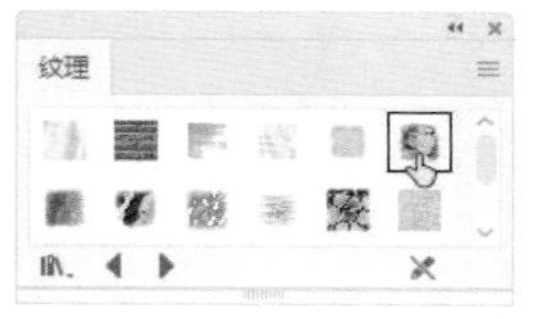

图8-103

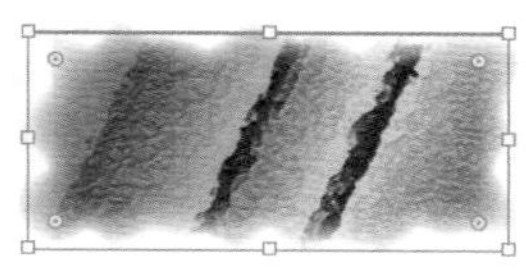

图8-104

选择文字工具T，在矩形上输入文字，使用选择工具▶，选中文字和矩形，如图8-105所示。选择“对象 > 剪切蒙版 > 建立”命令（快捷键为Ctrl+7），制作出蒙版效果，如图8-106所示。

图8-105

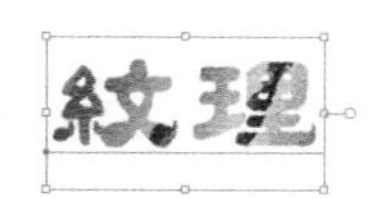

图8-106

2. 使用鼠标右键弹出式菜单命令制作文本蒙版

使用选择工具▶，选中图像和文字，在选中的对象上单击鼠标右键，在弹出的菜单中选择“建立剪切蒙版”命令，制作出蒙版效果。

3. 使用“图层”控制面板中的命令制作蒙版

使用选择工具▶，选中图像和文字。单击“图层”控制面板右上方的≡图标，在弹出的菜单中选择“建立剪切蒙版”命令，制作出蒙版效果。

8.3.2 编辑文本蒙版

使用选择工具▶，选取作为蒙版的文本，如图8-107所示。选择“文字 > 创建轮廓”命令，将文本转换为路径，路径上出现了许多锚点，效果如图8-108所示。

使用直接选择工具▷，选取路径上的锚点，就可以编辑修改作为蒙版的文本，如图8-109所示。

图8-107

图8-108

图8-109

8.4 透明度控制面板

在透明度控制面板中可以为对象添加不透明度，还可以设置透明度的混合模式。

命令介绍

建立不透明蒙版命令：可以将蒙版的不透明度设置应用到它所覆盖的所有对象中。

8.4.1 认识“透明度”控制面板

透明度是Illustrator中对象的一个重要外观属性。Illustrator CC 2019的透明度可以将绘图页面上的对象设置为完全透明、半透明或不透明3种状态。在“透明度”控制面板中，可以给对象添加不透明度，还可以改变混合模式，从而制作出新的效果。

选择“窗口 > 透明度”命令（快捷键为Shift+Ctrl+F10），弹出“透明度”控制面板，如图8-110所示。单击控制面板右上方的☰图标，在弹出的菜单中选择“显示缩览图”命令，可以将“透明度”控制面板中的缩览图显示出来，如图8-111所示。在弹出的菜单中选择“显示选项”命令，可以将“透明度”控制面板中的选项显示出来，如图8-112所示。

图8-110

图8-111

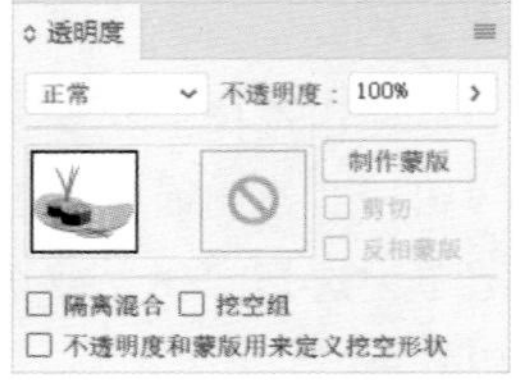

图8-112

1. “透明度”控制面板的表面属性

在图8-112所示的“透明度”控制面板中，当前选中对象的缩览图出现在其中。当“不透明度”选项设置为不同的数值时，效果如图8-113所示（默认状态下，对象是完全不透明的）。

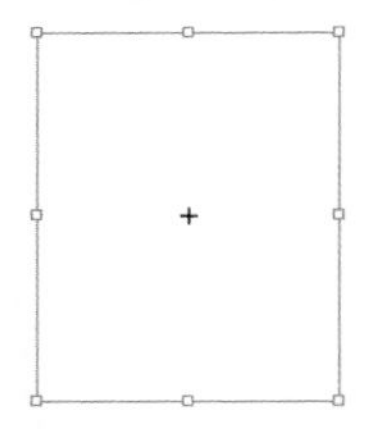

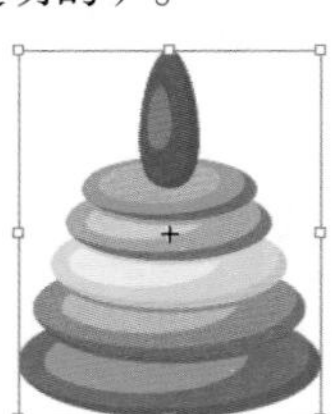

不透明度值为0%时　　不透明度值为50%时　　不透明度值为100%时

图8-113

选择“隔离混合”选项，可以使不透明度设置只影响当前组或图层中的其他对象。

选择“挖空组”选项，可以使不透明度设置不影响当前组或图层中的其他对象，但背景对象仍然受影响。

选择“不透明度和蒙版用来定义挖空形状”选项，可以使用不透明度蒙版来定义对象的不透明度所产生的效果。

选中“图层”控制面板中要改变不透明度的图层，单击图层右侧的◎图标，将其定义为目标图层，在“透明度”控制面板的“不透明度”选项中调整不透明度的数值，此时的调整会影响到整个图层不透明度的设置，包括此图层中已有的对象和将来绘制的任何对象。

2. “透明度”控制面板的弹出式菜单命令

单击“透明度”控制面板右上方的☰图标，弹出其弹出式菜单，如图8-114所示。

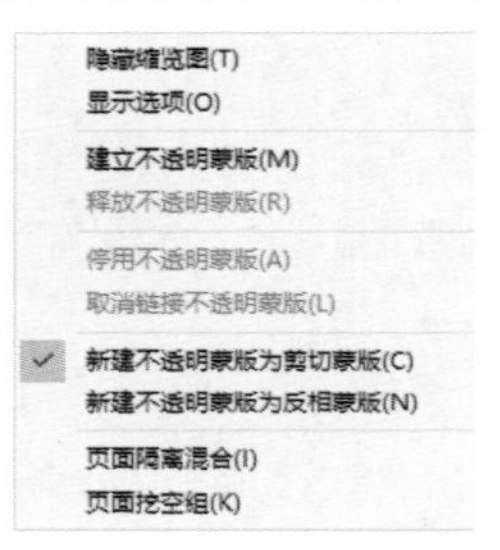

图8-114

“建立不透明蒙版”命令可以将蒙版的不透明度设置应用到它所覆盖的所有对象中。

在绘图页面中选中两个对象，如图8-115所示，选择“建立不透明蒙版”命令，“透明度”控制面板显示的效果如图8-116所示，制作不透明蒙版的效果如图8-117所示。

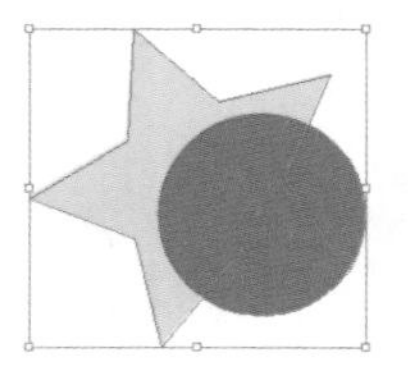

图8-115

图8-116

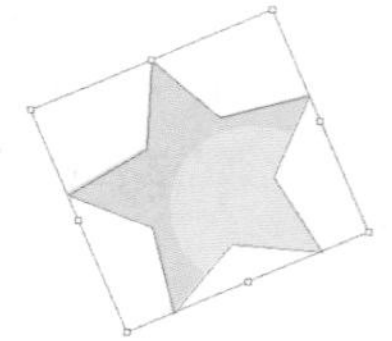

图8-117

选择“释放不透明蒙版”命令，制作的不

透明蒙版将被释放，对象恢复原来的效果。选中制作的不透明蒙版，选择“停用不透明蒙版”命令，不透明蒙版被禁用，“透明度”控制面板的变化如图8-118所示。

选中制作的不透明蒙版，选择“取消链接不透明蒙版”命令，蒙版对象和被蒙对象之间的链接关系被取消，“透明度”控制面板中蒙版对象和被蒙对象缩览图之间的“指示不透明蒙版链接到图稿”按钮转换为“单击可将不透明蒙版链接到图稿”按钮，如图8-119所示。

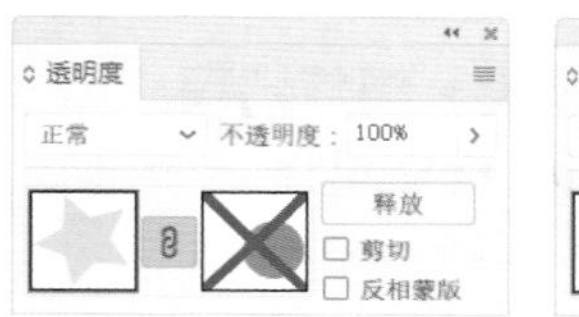

图8-118

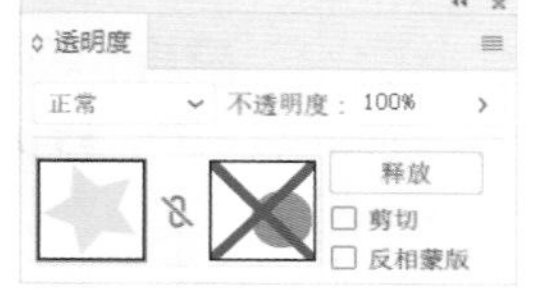

图8-119

选中制作的不透明蒙版，勾选“透明度”控制面板中的“剪切”复选项，如图8-120所示，不透明蒙版的变化效果如图8-121所示。勾选“透明度”控制面板中的“反相蒙版”复选项，如图8-122所示，不透明蒙版的变化效果如图8-123所示。

图8-120

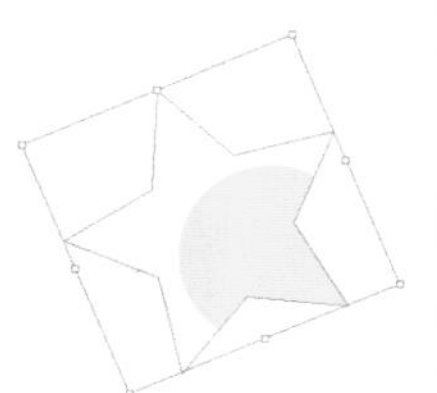

图8-121

图8-122

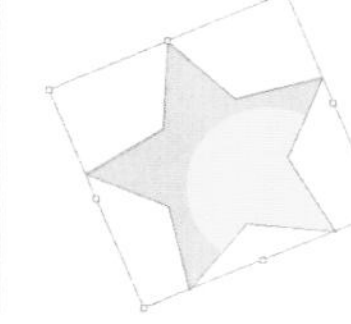

图8-123

8.4.2 “透明度”控制面板中的混合模式

在“透明度”控制面板中提供了16种混合模式，如图8-124所示。打开一张图像，如图8-125所示。在图像上选择需要的图形，如图8-126所示。分别选择不同的混合模式，可以观察图像的不同变化，效果如图8-127所示。

图8-124

图8-125

图8-126

正常模式

变暗模式

正片叠底模式

颜色加深模式

变亮模式

滤色模式

颜色减淡模式

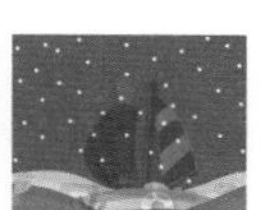

叠加模式

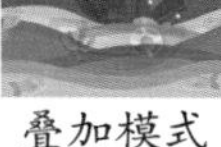

柔光模式

强光模式

差值模式

排除模式

色相模式

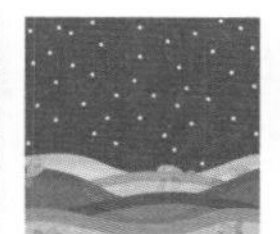

饱和度模式

混色模式

明度模式

图8-127

8.5 课堂练习——制作旅游出行微信运营海报

【练习知识要点】使用置入命令、文字工具、建立剪切蒙版命令添加并编辑标题文字；使用文字工具、字符控制面板添加宣传性文字。效果如图8-128所示。

【素材所在位置】Ch08\素材\制作旅游出行微信运营海报\01、02。

【效果所在位置】Ch08\效果\制作旅游出行微信运营海报.ai。

图8-128

8.6 课后习题——制作音乐节海报

【习题知识要点】使用矩形工具、椭圆工具、渐变工具和透明度命令制作海报背景；使用文字工具、字符控制面板添加标题文字及其他信息；使用字形命令插入字形符号。效果如图8-129所示。

【素材所在位置】Ch08\素材\制作音乐节海报\01。

【效果所在位置】Ch08\效果\制作音乐节海报.ai。

图8-129

第 9 章

使用混合与封套命令

本章介绍

本章将重点讲解混合和封套命令的制作方法。使用混合命令可以产生颜色和形状的混合，生成中间对象的逐级变形。封套命令是Illustrator CC 2019中很实用的一个命令，它可以用图形对象轮廓来约束其他对象的行为。

学习目标

- 熟练掌握混合效果的创建方法。
- 掌握封套变形命令的使用技巧。

技能目标

- 掌握“设计作品展海报”的制作方法。
- 掌握“促销海报”的制作方法。

9.1 混合命令的使用

混合命令可以创建一系列处于两个自由形状之间的路径，也就是一系列样式递变的过渡图形。该命令可以在两个或两个以上的图形对象之间使用。

工具介绍

混合工具：可以对整个图形、部分路径或控制点进行混合。

9.1.1 课堂案例——制作设计作品展海报

【案例学习目标】学习使用混合工具、扩展命令制作文字的立体化效果。

【案例知识要点】使用文字工具添加文字；使用混合工具和扩展命令制作立体化文字效果。设计作品展海报效果如图9-1所示。

【效果所在位置】Ch09\效果\制作设计作品展海报.ai。

图9-1

01 按Ctrl+N快捷键，弹出“新建文档”对话框，设置文档的宽度为1080 px，高度为1440 px，取向为竖向，颜色模式为RGB，单击“创建”按钮，新建一个文档。

02 选择矩形工具，绘制一个与页面大小相等的矩形，如图9-2所示。设置填充色为粉色（其R、G、B的值分别为244、201、198），填充图形，并设置描边色为无，效果如图9-3所示。按Ctrl+2快捷键，锁定所选对象。

03 选择文字工具，在页面中输入需要的文字，选择选择工具，在属性栏中选择合适的字体并设置文字大小，效果如图9-4所示。

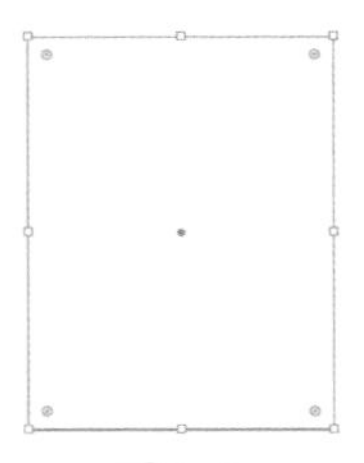

图9-2

图9-3

图9-4

04 保持文字被选取状态。设置填充色为肉色（其R、G、B的值分别为236、193、188），填充文字；设置描边色为红色（其R、G、B的值分别为230、0、18），填充文字描边，效果如图9-5所示。

05 在属性栏中将“描边粗细”选项设置为5 pt，按Enter键确认操作，效果如图9-6所示。按Shift+Ctrl+O快捷键，将文字转换为轮廓，效果如图9-7所示。

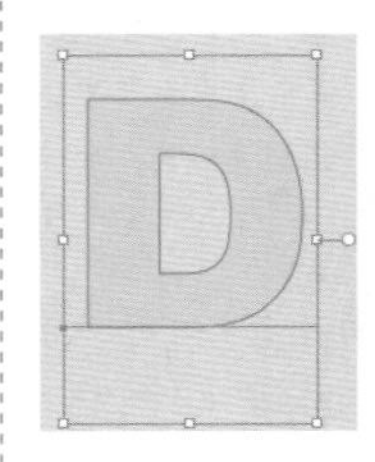

图9-5

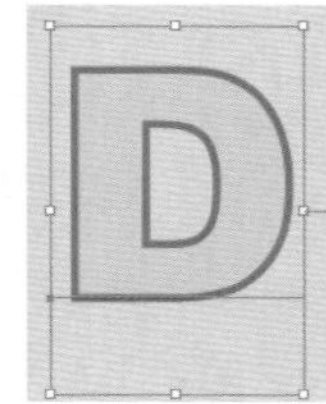

图9-6

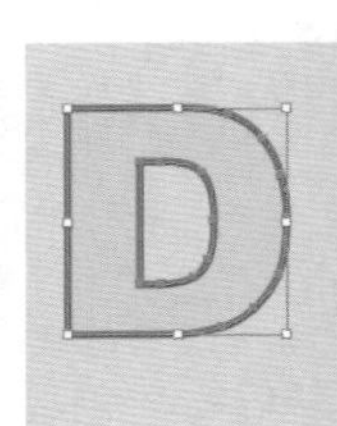

图9-7

06 选择选择工具，按住Alt键的同时，向左下角拖曳文字到适当的位置，复制文字，效果如图9-8所示。按住Shift键的同时，拖曳右上角的控制手柄，等比例缩小文字，如图9-9所示。

图9-8

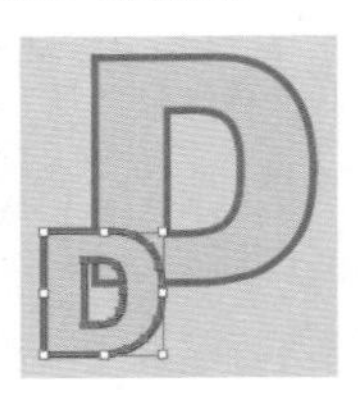

图9-9

07 用相同的方法复制文字并调整其大小，效果如图9-10所示。选择混合工具，在第1个文字“D”上单击，如图9-11所示，设置为起始图形。单击第2个文字“D”，生成混合，如图9-12所示。

图9-10

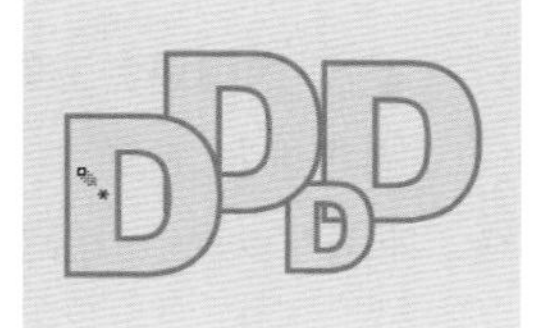

图9-11

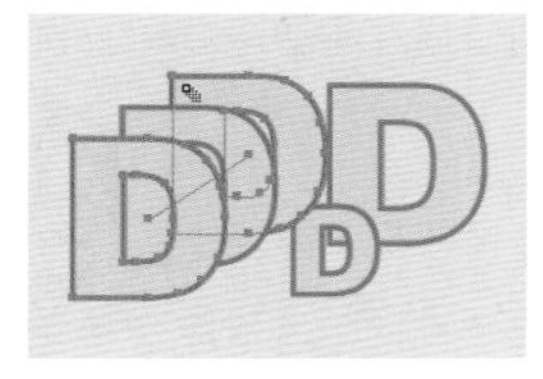

图9-12

08 继续在第3个文字“D”上单击，生成混合，如图9-13所示。在第4个文字“D”上单击，生成混合，如图9-14所示。

图9-13

图9-14

09 双击混合工具，弹出“混合选项”对话框，选项的设置如图9-15所示，单击“确定”按钮，效果如图9-16所示。

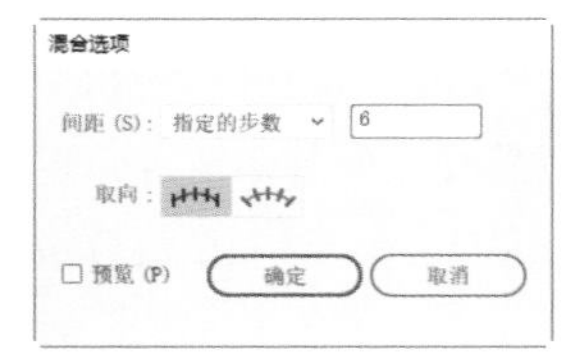

图9-15

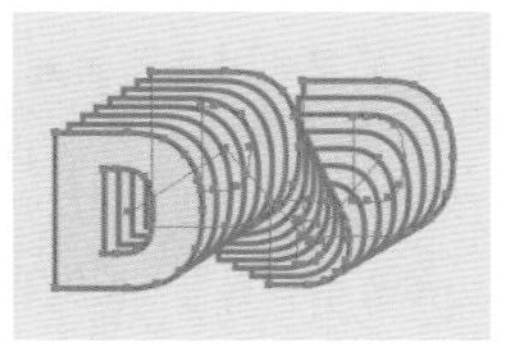

图9-16

10 选择选择工具，选取混合图形，选择“对象 > 混合 > 扩展”命令，打散混合图形，如图9-17所示。按Shift+Ctrl+G快捷键，取消图形编组。

11 选取第一个文字“D”，如图9-18所示，按Shift+X快捷键，互换填色和描边，如图9-19所示，设置描边色为无，效果如图9-20所示。

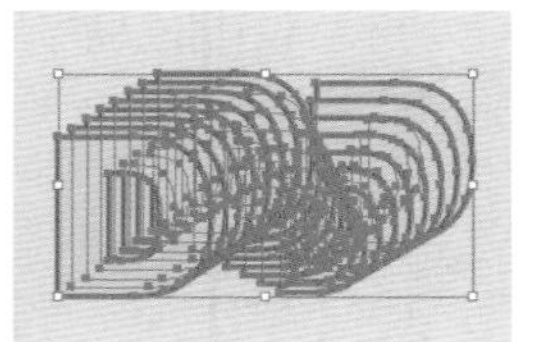

图9-17

图9-18

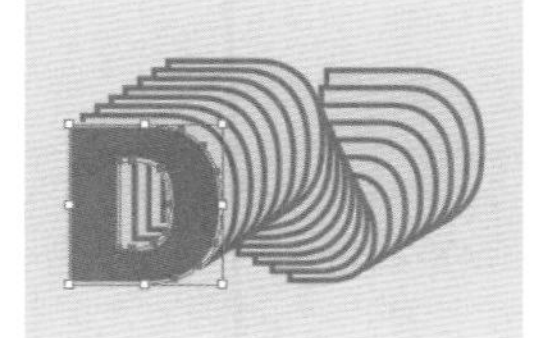

图9-19

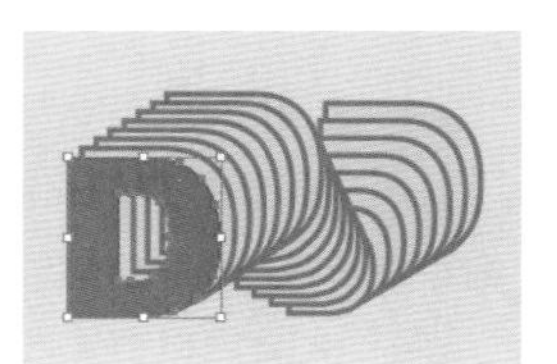

图9-20

12 选取最后一个文字“D”，如图9-21所示，按Ctrl+C快捷键，复制文字，按Ctrl+B快捷键，将复制的文字粘贴在后面。向右下角拖曳文字到适当的位置，并调整其大小，效果如图9-22所示。按住Shift键的同时，单击原文字将其同时选取，如图9-23所示。

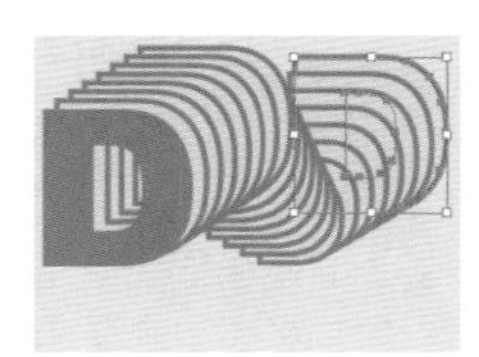

图9-21

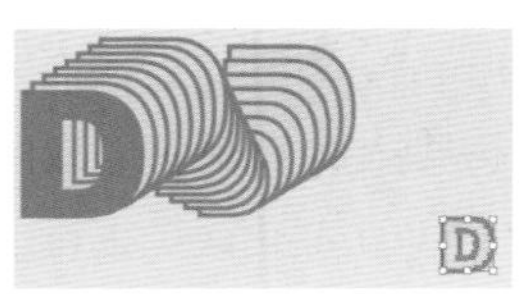

图9-22

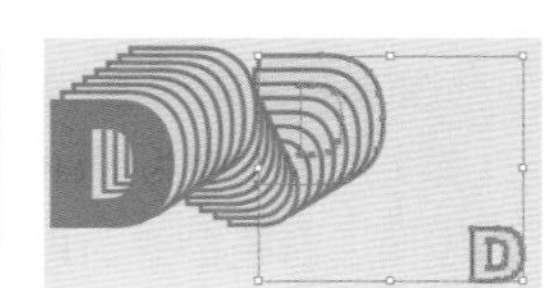

图9-23

13 双击混合工具，在弹出的“混合选项”对话框中进行设置，如图9-24所示，单击“确定”按钮；按Alt+Ctrl+B快捷键，生成混合，效果如图9-25所示。

14 用相同的方法制作其他文字混合效果，如图9-26所示。按Ctrl+O快捷键，打开本书学习资源中的“Ch09\素材\制作设计作品展海报\01”文件，选择选择工具，选取需要的图形，按Ctrl+C快捷键，复制图形。选择正在编辑的页面，按Ctrl+V快捷键，将其粘贴到页面中，并拖曳复制的图形到适当的位置，效果如图9-27所示。设计作品展海报制作完成，效果如图9-28所示。

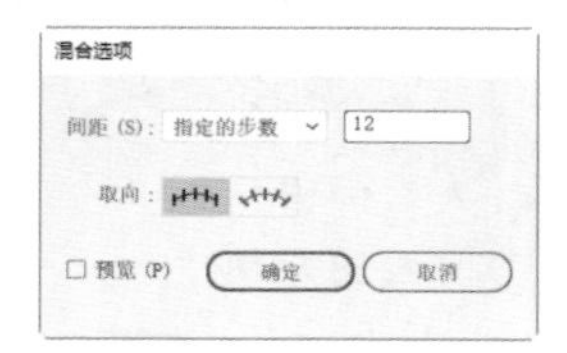

图9-24

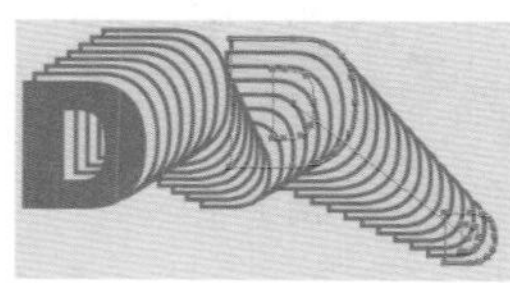

图9-25

图9-26

图9-27

图9-28

9.1.2 混合对象

选择混合命令可以对整个图形、部分路径或控制点进行混合。混合对象后，中间各级路径上的点的数量、位置以及点之间线段的性质取决于起始对象和终点对象上点的数目，同时还取决于在每个路径上指定的特定点。

混合命令试图匹配起始对象和终点对象上的所有点，并在每对相邻的点间画条线段。起始对象和终点对象最好包含相同数目的控制点。如果两个对象含有不同数目的控制点，Illustrator将在中间增加或减少控制点。

1. 创建混合对象

（1）应用混合工具创建混合对象。

选择选择工具，选取要混合的两个对象，如图9-29所示。选择混合工具，单击要混合的起始图像，如图9-30所示。在另一个要混合的图像上单击，将它设置为目标图像，如图9-31所示，绘制出的混合图像效果如图9-32所示。

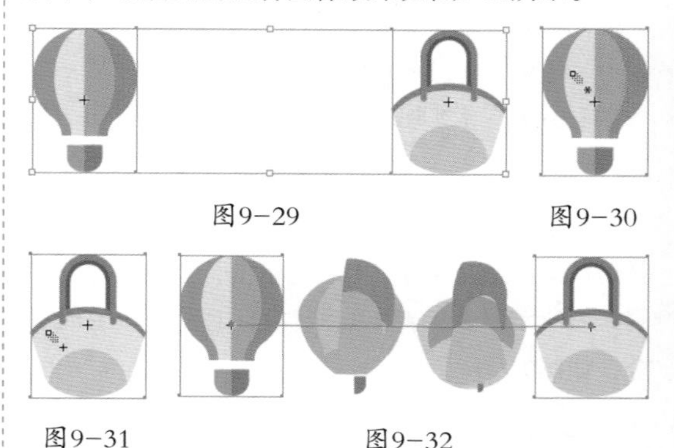

图9-29　图9-30

图9-31　图9-32

（2）应用命令创建混合对象。

选择选择工具，选取要混合的对象。选择“对象 > 混合 > 建立”命令（快捷键为Alt+Ctrl+B），绘制出混合图像。

2. 创建混合路径

选择选择工具，选取要混合的对象，如图9-33所示。选择混合工具，单击要混合的起始路径上的某一节点，光标变为实心，如图9-34所示。单击另一个要混合的目标路径上的某一节点，将它设置为目标路径，如图9-35所示。绘制出混合路径，效果如图9-36所示。

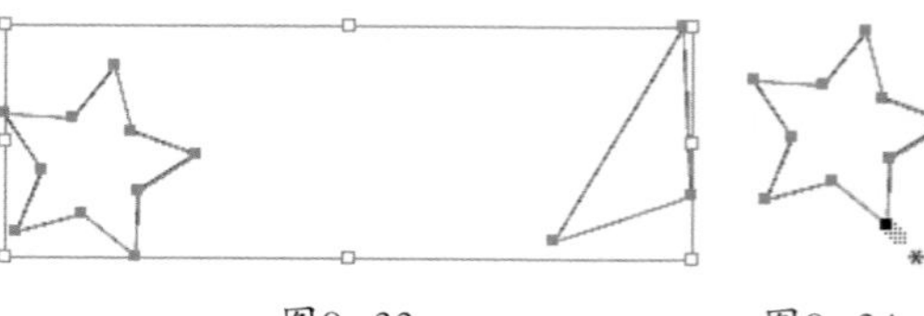

图9-33　图9-34

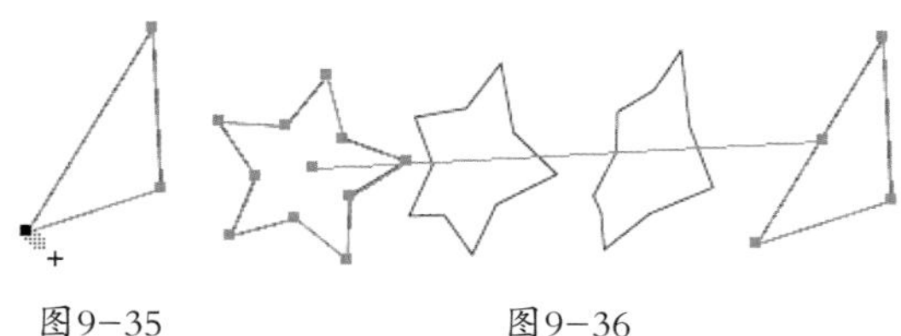

图9-35　　　　图9-36

> **提示**
>
> 在起始路径和目标路径上单击的节点不同，所得出的混合效果也不同。

3. 继续混合其他对象

选择混合工具，单击混合路径中最后一个混合对象路径上的节点，如图9-37所示。单击想要添加的其他对象路径上的节点，如图9-38所示。继续混合对象后的效果如图9-39所示。

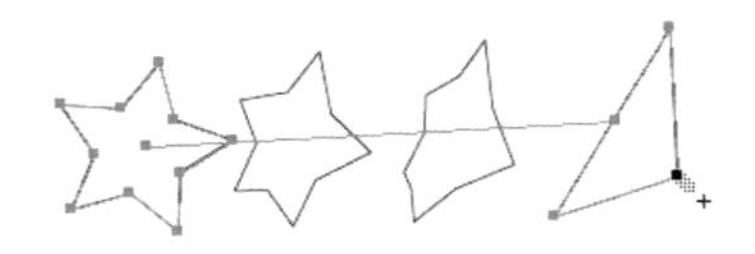

图9-37

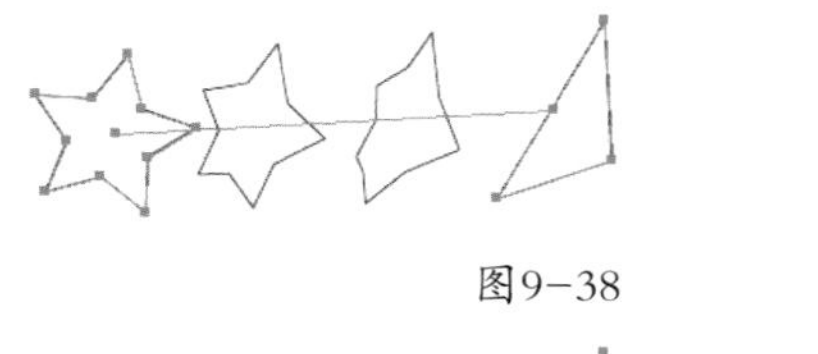

图9-38

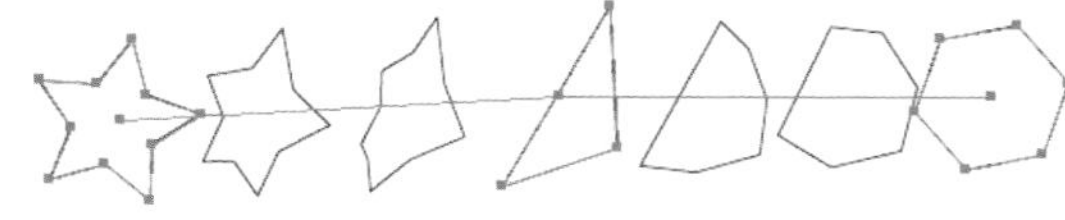

图9-39

4. 释放混合对象

选择选择工具，选取一组混合对象，如图9-40所示。选择“对象 > 混合 > 释放”命令（快捷键为Alt+Shift+Ctrl+B），释放混合对象，效果如图9-41所示。

5. 使用混合选项对话框

选择选择工具，选取要混合的对象，如图9-42所示。选择“对象 > 混合 > 混合选项”命令，弹出“混合选项”对话框，在对话框中“间距”选项的下拉列表中选择“平滑颜色”，可以使混合的颜色保持平滑，如图9-43所示。

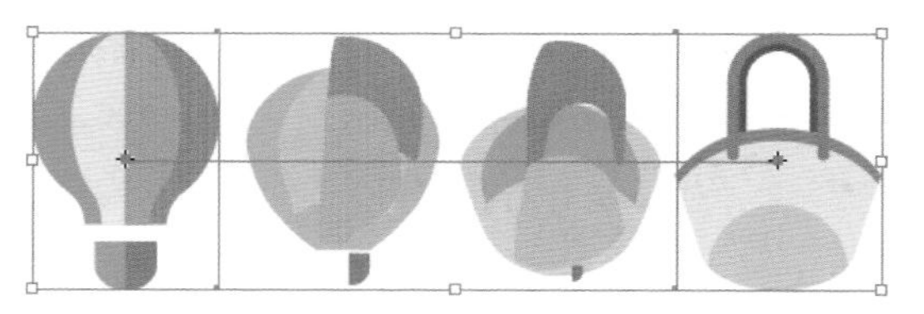

图9-40

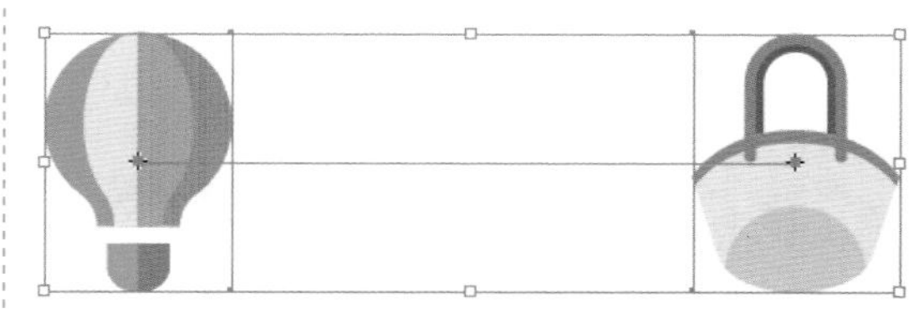

图9-41

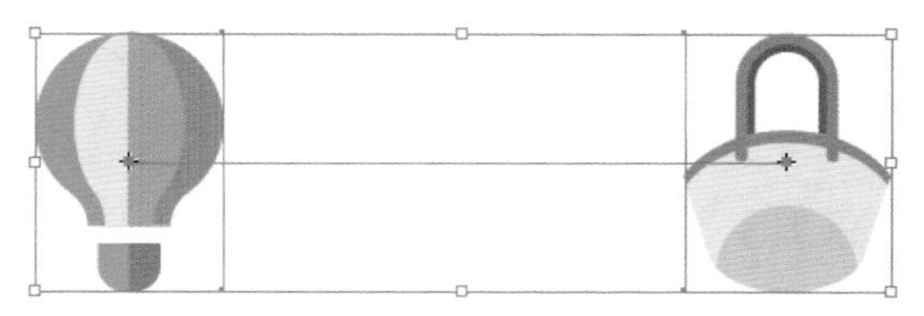

图9-42

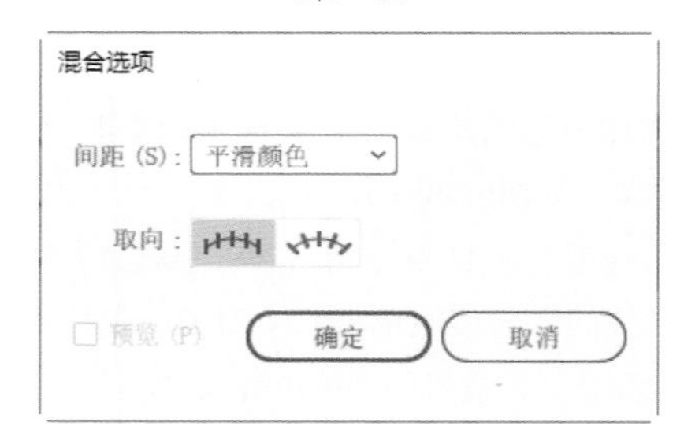

图9-43

在对话框中“间距”选项的下拉列表中选择“指定的步数”，可以设置混合对象的步骤数，如图9-44所示。在对话框中“间距”选项的下拉列表中选择“指定的距离”选项，可以设置混合对象间的距离，如图9-45所示。

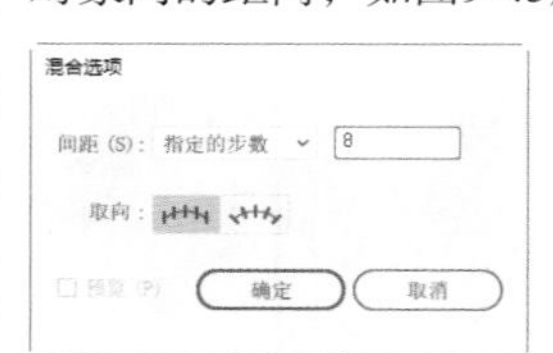

图9-44

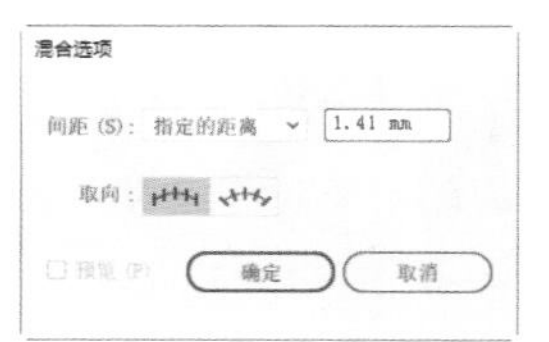

图9-45

对话框的“取向”选项组中有“对齐页面”选项和“对齐路径”选项两个选项可以选择，如图9-46所示。设置每个选项后，单击“确定”按钮。选择“对象 > 混合 > 建立”命令，将对象混合，效果如图9-47所示。

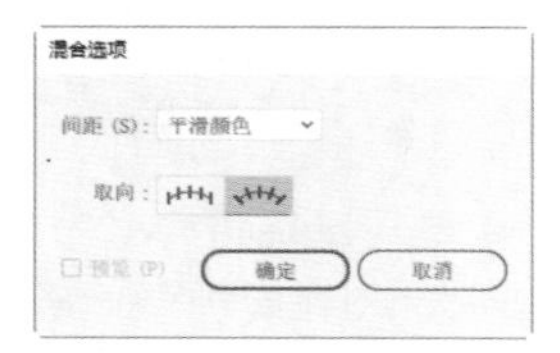

图9-46

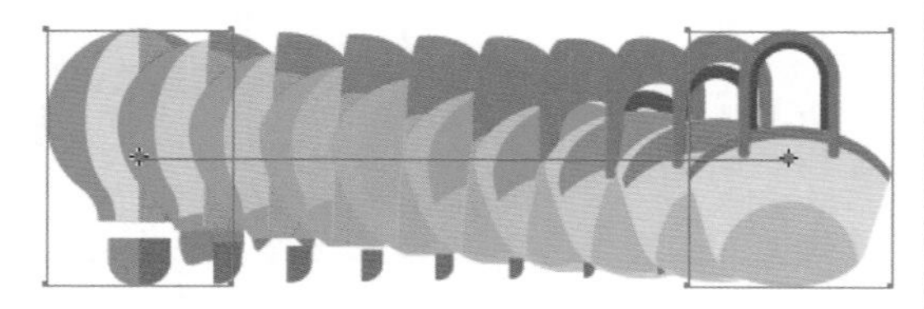

图9-47

9.1.3 混合的形状

混合命令可以将一种形状变形成另一种形状。

1. 多个对象的混合变形

选择钢笔工具，在页面上绘制4个形状不同的对象，如图9-48所示。

选择混合工具，单击第1个对象，接着按照顺时针的方向依次单击每个对象，这样每个对象都被混合了，效果如图9-49所示。

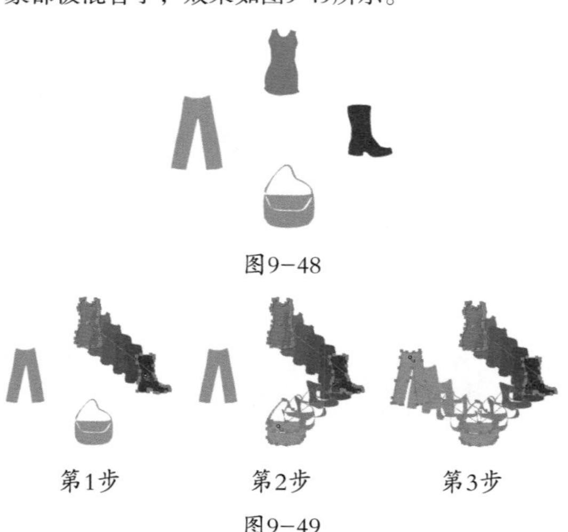

图9-48

第1步　第2步　第3步

图9-49

2. 绘制立体效果

选择钢笔工具，在页面上绘制灯笼的上部、下部和边缘线，如图9-50所示。选取灯笼的左右两条边缘线，如图9-51所示。

选择“对象 > 混合 > 混合选项”命令，弹出“混合选项”对话框，设置“指定的步数”选项数值框中的数值为4，在“取向”选项组中选择“对齐页面”选项，如图9-52所示，单击“确定”按钮。选择“对象 > 混合 > 建立”命令，灯笼上面的立体竹竿即绘制完成，效果如图9-53所示。

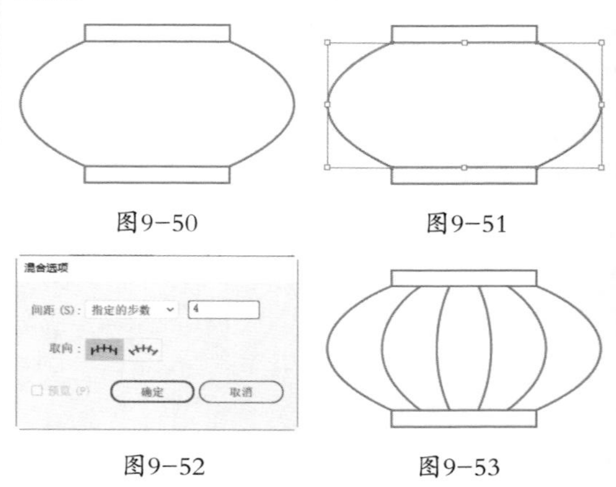

图9-50　图9-51

图9-52　图9-53

9.1.4 编辑混合路径

在制作混合图形之前，需要修改混合选项的设置，否则系统将采用默认的设置建立混合图形。

混合得到的图形由混合路径相连接，自动创建的混合路径默认是直线，如图9-54所示，可以编辑这条混合路径。编辑混合路径可以添加、减少控制点，以及扭曲混合路径，也可将直角控制点转换为曲线控制点。

图9-54

选择“对象 > 混合 > 混合选项”命令，弹出“混合选项”对话框，如图9-55所示，在“间距”选项组中包括3个选项。

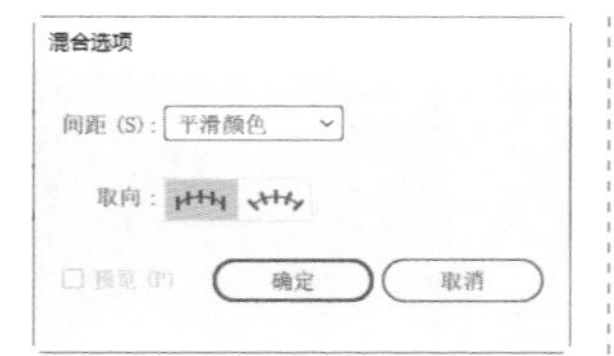

图9－55

“平滑颜色”选项：按混合的两个图形的颜色和形状来确定混合的步数，为默认的选项，效果如图9-56所示。

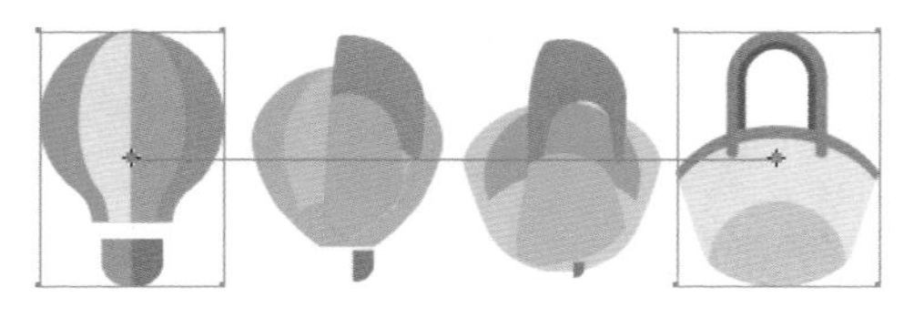

图9－56

“指定的步数”选项：控制混合的步数。当“指定的步数”选项设置为2时，效果如图9-57所示。当“指定的步数”选项设置为6时，效果如图9-58所示。

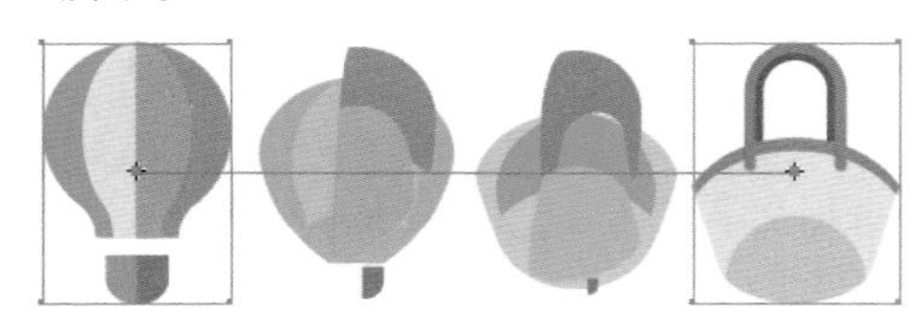

图9－57

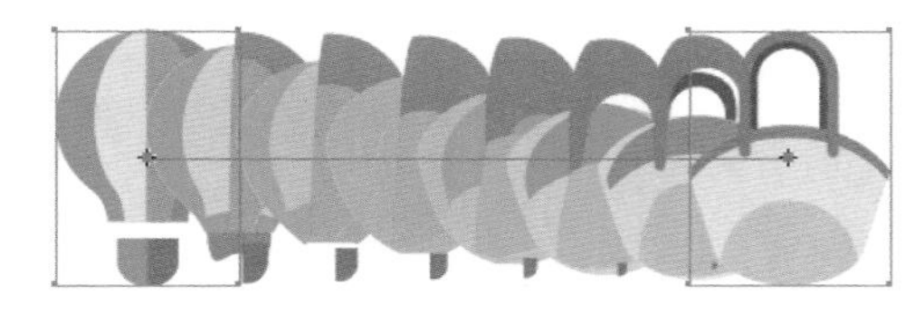

图9－58

“指定的距离”选项：控制每一步混合的距离。当“指定的距离”选项设置为25 mm时，效果如图9-59所示。当“指定的距离”选项设置为2 mm时，效果如图9-60所示。

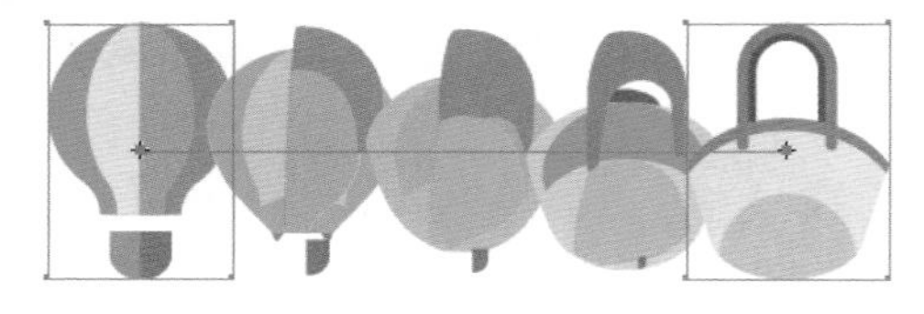

图9－59

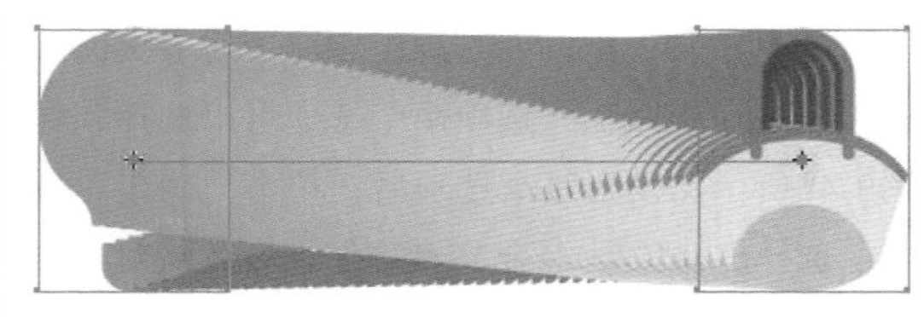

图9－60

如果想要将混合图形与存在的路径结合，同时选取混合图形和外部路径，选择“对象 > 混合 > 替换混合轴”命令，可以替换混合图形中的混合路径，混合前后的效果对比如图9-61和图9-62所示。

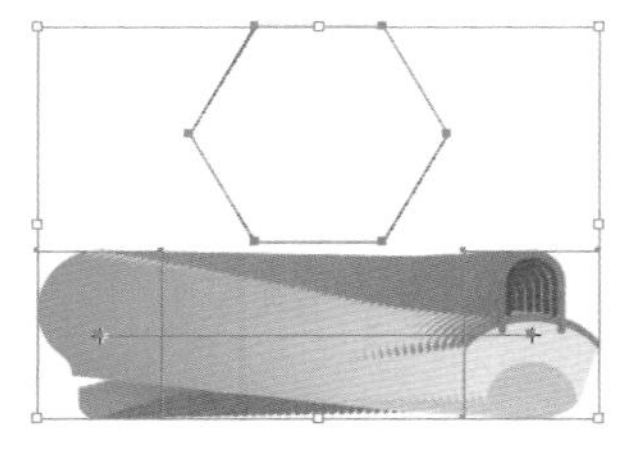

图9－61

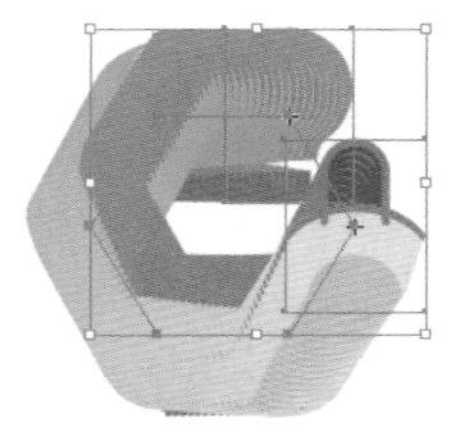

图9－62

9.1.5 操作混合对象

1. 改变混合对象的堆叠顺序

选取混合图像，选择“对象 > 混合 > 反向堆叠”命令，混合图像的堆叠顺序将被改变，改变前后的效果对比如图9-63和图9-64所示。

图9－63

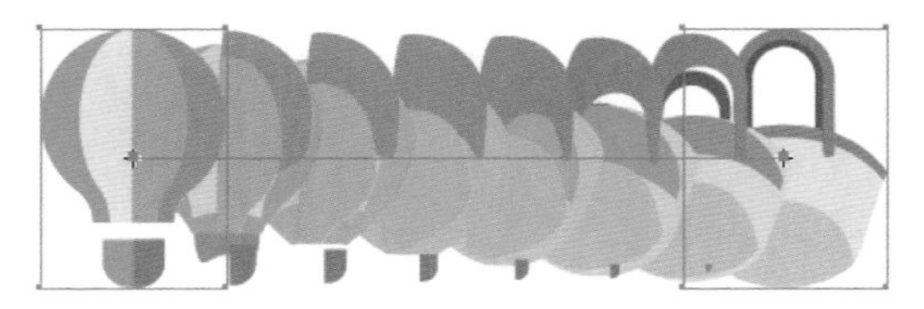

图9－64

2. 打散混合对象

选取混合图像，选择“对象 > 混合 > 扩展”命令，混合图像将被打散，打散前后的效果对比如图9-65和图9-66所示。

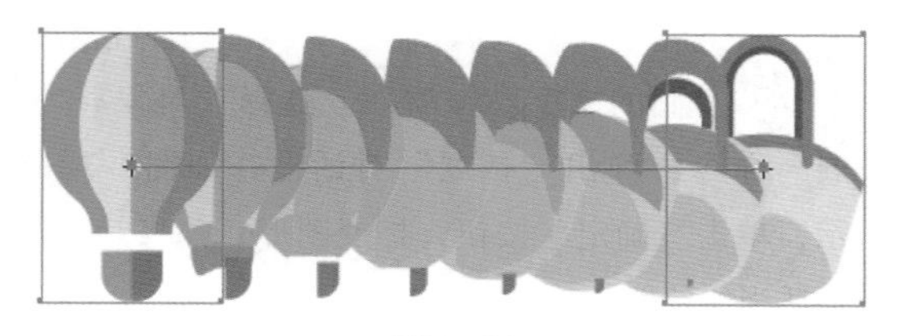

图9-65

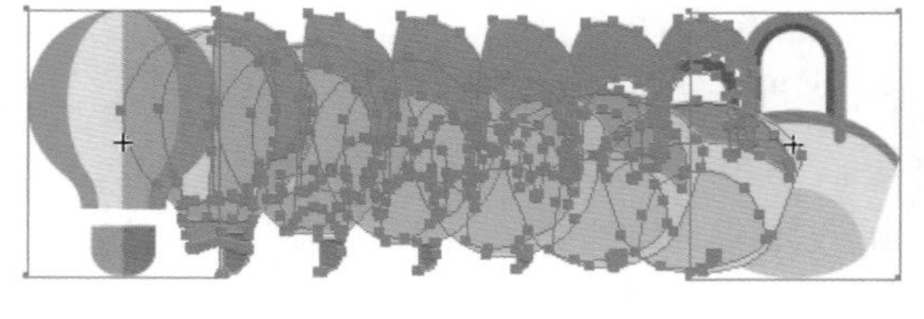

图9-66

9.2 封套命令的使用

Illustrator CC 2019中提供了不同形状的封套类型，利用不同的封套类型可以改变选定对象的形状。封套不仅可以应用到选定的图形中，还可以应用于路径、复合路径、文本对象、网格、混合或导入的位图当中。

当对一个对象使用封套时，对象就像被放入到一个特定的容器中，封套使对象的本身发生相应的变化。同时，对于应用了封套的对象，还可以对其进行一定的编辑，如修改、删除等操作。

命令介绍

封套扭曲命令：可以应用程序所预设的封套图形，或使用网格工具调整对象，还可以使用自定义图形作为封套。

9.2.1 课堂案例——制作促销海报

【案例学习目标】学习使用封套扭曲命令、高斯模糊命令制作促销海报。

【案例知识要点】使用文字工具、封套扭曲命令、渐变工具和高斯模糊命令添加并编辑标题文字；使用文字工具、字符控制面板添加宣传性文字；使用圆角矩形工具、描边命令绘制虚线框。促销海报效果如图9-67所示。

【效果所在位置】Ch09\效果\制作促销海报.ai。

图9-67

01 按Ctrl+O快捷键，打开本书学习资源中的“Ch09\素材\制作促销海报\01”文件，效果如图9-68所示。

02 选择文字工具T，在页面中分别输入需要的文字，选择选择工具▶，在属性栏中分别选择合适的字体并设置文字大小，将文字填充为白色，效果如图9-69所示。

图9-68

图9-69

03 选取文字“双11”，按Ctrl+T快捷键，弹出“字符”控制面板，将“水平缩放”选项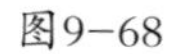设为106%，其他选项的设置如图9-70所示；按Enter键

确认操作，效果如图9-71所示。

图9-70

图9-71

04 选择文字工具T，在数字“11”中间单击插入光标，如图9-72所示，在“字符”控制面板中将“设置两个字符间的字距微调”选项V/A设为−70，其他选项的设置如图9-73所示；按Enter键确认操作，效果如图9-74所示。

图9-72

图9-73

图9-74

05 选择选择工具▶，用框选的方法将输入的文字同时选取，如图9-75所示，选择“对象 > 封套扭曲 > 用变形建立”命令，在弹出的“变形选项”对话框中进行设置，如图9-76所示，单击“确定”按钮，文字的变形效果如图9-77所示。

图9-75

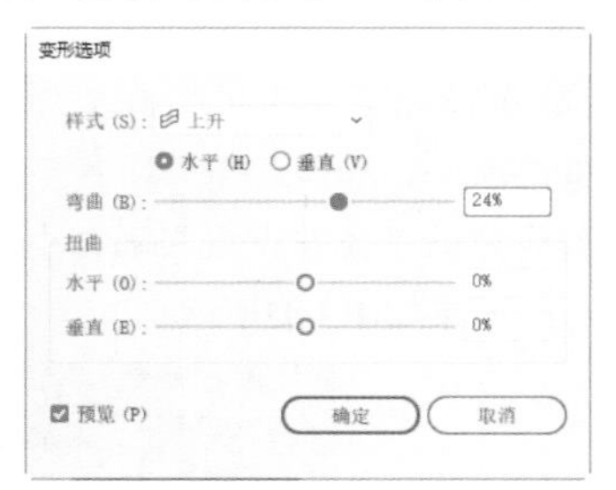

图9-76

图9-77

06 按Ctrl+C快捷键，复制文字，按Ctrl+B快捷键，将复制的文字贴在后面。选择“对象 > 扩展”命令，弹出“扩展”对话框，如图9-78所示，单击“确定”按钮，扩展图形，并将其微调至适当的位置，效果如图9-79所示。

图9-78

图9-79

07 双击渐变工具■，弹出“渐变”控制面板，选中“线性渐变”按钮■，在色带上设置5个渐变滑块，分别将渐变滑块的位置设为0%、28%、67%、89%、100%，并设置C、M、Y、K的值分别为0%（0、0、86、0）、28%（0、22、100、0）、67%（0、52、84、0）、89%（2、73、84、0）、100%（2、91、83、0），其他选项的设置如图9-80所示，图形被填充为渐变色，效果如图9-81所示。

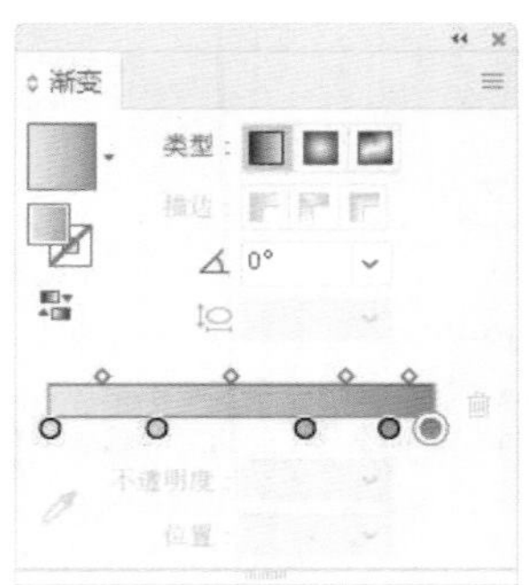

图9-80

图9-81

08 选择“效果 > 模糊 > 高斯模糊”命令，在弹出的对话框中进行设置，如图9-82所示，单

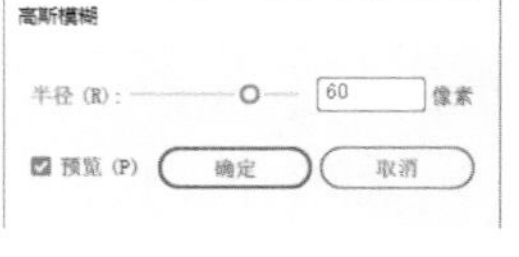

图9-82

击“确定”按钮，效果如图9-83所示。

09 选择文字工具T，在适当的位置输入需要的文字，选择选择工具▶，在属性栏中选择合适的字体并设置文字大小，将文字填充为白色，效果如图9-84所示。

图9-83

图9-84

10 选择圆角矩形工具▢，在页面中单击鼠标左键，弹出“圆角矩形”对话框，选项的设置如图9-85所示，单击“确定”按钮，出现一个圆角矩形。选择选择工具▶，拖曳圆角矩形到适当的位置，效果如图9-86所示。设置图形填充色为土黄色（其C、M、Y、K值分别为4、25、74、0），填充图形，并设置描边色为无，效果如图9-87所示。

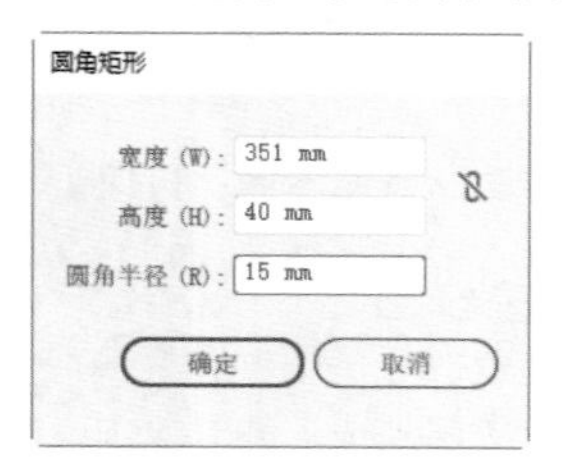

图9-85

图9-86

图9-87

11 选择圆角矩形工具▢，在页面中单击鼠标左键，弹出“圆角矩形”对话框，选项的设置如图9-88所示，单击“确定”按钮，出现一个圆角矩形。选择选择工具▶，拖曳圆角矩形到适当的位置，设置图形描边色为土黄色（其C、M、Y、K值分别为4、25、74、0），填充描边，效果如图9-89所示。

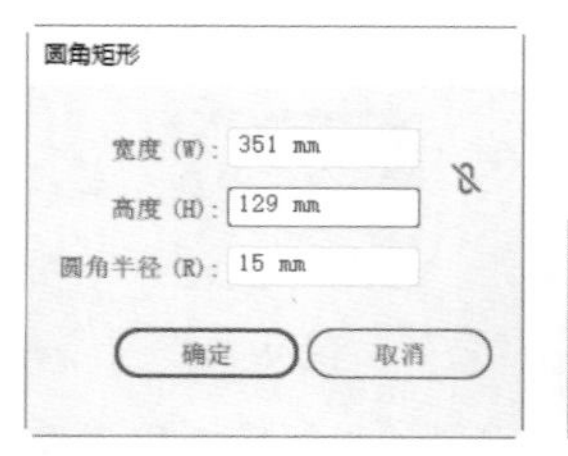

图9-88

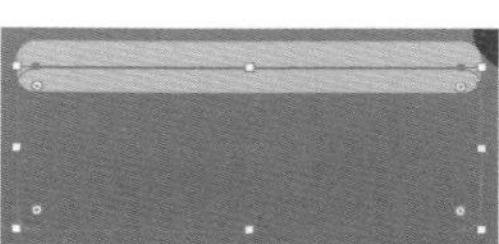

图9-89

12 选择“窗口 > 描边”命令，弹出“描边”控制面板，勾选“虚线”复选框，数值框被激活，各选项的设置如图9-90所示；按Enter键确认操作，效果如图9-91所示。

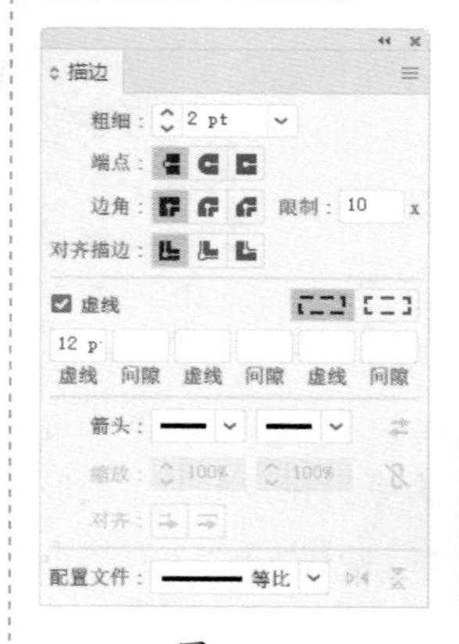

图9-90

图9-91

13 选择文字工具T，在适当的位置分别输入需要的文字，选择选择工具▶，在属性栏中分别选择合适的字体并设置文字大小，将文字填充为白色，效果如图9-92所示。

图9-92

14 选取文字“活动……9.20”，在“字符”控制面板中将“设置所选字符的字距调整”选项VA设为80，其他选项的设置如图9-93所示；按Enter键确认操作，效果如图9-94所示。设置文字填充色为紫色（其C、M、Y、K值分别为80、100、0、60），填充文字，效果如图9-95

所示。

图9–93

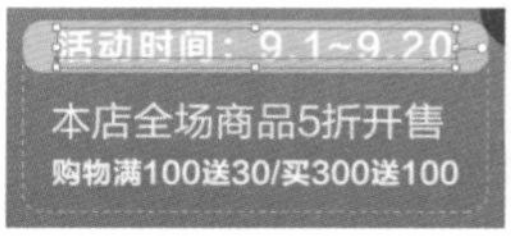

图9–94 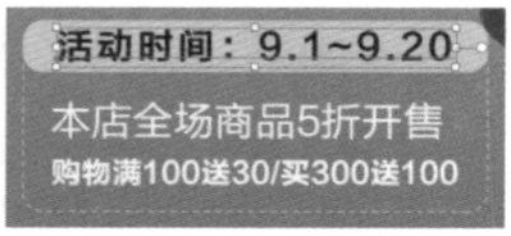　　图9–95

15 选取文字“本店……开售”，在“字符”控制面板中将“设置所选字符的字距调整”选项设为40，其他选项的设置如图9-96所示；按Enter键确认操作，效果如图9-97所示。

图9–96 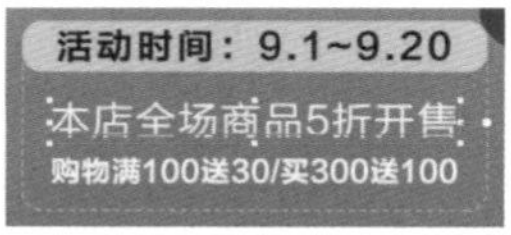　　图9–97

16 选择文字工具，在适当的位置输入需要的文字，选择选择工具，在属性栏中选择合适的字体并设置文字大小，单击“居中对齐”按钮，使文本居中对齐，将文字填充为白色，效果如图9-98所示。

17 在“字符”控制面板中，将“设置所选字符的字距调整”选项设为180，其他选项的设置如图9-99所示；按Enter键确认操作，效果如图9-100所示。促销海报制作完成，效果如图9-101所示。

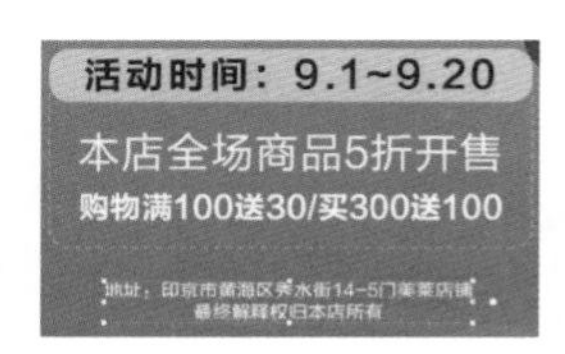

图9–98

图9–99

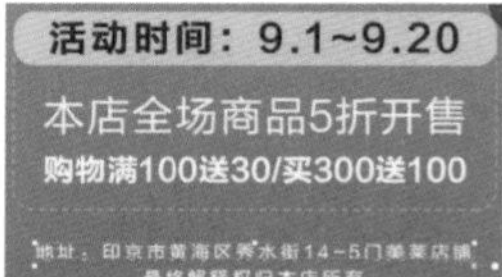

图9–100

图9–101

9.2.2 创建封套

当需要使用封套来改变对象的形状时，可以应用程序所预设的封套图形，或者使用网格工具调整对象，还可以使用自定义图形作为封套。但是，该图形必须处于所有对象的最上层。

1. 从应用程序预设的形状创建封套

选中对象，选择“对象 > 封套扭曲 > 用变形建立”命令（快捷键为Alt+Shift+Ctrl+W），弹出“变形选项”对话框，如图9-102所示。

在“样式”选项的下拉列表中提供了15种封套类型，可根据需要选择，如图9-103所示。

“水平”选项和“垂直”选项用来设置指定封套类型的放置位置。选定一个选项，在“弯曲”选项中设置对象的弯曲程度，可以设置应用封套类型在水平或竖直方向上的比例。勾选“预览”复选项，预览设置的封套效果，单击“确定”按钮，将设置好的封套应用到选定的对象中，图形应用封套前后的效果对比如图9-104所示。

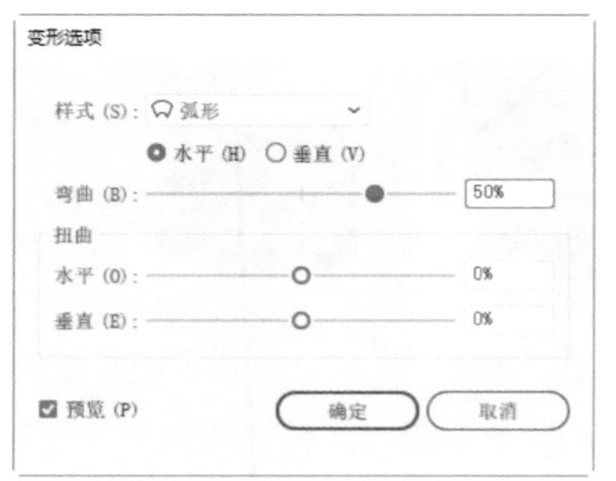

图9–102 　　图9–103

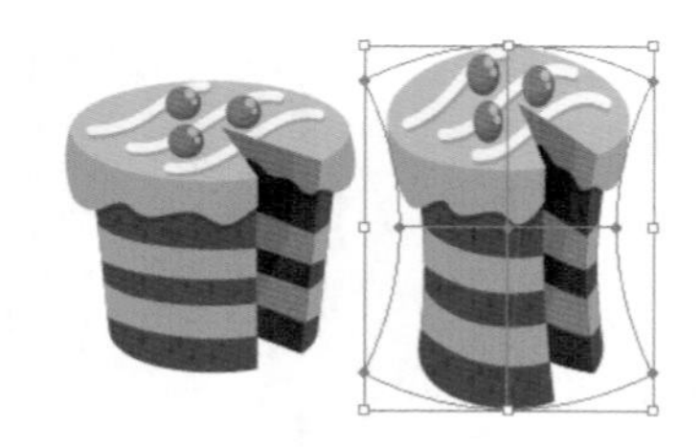

图9-104

2. 使用网格建立封套

选中对象，选择“对象 > 封套扭曲 > 用网格建立”命令（快捷键为Alt+Ctrl+M），弹出“封套网格”对话框。在“行数”选项和“列数”选项的数值框中，可以根据需要输入网格的行数和列数，如图9-105所示，单击“确定”按钮，设置完成的网格封套将应用到选定的对象中，如图9-106所示。

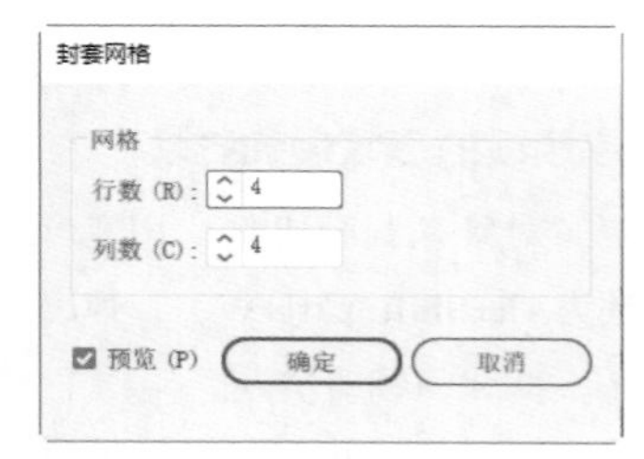

图9-105

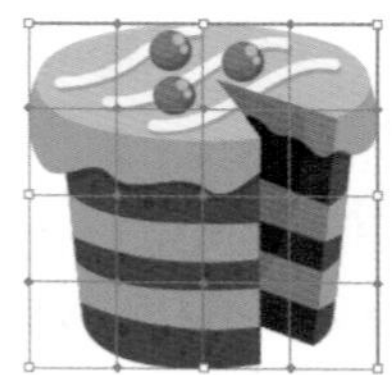

图9-106

设置完成的网格封套还可以通过网格工具进行编辑。选择网格工具，单击网格封套对象，即可增加对象上的网格数，如图9-107所示。按住Alt键的同时，单击对象上的网格点和网格线，可以减少网格封套的行数和列数。选择网格工具，拖曳网格点可以改变对象的形状，如图9-108所示。

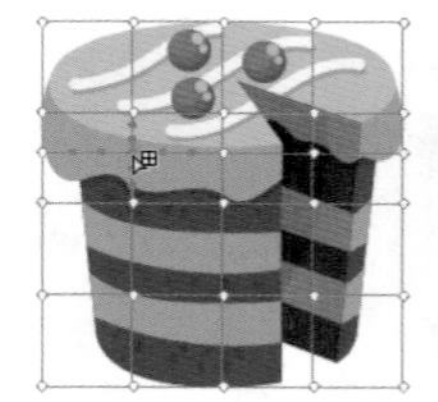

图9-107

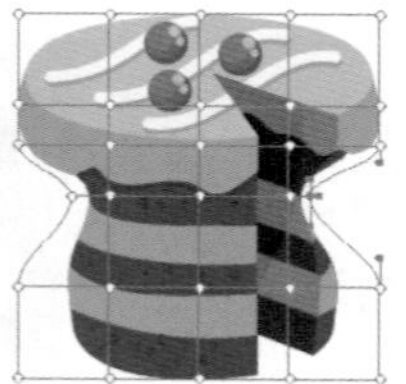

图9-108

3. 使用路径建立封套

同时选中对象和想要用来作为封套的路径（这时封套路径必须处于所有对象的最上层），如图9-109所示。选择“对象 > 封套扭曲 > 用顶层对象建立”命令（快捷键为Alt+Ctrl+C），使用路径创建的封套效果如图9-110所示。

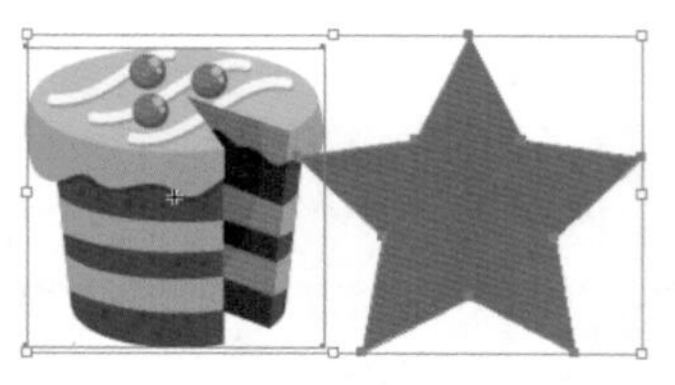

图9-109

图9-110

9.2.3 编辑封套

用户可以对创建的封套进行编辑。由于创建的封套是和对象组合在一起的，所以，既可以编辑封套，也可以编辑对象，但是两者不能同时编辑。

1. 编辑封套形状

选择选择工具，选取一个含有对象的封套。选择“对象 > 封套扭曲 > 用变形重置”命令或“用网格重置”命令，弹出“变形选项”对话框或“重置封套网格”对话框，这时，可以根据需要重新设置封套类型，效果如图9-111和图9-112所示。

选择直接选择工具或网格工具，可以拖动封套上的锚点进行编辑。还可以使用变形工具对封套进行扭曲变形，效果如图9-113所示。

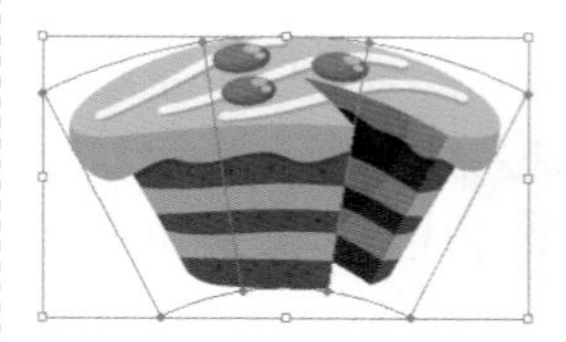

图9-111

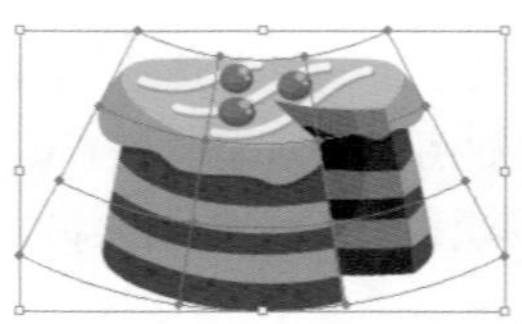

图9-112

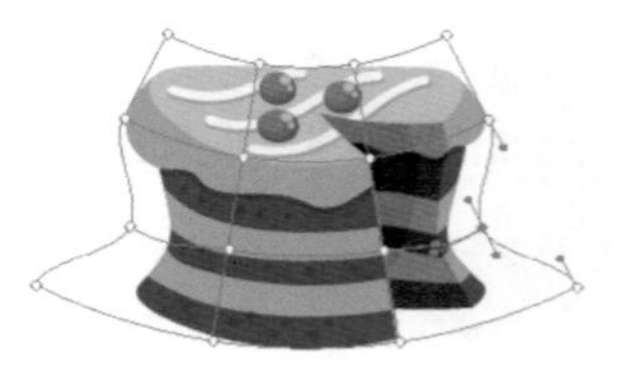

图9-113

2. 编辑封套内的对象

选择选择工具▶，选取含有封套的对象，如图9-114所示。选择“对象 > 封套扭曲 > 编辑内容”命令，对象将会显示原来的选择框，如图9-115所示。这时在“图层”控制面板中的封套图层左侧将显示一个小箭头，这表示可以修改封套中的内容，如图9-116所示。

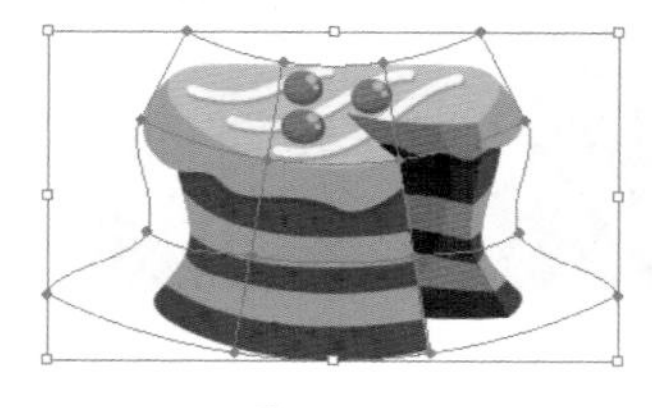

图9-114

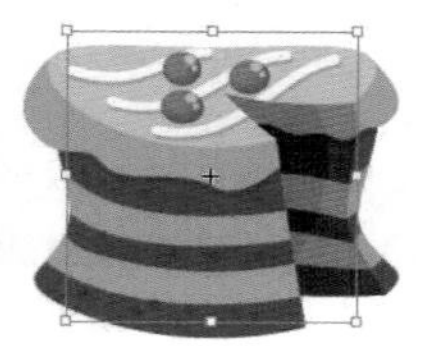

图9-115

图9-116

9.2.4 设置封套属性

对封套进行设置，使封套更好地符合图形绘制的要求。

选择一个封套对象，选择“对象 > 封套扭曲 > 封套选项”命令，弹出“封套选项”对话框，如图9-117所示。

勾选“消除锯齿”复选项，可以在使用封套变形的时候防止锯齿的产生，保持图形的清晰度。在编辑非直角封套时，可以选择“剪切蒙版”和“透明度”两种方式保护图形。“保真度”选项用于设置对象适合封套的保真度。当勾选“扭曲外观”复选项后，下方的两个选项将被激活。它可使对象具有外观属性，如应用了特殊效果，对象也随着发生扭曲变形。“扭曲线性渐变填充”和“扭曲图案填充”复选项分别用于扭曲对象的直线渐变填充和图案填充。

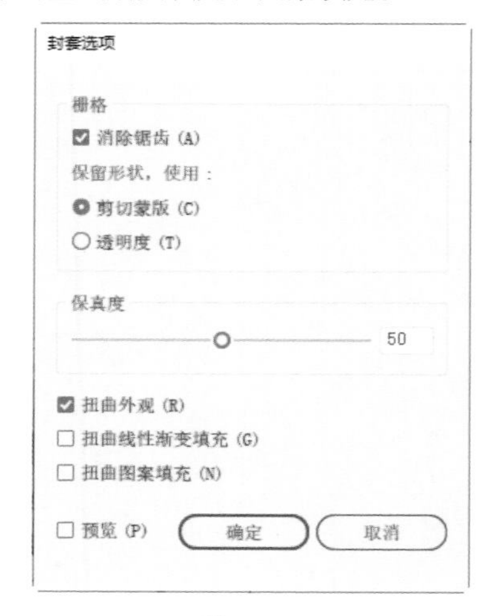

图9-117

9.3 课堂练习——制作火焰贴纸

【练习知识要点】使用星形工具、圆角命令绘制多角星形；使用椭圆工具、描边控制面板制作虚线；使用钢笔工具、混合工具制作火焰。效果如图9-118所示。

【效果所在位置】Ch09\效果\制作火焰贴纸.ai。

图9-118

9.4 课后习题——制作锯齿状文字效果

【习题知识要点】使用文字工具、就地粘贴命令和描边控制面板制作锯齿状文字；使用变形建立命令使锯齿状文字变形；效果如图9-119所示。

图9-119

【素材所在位置】Ch09\素材\制作锯齿状文字效果\01。

【效果所在位置】Ch09\效果\制作锯齿状文字效果.ai。

第 10 章

效果的使用

本章介绍

本章将主要讲解Illustrator CC 2019中强大的效果功能。通过对本章的学习，读者可以掌握效果的使用方法，并把变化丰富的图形图像效果应用到实际中。

学习目标

- 了解Illustrator CC 2019中的效果菜单。
- 掌握重复应用效果命令的方法。
- 掌握Illustrator效果的使用方法。
- 掌握Photoshop效果的使用方法。
- 掌握样式面板的使用技巧。

技能目标

- 掌握“矛盾空间效果Logo”的绘制方法。
- 掌握“发光文字效果”的制作方法。

10.1 效果简介

在Illustrator CC 2019中，使用效果命令可以快速地处理图像，通过对图像的变形和变色来使其更加精美。所有的效果命令都放置在“效果”菜单下，如图10-1所示。

“效果”菜单包括4个部分。第1部分是重复应用上一个效果的命令，第2部分是文档栅格化效果的设置命令，第3部分是Illustrator矢量效果命令，第4部分是Photoshop栅格效果命令，这些命令可应用于矢量图或位图。

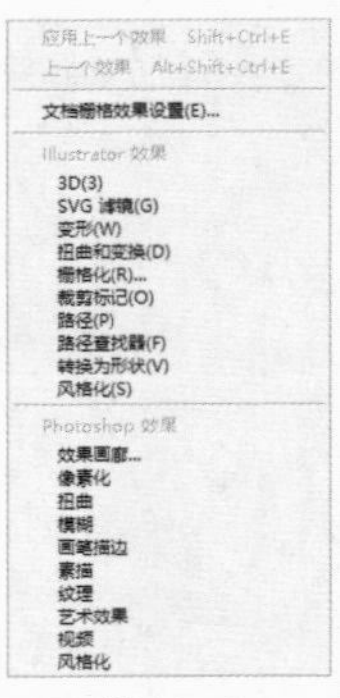

图10-1

10.2 重复应用效果命令

“效果”菜单的第1部分有两个命令，分别是“应用上一个效果”命令和“上一个效果”命令。当没有使用过任何效果时，这两个命令为灰色不可用状态，如图10-2所示。当使用过效果后，这两个命令将显示为上次所使用过的效果命令。例如，如果上次使用过“效果 > 扭曲和变换 > 扭转”命令，那么这两个命令将变为如图10-3所示的命令。

应用“扭转”(A) Shift+Ctrl+E
扭转... Alt+Shift+Ctrl+E

图10-2 图10-3

选择“应用上一个效果”命令可以直接使用上次效果操作所设置好的数值，把效果添加到图像上。打开文件，如图10-4所示，使用“效果 > 扭曲和变换 > 扭转”命令，设置扭曲角度为40°，如图10-5所示。选择“应用‘扭转’”命令，可以保持第1次设置的数值不变，使图像再次扭曲40°，如图10-6所示。

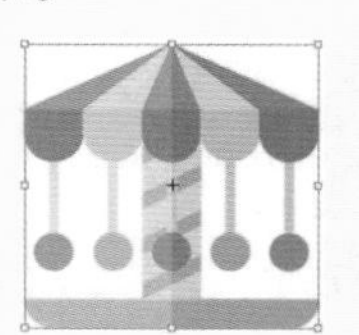

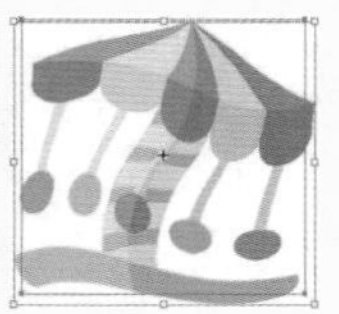

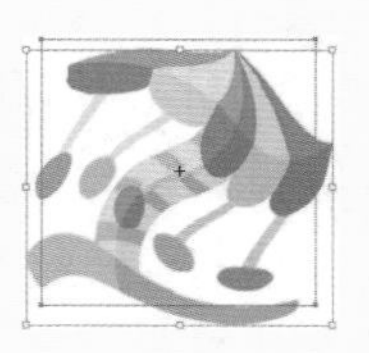

图10-4 图10-5 图10-6

在上例中，如果选择“扭转”命令，将弹出“扭转”对话框，可以重新输入新的数值，如图10-7所示，单击“确定”按钮，得到的效果如图10-8所示。

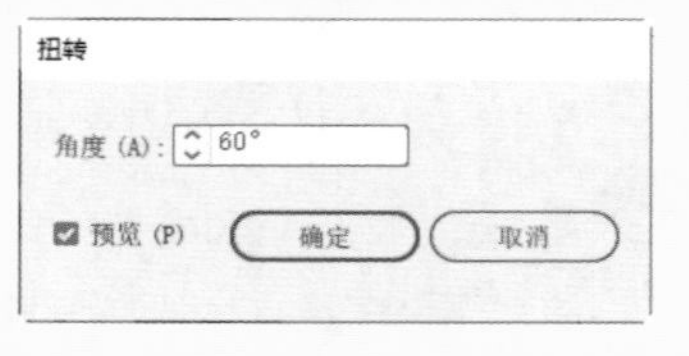

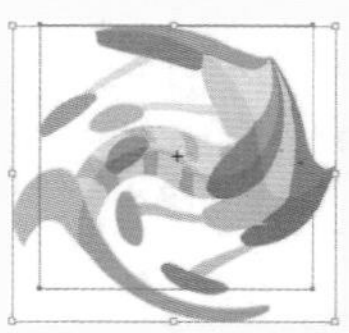

图10-7 图10-8

10.3 Illustrator效果

Illustrator效果为矢量效果，可以同时应用于矢量和位图对象，它包括10个效果组，有些效果组又包括多个效果。

10.3.1 课堂案例——制作矛盾空间效果Logo

【案例学习目标】学习使用矩形工具和3D命令制作矛盾空间效果Logo。

【案例知识要点】使用矩形工具、凸出和斜角命令、路径查找器命令和渐变工具制作矛盾空间效果Logo；使用文字工具输入Logo文字。矛盾空间效果Logo如图10-9所示。

【效果所在位置】Ch10\效果\制作矛盾空间效果Logo.ai。

图10-9

01 按Ctrl+N快捷键，弹出“新建文档”对话框，设置文档的宽度为800 px，高度为600 px，取向为横向，颜色模式为RGB，单击“创建”按钮，新建一个文档。

02 选择矩形工具，在页面中单击鼠标左键，弹出“矩形”对话框，选项的设置如图10-10所示，单击“确定”按钮，出现一个正方形。选择选择工具，拖曳正方形到适当的位置，效果如图10-11所示。设置填充色为浅蓝色（其R、G、B的值分别为109、213、250），填充图形，并设置描边色为无，效果如图10-12所示。

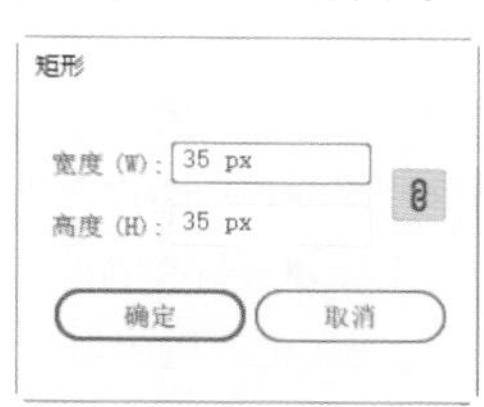

图10-10

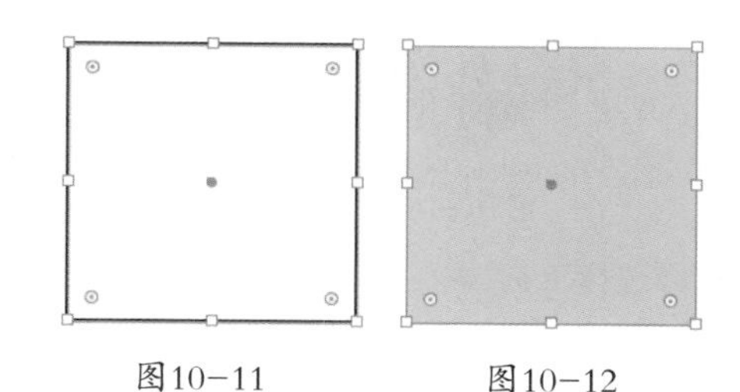

图10-11　　图10-12

03 选择“效果 > 3D > 凸出和斜角”命令，弹出“3D凸出和斜角选项”对话框，设置如图10-13所示，单击“确定”按钮，效果如图10-14所示。选择“对象 > 扩展外观”命令，扩展图形外观，效果如图10-15所示。

图10-13

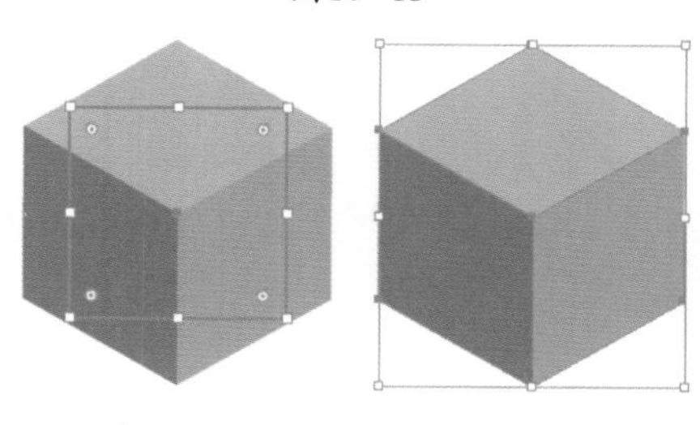

图10-14　　图10-15

04 选择直接选择工具，用框选的方法将长方体下方需要的锚点同时选取，如图10-16所示，并向下拖曳锚点到适当的位置，效果如图10-17所示。

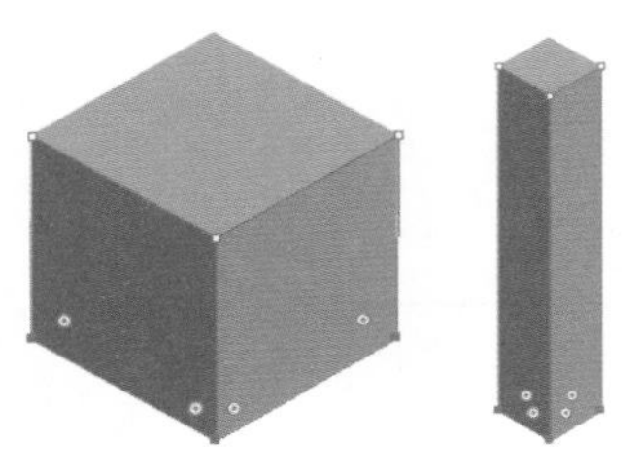

图10-16　　图10-17

05 选择选择工具▶，按住Alt+Shift快捷键的同时，水平向右拖曳图形到适当的位置，复制图形，效果如图10-18所示。

06 选择直接选择工具▷，用框选的方法将右侧长方体下方需要的锚点同时选取，如图10-19所示，并向上拖曳锚点到适当的位置，效果如图10-20所示。

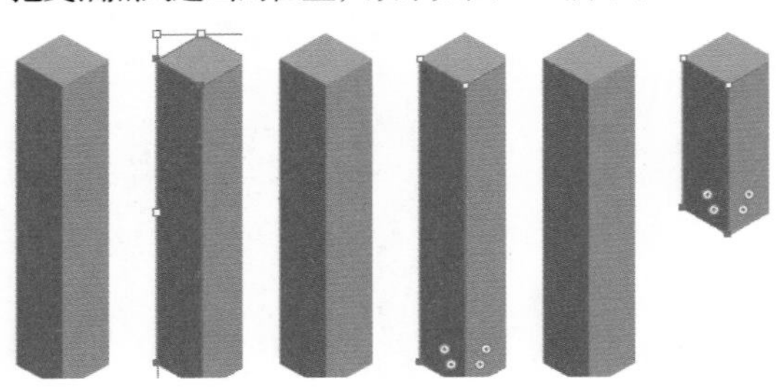

图10-18　　图10-19　　图10-20

07 选择选择工具▶，用框选的方法将两个长方体同时选取，如图10-21所示，再次单击左侧长方体将其作为参照对象，如图10-22所示，在属性栏中单击“垂直居中对齐”按钮，对齐效果如图10-23所示。

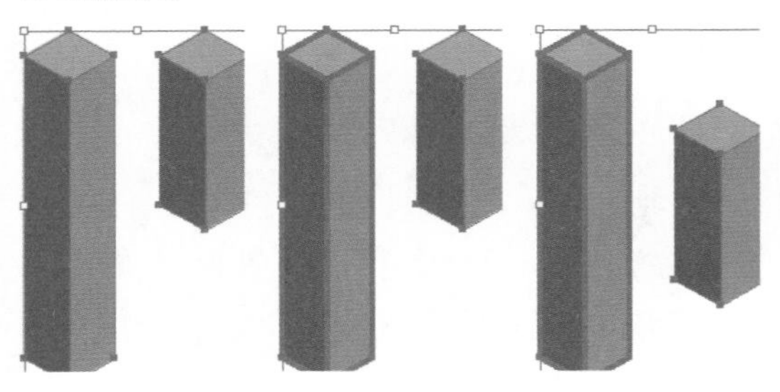

图10-21　　图10-22　　图10-23

08 选择选择工具▶，选取右侧的长方体，如图10-24所示，按住Alt键的同时，向左上角拖曳图形到适当的位置，复制图形，效果如图10-25所示。

09 选择“窗口 > 变换”命令，弹出“变换”控制面板，将“旋转”选项设为60°，如图10-26所示，按Enter键确认操作；拖曳旋转后的长方体到适当的位置，效果如图10-27所示。

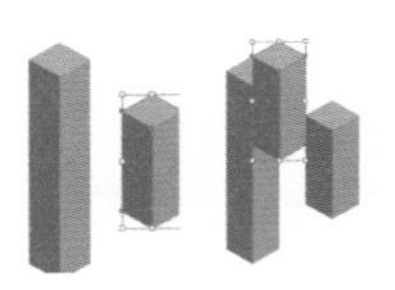

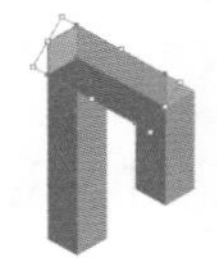

图10-24 图10-25　　图10-26　　图10-27

10 双击镜像工具，弹出“镜像”对话框，选项的设置如图10-28所示；单击“复制”按钮，镜像并复制图形，效果如图10-29所示。选择选择工具▶，按住Shift键的同时，竖直向下拖曳复制的图形到适当的位置，效果如图10-30所示。

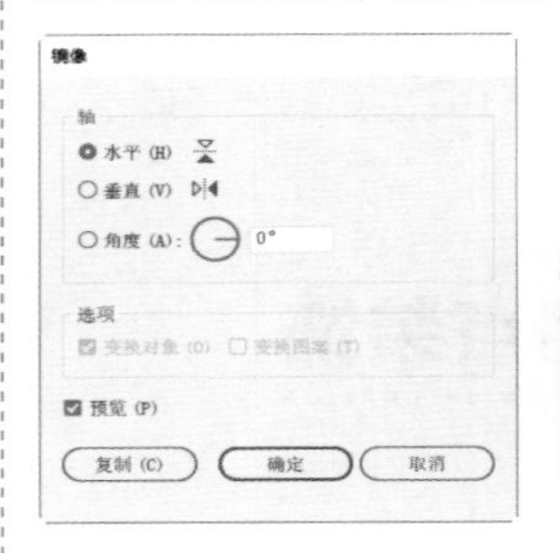

图10-28　　图10-29　　图10-30

11 选择选择工具▶，用框选的方法将所绘制的图形同时选取，连续3次按Shift+Ctrl+G快捷键，取消图形编组，如图10-31所示。选取左侧需要的图形，如图10-32所示，按Shift+Ctrl+]快捷键，将其置于顶层，效果如图10-33所示。用相同的方法调整其他图形顺序，效果如图10-34所示。

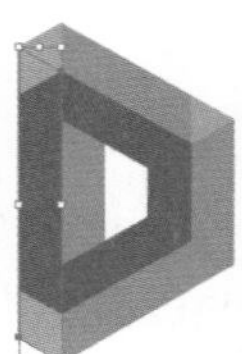

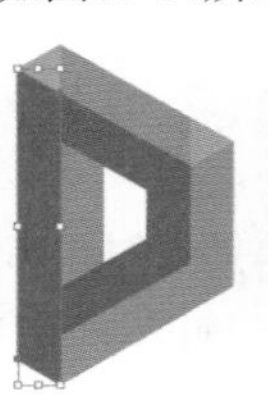

图10-31　　图10-32　　图10-33　　图10-34

12 选取上方需要的图形，如图10-35所示。选择吸管工具，将吸管图标放置在右侧需要的图形上，如图10-36所示，单击鼠标左键吸取属性，如图10-37所示。选择选择工具▶，按Shift+Ctrl+]快捷键，将其置于顶层，效果如图10-38所示。

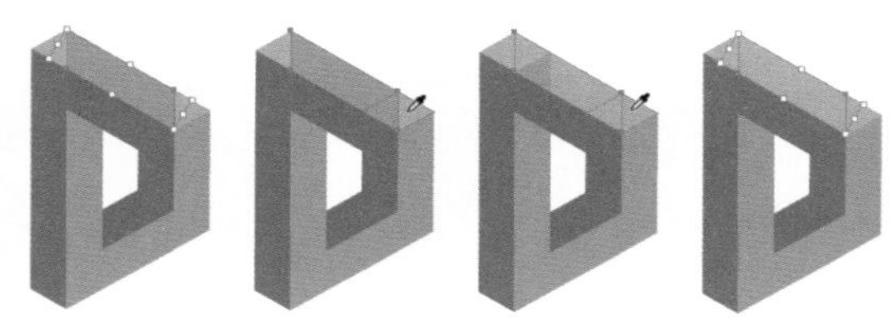

图10-35　　图10-36　　图10-37　　图10-38

13 放大显示视图。选择直接选择工具，分别调整转角处的每个锚点，使其每个角或边对齐，效果如图10-39所示。选择选择工具，用框选的方法将所绘制的图形同时选取，如图10-40所示。选择“窗口 > 路径查找器”命令，弹出“路径查找器”控制面板，单击“分割”按钮，如图10-41所示，生成新对象，效果如图10-42所示。按Shift+Ctrl+G快捷键，取消图形编组。

图10-39

图10-40

图10-41

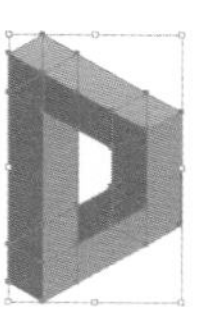

图10-42

14 选择选择工具，按住Shift键的同时，依次单击选取需要的图形，如图10-43所示。在“路径查找器”控制面板中，单击“联集”按钮，如图10-44所示，生成新的对象，效果如图10-45所示。

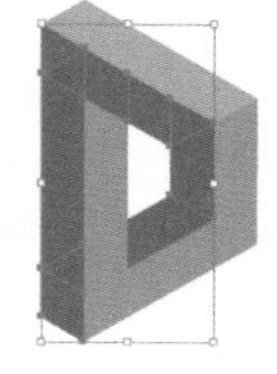

图10-43

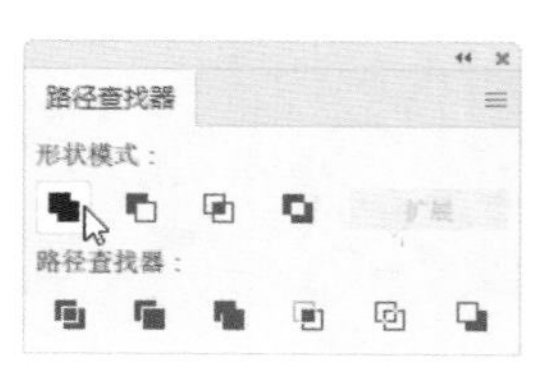

图10-44

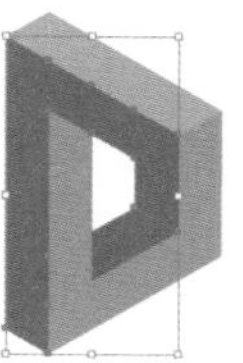

图10-45

15 双击渐变工具，弹出“渐变”控制面板，选中“线性渐变”按钮，在色带上设置3个渐变滑块，分别将渐变滑块的位置设为0%、36%、100%，并设置R、G、B的值分别为0%（41、105、176）、36%（41、128、185）、100%（109、213、250），其他选项的设置如图10-46所示，图形被填充为渐变色，效果如图10-47所示。用相同的方法合并其他形状，并填充相应的渐变色，效果如图10-48所示。

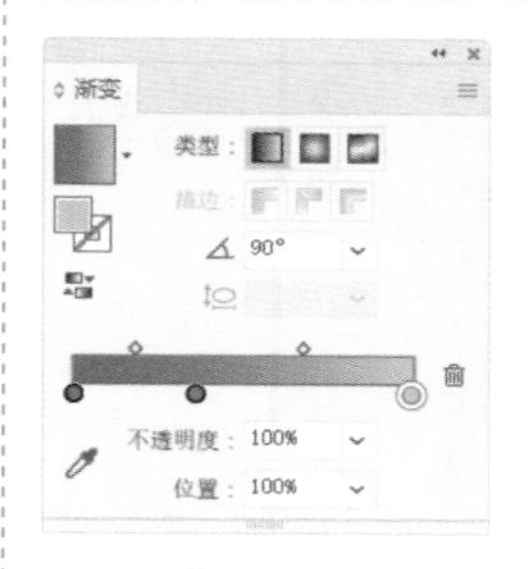

图10-46

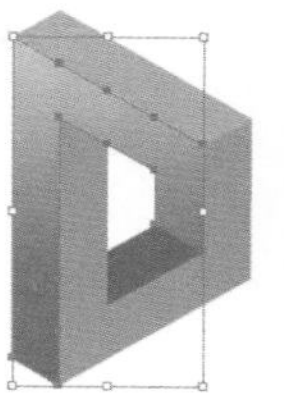

图10-47

图10-48

16 选择选择工具，用框选的方法将所绘制的图形全部选取，按Ctrl+G快捷键，将其编组，如图10-49所示。

17 选择文字工具，在页面中分别输入需要的文字，选择选择工具，在属性栏中分别选择合适的字体并设置文字大小，效果如图10-50所示。

图10-49

图10-50

18 选取下方英文文字，按Alt+ →快捷键，适当调整文字间距，效果如图10-51所示。矛盾空间效果Logo制作完成，效果如图10-52所示。

碲点装饰
DIDIAN DECORATION

图10-51

图10-52

10.3.2 “3D”效果

“3D”效果组可以将开放路径、闭合路径或位图对象转换为可以旋转、打光和投影的三维对象，如图10-53所示。

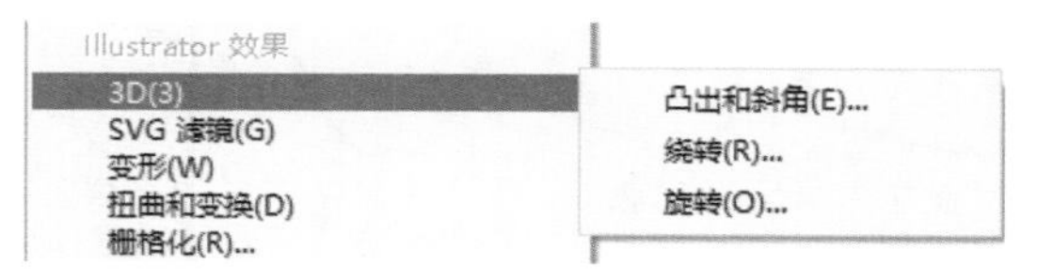

图10-53

"3D"效果组中的效果如图10-54所示。

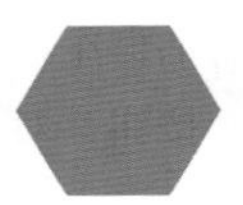
原图像

"凸出和斜角"效果

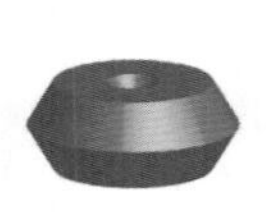
"绕转"效果

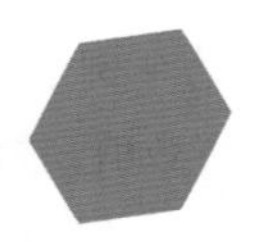
"旋转"效果

图10-54

10.3.3 "变形"效果

"变形"效果组可使对象扭曲或变形，可作用的对象有路径、文本、网格、混合和栅格图像，如图10-55所示。

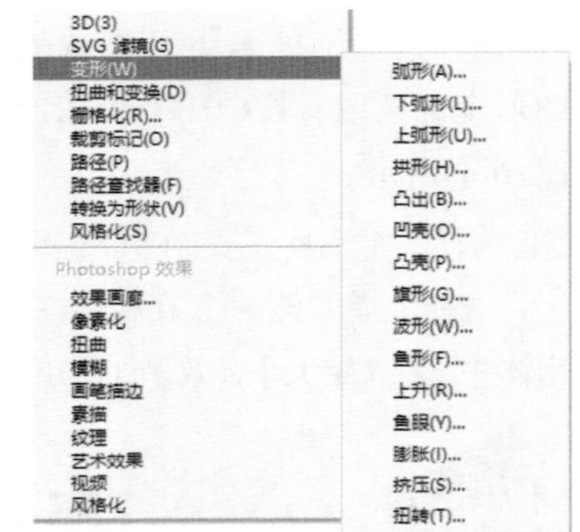

图10-55

"变形"效果组中的效果如图10-56所示。

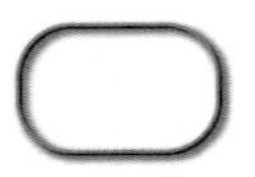
原图像

"弧形"效果

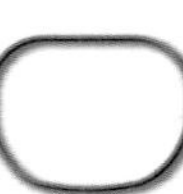
"下弧形"效果

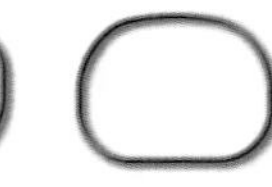
"上弧形"效果

"拱形"效果

"凸出"效果

"凹壳"效果

"凸壳"效果

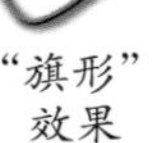
"旗形"效果

"波形"效果

"鱼形"效果

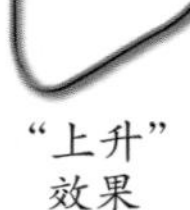
"上升"效果

"鱼眼"效果

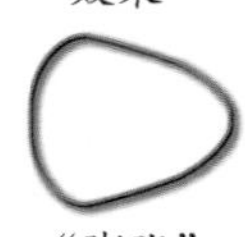
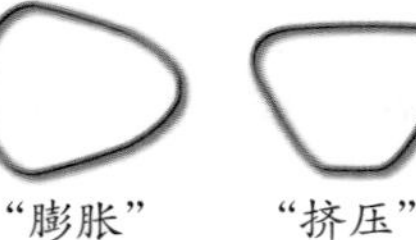
"膨胀"效果

"挤压"效果

"扭转"效果

图10-56

10.3.4 "扭曲和变换"效果

"扭曲和变换"效果组可以使图像产生各种扭曲变形的效果，它包括7个效果命令，如图10-57所示。

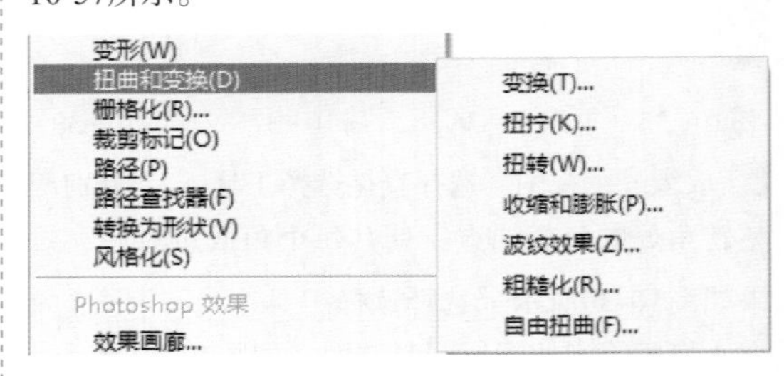

图10-57

"扭曲和变换"效果组中的效果如图10-58所示。

原图像

"变换"效果

"扭拧"效果

"扭转"效果

"收缩和膨胀"效果

"波纹"效果

"粗糙化"效果

"自由扭曲"效果

图10-58

10.3.5 “裁剪标记”效果

“裁剪标记”命令指示了所需的打印纸张剪切的位置，效果如图10-59所示。

原图像

使用“裁剪标记”效果

图10-59

10.3.6 “风格化”效果

“风格化”效果组可以增强对象的外观效果，如图10-60所示。

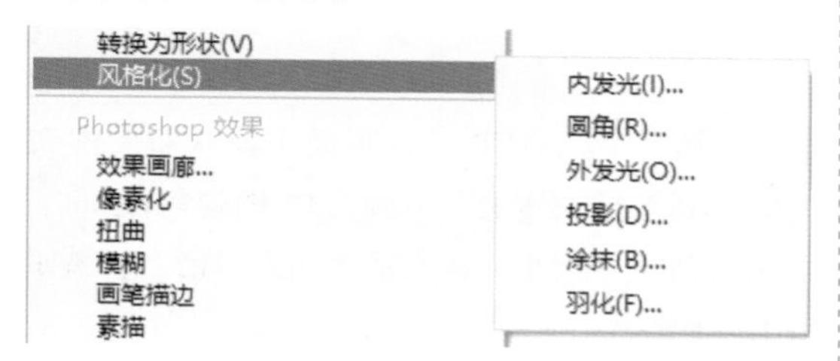

图10-60

1. 内发光命令

在对象的内部可以创建发光的外观效果。选中要添加内发光效果的对象，如图10-61所示，选择“效果 > 风格化 > 内发光”命令，在弹出的“内发光”对话框中设置数值，如图10-62所示，单击“确定”按钮，对象的内发光效果如图10-63所示。

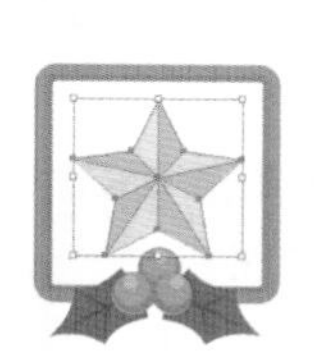

图10-61

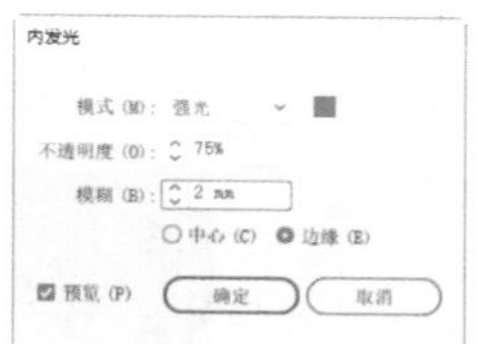

图10-62

图10-63

2. 圆角命令

可以为对象添加圆角效果。选中要添加圆角效果的对象，如图10-64所示，选择“效果 > 风格化 > 圆角”命令，在弹出的“圆角”对话框中设置数值，如图10-65所示，单击“确定”按钮，对象的效果如图10-66所示。

图10-64

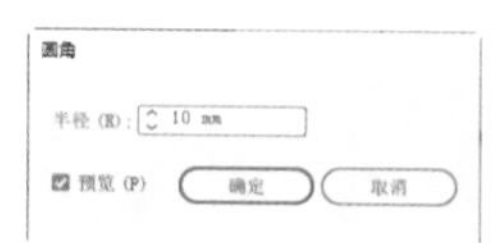

图10-65

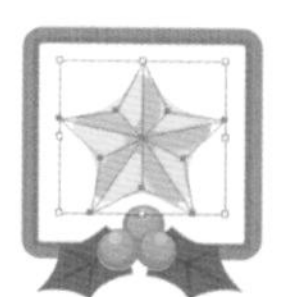

图10-66

3. 外发光命令

可以在对象的外部创建发光的外观效果。选中要添加外发光效果的对象，如图10-67所示，选择“效果 > 风格化 > 外发光”命令，在弹出的“外发光”对话框中设置数值，如图10-68所示，单击“确定”按钮，对象的外发光效果如图10-69所示。

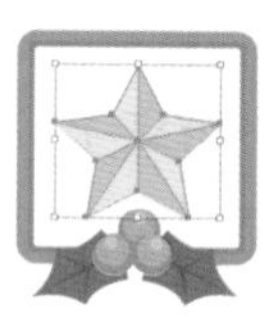

图10-67

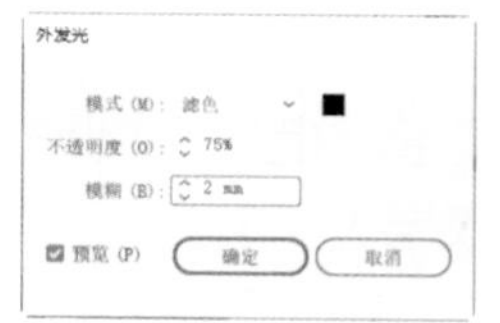

图10-68

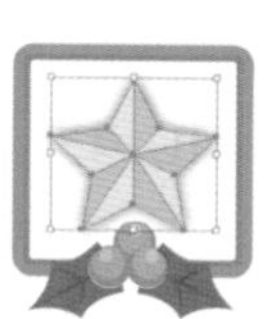

图10-69

4. 投影命令

为对象添加投影。选中要添加投影的对象，如图10-70所示，选择“效果 > 风格化 > 投影”命令，在弹出的“投影”对话框中设置数值，如图10-71所示，单击“确定”按钮，对象的投影效果如图10-72所示。

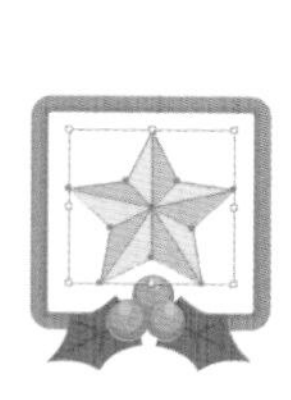

图10-70

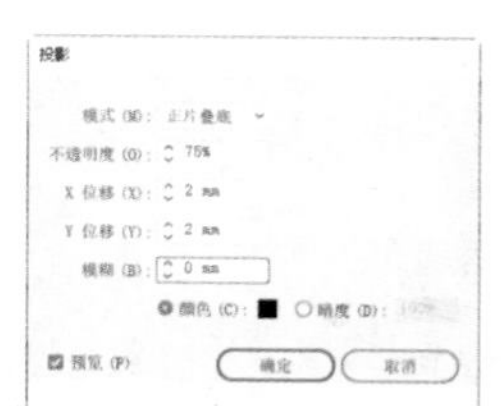

图10-71

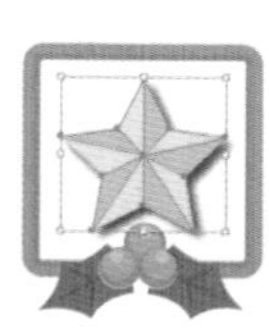

图10-72

5. 涂抹命令

选中要添加涂抹效果的对象，如图10-73所示，选择“效果 > 风格化 > 涂抹”命令，在弹出的“涂抹选项”对话框中设置数值，如图10-74所示，单击“确定”按钮，对象的效果如图10-75所示。

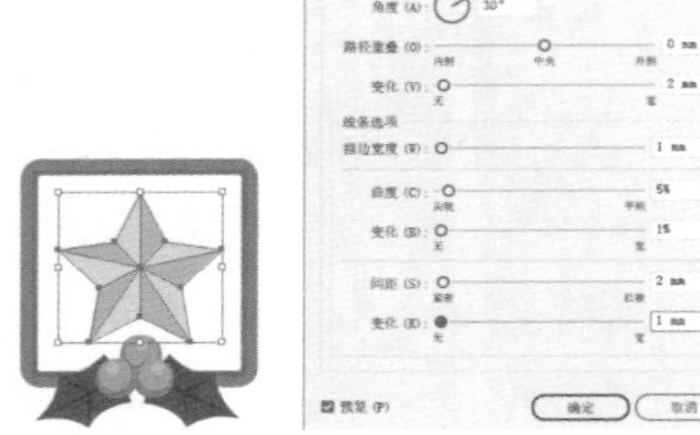

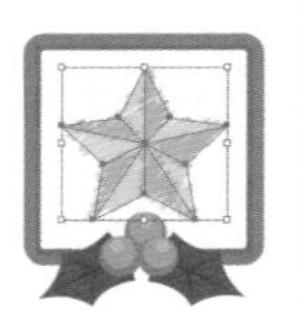

图10-73　　图10-74　　图10-75

6. 羽化命令

使对象的边缘从实心颜色逐渐过渡为无色。选中要羽化的对象，如图10-76所示，选择“效果 > 风格化 > 羽化”命令，在弹出的“羽化”对话框中设置数值，如图10-77所示，单击“确定”按钮，对象的效果如图10-78所示。

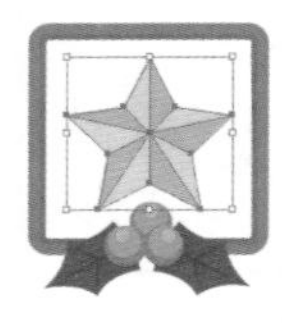

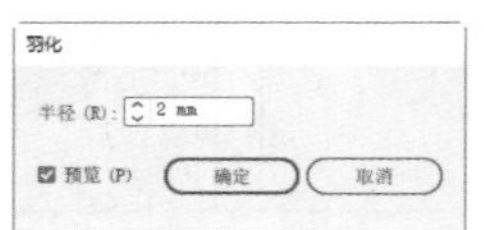

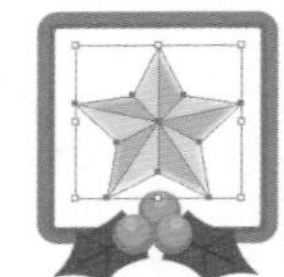

图10-76　　图10-77　　图10-78

10.4 Photoshop效果

Photoshop效果为栅格效果，也就是用来生成像素的效果，可以同时应用于矢量和位图对象。它包括一个效果画廊和9个效果组，有些效果组又包括多个效果。

10.4.1 课堂案例——制作发光文字效果

【案例学习目标】学习使用文字工具和模糊命令制作发光文字效果。

【案例知识要点】使用文字工具输入文字；使用创建轮廓命令将文字轮廓化；使用偏移路径命令、轮廓化描边命令、高斯模糊命令和外发光命令为文字添加发光效果。效果如图10-79所示。

【效果所在位置】Ch10\效果\制作发光文字效果.ai。

图10-79

01 按Ctrl+O快捷键，打开本书学习资源中的“Ch10\素材\制作发光文字效果\01”文件，如图10-80所示。

02 选择文字工具T，在页面中输入需要的文字，选择选择工具▶，在属性栏中选择合适的字体并设置文字大小，将文字填充为白色，效果如图10-81所示。

03 按Ctrl+T快捷键，弹出“字符”控制面板，将“设置所选字符的字距调整”选项设为100，其他选项的设置如图10-82所示；按Enter键确认操作，效果如图10-83所示。

图10-80　　图10-81

图10-82　　图10-83

04 按Shift+Ctrl+O快捷键，将文字转换为轮廓，效果如图10-84所示。按Shift+X快捷键，互换填色和描边，如图10-85所示。在属性栏中将“描边粗细”选项设置为8 pt，按Enter键确认操作，效果如图10-86所示。

图10-84

图10-85

图10-86

05 按Ctrl+C快捷键，复制文字，按Ctrl+B快捷键，将复制的文字粘贴在后面。选择“对象 > 路径 > 轮廓化描边”命令，将描边转换为填充，效果如图10-87所示。

图10-87

06 选择“对象 > 路径 > 偏移路径”命令，在弹出的“偏移路径”对话框中进行设置，如图10-88所示，单击“确定”按钮，偏移路径，效果如图10-89所示。

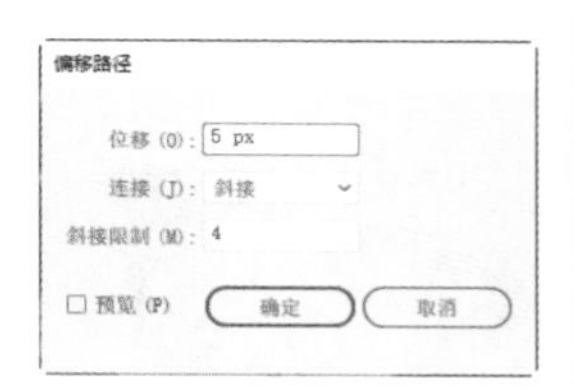

图10-88

图10-89

07 选择“效果 > 模糊 > 高斯模糊”命令，在弹出的“高斯模糊”对话框中进行设置，如图10-90所示，单击“确定”按钮，效果如图10-91所示。

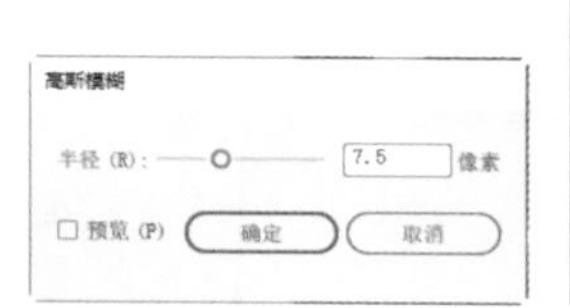

图10-90

图10-91

08 设置填充色为紫色（其R、G、B的值分别为236、64、122），填充文字，效果如图10-92所示。在属性栏中将“不透明度”选项设为70%，按Enter键确认操作，效果如图10-93所示。

图10-92

图10-93

09 选择选择工具▶，选取上方白色描边文字，按Ctrl+C快捷键，复制文字，按Ctrl+F快捷键，将复制的文字粘贴在前面，如图10-94所示。按Shift+X快捷键，互换填色和描边，如图10-95所示。

图10-94

图10-95

10 选择“对象 > 路径 > 偏移路径”命令，在弹出的“偏移路径”对话框中进行设置，如图10-96所示，单击“确定”按钮，偏移路径，效果如图10-97所示。

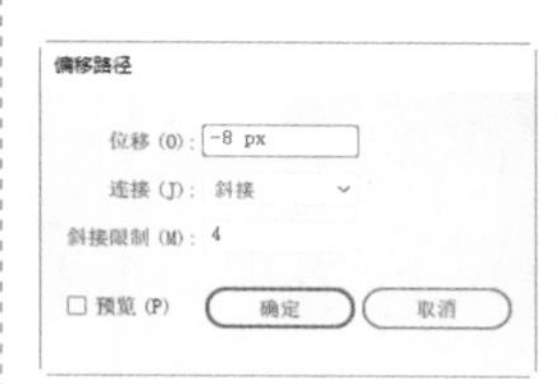

图10-96

图10-97

11 选择“效果 > 风格化 > 外发光”命令，在弹出的“外发光”对话框中进行设置，如图10-98所示，单击“确定”按钮，效果如图10-99所示。发光文字效果制作完成，如图10-100所示。

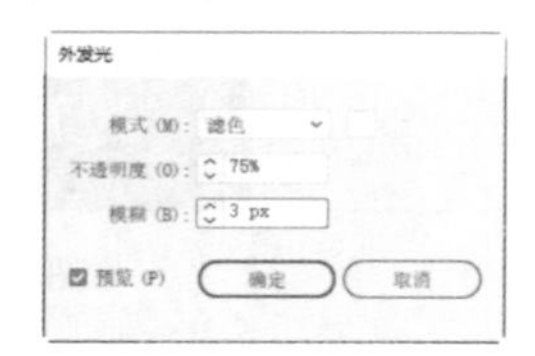

图10-98

图10-99

图10-100

10.4.2 “像素化”效果

“像素化”效果组可以将图像中颜色相似的像素合并起来，产生特殊的效果，如图10-101所示。

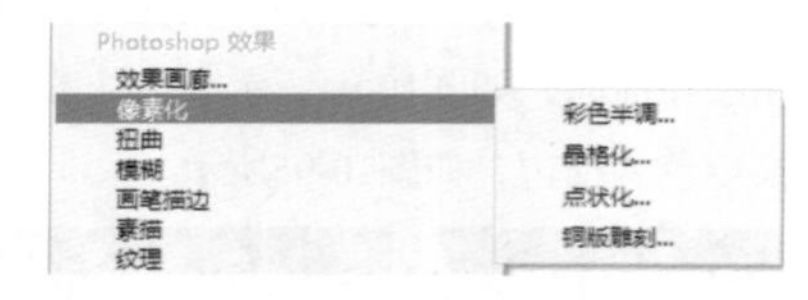

图10-101

“像素化”效果组中的效果如图10-102所示。

原图像

“彩色半调”效果

“晶格化”效果

“点状化”效果

“铜版雕刻”效果

图10-102

10.4.3 “扭曲”效果

“扭曲”效果组可以对像素进行移动或插值来使图像达到扭曲效果，如图10-103所示。

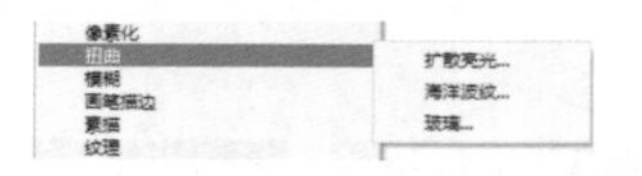

图10-103

“扭曲”效果组中的效果如图10-104所示。

原图像

“扩散亮光”效果

“海洋波纹”效果

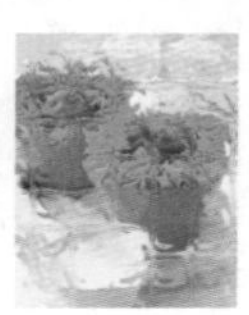

“玻璃”效果

图10-104

10.4.4 “模糊”效果

“模糊”效果组可以削弱相邻像素之间的对比度，使图像达到柔化的效果，如图10-105所示。

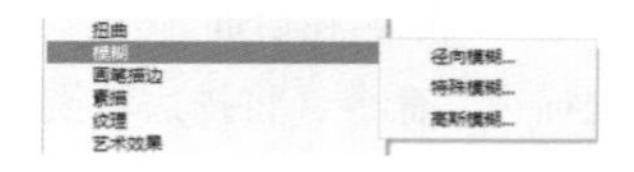

图10-105

1. 径向模糊命令

“径向模糊”命令可以使图像产生旋转或运动的效果，模糊的中心位置可以任意调整。

选中图像，如图10-106所示。选择“效果 > 模糊 > 径向模糊”命令，在弹出的“径向模糊”对话框中进行设置，如图10-107所示，单击“确定”按钮，图像效果如图10-108所示。

图10-106

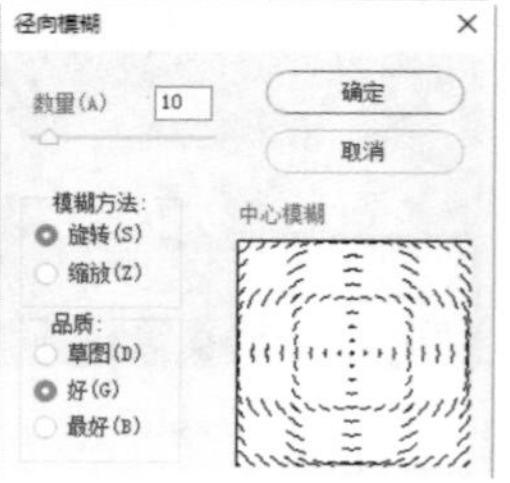

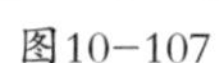

图10-107

图10-108

2. 特殊模糊命令

“特殊模糊”命令可以使图像背景产生模糊效果，可以用来制作柔化效果。

选中图像，如图10-109所示。选择“效果 > 模糊 > 特殊模糊”命令，在弹出的“特殊模糊”对话框中进行设置，如图10-110所示，单击“确定”按钮，图像效果如图10-111所示。

图10-109

图10-110

图10-111

3. 高斯模糊命令

“高斯模糊”命令可以使图像变得柔和，可以用来制作倒影或投影。

选中图像，如图10-112所示。选择“效果 > 模糊 > 高斯模糊”命令，在弹出的“高斯模糊”对话框中进行设置，如图10-113所示，单击“确定”按钮，图像效果如图10-114所示。

图10-112

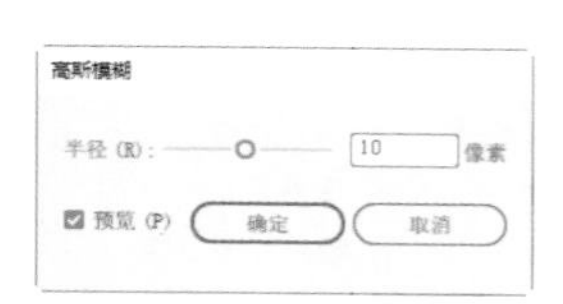

图10-113

图10-114

10.4.5 “画笔描边”效果

“画笔描边”效果组可以通过不同的画笔和油墨设置产生类似绘画的效果，如图10-115所示。

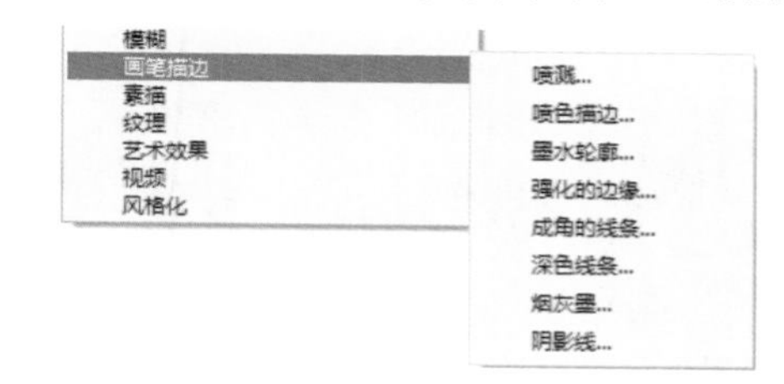

图10-115

“画笔描边”效果组中的各效果如图10-116所示。

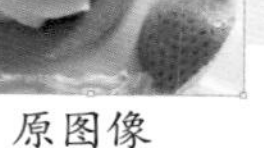

原图像

“喷溅”效果

“喷色描边”效果

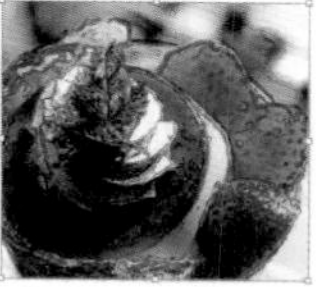

“墨水轮廓”效果

“强化的边缘”效果

“成角的线条”效果

“深色线条”效果

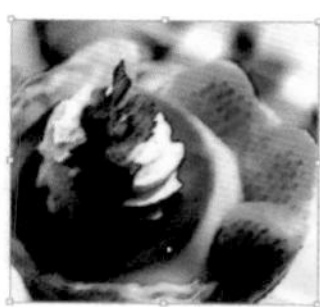

“烟灰墨”效果

“阴影线”效果

图10-116

10.4.6 “素描”效果

“素描”效果组可以模拟现实中的素描、速写等美术方法对图像进行处理，如图10-117所示。

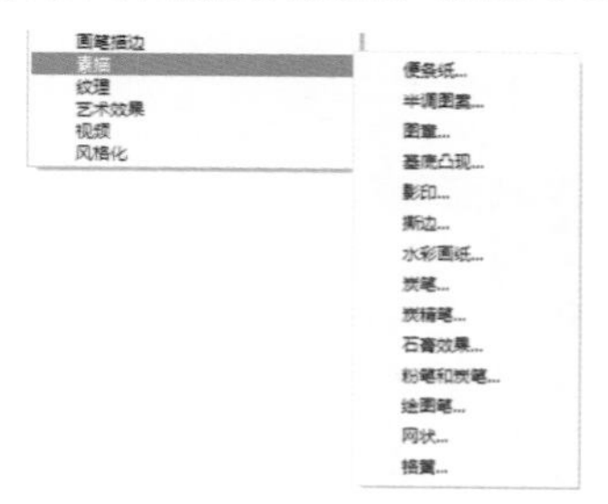

图10-117

“素描”效果组中的各效果如图10-118所示。

原图像

“便条纸”效果

“半调图案”效果

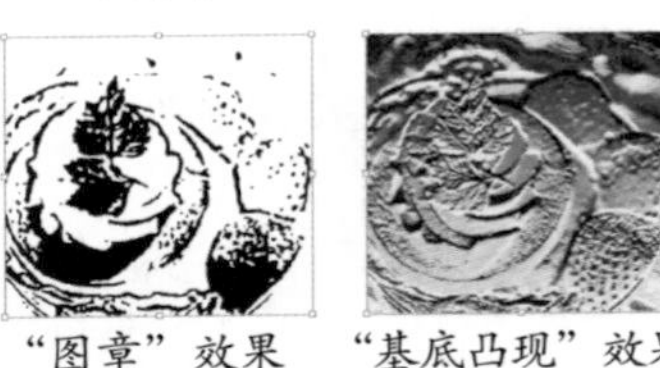
“图章”效果　“基底凸现”效果

“影印”效果

“撕边”效果

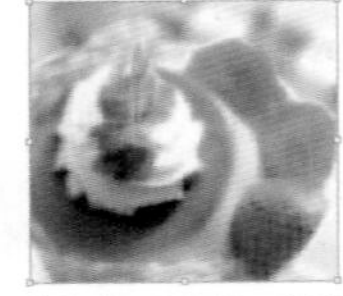
“水彩画纸”效果

“炭笔”效果

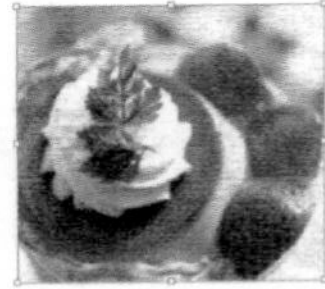
“炭精笔”效果

“石膏效果”效果

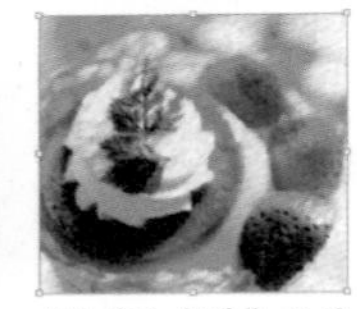
“粉笔和炭笔”效果

“绘图笔”效果

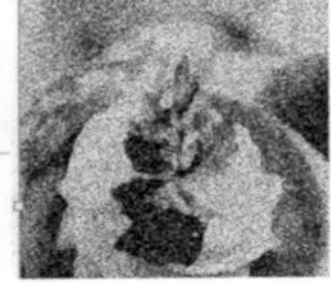
“网状”效果

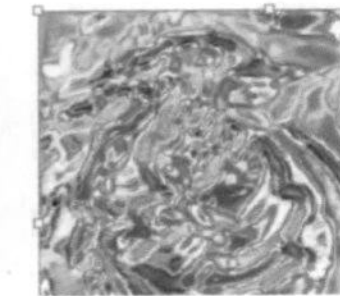
“铬黄”效果

图10-118

10.4.7 “纹理”效果

“纹理”效果组可以使图像产生各种纹理效果，还可以利用前景色在空白的图像上制作纹理图，如图10-119所示。

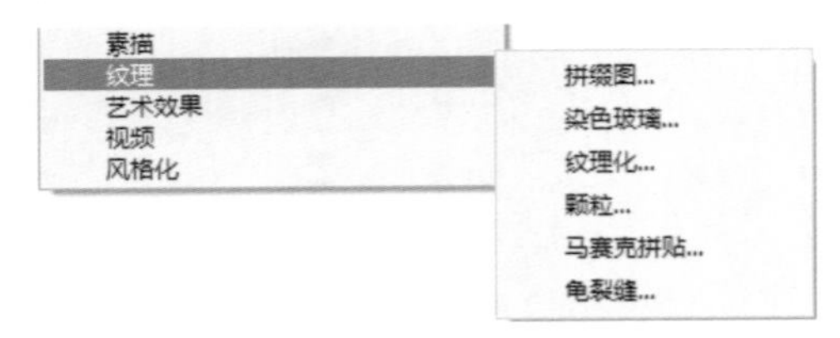

图10-119

“纹理”效果组中的各效果如图10-120所示。

原图像

“拼缀图”效果

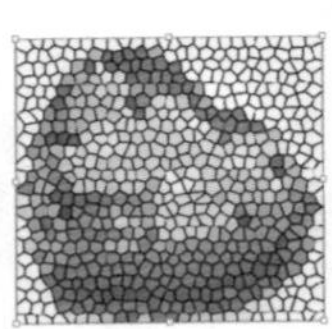
“染色玻璃”效果

“纹理化”效果

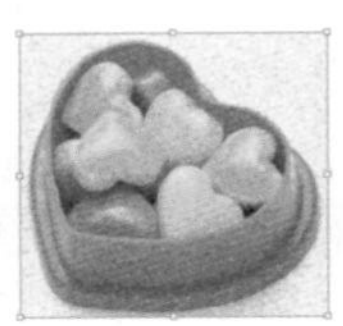
“颗粒”效果

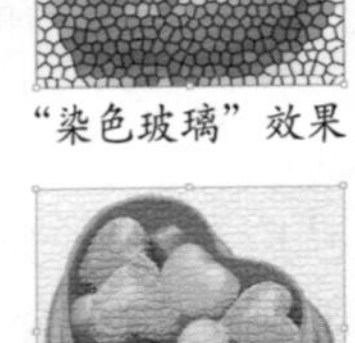
“马赛克拼贴”效果

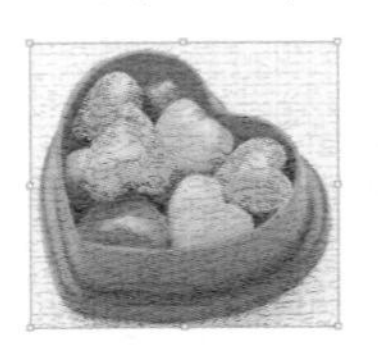
“龟裂缝”效果

图10-120

10.4.8 “艺术效果”效果

“艺术效果”效果组可以模拟不同的艺术派别，使用不同的工具和介质为图像创造出不同的艺术效果，如图10-121所示。

图10-121

“艺术效果”效果组中的各效果如图10-122所示。

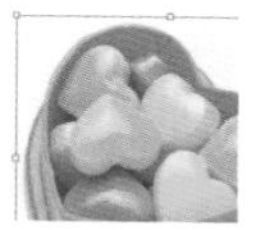
原图像

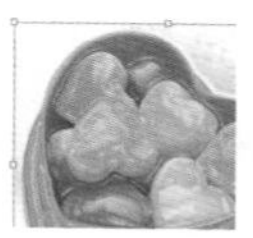
“塑料包装”效果

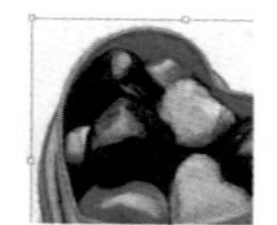
“壁画”效果

“干画笔”效果

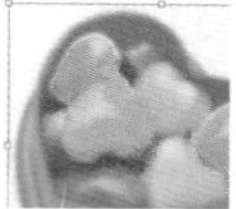
“底纹效果”效果

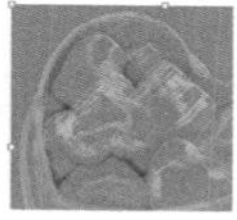
“彩色铅笔”效果

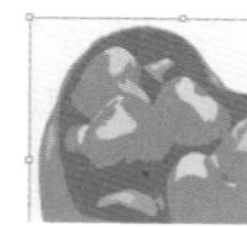
“木刻”效果

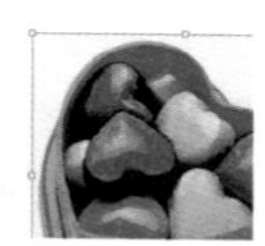
“水彩”效果

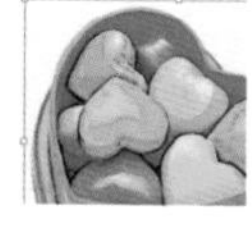
“海报边缘”效果

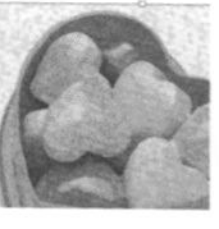
“海绵”效果

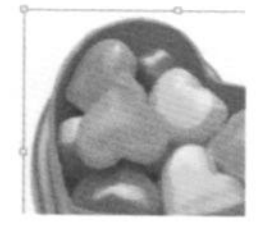
“涂抹棒”效果

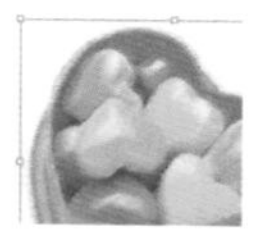
“粗糙蜡笔”效果

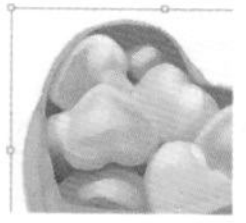
“绘画涂抹”效果

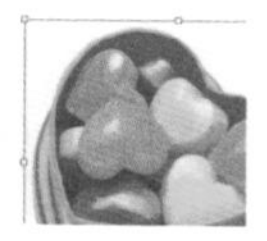
“胶片颗粒”效果

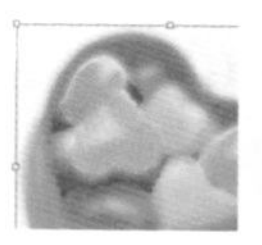
“调色刀”效果

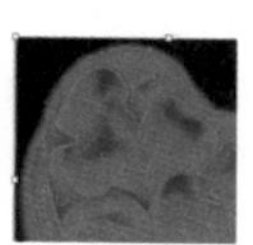
“霓虹灯光”效果

图10-122

10.4.9 “风格化”效果

“风格化”效果组中只有1个效果，如图10-123所示。

图10-123

“照亮边缘”效果可以把图像中的低对比度区域变为黑色，高对比度区域变为白色，从而使图像上不同颜色的交界处产生发光效果。

选中图像，如图10-124所示，选择“效果 > 风格化 > 照亮边缘”命令，在弹出的“照亮边缘”对话框中进行设置，如图10-125所示，单击“确定”按钮，图像效果如图10-126所示。

图10-124

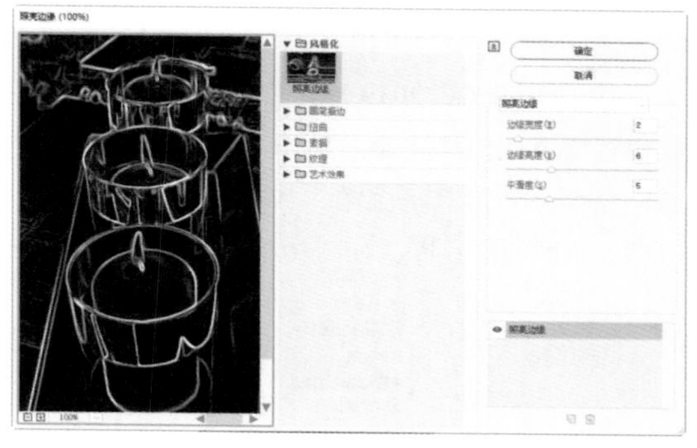
图10-125

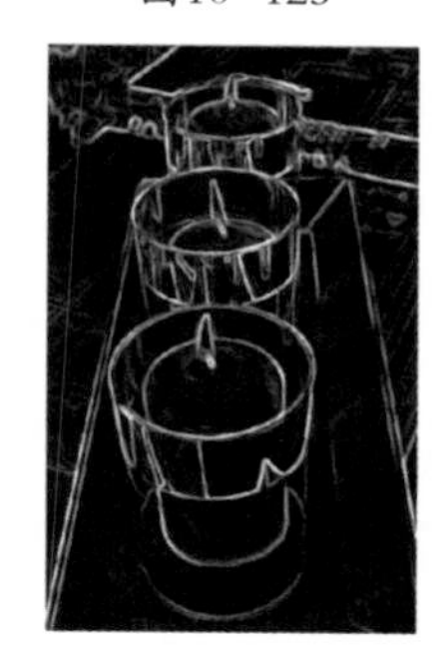
图10-126

10.5 样式

Illustrator CC 2019提供了多种样式库供选择和使用。下面具体介绍各种样式的使用方法。

10.5.1 “图形样式”控制面板

选择“窗口 > 图形样式”命令，弹出“图形样式”控制面板。在默认状态下，控制面板的效果如图10-127所示。在“图形样式”控制面板中，系统提供了多种预置的样式。在制作图像的过程中，不但可以任意调用控制面板中的样式，还可以创建、保存、管理样式。在“图形样式”控制面板的下方，“断开图形样式链接”按钮 用于断开样式与图形之间的链接；“新建图形样式”按钮 用于建立新的样式；“删除图形样式”按钮 用于删除不需要的样式。

图10-127

Illustrator CC 2019提供了丰富的样式库，可以根据需要调出样式库。选择“窗口 > 图形样式库”命令，弹出其子菜单，如图10-128所示，可以调出不同的样式库，如图10-129所示。

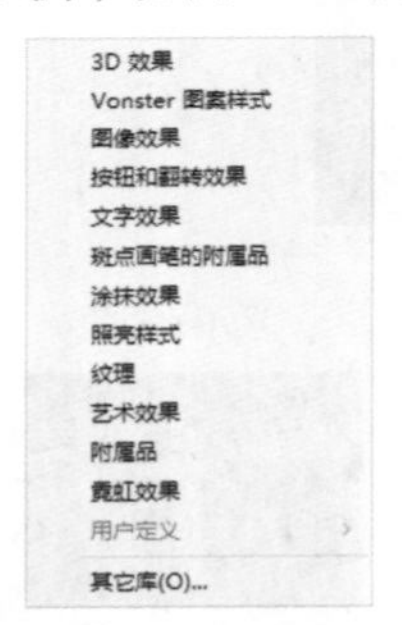

图10-128

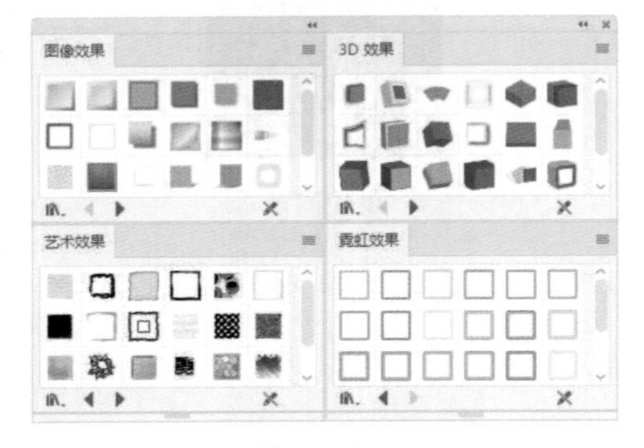

图10-129

提示

Illustrator CC 2019中的样式有CMYK颜色模式的样式和RGB颜色模式的样式两种类型。

10.5.2 使用样式

选中要添加样式的图形，如图10-130所示。在“图形样式”控制面板中单击要添加的样式，如图10-131所示。图形被添加样式后的效果如图10-132所示。

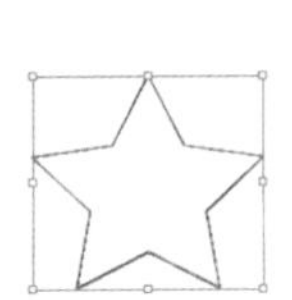

图10-130

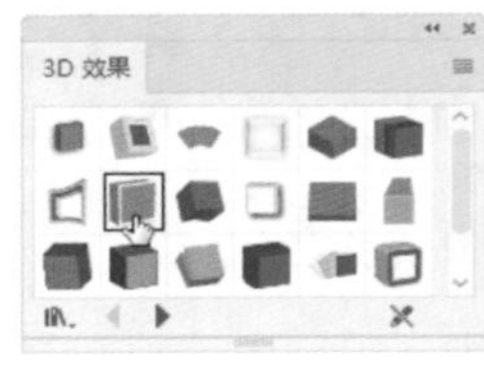

图10-131

图10-132

定义图形的外观后，可以将其保存。选中要保存外观的图形，如图10-133所示。单击“图形样式”控制面板中的“新建图形样式”按钮 ，样式被保存到样式库中，如图10-134所示。

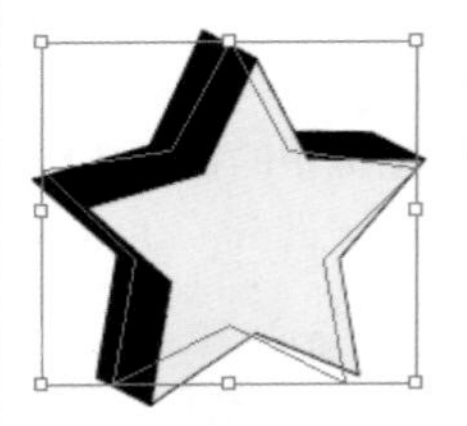

图10-133

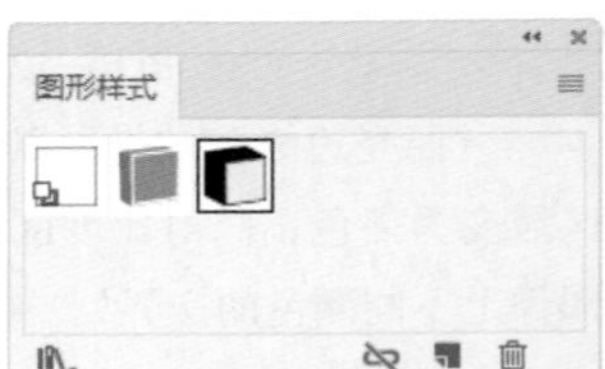

图10-134

用鼠标将图形直接拖曳到“图形样式”控制面板中也可以保存图形的样式，如图10-135所示。

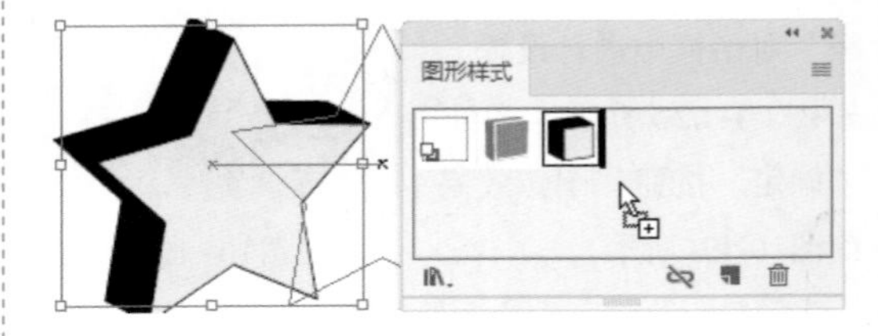

图10-135

当把“图形样式”控制面板中的样式添加到图形上时，Illustrator CC 2019将在图形和选定的样式之间创建一种链接关系。也就是说，如果“图形样式”控制面板中的样式发生了变化，那么被添加了该样式的图形也会随之变化。单击“图形样式”控制面板中的“断开图形样式链接”按钮 ，可断开链接关系。

10.6 “外观”控制面板

在Illustrator CC 2019的外观控制面板中，可以查看当前对象或图层的外观属性，其中包括应用到对象上的效果、描边颜色、描边粗细、填色、不透明度等。

选择“窗口 > 外观”命令，弹出“外观”控制面板。选中一个对象，如图10-136所示，在“外观”控制面板中将显示该对象的各项外观属性，如图10-137所示。

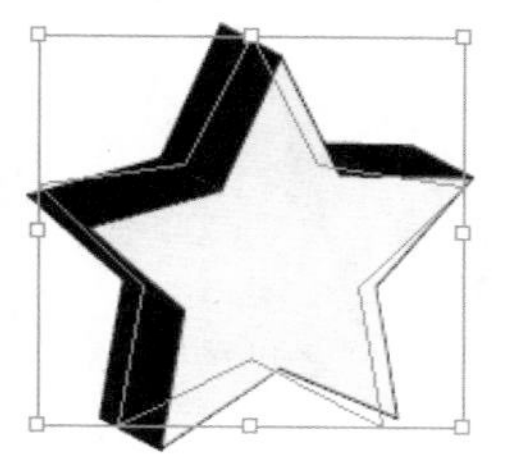

图10-136

图10-137

“外观”控制面板可分为2个部分。

第1部分显示当前选择，可以显示当前路径或图层的缩略图。

第2部分为当前路径或图层的全部外观属性列表。它包括应用到当前路径上的效果、描边颜色、描边粗细、填色和不透明度等。如果同时选中的多个对象具有不同的外观属性，如图10-138所示，“外观”控制面板将无法一一显示，只能提示当前选择为混合外观，效果如图10-139所示。

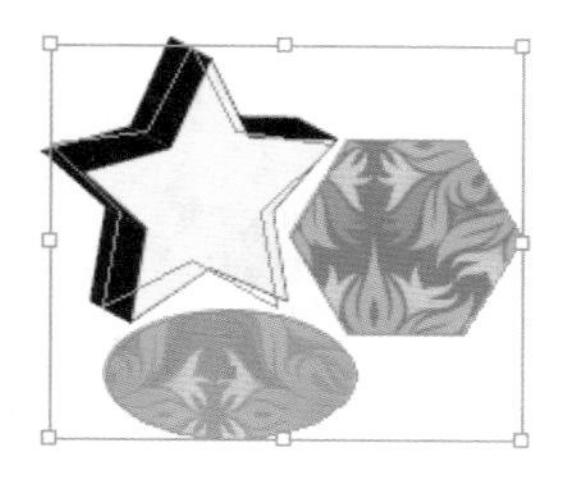

图10-138

图10-139

在“外观”控制面板中，各项外观属性是有层叠顺序的。在列举选取区的效果属性时，后应用的效果位于先应用的效果之上。拖曳代表各项外观属性的列表项，可以重新排列外观属性的层叠顺序，从而影响到对象的外观。例如，当图像的描边属性在填色属性之上时，图像效果如图10-140所示。在“外观”控制面板中将描边属性拖曳到填色属性的下方，如图10-141所示。改变层叠顺序后图像效果如图10-142所示。

图10-140

图10-141

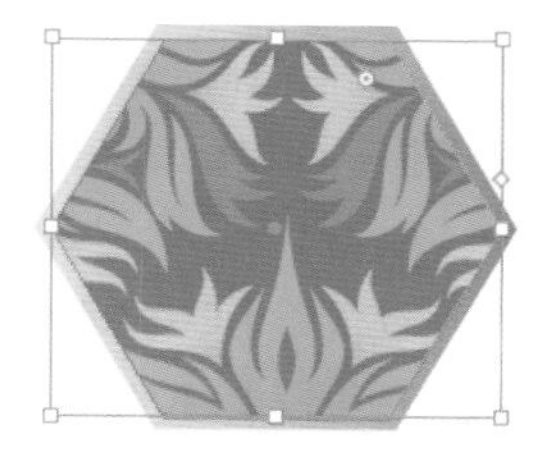

图10-142

在创建新对象时，Illustrator CC 2019将把当前设置的外观属性自动添加到新对象上。

10.7 课堂练习——制作文化传媒微信运营海报

【练习知识要点】使用文字工具和凸出和斜角命令制作立体文字效果；使用文字工具、字符控制面板添加宣传性文字。效果如图10-143所示。

【素材所在位置】Ch10\素材\制作文化传媒微信运营海报\01。

【效果所在位置】Ch10\效果\制作文化传媒微信运营海报.ai。

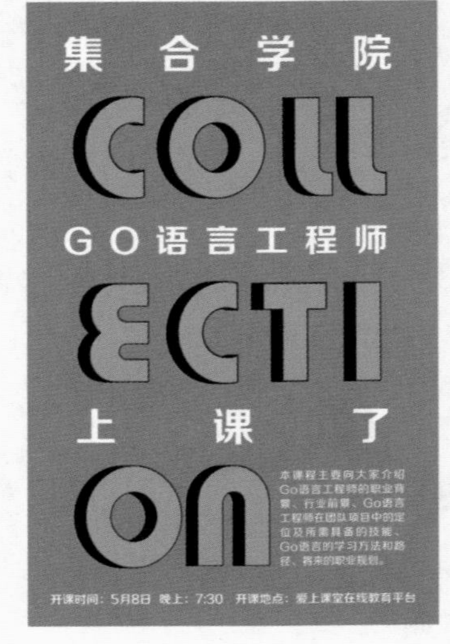

图10-143

10.8 课后习题——制作餐饮食品招贴

【习题知识要点】使用置入命令置入图片；使用文字工具、填充工具和涂抹命令添加并编辑标题文字；使用文字工具、字符控制面板添加其他相关信息。效果如图10-144所示。

【素材所在位置】Ch10\素材\制作餐饮食品招贴\01。

【效果所在位置】Ch10\效果\制作餐饮食品招贴.ai。

图10-144

第11章

商业案例实训

本章介绍

本章结合多个应用领域商业案例的实际应用，通过案例分析、案例设计、案例制作进一步详解Illustrator的强大应用功能和制作技巧。使读者在学习商业案例并完成大量商业练习后，可以快速地掌握商业案例设计的理念和软件的技术要点，设计制作出专业的作品。

学习目标

- 掌握软件基础知识的使用方法。
- 了解Illustrator的常用设计领域。
- 掌握Illustrator在不同设计领域的使用技巧。

技能目标

- 掌握轮船插画的绘制方法。
- 掌握汽车Banner广告的制作方法。
- 掌握店庆海报的制作方法。
- 掌握环球旅行书籍封面的制作方法。
- 掌握巧克力豆包装的制作方法。

11.1 插画设计——绘制轮船插画

11.1.1 项目背景及要求

1. 客户名称

《海上世界》。

2. 客户需求

《海上世界》是一本儿童插画故事书，通过插画的形式向孩子们传达有关大海的知识，内容简单通俗易懂。本案例是绘制以轮船为主题的插画，在插画绘制上要通过简洁的绘画语言表现出轮船的神秘，以及大海的魅力。

3. 设计要求

（1）插画设计要形象生动、可爱丰富。

（2）设计形式要直观醒目，充满趣味性。

（3）画面色彩要丰富多样，表现形式层次分明，具有吸引力。

（4）设计风格具有特色，让人产生向往之情。

（5）设计规格为250 mm（宽）×150 mm（高），分辨率为300 dpi。

11.1.2 项目素材及要点

1. 素材资源

图片素材所在位置：学习资源中的“Ch11\素材\绘制轮船插画\01”。

2. 设计作品

设计作品参考效果所在位置：学习资源中的“Ch11\效果\绘制轮船插画.ai”。效果如图11-1所示。

图11-1

3. 制作要点

使用椭圆工具、矩形工具、直接选择工具、变换控制面板和路径查找器命令绘制船体；使用椭圆工具、缩放命令、直线段工具、旋转工具和路径查找器命令绘制救生圈；使用矩形工具、变换控制面板、圆角矩形工具和填充工具绘制烟囱、栏杆和船舱。

11.1.3 案例制作步骤

1. 绘制船体和救生圈

01 按Ctrl+O快捷键，打开本书学习资源中的“Ch11\素材\绘制轮船插画\01”文件，如图11-2所示。选择椭圆工具，在页面外绘制一个椭圆形，如图11-3所示。

图11-2

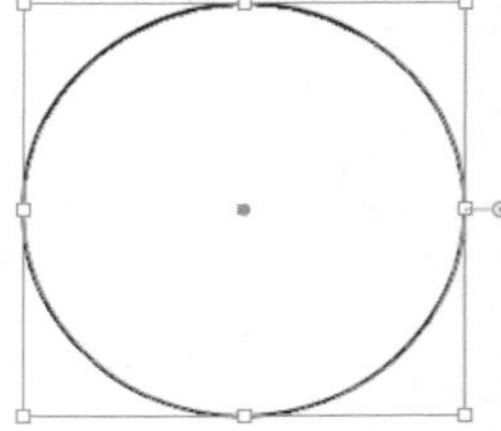

图11-3

02 选择“窗口 > 变换”命令，弹出“变换”控制面板，在“椭圆属性”选项组中将“饼图起点角度”选项设为180°，如图11-4所示；按Enter键确认操作，效果如图11-5所示。

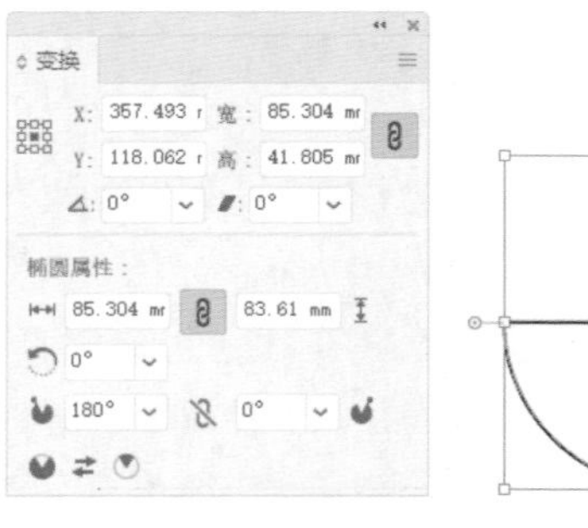

图11-4

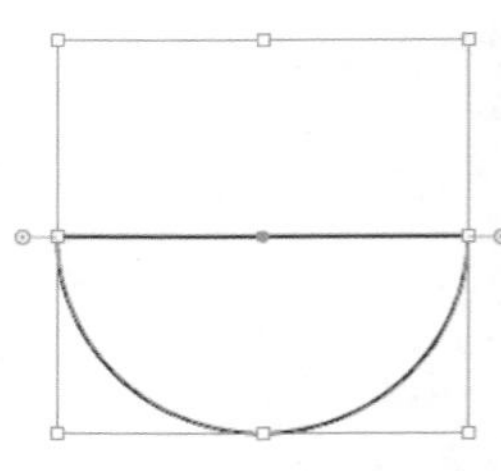

图11-5

03 选择选择工具，按住Alt+Shift快捷键的同时，水平向右拖曳半椭圆到适当的位置，复制半椭圆，效果如图11-6所示。

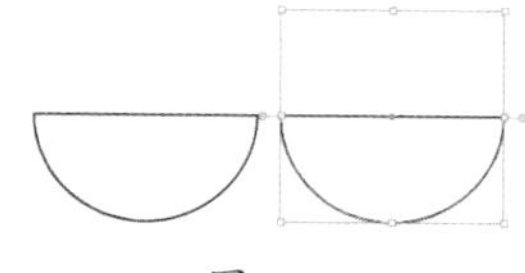

图11-6

04 选择矩形工具，在适当的位置绘制一个矩形，如图11-7所示。继续在右上角绘制一个矩形，如图11-8所示。

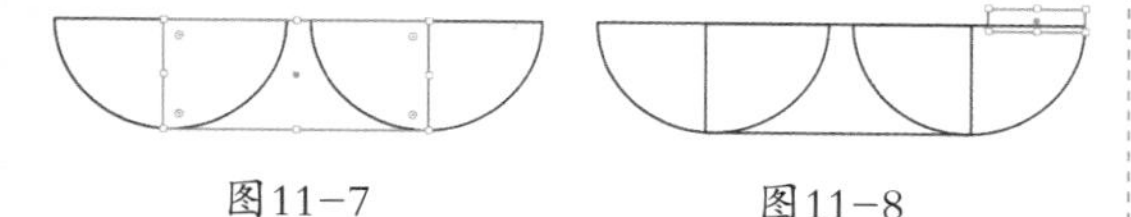

图11-7　　图11-8

05 选择直接选择工具，选取左上角的锚点，并向右拖曳锚点到适当的位置，如图11-9所示。选择选择工具，用框选的方法将所绘制的图形同时选取，如图11-10所示。

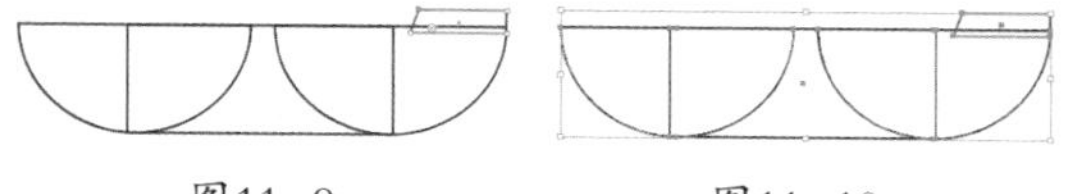

图11-9　　图11-10

06 选择“窗口 > 路径查找器”命令，弹出“路径查找器”控制面板，单击“联集”按钮，如图11-11所示，生成新的对象，效果如图11-12所示。

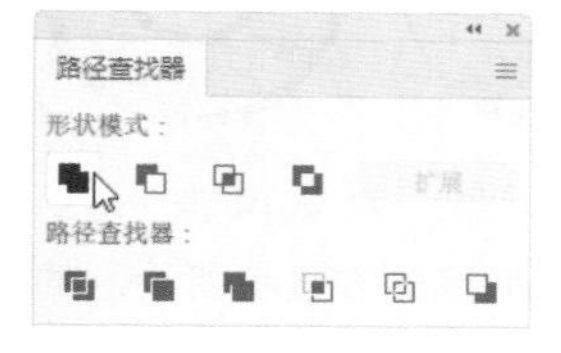

图11-11

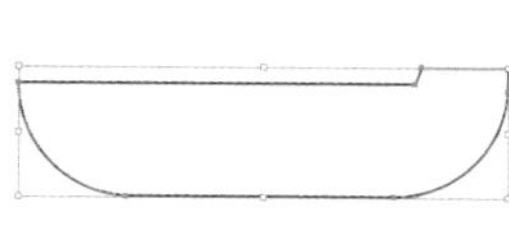

图11-12

07 选择“窗口 > 描边”命令，弹出“描边”控制面板，单击“边角”选项中的“圆角连接”按钮，其他选项的设置如图11-13所示；按Enter键确认操作，如图11-14所示。

图11-13

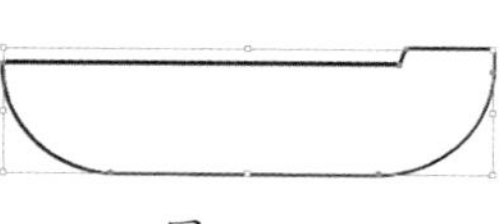

图11-14

08 保持图形被选取状态。设置填充色海蓝色（其C、M、Y、K的值分别为92、84、52、22），填充图形，效果如图11-15所示。选择矩形工具，在适当的位置绘制一个矩形，将图形填充为白色，并设置描边色为无，效果如图11-16所示。

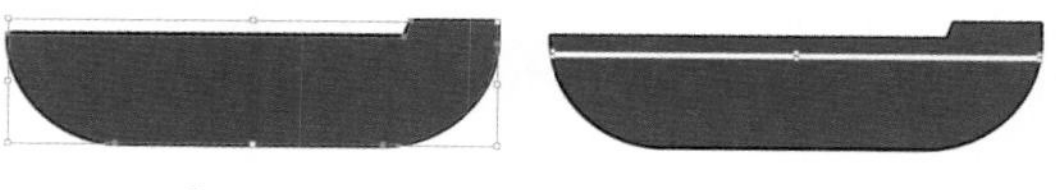

图11-15　　图11-16

09 选择直接选择工具，选取左下角的锚点，并向右拖曳锚点到适当的位置，效果如图11-17所示。用相同的方法调整右下角的锚点，效果如图11-18所示。

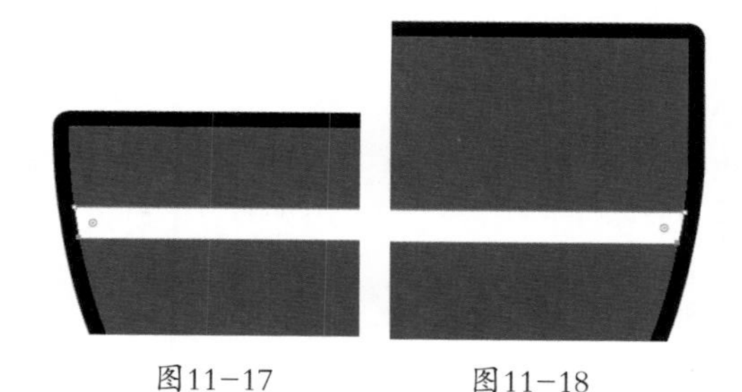

图11-17　　图11-18

10 选择椭圆工具，按住Shift键的同时，在适当的位置绘制一个圆形，将图形填充为黑色，并设置描边色为无，效果如图11-19所示。

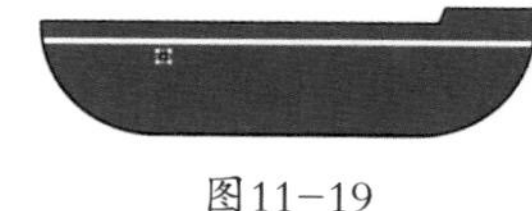

图11-19

11 选择选择工具，按住Alt+Shift快捷键的同时，水平向右拖曳圆形到适当的位置，复制圆形，效果如图11-20所示。连续按Ctrl+D快捷键，复制出多个圆形，效果如图11-21所示。

图11-20　　图11-21

12 选择椭圆工具，按住Shift键的同时，在轮船图形外绘制一个圆形，如图11-22所示。选择“对象 > 变换 > 缩放”命令，在弹出的“比例缩放”对话框中进行设置，如图11-23所示；单击“复制”按钮，缩小并复制圆形，效果如图11-24所示。

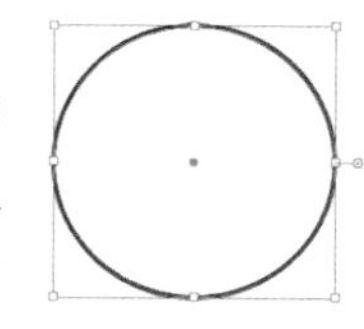

图11-22

13 选择选择工具，按住Shift键的同时，单击原图形将其同时选取，如图11-25所示，按Ctrl+C快捷键，复制选中的图形。（此图形作为备用图形。）

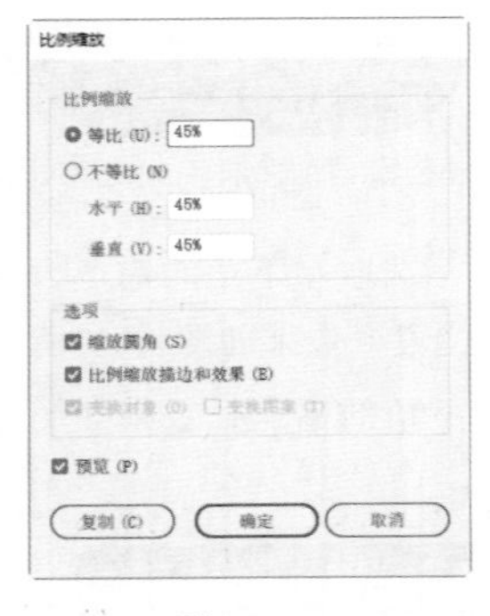
图11-23

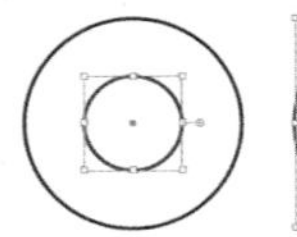
图11-24

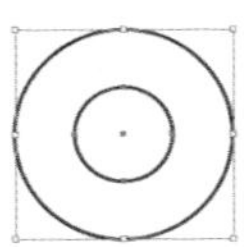
图11-25

14 选择直线段工具，按住Shift键的同时，在适当的位置绘制一条竖线，效果如图11-26所示。双击旋转工具，弹出“旋转”对话框，选项的设置如图11-27所示；单击“复制”按钮，旋转并复制竖线，效果如图11-28所示。连续按2次Ctrl+D快捷键，再复制出2条直线，效果如图11-29所示。

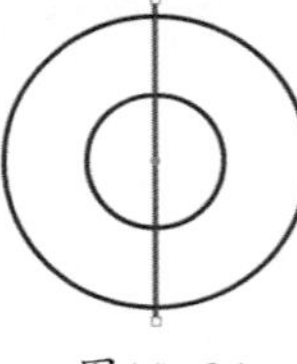
图11-26

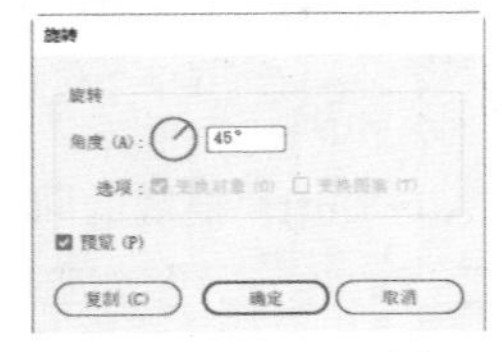
图11-27

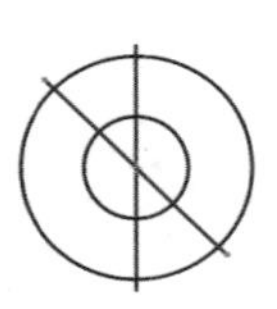
图11-28

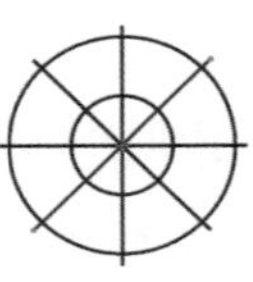
图11-29

15 选择选择工具，用框选的方法将所绘制的图形同时选取，如图11-30所示。在“路径查找器”控制面板中，单击“分割”按钮，如图11-31所示；生成新的对象，效果如图11-32所示。按Shift+Ctrl+G快捷键，取消图形编组。

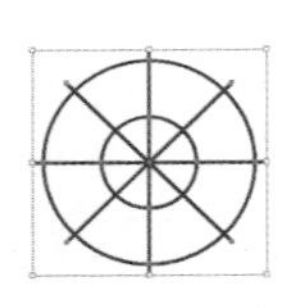
图11-30

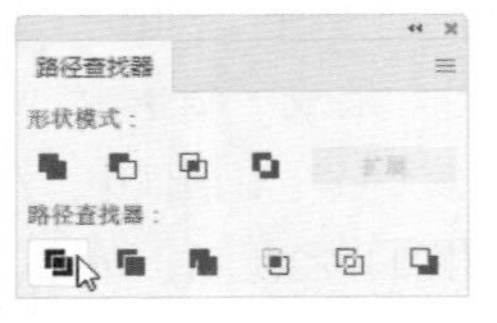

图11-31

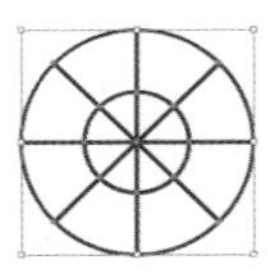
图11-32

16 选择选择工具，用框选的方法选取中间需要的扇形，如图11-33所示。按Delete键将其删除，效果如图11-34所示。

17 选择选择工具，按住Shift键的同时，选取需要的图形，设置填充色为粉红色（其C、M、Y、K的值分别为5、79、57、0），填充图形，并设置描边色为无，效果如图11-35所示。

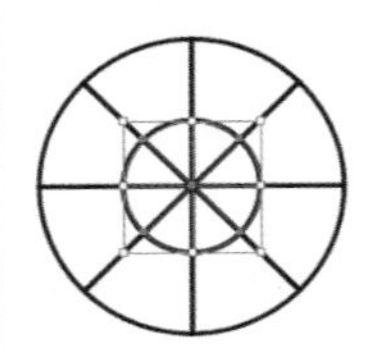
图11-33

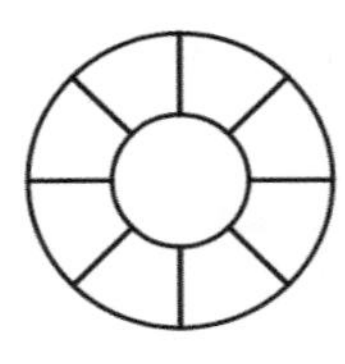
图11-34

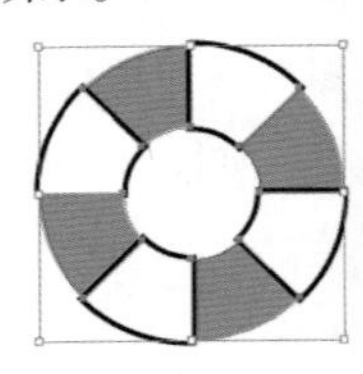
图11-35

18 选取余下需要的图形，设置填充色为米黄色（其C、M、Y、K的值分别为0、3、8、0），填充图形，并设置描边色为无，效果如图11-36所示。

19 按Shift+Ctrl+V快捷键，就地粘贴备用图形，如图11-37所示。在属性栏中将“描边粗细”选项设置为3 pt，按Enter键确认操作，效果如图11-38所示。

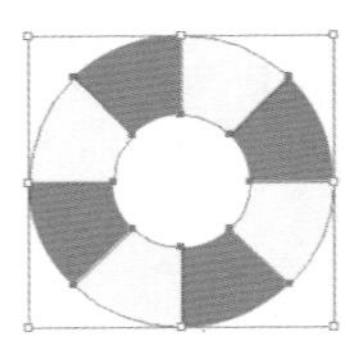
图11-36

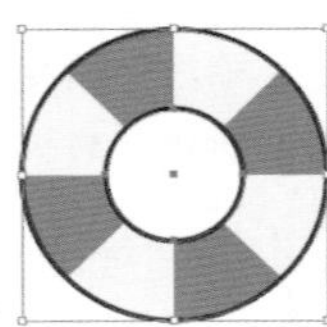
图11-37

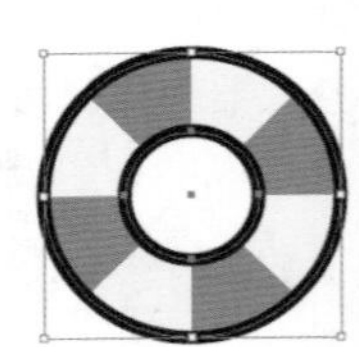
图11-38

20 选择选择工具，用框选的方法将所绘制的图形同时选取，按Ctrl+G快捷键，将图形编组，并将其拖曳到轮船图形上适当的位置，效果如图11-39所示。

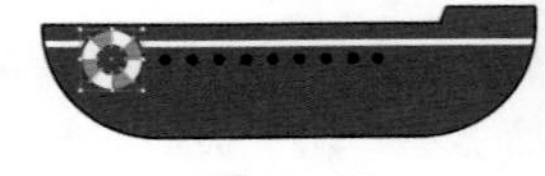
图11-39

2. 绘制栏杆、烟囱和船舱

01 选择矩形工具，在适当的位置绘制一个矩形，如图11-40所示。选择吸管工具，将吸管图标放置在下方船体上，如图11-41所示，单击鼠标左键吸取属性，如图11-42所示。

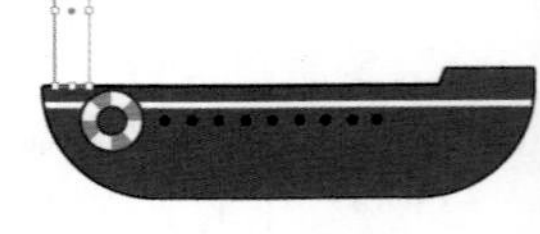
图11-40

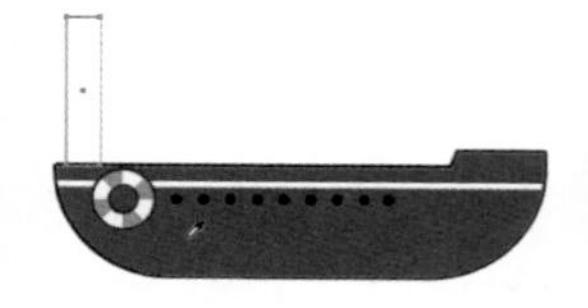

图11-41

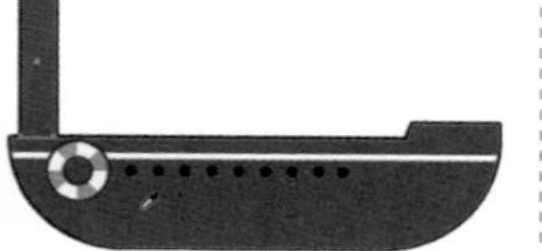

图11-42

02 选择选择工具▶，在“变换”控制面板中将“圆角半径”选项设为5 mm和0 mm，如图11-43所示；按Enter键确认操作，效果如图11-44所示。

03 选择矩形工具□，在适当的位置绘制一个矩形，设置填充色为粉红色（其C、M、Y、K的值分别为5、79、57、0），填充图形，并设置描边色为无，效果如图11-45所示。

图11-43

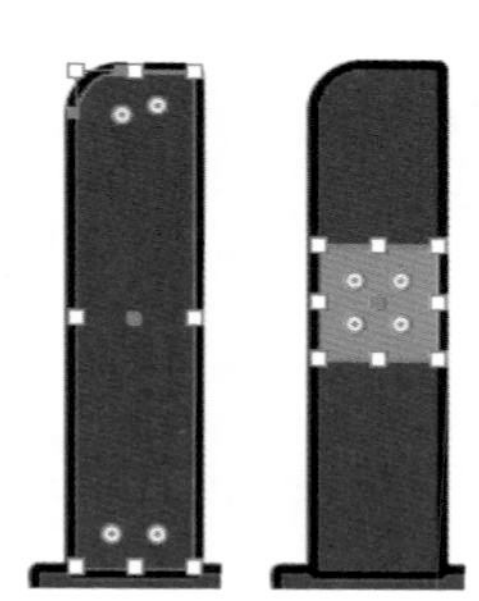

图11-44 图11-45

04 选择选择工具▶，按住Alt+Shift快捷键的同时，竖直向下拖曳矩形到适当的位置，复制矩形，效果如图11-46所示。

05 用框选的方法将所绘制的图形同时选取，如图11-47所示。按住Alt+Shift快捷键的同时，水平向右拖曳图形到适当的位置，复制图形，效果如图11-48所示。

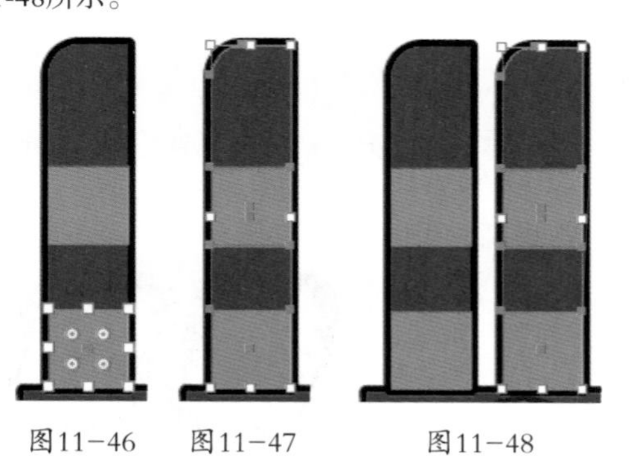

图11-46 图11-47 图11-48

06 选择圆角矩形工具▢，在页面中单击鼠标左键，弹出“圆角矩形”对话框，选项的设置如图11-49所示，单击“确定”按钮，出现一个圆角矩形。选择选择工具▶，拖曳圆角矩形到适当的位置，效果如图11-50所示。在属性栏中将“描边粗细”选项设置为3 pt，按Enter键确认操作，效果如图11-51所示。

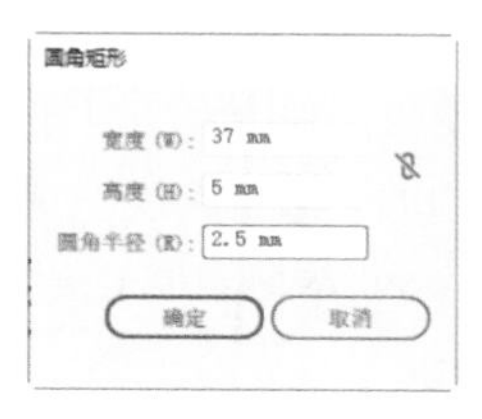

图11-49

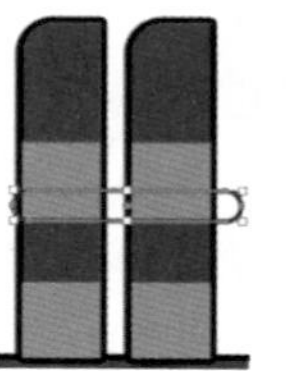

图11-50

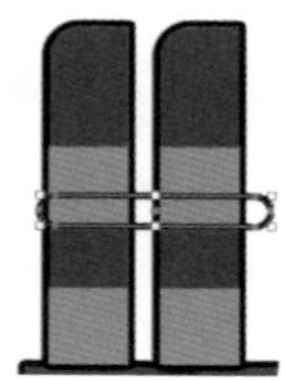

图11-51

07 保持图形被选取状态。设置填充色为浅灰色（其C、M、Y、K的值分别为0、0、0、15），填充图形，效果如图11-52所示。用相同的方法绘制其他圆角矩形，并填充相应的颜色，效果如图11-53所示。

08 用框选的方法将所绘制的图形同时选取，按Shift+Ctrl+[快捷键，将选中的图形置于底层，效果如图11-54所示。

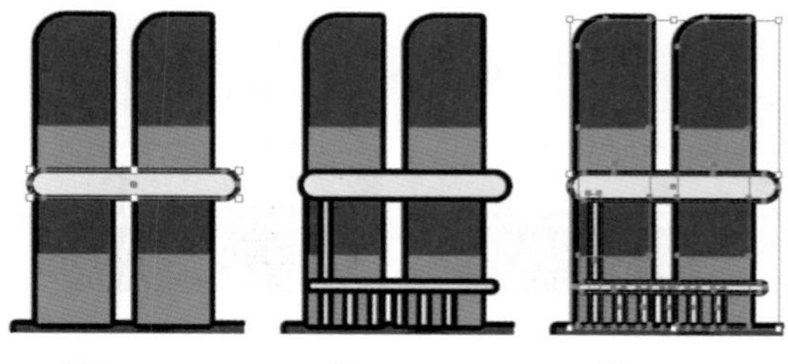

图11-52 图11-53 图11-54

09 选择矩形工具□，在适当的位置绘制一个矩形，如图11-55所示。选择直接选择工具▷，选中并向左拖曳右上角锚点到适当的位置，效果如图11-56所示。

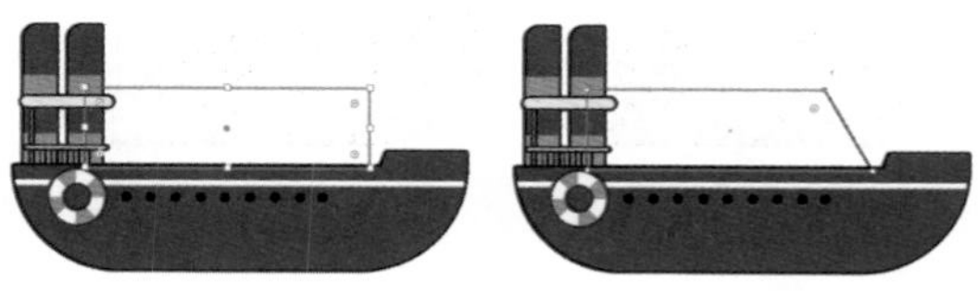

图11-55 图11-56

10 选中并向右拖曳左上角锚点到适当的位置，效果如图11-57所示。在属性栏中将“圆角半径”选项设为4 mm，按Enter键确认操作，效果如图11-58所示。

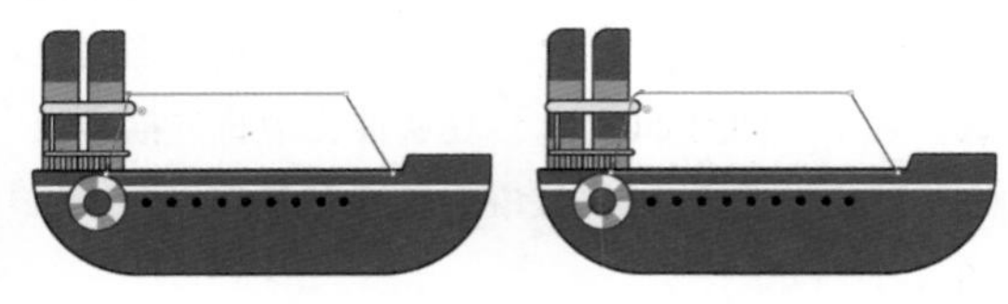

图11-57　　图11-58

11 选择选择工具，选取图形，在“描边”控制面板中单击“边角”选项中的“圆角连接”按钮，其他选项的设置如图11-59所示，按Enter键确认操作，效果如图11-60所示。

图11-59

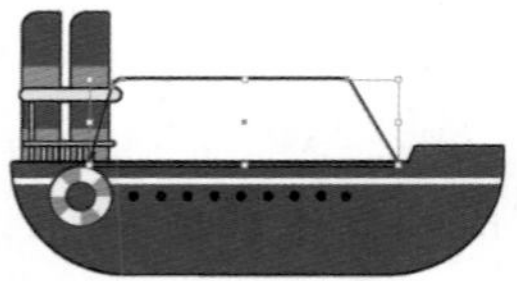

图11-60

12 保持图形被选取状态。设置填充色为浅灰色（其C、M、Y、K的值分别为0、0、0、15），填充图形，效果如图11-61所示。连续按Ctrl+[快捷键，将图形向后移至适当的位置，效果如图11-62所示。

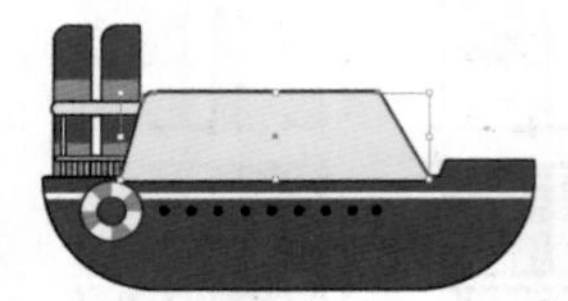

图11-61

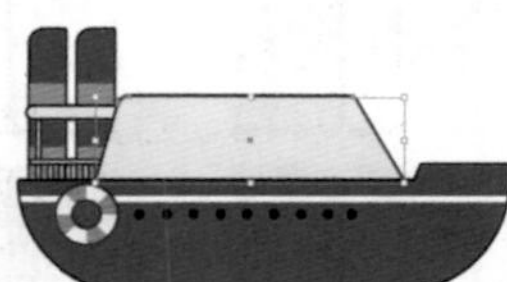

图11-62

13 用相同的方法再绘制一个矩形，并制作斜角，效果如图11-63所示。选择矩形工具，在适当的位置绘制一个矩形，如图11-64所示。

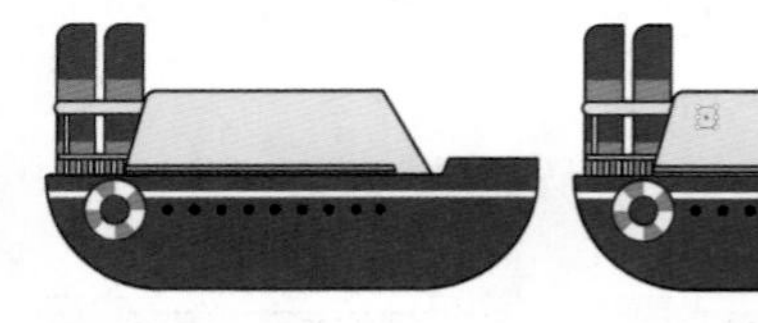

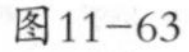

图11-63　　图11-64

14 在“描边”控制面板中，单击“边角”选项中的“圆角连接”按钮，其他选项的设置如图11-65所示；按Enter键确认操作，效果如图11-66所示。设置填充色为蓝色（其C、M、Y、K的值分别为52、7、0、0），填充图形，效果如图11-67所示。

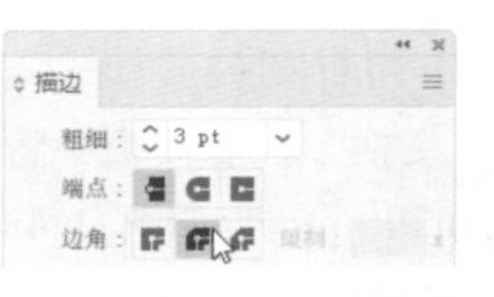

图11-65

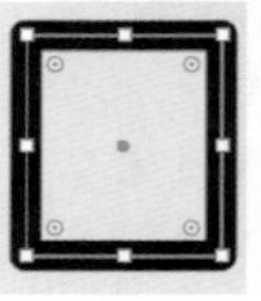

图11-66

图11-67

15 双击倾斜工具，弹出“倾斜”对话框，选项的设置如图11-68所示；单击“确定”按钮，倾斜图形，效果如图11-69所示。

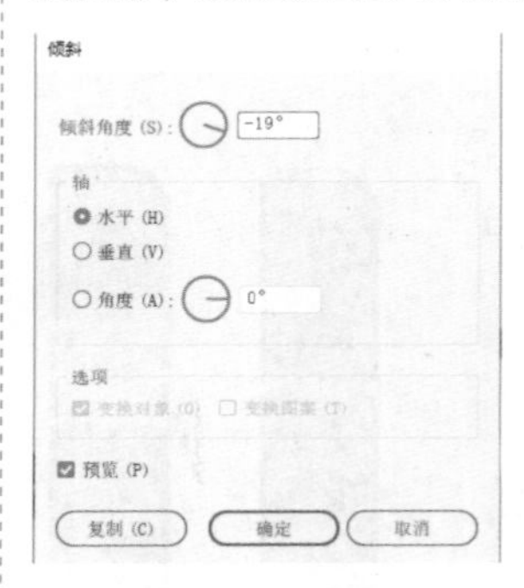

图11-68

图11-69

16 选择直接选择工具，将鼠标指针移动到左上角边角构件上，指针变为“”图标，如图11-70所示，向内拖曳左上角的边角构件，如图11-71所示，松开鼠标左键后，如图11-72所示。

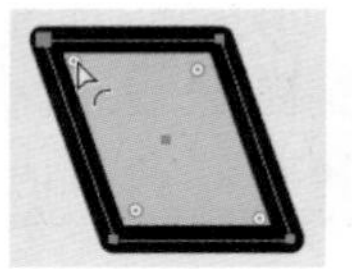

图11-70

图11-71

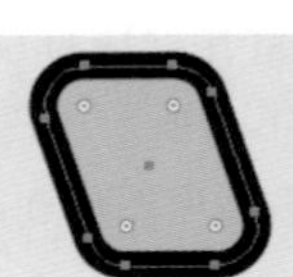

图11-72

17 选择选择工具，选取图形，按住Alt+Shift快捷键的同时，水平向右拖曳图形到适当的位置，复制图形，效果如图11-73所示。连续按Ctrl+D快捷键，复制出多个图形，效果如图11-74所示。

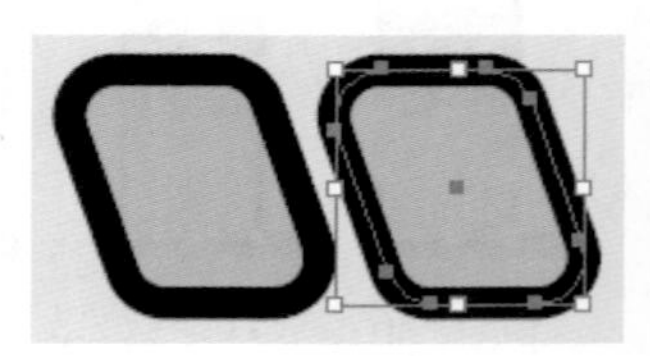

图11-73

图11-74

18 保持图形被选取状态。按→方向键，微调最后一个图形到适当的位置，效果如图11-75所示。选择直接选择工具，按住Shift键的同时，依次单击选中圆角矩形右侧的锚点，如图11-76所示。在属性栏中将“圆角半径”选项设为0 mm，按Enter键确认操作，效果如图11-77所示。

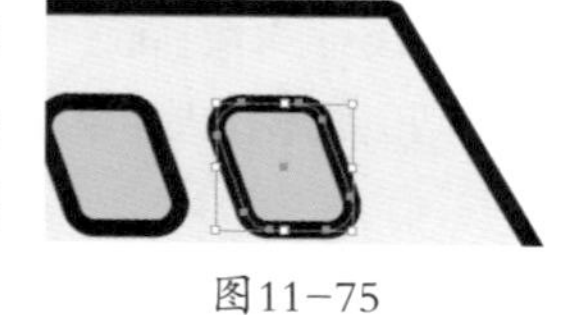

图11-75

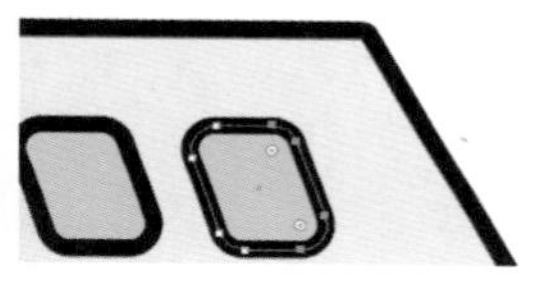

图11-76

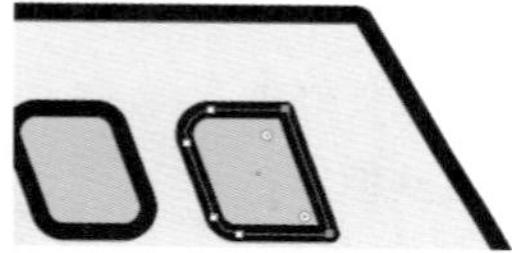

图11-77

19 向右拖曳选中的锚点到适当的位置，效果如图11-78所示。选取右下角的锚点，并向右拖曳锚点到适当的位置，效果如图11-79所示。

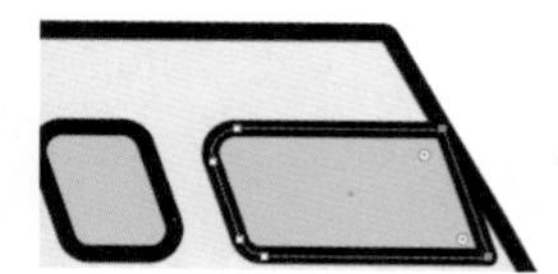

图11-78

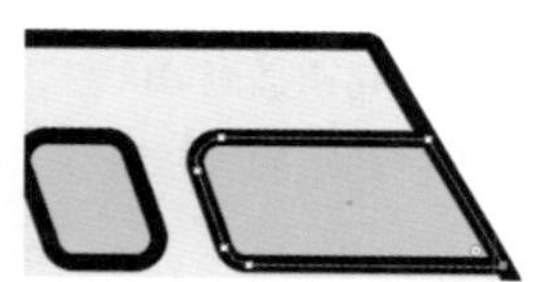

图11-79

20 用相同的方法绘制其他窗户和栏杆，效果如图11-80所示。选择选择工具，用框选的方法将所绘制的图形全部选取，按Ctrl+G快捷键，将其编组，如图11-81所示。

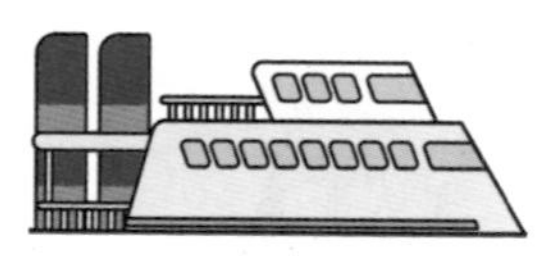

图11-80

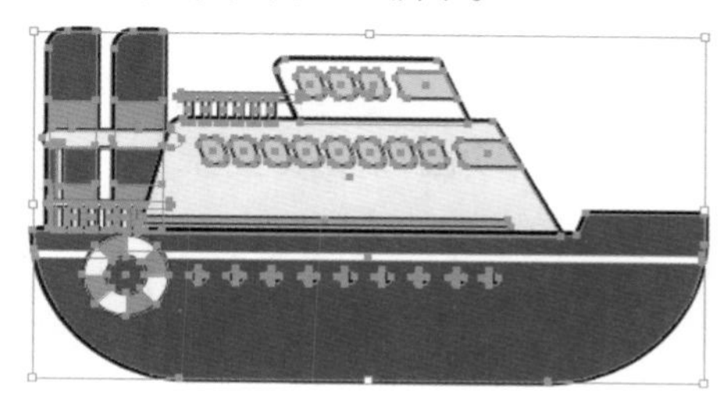

图11-81

21 拖曳编了组的图形到页面中适当的位置，并调整其大小，效果如图11-82所示。连续按Ctrl+[快捷键，将图形向后移至适当的位置，效果如图11-83所示。轮船插画绘制完成。

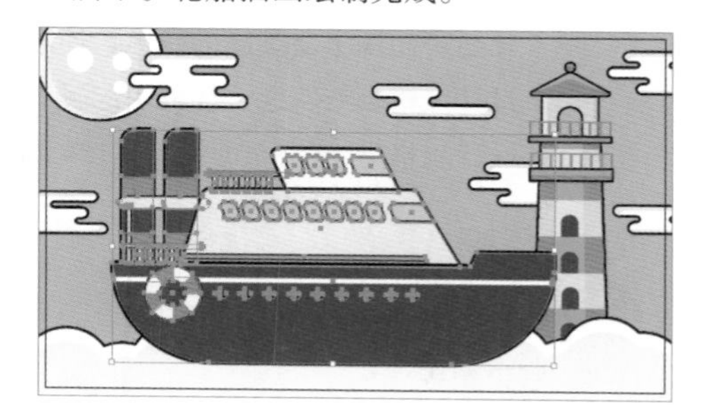

图11-82

图11-83

课堂练习1——绘制超市插画

练习1.1 项目背景及要求

1. 客户名称

欣欣超市。

2. 客户需求

欣欣超市是一家综合性的生活超市。本练习是为超市绘制形象插画，要求表现出超市一应俱全的特点。在插画绘制上要注重细节上的表现，绘制精巧，能够让人印象深刻。

3. 设计要求

（1）插画的设计要求能够快速准确地传递信息。

（2）设计形式要简洁明晰，具有特色。

（3）画面要使用丰富细腻的颜色，使画面丰富、令人舒适。

（4）设计风格具有特色，能够引起顾客的好奇及兴趣。

（5）设计规格为250 mm（宽）× 150 mm（高），分辨率为300 dpi。

练习1.2 项目素材及要点

1. 素材资源

图片素材所在位置：学习资源中的“Ch11\素材\绘制超市插画\01~03”。

文字素材所在位置：学习资源中的“Ch11\素材\绘制超市插画\文字文档”。

2. 作品参考

设计作品参考效果所在位置：学习资源中的“Ch11\效果\绘制超市插画.ai”。效果如图11-84所示。

图11-84

3. 制作要点

使用矩形工具、变换控制面板、圆角矩形工具、剪切蒙版命令和填充工具绘制超市房屋；使用矩形工具、镜像工具、描边控制面板、剪切蒙版命令绘制广告牌；使用文字工具、字符控制面板添加超市名称；使用矩形工具、变换控制面板和填充工具绘制遮阳篷。

课堂练习2——绘制生日蛋糕插画

练习2.1 项目背景及要求

1. 客户名称

《兔兔》。

2. 客户需求

《兔兔》是一本专为儿童提供的最新版童话故事的书籍。本练习是为该儿童书籍绘制插画。要求绘制以生日蛋糕为主题的插画，在插画绘制上要通过简洁的绘画语言表现出生日蛋糕的特点，并充满童趣。

3. 设计要求

（1）插画设计要外形生动、可爱丰富。

（2）设计形式要直观醒目，充满趣味性。

（3）画面色彩要丰富多样，表现形式层次分明，具有独特的魅力。

（4）设计风格具有特色，能够引起人们的共鸣。

（5）设计规格为210 mm（宽）×297 mm（高），分辨率为300 dpi。

练习2.2 项目素材及要点

1. 素材资源

文字素材所在位置：学习资源中的“Ch11\素材\绘制生日蛋糕插画\文字文档”。

2. 作品参考

设计作品参考效果所在位置：学习资源中的“Ch11\效果\绘制生日蛋糕插画.ai”。效果如图11-85所示。

图11－85

3. 制作要点

使用矩形工具和椭圆工具绘制背景效果；使用符号面板添加需要的喜庆和蛋糕图形；使用文字工具添加祝福文字。

课后习题1——绘制夏日沙滩插画

习题1.1 项目背景及要求

1. 客户名称

《星海旅游》杂志。

2. 客户需求

《星海旅游》杂志是一本专业的旅游杂志，它介绍最新的时尚旅游信息，提供最实用的旅行计划，体现时尚生活和潮流消费等信息。本习题是为杂志绘制栏目插画，要求符合栏目主题，体现出浪漫、美丽的沙滩海景。

3. 设计要求

（1）设计要求具有极强的表现力。

（2）形式要直观醒目，充满趣味性。

（3）画面色彩要丰富多样，表现形式层次分明。

（4）设计风格具有特色，能够引起人们的共鸣，从而产生向往之情。

（5）设计规格为1 000 px（宽）×1 000 px（高），分辨率为72 dpi。

习题1.2 项目素材及要点

1. 素材资源

图片素材所在位置：学习资源中的“Ch11\素材\绘制夏日沙滩插画\01、02”。

文字素材所在位置：学习资源中的“Ch11\素材\绘制夏日沙滩插画\文字文档”。

2. 作品参考

设计作品参考效果所在位置：学习资源中的“Ch11\效果\绘制夏日沙滩插画.ai”。效果如图11-86所示。

图11-86

3. 制作要点

使用钢笔工具绘制心形；使用符号控制面板添加符号图形；使用透明度命令制作符号图形的透明效果；使用文字工具添加标题文字。

课后习题2——绘制休闲卡通插画

习题2.1 项目背景及要求

1. 客户名称

《休闲生活》杂志。

2. 客户需求

《休闲生活》杂志是一本体现居家生活、家居设计、生活妙招、宠物喂养、休闲旅游和健康养生的生活类杂志。本习题是为旅游栏目设计制作野外烧烤插画，要求与栏目主题相呼应，能体现出轻松、舒适之感。

3. 设计要求

（1）插画风格要求温馨舒适、简洁直观。

（2）设计形式要细致独特，充满趣味性。

（3）画面色彩要淡雅闲适，表现形式层次分明，具有吸引力。

（4）设计风格具有特色，能够引起人们的共鸣。

（5）设计规格为485 px（宽）×450 px（高），分辨率为72 dpi。

习题2.2 项目素材及要点

1. 素材资源

图片素材所在位置：学习资源中的“Ch11\素材\绘制休闲卡通插画\01”。

文字素材所在位置：学习资源中的“Ch11\素材\绘制休闲卡通插画\文字文档”。

2. 作品参考

设计作品参考效果所在位置：学习资源中的“Ch11\效果\绘制休闲卡通插画.ai”。效果如图11-87所示。

图11－87

3. 制作要点

使用钢笔工具、填充工具绘制土壤；使用椭圆工具、路径查找器面板制作树枝和云朵；使用椭圆工具、锚点工具制作树叶。

11.2 Banner广告设计——制作汽车Banner广告

11.2.1 项目背景及要求

1. 客户名称

凌酷汽车集团。

2. 客户需求

凌酷汽车以高质量、高性能的汽车产品闻名，目前凌酷汽车推出一款新型跑车，要求制作宣传广告，能够适用于街头派发、橱窗及公告栏展示，以宣传汽车为主要内容，要求内容明确清晰，展现品牌品质。

3. 设计要求

（1）海报内容以汽车的摄影照片为主，展现出产品低调奢华的特点。

（2）色调淡雅，带给人安全平稳的视觉感受。

（3）画面干净整洁，使观者视觉被汽车主体吸引。

（4）设计能够让人感受到汽车的品质，并体现高端的品牌风格。

（5）设计规格为900 px（宽）×500 px（高），分辨率为72 dpi。

11.2.2 项目素材及要点

1. 素材资源

图片素材所在位置：学习资源中的“Ch11\素材\制作汽车Banner广告\01”。

文字素材所在位置：学习资源中的“Ch11\素材\制作汽车Banner广告\文字文档”。

2. 设计作品

设计作品参考效果所在位置：学习资源中的“Ch11\效果\制作汽车Banner广告.ai”。效果如图11-88所示。

图11-88

3. 制作要点

使用置入命令添加汽车图片；使用矩形工具、添加锚点工具、直接选择工具、路径查找器命令和钢笔工具制作装饰图形；使用文字工具、创建轮廓命令和渐变工具添加并编辑标题文字；使用文字工具、矩形网格工具添加汽车配置参数。

11.2.3 案例制作步骤

1. 制作背景效果

01 按Ctrl+N快捷键，弹出“新建文档”对话框，设置文档的宽度为900 px，高度为500 px，取向为横向，颜色模式为RGB，单击“创建”按钮，新建一个文档。

02 选择“文件 > 置入”命令，弹出“置入”对话框，选择本书学习资源中的“Ch11\素材\制作汽车Banner广告\01”文件，单击“置入”按钮，在页面中单击置入图片。单击属性栏中的“嵌入”按钮，嵌入图片。选择选择工具，拖曳图片到适当的位置，效果如图11-89所示。按Ctrl+2快捷键，锁定所选对象。选

图11-89

择矩形工具▭，在适当的位置绘制一个矩形，效果如图11-90所示。

图11-90

03 选择直接选择工具▷，选取右下角的锚点，向左拖曳锚点到适当的位置，效果如图11-91所示。选择添加锚点工具，在矩形斜边适当的位置分别单击鼠标左键，添加2个锚点，如图11-92所示。

图11-91

图11-92

04 选择直接选择工具▷，选中并向右拖曳锚点到适当的位置，效果如图11-93所示。用相同的方法调整另外一个锚点，效果如图11-94所示。

05 选择矩形工具▭，在适当的位置绘制一个矩形，如图11-95所示。选择钢笔工具，在矩形右边中间的位置单击鼠标左键，添加一个锚点，如图11-96所示。分别在上下两端不需要的锚点上单击鼠标左键，删除锚点，效果如图11-97所示。

图11-93

图11-94

图11-95

图11-96

图11-97

06 选择选择工具▶，按住Shift键的同时，单击下方图形将其同时选取，如图11-98所示。选择"窗口 > 路径查找器"命令，弹出"路径查找器"控制面板，单击"减去顶层"按钮，如图11-99所示，生成新的对象，效果如图11-100所示。

07 保持图形被选取状态。设置填充色为浅灰色（其R、G、B的值分别为247、248、248），填充图形，并设置描边色为无，效果如图11-101所示。

图11-98

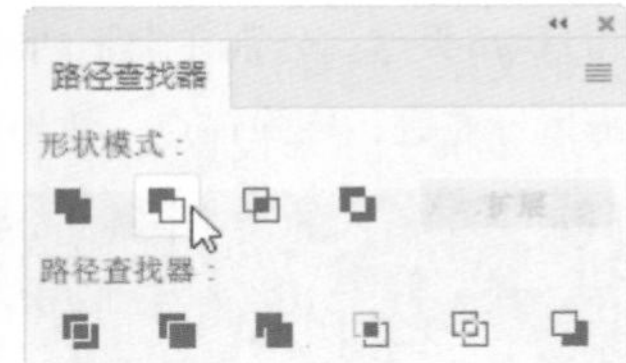

图11-99

图11-100

图11-101

08 选择钢笔工具，在适当的位置绘制一条折线，设置描边色为浅灰色（其R、G、B的值分别为247、248、248），填充描边，如图11-102所示。在属性栏中将“描边粗细”选项设置为3 pt，按Enter键确认操作，效果如图11-103所示。

图11-102

图11-103

09 选择选择工具，按住Alt+Shift快捷键的同时水平向右拖曳折线到适当的位置，复制折线，效果如图11-104所示。连续按Ctrl+D快捷键，再复制出多条折线，效果如图11-105所示。

图11-104

图11-105

10 在属性栏中将“描边粗细”选项设置为0.5 pt，按Enter键确认操作，效果如图11-106所示。用相同的方法设置其他折线描边粗细，效果如图11-107所示。

图11-106

图11-107

2. 添加广告信息

01 选择文字工具T，在适当的位置输入需要的文字，选择选择工具▶，在属性栏中选择合适的字体并设置文字大小，效果如图11-108所示。选择“文字 > 创建轮廓”命令，将文字转换为轮廓，效果如图11-109所示。

图11-108

图11-109

02 双击渐变工具■，弹出“渐变”控制面板，选中“线性渐变”按钮■，在色带上设置两个渐变滑块，分别将渐变滑块的位置设为0%、100%，并设置R、G、B的值分别为0%（162、123、217）、100%（61、74、185），其他选项的设置如图11-110所示，文字被填充为渐变色，设置描边色为无，效果如图11-111所示。

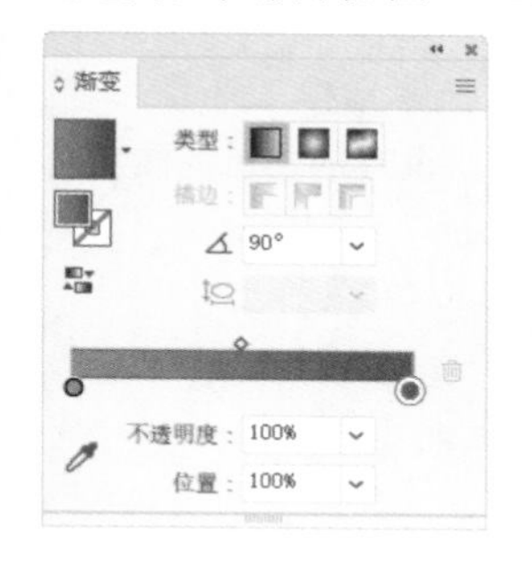

图11-110

图11-111

03 选择选择工具▶，按Ctrl+C快捷键，复制文字，按Ctrl+B快捷键，将复制的文字粘贴在后面。按→和↓方向键，微调复制的文字到适当的位置，效果如图11-112所示。按Shift+X快捷键，互换填色和描边，效果如图11-113所示。

图11-112

图11-113

04 选择文字工具T，在适当的位置分别输入需要的文字，选择选择工具▶，在属性栏中分别选择合适的字体并设置文字大小，效果如图11-114所示。将输入的文字同时选取，设置填充色为蓝色（其R、G、B的值分别为61、74、185），填充文字，效果如图11-115所示。

图11-114

图11-115

05 选择文字工具T，选取英文“UPGRADE”，设置填充色为深蓝色（其R、G、B的值分别为44、37、75），填充文字，效果如图11-116所示。

图11-116

06 选择选择工具▶，选取英文“EX...ON”，按Ctrl+T快捷键，弹出“字符”控制面板，将“设置所选字符的字距调整”选项VA设为-60，其他选项的设置如图11-117所示，按Enter键确认操作，效果如图11-118所示。

图11-117

图11-118

07 按Ctrl+C快捷键，复制文字，按Ctrl+B快捷键，将复制的文字粘贴在后面。按→和↓方向键，微调复制的图形到适当的位置，效果如图11-119所示。设置填充色为紫色（其R、G、B的值分别为162、123、217），填充文字，效果如图11-

120所示。

图11-119 　　图11-120

08 选择文字工具T，在适当的位置输入需要的文字，选择选择工具▶，在属性栏中选择合适的字体并设置文字大小，效果如图11-121所示。设置填充色为深蓝色（其R、G、B的值分别为44、37、75），填充文字，效果如图11-122所示。

图11-121

图11-122

09 在“字符”控制面板中，将“设置行距”选项设为39 pt，其他选项的设置如图11-123所示，按Enter键确认操作，效果如图11-124所示。

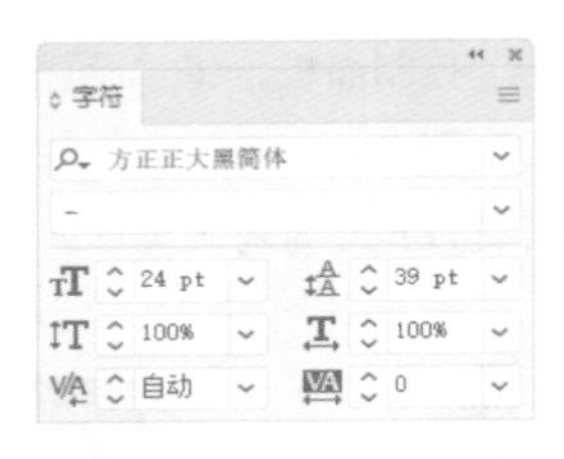

图11-123

图11-124

10 选择矩形工具▭，在适当的位置绘制一个矩形，效果如图11-125所示。选择直接选择工具▷，选取右下角的锚点，并向左拖曳锚点到适当的位置，效果如图11-126所示。

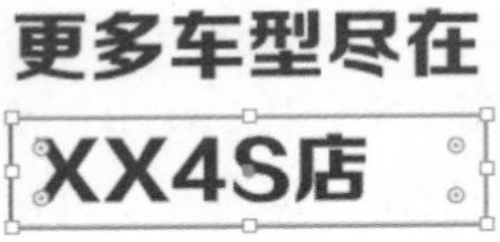

图11-125

图11-126

11 选择吸管工具，将吸管图标放置在上方渐变文字上，如图11-127所示，单击鼠标左键吸取属性，效果如图11-128所示。

图11-127 　　图11-128

12 按Ctrl+[快捷键，将图形向后移一层，效果如图11-129所示。选择文字工具T，选取文字“XX4S店”，设置填充色为浅灰色（其R、G、B的值分别为247、248、248），填充文字，如图11-130所示。

图11-129 　　图11-130

13 选择矩形网格工具▦，在页面中单击鼠标，弹出“矩形网格工具选项”对话框，在对话框中进行设置，如图11-131所示。单击“确定”按钮，得到一个矩形网格。选择选择工具▶，拖曳矩形网格到适当的位置，设置描边色为浅灰色（其R、G、B的值分别为247、248、248），填充描边，效果如图11-132所示。

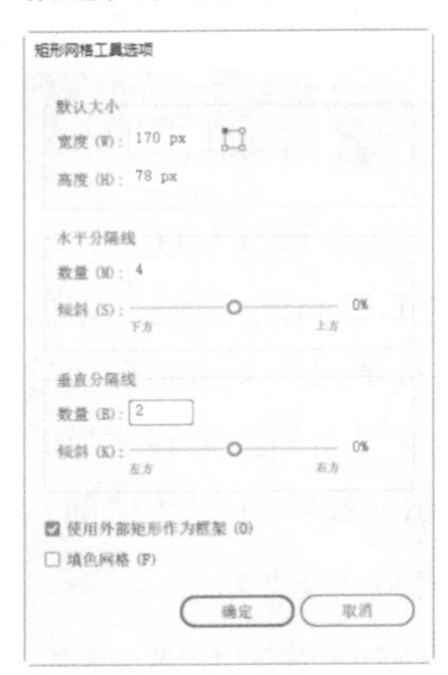

图11-131

图11-132

14 选择编组选择工具，选取需要的竖直网格线，如图11-133所示，水平向右拖曳到适当的位置，效果如图11-134所示。

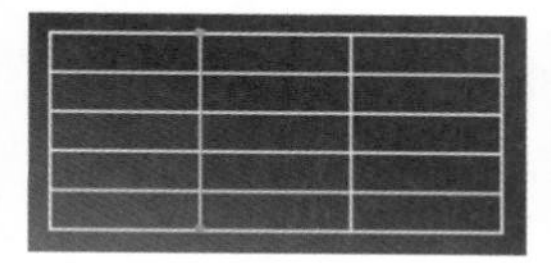

图11-133

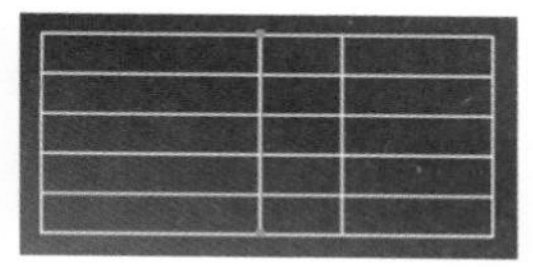

图11-134

15 用相同方法调整另一条竖直网格线，效果如图11-135所示。选择文字工具T，在网格中分别输入需要的文字，选择选择工具▶，在属性栏中分别选择合适的字体并设置文字大小。将输入的文字同时选取，设置填充色为浅灰色（其R、G、B的值分别为247、248、248），填充文字，如图11-136所示。

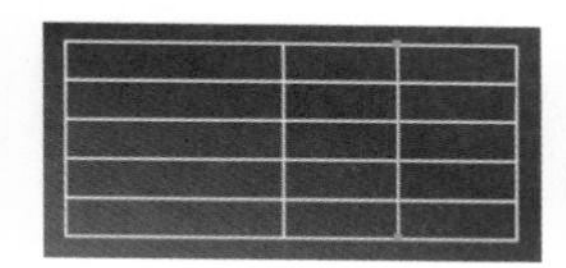

图11-135

规格配置	20S	20X
自动天窗		
自动泊人车位		
ABS防抱死		
夜视系统		

图11-136

16 选择椭圆工具○，按住Shift键的同时，在适当的位置绘制一个圆形，设置填充色为浅灰色（其R、G、B的值分别为247、248、248），填充图形，并设置描边色为无，效果如图11-137所示。

17 选择选择工具▶，按住Alt+Shift快捷键的同时，水平向右拖曳圆形到适当的位置，复制圆形，效果如图11-138所示。

规格配置	20S	20X
自动天窗	●	
自动泊人车位		
ABS防抱死		
夜视系统		

图11-137

规格配置	20S	20X
自动天窗	●	●
自动泊人车位		
ABS防抱死		
夜视系统		

图11-138

18 选择选择工具▶，按住Shift键的同时，单击原图形将其同时选取，按住Alt+Shift快捷键的同时，竖直向下拖曳圆形到适当的位置，复制圆形，效果如图11-139所示。连续按2次Ctrl+D快捷键，再复制出2组圆形，效果如图11-140所示。

19 选择选择工具▶，按住Shift键的同时，选取不需要的圆形，如图11-141所示，按Delete键将其删除，效果如图11-142所示。

规格配置	20S	20X
自动天窗	●	●
自动泊人车位	●	●
ABS防抱死		
夜视系统		

图11-139

规格配置	20S	20X
自动天窗	●	●
自动泊人车位	●	●
ABS防抱死	●	●
夜视系统	●	●

图11-140

规格配置	20S	20X
自动天窗	●	●
自动泊人车位	●	●
ABS防抱死	●	●
夜视系统	●	●

图11-141

规格配置	20S	20X
自动天窗	●	●
自动泊人车位	●	
ABS防抱死	●	●
夜视系统		●

图11-142

20 选择直线段工具╱，按住Shift键的同时，在适当的位置绘制一条直线，设置描边色为浅灰色（其R、G、B的值分别为247、248、248），填充描边，效果如图11-143所示。

21 选择选择工具▶，按住Alt键的同时，向左下拖曳直线到适当的位置，复制直线，效果如图11-144所示。

规格配置	20S	20X
自动天窗	●	●
自动泊人车位	●	—
ABS防抱死	●	●
夜视系统		●

图11-143

规格配置	20S	20X
自动天窗	●	●
自动泊人车位	●	—
ABS防抱死	●	●
夜视系统	—	●

图11-144

22 选择文字工具T，在适当的位置输入需要的文字，选择选择工具▶，在属性栏中选择合适的字体并设置文字大小。设置填充色为浅灰色（其R、G、B的值分别为247、248、248），填充文字，效果如图11-145所示。汽车Banner广告制作完成，效果如图11-146所示。

图11-145

图11-146

课堂练习1——制作电商平台App的Banner广告

练习1.1 项目背景及要求

1. 客户名称

新鲜橙。

2. 客户需求

新鲜橙是一家专门售卖生鲜水果的电商平台，覆盖了水果蔬菜、海鲜肉禽、牛奶零食等品类。现鲜橙上市，要求进行平台Banner设计，用于产品的宣传和销售，设计要符合产品的宣传主题，能体现出水果的口感和新鲜感。

3. 设计要求

（1）Banner的设计要以鲜橙图片为主导。

（2）设计要求简洁大气，具有“鲜活”的特点。

（3）画面色彩要大胆而丰富，能够引起食欲。

（4）设计风格具有特色，能够引起人们的关注及订购的兴趣。

（5）设计规格为750 px（宽）×360 px（高），分辨率为72 dpi。

练习1.2 项目素材及要点

1. 素材资源

图片素材所在位置：学习资源中的“Ch11\素材\制作电商平台App的Banner广告\01”。

文字素材所在位置：学习资源中的“Ch11\素材\制作电商平台App的Banner广告\文字文档”。

2. 作品参考

设计作品参考效果所在位置：学习资源中的“Ch11\效果\制作电商平台App的Banner广告.ai”。效果如图11-147所示。

图11-147

3. 制作要点

使用矩形工具、添加锚点工具、直接选择工具、锚点工具、渐变工具和置入命令制作底图；使用文字工具、圆角矩形工具添加宣传性文字；使用不透明度选项制作半透明效果。

课堂练习2——制作家电Banner广告

练习2.1 项目背景及要求

1. 客户名称

美凌电器公司。

2. 客户需求

美凌电器以简洁卓越的品牌形象、不断创新的公司理念和竭诚高效的服务质量闻名，目前推出新款系列家电，要求制作宣传广告，用于平台宣传及推广，设计以系列家电为主要内容，要求起到宣传作用，向客户传递新品类型及特价优惠信息。

3. 设计要求

（1）广告内容以实物为主，相互衬托。

（2）色调要通透明亮，带给人干净舒适的感受。

（3）整体设计要寓意深远且紧扣主题。

（4）设计风格具有特色，能够引起人们的关注及订购的兴趣。

（5）设计规格为950 px（宽）×480 px（高），分辨率为72 dpi。

练习2.2 项目素材及要点

1. 素材资源

图片素材所在位置：学习资源中的“Ch11\素材\制作家电Banner广告\01、02”。

文字素材所在位置：学习资源中的“Ch11\素材\制作家电Banner广告\文字文档”。

2. 作品参考

设计作品参考效果所在位置：学习资源中的“Ch11\效果\制作家电Banner广告.ai”。效果如图11-148所示。

图11-148

3. 制作要点

使用置入命令添加产品图片；使用文字工具添加广告信息；使用圆角矩形工具、渐变工具绘制装饰图形。

课后习题1——制作美妆类App的Banner广告

习题1.1 项目背景及要求

1. 客户名称

海肌泉有限公司。

2. 客户需求

海肌泉有限公司是一家涉足护肤、彩妆、香水等多个产品领域的化妆品公司。现推出新款水润防晒霜，要求设计一款Banner，用于线上宣传。设计要求符合年轻人的喜好，给人清爽透亮的感觉。

3. 设计要求

（1）广告的设计要求以产品实物为主导。

（2）设计要求用插画元素来装饰画面，表现产品特色。

（3）画面色彩要明亮鲜丽，使用大胆而丰富的色彩，丰富画面效果。

（4）设计风格具有特色，版式活而不散，能够引起顾客的兴趣及购买欲望。

（5）设计规格为750 px（宽）× 360 px（高），分辨率为72 dpi。

习题1.2 项目素材及要点

1. 素材资源

图片素材所在位置：学习资源中的“Ch11\素材\制作美妆类App的Banner广告\01、02”。

文字素材所在位置：学习资源中的“Ch11\素材\制作美妆类App的Banner广告\文字文档”。

2. 作品参考

设计作品参考效果所在位置：学习资源中的“Ch11\效果\制作美妆类App的Banner广告.ai”。效果如图11-149所示。

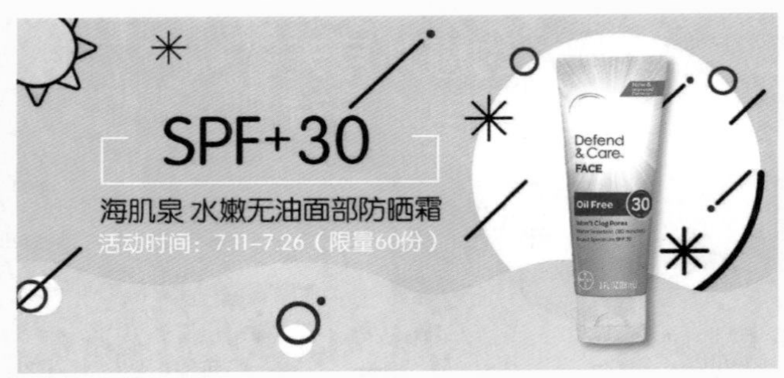

图11－149

3. 制作要点

使用矩形工具、钢笔工具绘制背景；使用椭圆工具、描边控制面板制作装饰圆；使用置入命令添加产品图片；使用投影命令为产品图片添加投影效果；使用文字工具添加广告信息；使用矩形工具、添加锚点工具和直接选择工具制作装饰框。

课后习题2——制作洗衣机网页Banner广告

习题2.1 项目背景及要求

1. 客户名称

文森艾德。

2. 客户需求

文森艾德是一家综合性的家电企业，商品涵盖手机、电脑、电冰箱、热水器等品类。现推出新款静音滚筒洗衣机，要求进行广告设计，用于平台宣传及推广，设计要符合现代设计风格，给人沉稳干净的印象。

3. 设计要求

（1）画面设计要求以产品图片为主体。

（2）设计要求使用直观醒目的文字来诠释广告内容，表现活动特色。

（3）画面色彩要给人清新干净的印象。

（4）画面版式沉稳且富于变化。

（5）设计规格为1 920 px（宽）× 800 px（高），分辨率为72 dpi。

习题2.2 项目素材及要点

1. 素材资源

图片素材所在位置：学习资源中的“Ch11\素材\制作洗衣机网页Banner广告\01~04”。

文字素材所在位置：学习资源中的“Ch11\素材\制作洗衣机网页Banner广告\文字文档”。

2. 作品参考

设计作品参考效果所在位置：学习资源中的“Ch11\效果\制作洗衣机网页Banner广告.ai”。效果如图11-150所示。

图11－150

3. 制作要点

使用矩形工具和填充工具绘制背景；使用置入命令添加产品图片；使用钢笔工具、高斯模糊命令制作阴影效果；使用文字工具添加宣传性文字。

11.3 海报设计——制作店庆海报

11.3.1 项目背景及要求

1. 客户名称

傲米商城。

2. 客户需求

傲米商城是一家平民化的综合性购物商城，涉及食品、果品、蔬菜、模具、花卉等产品，致力于打造贴合平民大众的购物平台。现3周年庆，需要设计一款周年庆海报，要求能突出体现海报宣传的主题，同时展现出热闹的氛围和视觉冲击感。

3. 设计要求

（1）广告要求内容突出，重点宣传此次店庆活动。

（2）主体内容以红色系为主，加以金色的点缀，形成热闹的氛围。

（3）广告设计要求主次分明，对文字进行具有特色的设计，使消费者快速了解产品信息。

（4）要求画面对比感强烈，能迅速吸引人们注意。

（5）设计规格为210 mm（宽）×285 mm（高），分辨率300 dpi。

11.3.2 项目素材及要点

1. 素材资源

图片素材所在位置：学习资源中的“Ch11\素材\制作店庆海报\01、02”。

文字素材所在位置：学习资源中的“Ch11\素材\制作店庆海报\文字文档”。

2. 设计作品

设计作品参考效果所在位置：学习资源中的“Ch11\效果\制作店庆海报.ai”。效果如图11-151所示。

图11-151

3. 制作要点

使用矩形工具、钢笔工具、旋转工具和透明度命令制作背景效果；使用文字工具、字符控制面板、复制命令和填充工具添加标题文字；使用文字工具、字符控制面板、段落控制面板和椭圆工具添加其他相关信息；使用矩形工具、倾斜工具绘制装饰图形。

11.3.3 案例制作步骤

1. 制作背景效果

01 按Ctrl+N快捷键，弹出“新建文档”对话框，设置文档的宽度为210 mm，高度为285 mm，取向为竖向，出血为3 mm，颜色模式为CMYK，单击“创建”按钮，新建一个文档。

02 选择矩形工具，绘制一个与页面大小相等的矩形，如图11-152所示。设置填充色为紫色（其C、M、Y、K的值分别为64、94、55、19），填充图形，并设置描边色为无，效果如图11-153所示。

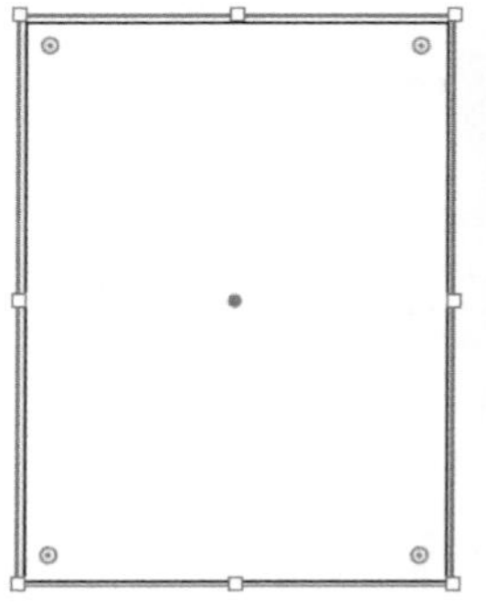

图11-152

图11-153

03 选择矩形工具，在页面中绘制一个矩形，如图11-154所示。选择钢笔工具，在矩形下边中间的位置单击鼠标左键，添加一个锚点，如图11-155所示。分别在左右两侧不需要的锚点上单击鼠标左键，删除锚点，效果如图11-156所示。

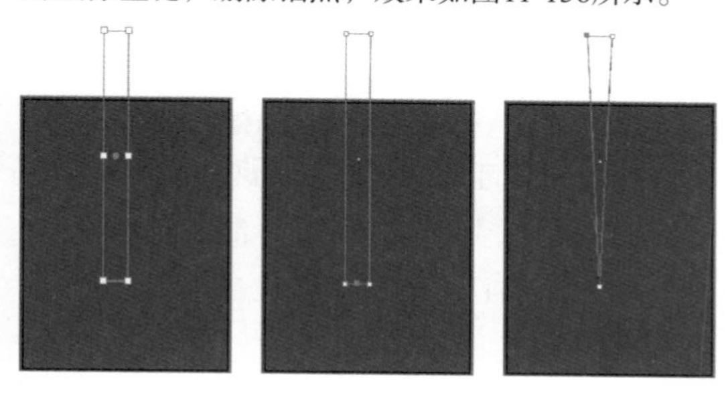

图11-154　　图11-155　　图11-156

04 选择选择工具，选取三角形，选择旋转工具，按住Alt键的同时，在三角形底部锚点上单击，如图11-157所示，弹出“旋转”对话框，选项的设置如图11-158所示，单击“复制”按钮，旋转并复制三角形，效果如图11-159所示。

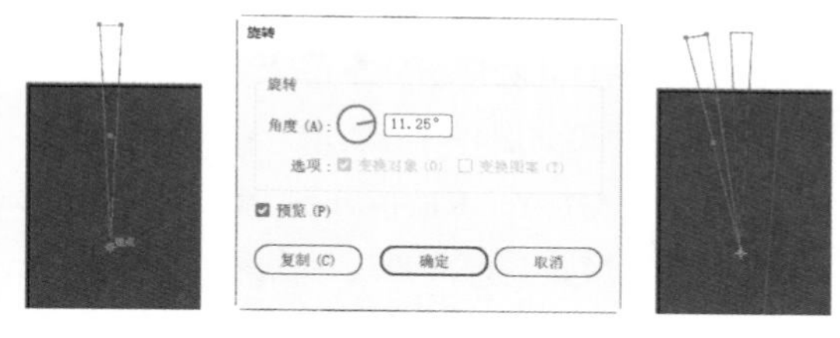

图11-157　　图11-158　　图11-159

05 连续按Ctrl+D快捷键，复制出多个三角形，效果如图11-160所示。选择选择工具，按住Shift键的同时，依次单击复制的三角形将其同时选取，按Ctrl+G快捷键，将其编组，如图11-161所示。

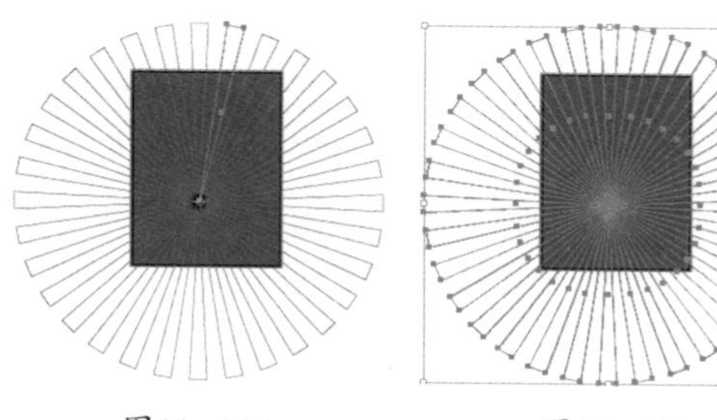

图11-160　　图11-161

06 将图形填充为白色，并设置描边色为无，效果如图11-162所示。选择“窗口 > 透明度”命令，弹出“透明度”控制面板，将混合模式设为“柔光”，其他选项的设置如图11-163所示，按Enter键确认操作，效果如图11-164所示。

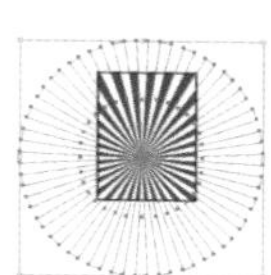

图11-162

图11-163

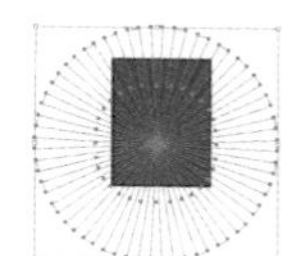

图11-164

07 选择选择工具，选取下方紫色矩形，按Ctrl+C快捷键，复制矩形，按Shift+Ctrl+V快捷键，就地粘贴矩形，如图11-165所示。按住Shift键的同时，单击下方白色编了组的图形将其同时选取，如图11-166所示，按Ctrl+7快捷键，建立剪切蒙版，效果如图11-167所示。

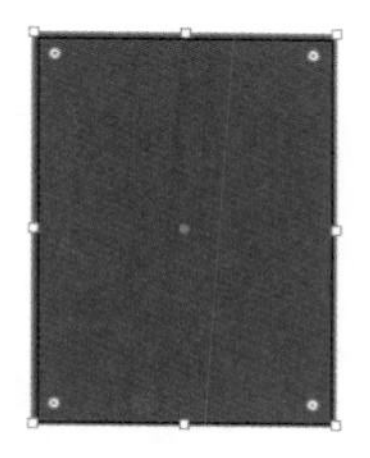

图11-165

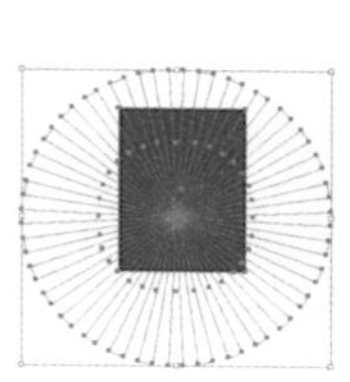

图11-166

图11-167

08 按Ctrl+O快捷键，打开本书学习资源中的“Ch11\素材\制作店庆海报\01”文件，选择选择工具，选取需要的图形，按Ctrl+C快捷键，复制图形。选择正在编辑的页面，按Ctrl+V快捷键，将其粘贴到页面中，并拖曳复制的图形到适当的位置，效果如图11-168所示。选择钢笔工具，在适当的位置分别绘制3个不规则图形，如图11-169所示。

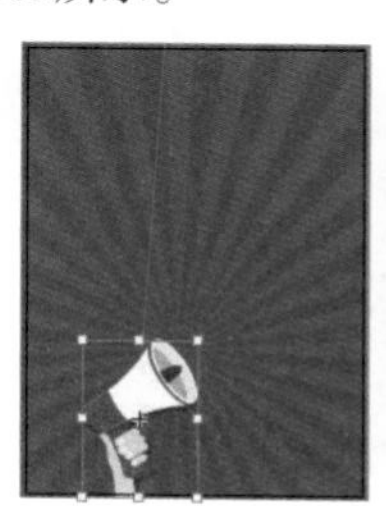

图11-168

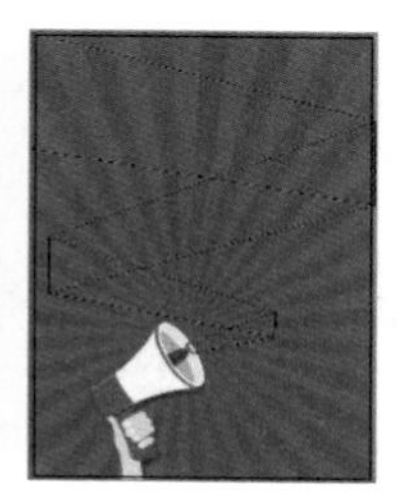

图11-169

09 选择选择工具，按住Shift键的同时，选取需要的图形，设置填充色为红色（其C、M、Y、K的值分别为0、81、72、0），填充图形，并设置描边色为无，效果如图11-170所示。

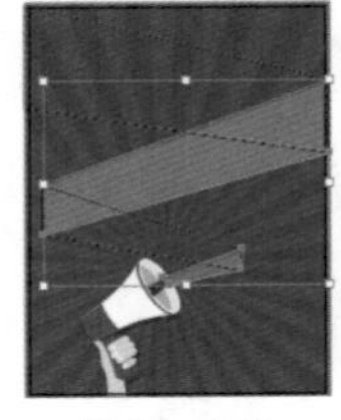

图11-170

10 选取需要的图形，设置填充色为浅红色（其C、M、Y、K的值分别为6、91、88、0），填充图形，并设置描边色为无，效果如图11-171所示。

11 选择选择工具，按住Shift键的同时，将绘制的图形同时选取，如图11-172所示。按Ctrl+C快捷键，复制图形，按Ctrl+B快捷键，将复制的图形粘贴在后面。按→和↓方向键，微调复制的图形到适当的位置，效果如图11-173所示。

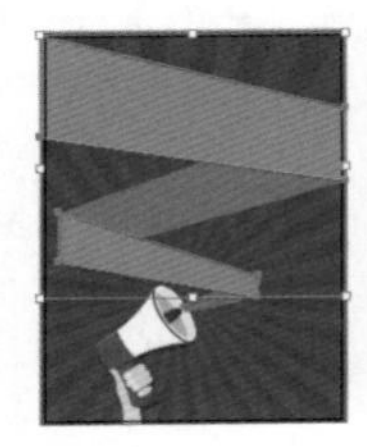

图11-171

图11-172

图11-173

12 选择“窗口 > 路径查找器”命令，弹出“路径查找器”控制面板，单击“联集”按钮，如图11-174所示，生成新的对象，效果如图11-175所示。

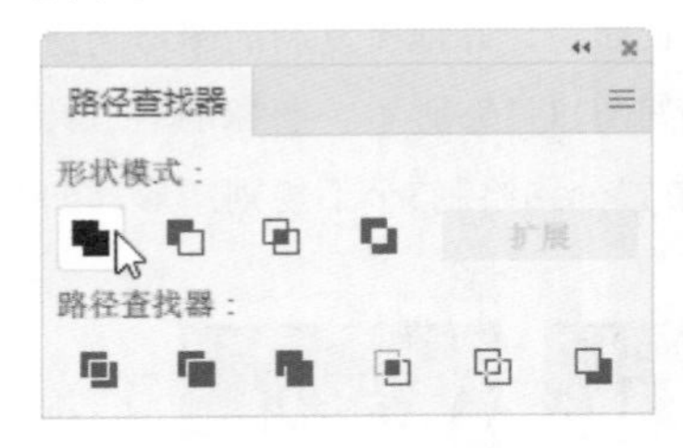

图11-174

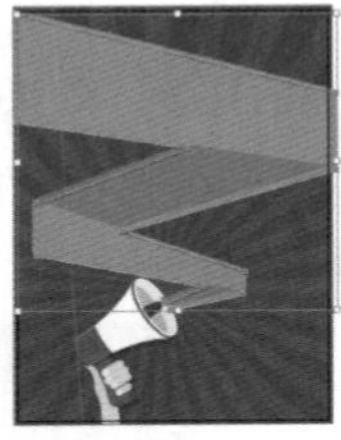

图11-175

13 保持图形被选取状态，将图形填充为黑色，效果如图11-176所示。在属性栏中将“不透明度”选项设为30%，按Enter键确认操作，效果如图11-177所示。选择矩形工具，在适当的位置分别绘制两个矩形，如图11-178所示。

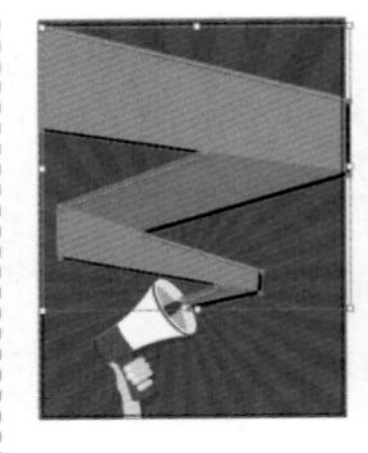

图11-176

图11-177

图11-178

14 选择选择工具，按住Shift键的同时，将绘制的两个矩形同时选取，如图11-179所示。在“路径查找器”控制面板中，单击“减去顶层”按钮，如图11-180所示，生成新的对象，效果如图11-181所示。

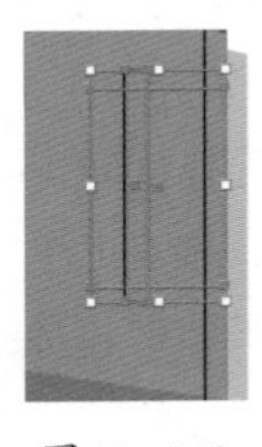

图11-179

图11-180

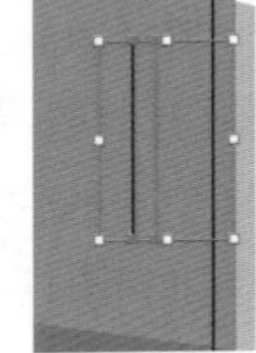

图11-181

15 双击倾斜工具，弹出“倾斜”对话框，选项的设置如图11-182所示；单击“复制”按钮，倾斜图形，效果如图11-183所示。设置填充色为蓝色（其C、M、Y、K的值分别为62、3、30、0），填充图形，并设置描边色为无，效果如图11-184所示。

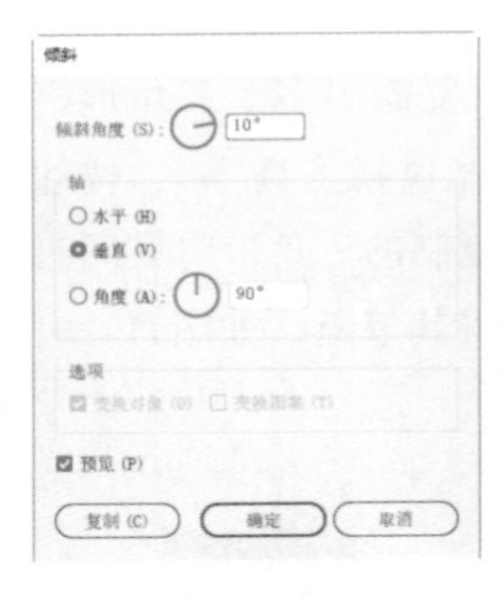

图11-182

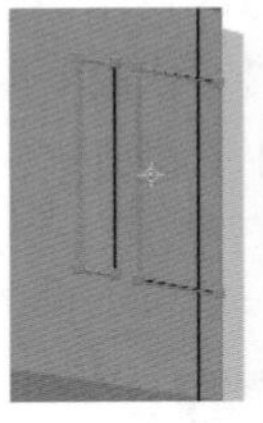

图11-183

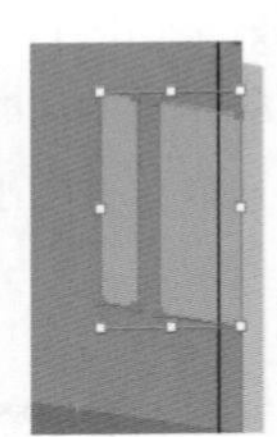

图11-184

16 用相同的方法再制作一个倾斜矩形，并填充相应的颜色，效果如图11-185所示。按Ctrl+O快捷键，打开本书学习资源中的“Ch11\素材\制作店庆海报\02”文件，选择选择工具，选取需要的图形，按Ctrl+C快捷键，复制图形。选择正在编辑的页面，按Ctrl+V快捷键，将其粘贴到页面中，并拖曳复制的图形到适当的位置，效果如图11-186所示。

图11-185

图11-186

2. 添加宣传语和其他信息

01 选择文字工具T，在页面中输入需要的文字，选择选择工具▶，在属性栏中选择合适的字体并设置文字大小，将文字填充为白色，效果如图11-187所示。在属性栏中单击“居中对齐”按钮≡，微调文字到适当的位置，效果如图11-188所示。

图11-187

图11-188

02 按Ctrl+T快捷键，弹出“字符”控制面板，将“设置行距”选项设为43 pt，其他选项的设置如图11-189所示；按Enter键确认操作，效果如图11-190所示。

图11-189

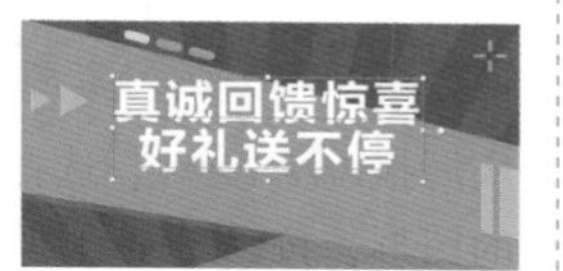

图11-190

03 选择文字工具T，选取文字“惊喜好礼送”，在属性栏中设置文字大小，效果如图11-191所示。设置填充色为黄色（其C、M、Y、K的值分别为6、12、87、0），填充文字，效果如图11-192所示。

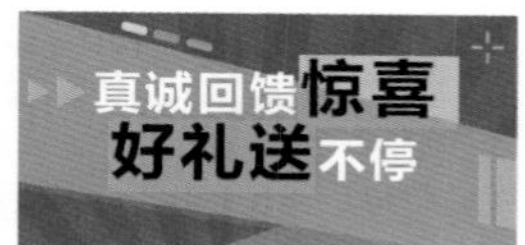

图11-191

图11-192

04 选择选择工具▶，按Ctrl+C快捷键，复制文字，按Ctrl+B快捷键，将复制的文字粘贴在后面。按→和↓方向键，微调复制的图形到适当的位置，效果如图11-193所示。设置填充色为灰色（其C、M、Y、K的值分别为0、0、0、40），填充文字，效果如图11-194所示。

图11-193

图11-194

05 按Ctrl+C快捷键，复制文字，按Ctrl+B快捷键，将复制的文字粘贴在后面。按→和↓方向键，微调复制的图形到适当的位置，效果如图11-195所示。设置填充色为灰色（其C、M、Y、K的值分别为45、99、100、14），填充文字，效果如图11-196所示。

图11-195

图11-196

06 选择文字工具T，在适当的位置输入需要的文字，选择选择工具▶，在属性栏中选择合适的字体并设置文字大小，将文字填充为白色，效果如图11-197所示。

图11-197

07 在“字符”控制面板中，将“设置所选字符的字距调整”选项设为50，其他选项的设置如图11-198所示；按Enter键确认操作，效果如图11-199所示。

图11-198

图11-199

08 选择文字工具，在第2行文字开始处单击插入光标，如图11-200所示。按Alt+Ctrl+T快捷键，弹出“段落”控制面板，将“左缩进”选项设为16 pt，其他选项的设置如图11-201所示；按Enter键确认操作，效果如图11-202所示。

图11-200

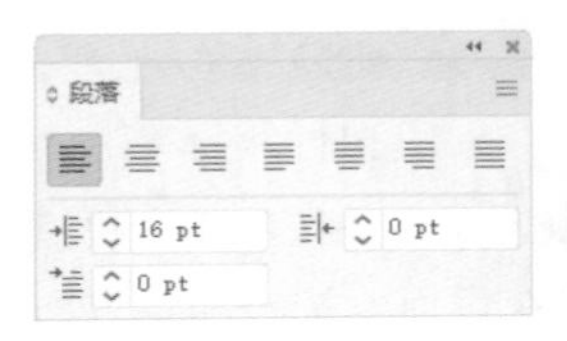

图11-201

图11-202

09 用相同的方法，设置第2、3行文字左缩进，效果如图11-203所示。选取文字“送”，在属性栏中设置文字大小，效果如图11-204所示。

图11-203

图11-204

10 保持文字被选取状态，设置填充色为黄色（其C、M、Y、K的值分别为6、12、87、0），填充文字，效果如图11-205所示。选取文字“5元代金券”，在属性栏中选择合适的字体并设置文字大小，效果如图11-206所示。

图11-205

图11-206

11 选择选择工具，选取文字，拖曳文字右上角的控制手柄，旋转文字到适当的位置，效果如图11-207所示。

12 选择椭圆工具，按住Shift键的同时，在适当的位置绘制一个圆形，并在属性栏中将“描边粗细”选项设置为4 pt，按Enter键确认操作。设置描边色为黄色（其C、M、Y、K的值分别为6、12、87、0），填充描边，效果如图11-208所示。

图11-207

图11-208

13 用相同的方法添加其他活动信息，效果如图11-209所示。选择矩形工具，在页面中绘制一个矩形，设置填充色为黄色（其C、M、Y、K的值分别为6、12、87、0），填充图形，并设置描边色为无，效果如图11-210所示。

图11-209

图11-210

14 选择文字工具 T ，在适当的位置输入需要的文字，选择选择工具 ▶ ，在属性栏中选择合适的字体并设置文字大小；设置填充色为紫色（其C、M、Y、K的值分别为64、94、55、19），填充文字，效果如图11-211所示。

图11-211

15 双击倾斜工具 ，弹出“倾斜”对话框，选项的设置如图11-212所示；单击“复制”按钮，倾斜图形，效果如图11-213所示。

16 选择选择工具 ▶ ，按住Shift键的同时，单击下方矩形将其同时选取，拖曳右上角的控制手柄，旋转到适当的位置，效果如图11-214所示。用相同的方法制作其他文字，效果如图11-215所示。店庆海报制作完成。

图11-212

图11-213

图11-214

图11-215

课堂练习1——制作阅读平台推广海报

练习1.1 项目背景及要求

1. 客户名称

Circle。

2. 客户需求

Circle是一个以文字、图片、视频等多媒体形式实现信息即时分享、传播互动的平台。现需要制作一款宣传海报，要求能够适用于平台传播，以宣传教育咨询为主要内容，内容明确清晰，展现品牌品质。

3. 设计要求

（1）海报内容以书籍的插画为主，将文字与图片相结合，表明主题。

（2）色调淡雅，带给人平静、放松的视觉感受。

（3）画面干净整洁，使观者体会到阅读的快乐。

（4）设计能够让人感受到品牌风格，产生咨询欲望。

（5）设计规格为750 px（宽）× 1 181 px（高），分辨率为72 dpi。

练习1.2 项目素材及要点

1. 素材资源

图片素材所在位置：学习资源中的“Ch11\素材\制作阅读平台推广海报\01、02”。

文字素材所在位置：学习资源中的“Ch11\素材\制作阅读平台推广海报\文字文档”。

2. 作品参考

设计作品参考效果所在位置：学习资源中的“Ch11\效果\制作阅读平台推广海报.ai”。效果如图11-216所示。

图11-216

3. 制作要点

使用置入命令、不透明度选项添加海报背景；使用直排文字工具、字符控制面板、创建轮廓命令、矩形工具和路径查找器控制面板添加并编辑标题文字；使用直接选择工具、删除锚点工具调整文字；使用直线段工具、描边面板绘制装饰线条。

课堂练习2——制作招聘海报

练习2.1 项目背景及要求

1. 客户名称

星瀚设计。

2. 客户需求

星瀚设计是一家集平面、网页、UI、插画等线上线下视觉创意为一体的专业化设计公司，专为客户提供设计方面的技术和创意支持，为客户解决项目设计方面的问题。现公司需要新招一批专业设计人才，需要设计一款招聘海报，要求符合公司形象，并且符合行业特色。

3. 设计要求

（1）在设计思路上，使用纯色背景起到衬托作用。

（2）使用深色系色彩进行设计，符合设计行业精致细腻的特点。

（3）设计要求使用插画的形式为画面进行点缀搭配，丰富画面效果，与背景搭配和谐舒适。

（4）广告设计能够吸引应聘者的注意力，突出对公司职位需求及未来发展前景的介绍。

（5）设计规格为210 mm（宽）×285 mm（高），分辨率为300 dpi。

练习2.2 项目素材及要点

1. 素材资源

图片素材所在位置：学习资源中的“Ch11\素材\制作招聘海报\01~03”。

文字素材所在位置：学习资源中的“Ch11\素材\制作招聘海报\文字文档”。

2. 作品参考

设计作品参考效果所在位置：学习资源中的“Ch11\效果\制作招聘海报.ai”。效果如图11-217所示。

图11-217

3. 制作要点

使用矩形工具、变换控制面板、直线段工具、描边控制面板制作装饰图形；使用文字工具、直线段工具、路径查找器命令添加并编辑标题文字；使用文字工具、字符控制面板添加介绍性文字；使用矩形工具、直接选择工具和边角选项制作装饰框。

课后习题1——制作音乐会海报

习题1.1 项目背景及要求

1. 客户名称

优州歌剧舞剧院。

2. 客户需求

优州歌剧舞剧院是一个演出剧目丰富，文化底蕴深厚的歌剧舞剧院，主要以演出戏剧、音乐会为主。现为更好地促进中奥文化交流，接受邀请在奥地利维也纳金色大厅进行“大梦敦煌”大型音乐会演出，本习题是制作音乐会宣传广告，要求能够适用于街头派发及公告栏展示，能够体现出演出主题及地点，并且能够体现出“大梦敦煌”的主题。

3. 设计要求

（1）广告背景以沙漠图片为底，搭配音乐会照片，相互衬托，点明主旨。

（2）色调上要给人以复古的时尚感觉。

（3）画面要层次分明，充满韵律感和节奏感。

（4）整体设计要寓意深远且紧扣主题，能使人产生震撼和梦幻的感受。

（5）设计规格为210 mm（宽）×297 mm（高），分辨率为300 dpi。

习题1.2 项目素材及要点

1. 素材资源

图片素材所在位置：学习资源中的“Ch11\素材\制作音乐会海报\01~04”。

文字素材所在位置：学习资源中的“Ch11\素材\制作音乐会海报\文字文档”。

2. 作品参考

设计作品参考效果所在位置：学习资源中的“Ch11\效果\制作音乐会海报.ai”。效果如图11-218所示。

图11-218

3. 制作要点

使用置入命令、矩形工具和不透明度选项合成背景；使用文字工具、字符控制面板添加宣传性文字；使用字形命令插入符号。

课后习题2——制作手机海报

习题2.1 项目背景及要求

1. 客户名称

米心手机专营店。

2. 客户需求

米心手机专营店是一家手机专卖场。该手机店最新推出了手机促销活动，需要制作针对网店的宣传广告。广告要求内容丰富，重点宣传此次推出新款产品活动，能够体现出新款产品的特点。

3. 设计要求

（1）广告要求内容突出，重点宣传此次新品宣传活动。

（2）添加手机形象，与文字一起构成丰富的画面。

（3）广告设计要求主次分明，对文字进行具有特色的设计，使消费者快速了解产品信息。

（4）要求画面对比感强烈，能迅速吸引人们注意。

（5）设计规格为297 mm（宽）× 210 mm（高），分辨率为300 dpi。

习题2.2 项目素材及要点

1. 素材资源

图片素材所在位置：学习资源中的“Ch11\素材\制作手机海报\01~07”。

文字素材所在位置：学习资源中的“Ch11\素材\制作手机海报\文字文档”。

2. 作品参考

设计作品参考效果所在位置：学习资源中的“Ch11\效果\制作手机海报.ai”。效果如图11-219所示。

图11-219

3. 制作要点

使用置入命令添加产品图片；使用文字工具、创建轮廓命令、钢笔工具和星形工具制作标题文字；使用渐变工具和混合工具制作文字立体效果；使用钢笔工具、渐变工具和文字工具添加介绍性文字。

11.4 书籍装帧设计——制作环球旅行书籍封面

11.4.1 项目背景及要求

1. 客户名称

青青木旅游出版社。

2. 客户需求

《环球旅行》是青青木旅游出版社策划的一套旅游系列丛书中的一本，书中的内容充满知识性和趣味性，使读者足不出户便可以领略各国风情。现要求进行书籍的封面设计，用于图书的出版及发售，设计要符合旅游达人的喜好，体现出环球旅行的特色。

3. 设计要求

（1）封面以著名景点照片作为主要的展现内容。

（2）色彩搭配合理，使画面看起来美观、令人舒适。

（3）设计要求表现出书籍的时尚、典雅的风格。

（4）要求整个设计充满特色，让人一目了然。

（5）设计规格为350 mm（宽）×230 mm（高），分辨率为300 dpi。

11.4.2 项目素材及要点

1. 设计素材

图片素材所在位置：学习资源中的“Ch11\素材\制作环球旅行书籍封面\01~03”。

文字素材所在位置：学习资源中的“Ch11\素材\制作环球旅行书籍封面\文字文档”。

2. 设计作品

设计作品参考效果所在位置：学习资源中的“Ch11\效果\制作环球旅行书籍封面.ai”。效果如图11-220所示。

图11-220

3. 制作要点

使用参考线分割页面；使用文字工具、字符控制面板添加并编辑书名；使用字形命令插入字形符号；使用直线段工具、椭圆工具、矩形工具和变换控制面板绘制装饰图形；使用直线段工具、混合工具和剪切蒙版命令绘制线条；使用文字工具、垂直命令和字符控制面板添加其他相关信息。

11.4.3 案例制作步骤

1. 制作封面

01 按Ctrl+N快捷键，弹出“新建文档”对话框，设置文档的宽度为350 mm，高度为230 mm，取向为横向，出血为3 mm，颜色模式为CMYK，单击“创建”按钮，新建一个文档。

02 按Ctrl+R快捷键，显示标尺。选择选择工具▶，从左侧标尺上向右拖曳出一条竖直参考线，选择“窗口 > 变换”命令，弹出“变换”控制面板，将“X”轴选项设为170 mm，如图11-221所示；按Enter键确认操作，效果如图11-222所示。

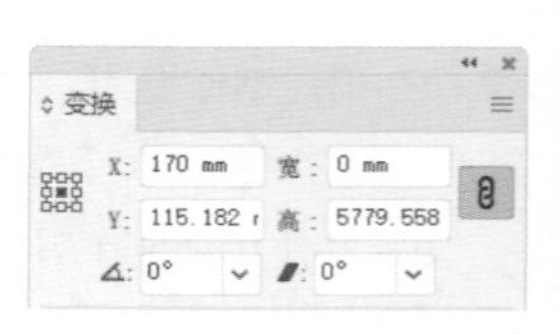

图11-221

03 保持参考线的被选取状态，在“变换”控制面板中将“X”轴选项设为180 mm，按Alt+Enter快捷键确认操作，效果如图11-223所示。

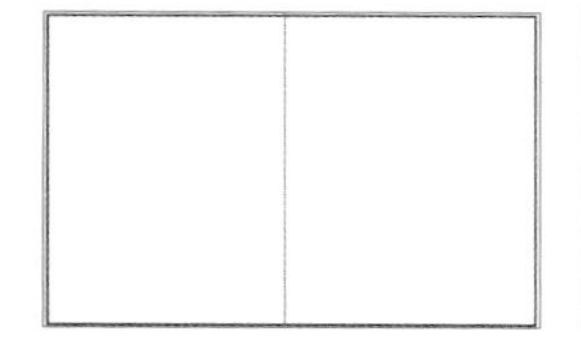

图11-222

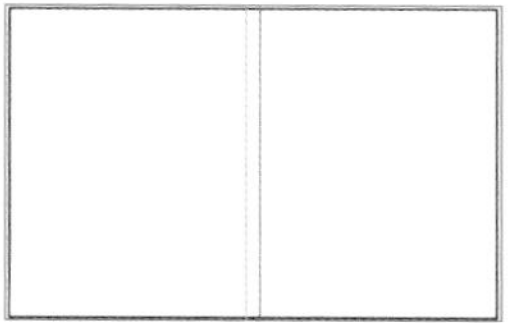

图11-223

04 选择“文件 > 置入”命令，弹出“置入”对话框，选择本书学习资源中的“Ch11\素材\制作环球旅行书籍封面\01、02”文件，单击“置入”按钮，在页面中分别单击置入图片，单击属性栏中的“嵌入”按钮，嵌入图片。选择选择工具▶，分别拖曳图片到适当的位置，效果如图11-224所示。

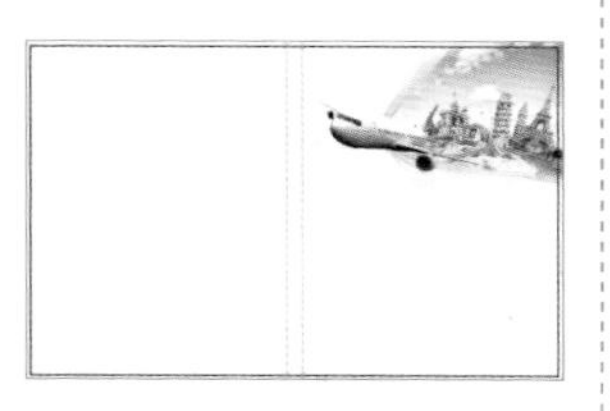

图11-224

05 选择“窗口 > 透明度”命令，弹出“透明度”控制面板，将混合模式设为“正片叠底”，其他选项的设置如图11-225所示，按Enter键确认操作，效果如图11-226所示。

图11-225

图11-226

06 选择文字工具T，在页面中分别输入需要的文字，选择选择工具▶，在属性栏中分别选择合适的字体并设置文字大小，效果如图11-227所示。选取文字“环球旅行”，设置文字填充色为海蓝色（其C、M、Y、K的值分别为97、81、7、0），填充文字，效果如图11-228所示。

图11-227

图11-228

07 选择文字工具T，在适当的位置单击鼠标左键，插入光标，如图11-229所示。选择“文字 > 字形”命令，弹出“字形”控制面板，设置字体并选择需要的字形，如图11-230所示，双击鼠标左键插入字形，效果如图11-231所示。

图11-229

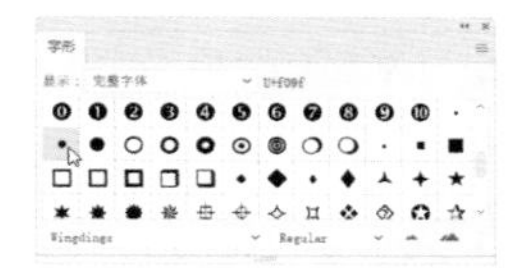

图11-230

图11-231

08 选择文字工具T，在适当的位置分别输入需要的文字，选择选择工具▶，在属性栏中分别选择合适的字体并设置文字大小，效果如图11-232所示。

09 选取文字“旅行……（她）。”，设置文字填充色为灰色（其C、M、Y、K的值分别为0、0、0、80），填充文字，效果如图11-233所示。单击属性栏中的“居中对齐”按钮≡，效果如图11-234所示。

图11-232  图11-233  图11-234

10 在“字符”控制面板中，将“设置行距”选项设为24 pt，其他选项的设置如图11-235所示，按Enter键确认操作，效果如图11-236所示。

图11-235

图11-236

11 选取英文“TRAVEL ROUND THE WORLD”，在“字符”控制面板中将“设置所选字符的字距调整”选项设为80，其他选项的设置如图11-237所示；按Enter键确认操作，效果如图11-238所示。

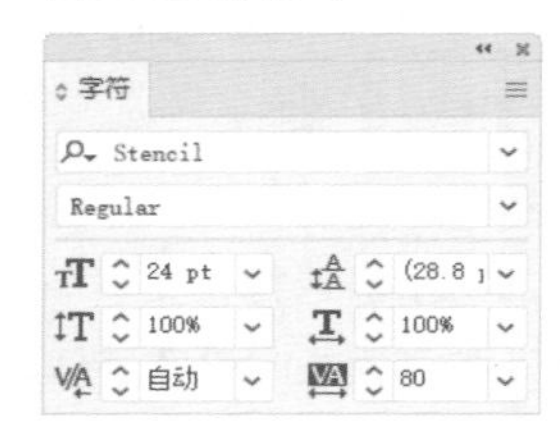

图11-237

环球旅行
[时光不老 · 一起旅行]
TRAVEL ROUND THE WORLD

图11-238

12 保持文字被选取状态，设置文字填充色为海蓝色（其C、M、Y、K的值分别为97、81、7、0），填充文字，效果如图11-239所示。

13 选择文字工具T，在适当的位置输入需要的文字，选择选择工具▶，在属性栏中选择合适的字体并设置文字大小，效果如图11-240所示。

环球旅行
[时光不老 · 一起旅行]
TRAVEL ROUND THE WORLD

图11-239

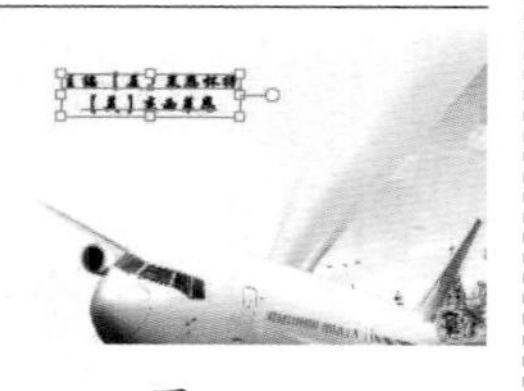
图11-240

14 在属性栏中单击“右对齐”按钮，对齐文本并微调至适当的位置，效果如图11-241所示。选择文字工具T，在文字“恩”右侧单击鼠标左键，插入光标，如图11-242所示。选择“文字 > 字形”命令，弹出“字形”控制面板，设置字体并选择需要的字形，如图11-243所示，双击鼠标左键插入字形，效果如图11-244所示。用相同的方法在其他位置插入字形，效果如图11-245所示。

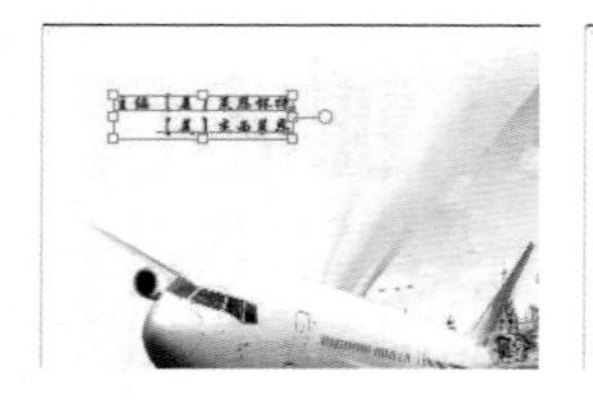
图11-241

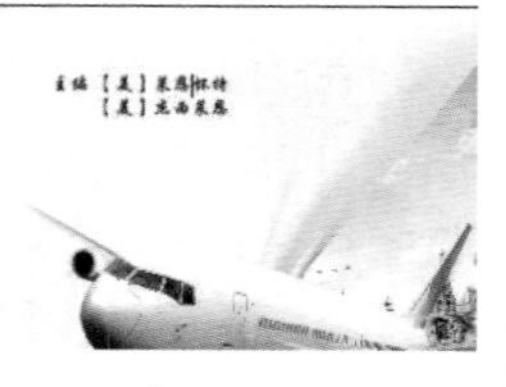
图11-242

图11-243

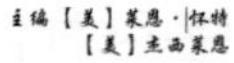

图11-244 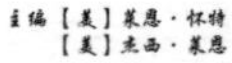　图11-245

2. 制作封底和书脊

01 选择“文件 > 置入”命令，弹出“置入”对话框，选择本书学习资源中的“Ch11\素材\制作环球旅行书籍封面\03”文件，单击“置入”按钮，在页面中单击置入图片，单击属性栏中的“嵌入”按钮，嵌入图片。选择选择工具▶，拖曳图片到适当的位置，效果如图11-246所示。

图11-246

02 选择直线段工具╱，按住Shift键的同时，在适当的位置绘制一条直线，设置描边色为海蓝色（其C、M、Y、K的值分别为97、81、7、0），填充描边，效果如图11-247所示。

图11-247

03 选择椭圆工具◯，按住Shift键的同时，在适当的位置绘制一个圆形，设置填充色为海蓝色

（其C、M、Y、K的值分别为97、81、7、0），填充图形，并设置描边色为无，效果如图11-248所示。选择选择工具，按住Shift键的同时，单击左侧直线将其同时选取，如图11-249所示。

图11-248 　　图11-249

04 双击镜像工具，弹出“镜像”对话框，选项的设置如图11-250所示；单击“复制”按钮，镜像并复制图形，效果如图11-251所示。

图11-250　　图11-251

05 选择选择工具，按住Shift键的同时，水平向右拖曳复制的图形到适当的位置，效果如图11-252所示。

06 选择矩形工具，按住Shift键的同时，在适当的位置绘制一个正方形，设置填充色为海蓝色（其C、M、Y、K的值分别为97、81、7、0），填充图形，并设置描边色为无，效果如图11-253所示。

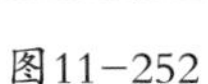

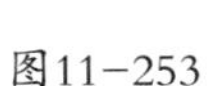

图11-252　　图11-253

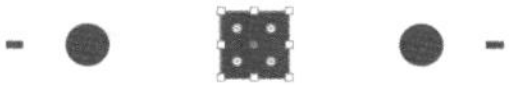

07 选择“窗口 > 变换”命令，弹出“变换”控制面板，将“旋转”选项设为45°，如图11-254所示，按Enter键确认操作，效果如图11-255所示。

图11-254 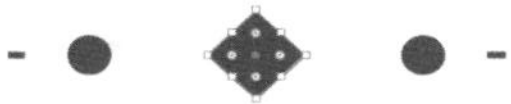　　图11-255

08 选择直线段工具，按住Shift键的同时，在页面外绘制一条45°角斜线，设置描边色为海蓝色（其C、M、Y、K的值分别为97、81、7、0），填充描边，效果如图11-256所示。

09 选择选择工具，按住Alt+Shift快捷键的同时，向右下拖曳斜线到适当的位置，复制斜线，效果如图11-257所示。

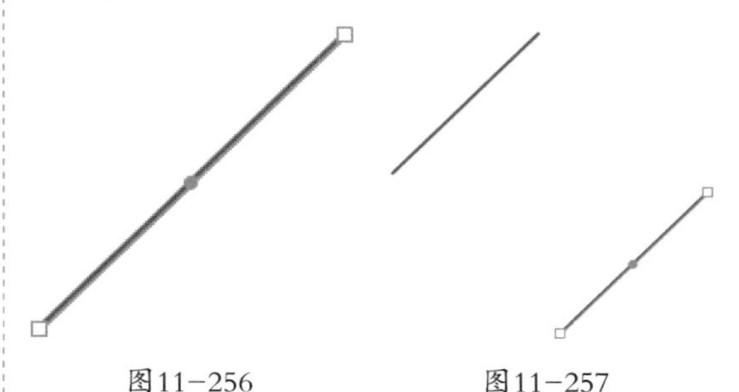

图11-256　　图11-257

10 选择选择工具，按住Shift键的同时，单击原斜线将其同时选取，如图11-258所示。双击混合工具，在弹出的“混合选项”对话框中进行设置，如图11-259所示，单击“确定”按钮，按Alt+Ctrl+B快捷键，生成混合，效果如图11-260所示。

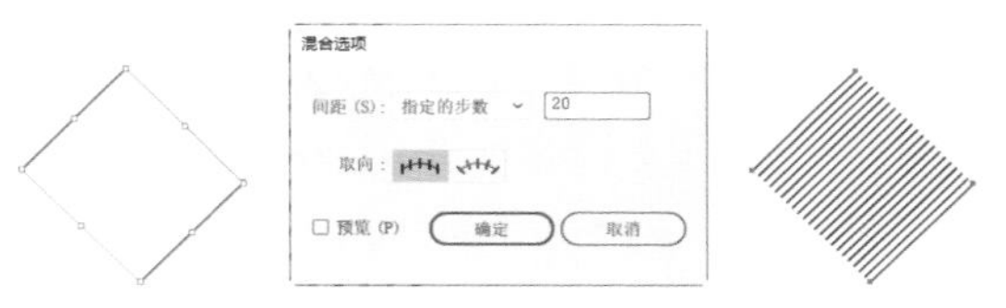

图11-258　　图11-259　　图11-260

11 选择矩形工具，按住Shift键的同时，在适当的位置绘制一个正方形，如图11-261所示。按住Shift键的同时，单击下方混合图形将其同时选取，如图11-262所示，按Ctrl+7快捷键，建立剪切蒙版，效果如图11-263所示。

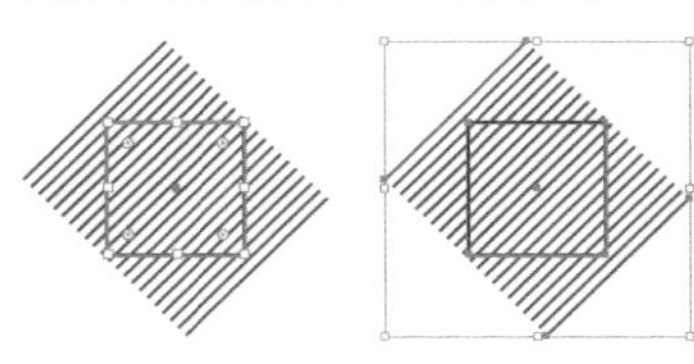

图11-261　　图11-262 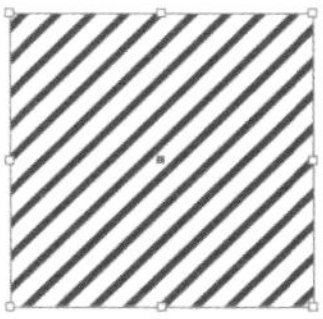　　图11-263

12 将其拖曳到页面中适当的位置，效果如图11-264所示。选择文字工具，在适当的位置分别输入需要的文字，选择选择工具，在属性栏中分别选择合适的字体并设置文字大小，效果如图

11-265所示。

图11-264

图11-265

13 选取文字“TRAVEL”，在“字符”控制面板中将“设置所选字符的字距调整”选项设为80，其他选项的设置如图11-266所示；按Enter键确认操作，效果如图11-267所示。设置文字填充色为海蓝色（其C、M、Y、K的值分别为97、81、7、0），填充文字，效果如图11-268所示。

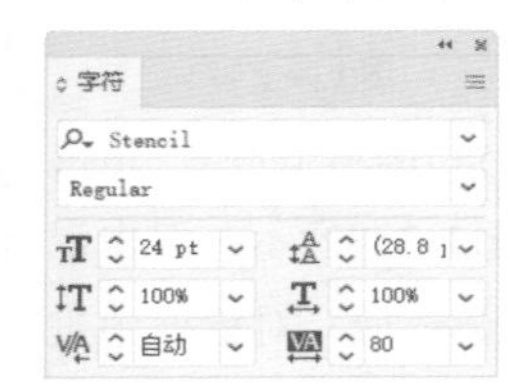

图11-266　图11-267　图11-268

14 选择矩形工具，在适当的位置绘制一个矩形，将图形填充为白色，效果如图11-269所示。选择文字工具，在适当的位置输入需要的文字，选择选择工具，在属性栏中选择合适的字体并设置文字大小，效果如图11-270所示。

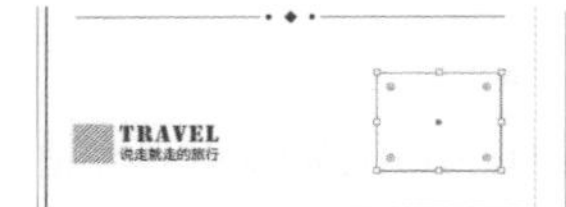

图11-269　图11-270

15 选择选择工具，在封面中选取需要的文字，如图11-271所示。按住Alt键的同时，用鼠标向左拖曳文字到书脊上，复制文字，并调整其大小，效果如图11-272所示。

16 选择“文字 > 文字方向 > 垂直”命令，将横排文字转换为直排文字，效果如图11-273所示。用相同的方法复制封面中其余需要的文字，并调整文字方向，效果如图11-274所示。环球旅行书籍封面完成。

图11-271

图11-272

图11-273

图11-274

课堂练习1——制作美食书籍封面

练习1.1 项目背景及要求

1. 客户名称

美食记出版社。

2. 客户需求

《美食秘籍》是美食记出版社策划的为都市青年提供美食参考的书籍。本练习是为美食书籍进行书籍装帧设计。美食书籍的内容是围绕美食的，所以设计要求以美食图案为画面主要内容，并且合理搭配与用色，使书籍看起来更具特色。

3. 设计要求

（1）封面以美食图案为主要的内容。

（2）使用纯色的背景以烘托画面，使画面看起来精致诱人。

（3）设计要求表现出书籍的时尚、高端的风格。

（4）要求整个设计充满特色，让人一目了然。

（5）设计规格为383 mm（宽）×260 mm（高），分辨率为300 dpi。

练习1.2 项目素材及要点

1. 素材资源

图片素材所在位置：学习资源中的“Ch11\素材\制作美食书籍封面\01、02”。

文字素材所在位置：学习资源中的“Ch11\素材\制作美食书籍封面\文字文档”。

2. 作品参考

设计作品参考效果所在位置：学习资源中的“Ch11\效果\制作美食书籍封面.ai”。效果如图11-275所示。

图11-275

3. 制作要点

使用矩形工具绘制背景图形；使用置入命令置入图片；使用直排文字工具添加封面文字；使用字形命令插入符号。

课堂练习2——制作少儿读物封面

练习2.1 项目背景及要求

1. 客户名称

云谷子书局股份有限公司。

2. 客户需求

云谷子书局，是一家集图书、期刊和网络出版为一体的综合性出版机构。现公司准备出版一本新书《爸爸你是我的超级英雄》，要求为该书籍设计封面，设计元素要能够体现出温馨和睦的氛围，符合书籍特色。

3. 设计要求

（1）书籍封面的设计要简洁而不失活泼，避免呆板。

（2）设计要求具有代表性，突出书籍特色。

（3）色彩的运用简洁舒适，在视觉上能吸引人们的眼光。

（4）要留给人想象的空间，使人产生向往之情。

（5）设计规格为350 mm（宽）×230 mm（高），分辨率为300 dpi。

练习2.2 项目素材及要点

1. 素材资源

图片素材所在位置：学习资源中的“Ch11\素材\制作少儿读物封面\01、02”。

文字素材所在位置：学习资源中的“Ch11\素材\制作少儿读物封面\文字文档”。

2. 作品参考

设计作品参考效果所在位置：学习资源中的“Ch11\效果\制作少儿读物封面.ai”。效果如图11-276所示。

图11–276

3. 制作要点

使用参考线分割页面；使用文字工具、字符控制面板添加并编辑书名；使用椭圆工具、路径查找器命令、高斯模糊命令制作装饰图形；使用钢笔工具、文字工具、路径文字工具和填充工具制作标签；使用文字工具、直排文字工具和字符控制面板添加其他相关信息。

课后习题1——制作手机摄影书籍封面

习题1.1　项目背景及要求

1. 客户名称

新野出版社。

2. 客户需求

《超美丽——手机摄影大全》是新野出版社策划的摄影类书籍，书中涉及手机摄影的技巧、方法、光影等知识。现要求进行书籍的封面设计，用于图书的出版及发售。

3. 设计要求

（1）设计要求使用图文搭配诠释书籍内容，表现书籍特色。

（2）画面色彩要明亮鲜丽，使用大胆而丰富的色彩，丰富画面效果。

（3）设计风格具有特色，能够引起读者的好奇，以及阅读兴趣。

（4）封面版式简单大方，突出主题。

（5）设计规格为383 mm（宽）×260 mm（高），分辨率为300 dpi。

习题1.2　项目素材及要点

1. 素材资源

图片素材所在位置：学习资源中的“Ch11\素材\制作手机摄影书籍封面\01~13”。

文字素材所在位置：学习资源中的“Ch11\素材\制作手机摄影书籍封面\文字文档”。

2. 作品参考

设计作品参考效果所在位置：学习资源中的“Ch11\效果\制作手机摄影书籍封面.ai”。效果如图11-277所示。

图11-277

3. 制作要点

使用矩形工具、置入命令、多边形工具和剪切蒙版命令制作背景；使用文字工具、字符控制面板添加标题及相关信息。

课后习题2——制作儿童插画书籍封面

习题2.1 项目背景及要求

1. 客户名称

新思维美术教育出版社。

2. 客户需求

《插画欣赏集》是新思维美术教育出版社策划的一本儿童插画的书籍，书中的内容充满创造性和趣味性，能启发孩子的创意潜能和艺术性，使孩子在欣赏插画的同时产生兴趣。要求进行书籍的封面设计，用于图书的出版及发售，设计要符合儿童的喜好，给人有活力和快乐的印象。

3. 设计要求

（1）书籍封面的设计要以儿童喜欢的插画元素为主导。

（2）设计要求使用直观的形式来诠释书籍内容，表现书籍特色。

（3）画面色彩要明亮鲜丽，效果丰富活泼。

（4）设计风格具有特色，版式活而不散，以增加阅读兴趣。

（5）设计规格为435 mm（宽）×285 mm（高），分辨率为300 dpi。

习题2.2 项目素材及要点

1. 素材资源

图片素材所在位置：学习资源中的“Ch11\素材\制作儿童插画书籍封面\01、02”。

文字素材所在位置：学习资源中的“Ch11\素材\制作儿童插画书籍封面\文字文档”。

2. 作品参考

设计作品参考效果所在位置：学习资源中的“Ch11\效果\制作儿童插画书籍封面.ai”。效果如图11-278所示。

图11-278

3. 制作要点

使用绘图工具和渐变工具绘制背景；使用文本工具、路径文字工具添加封面和封底文字；使用直排文字工具添加书脊文字；使用绘图工具和路径查找器命令制作图形；使用剪切蒙版命令为图片添加蒙版效果。

11.5 包装设计——制作巧克力豆包装

11.5.1 项目背景及要求

1. 客户名称

美食佳股份有限公司。

2. 客户需求

美食佳股份有限公司是一家以坚果、干果、茶叶、休闲零食等食品的分装与销售为主的企业。现公司推出新款巧克力豆，要求设计一款包装，要求传达出巧克力豆健康美味、为消费者带来快乐的特点，设计要求画面丰富，能够快速地吸引消费者的注意。

3. 设计要求

（1）包装风格要求具有特色，整体可爱美观。

（2）字体要求进行设计，配合整体的包装风格。

（3）设计要求简洁大气，图文搭配，编排合理，视觉效果强烈。

（4）以真实简洁的方式向消费者传达信息内容。

（5）设计规格为297 mm（宽）×210 mm（高），分辨率为300 dpi。

11.5.2 项目素材及要点

1. 设计素材

图片素材所在位置：学习资源中的“Ch11\素材\制作巧克力豆包装\01、02”。

文字素材所在位置：学习资源中的“Ch11\素材\制作巧克力豆包装\文字文档”。

2. 设计作品

设计作品参考效果所在位置：学习资源中的“Ch11\效果\制作巧克力豆包装.ai”。效果如图11-279所示。

图11-279

3. 制作要点

使用钢笔工具、透明度控制面板、高斯模糊命令和直线段工具制作包装底图；使用椭圆工具、圆角矩形工具、缩放命令、镜像工具和路径查找器命令绘制小熊；使用钢笔工具、路径查找器命令、置入命令和剪切蒙版命令绘制心形盒；使用文字工具、字符控制面板、外观控制面板和填充工具制作产品名称。

11.5.3 案例制作步骤

1. 绘制包装底图

01 按Ctrl+N快捷键，弹出“新建文档”对话框，设置文档的宽度为297 mm，高度为210 mm，取向为横向，出血为3 mm，颜色模式为CMYK，单击“创建”按钮，新建一个文档。

02 选择钢笔工具，在适当的位置绘制图形。双击渐变工具，弹出“渐变”控制面板，选中“线性渐变”按钮，在色带上设置4个渐变滑块，分别将渐变滑块的位置设为0%、12%、94%、100%，并设置C、M、Y、K的值分别为：0%（26、23、30、0）、12%（0、7、15、0）、94%（0、7、15、0）、100%（9、12、20、0），其他选项的设置如图11-280所示，图形被填充为渐变色，设置描边色为无，效果如图11-281所示。

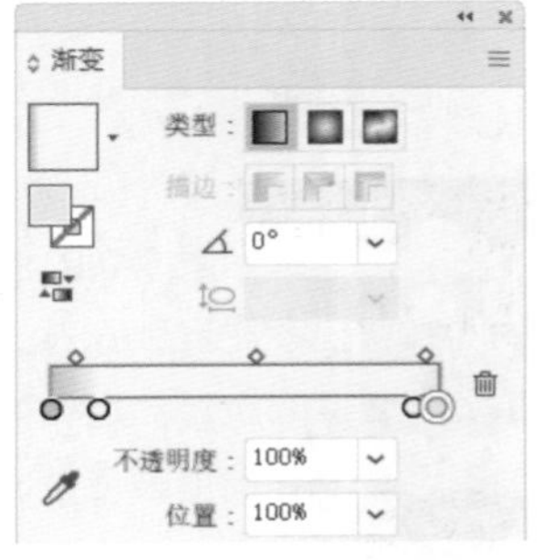

图11-280

图11-281

03 选择钢笔工具，在适当的位置绘制图形，设置填充色为深灰色（其C、M、Y、K的值分别为55、54、56、1），填充图形，并设置描边色为无，效果如图11-282所示。选择“窗口 > 透明度”命令，在弹出的面板中进行设置，如图11-283所示，按Enter键确认操作，效果如图11-284所示。

图11-282　　图11-283　　图11-284

04 保持图形被选取状态。选择“效果 > 模糊 > 高斯模糊”命令，在弹出的对话框中进行设置，如图11-285所示，单击“确定”按钮，效果如图11-286所示。用相同的方法制作其他图形，效果如图11-287所示。选择钢笔工具，在适当的位置绘制白色高光图形，效果如图11-288所示。

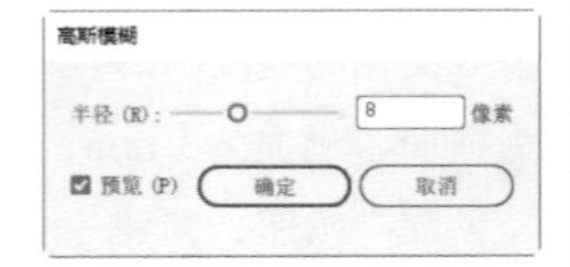

图11-285

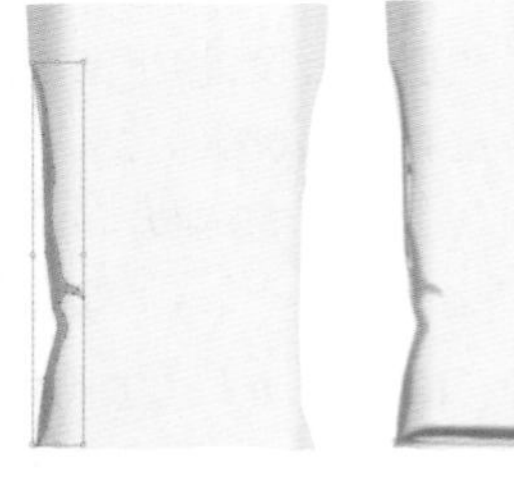

图11-286

图11-287

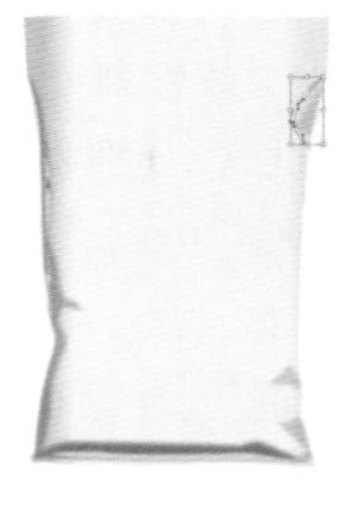

图11-288

05 选择直线段工具，按住Shift键的同时，在适当的位置绘制一条直线，设置描边色为深灰色（其C、M、Y、K的值分别为22、24、30、0），填充描边，效果如图11-289所示。

图11-289

06 选择选择工具，按住Alt+Shift快捷键的同时，竖直向下拖曳直线到适当的位置，复制直线，效果如图11-290所示。连续按Ctrl+D快捷键，再复制出多条直线，效果如图11-291所示。

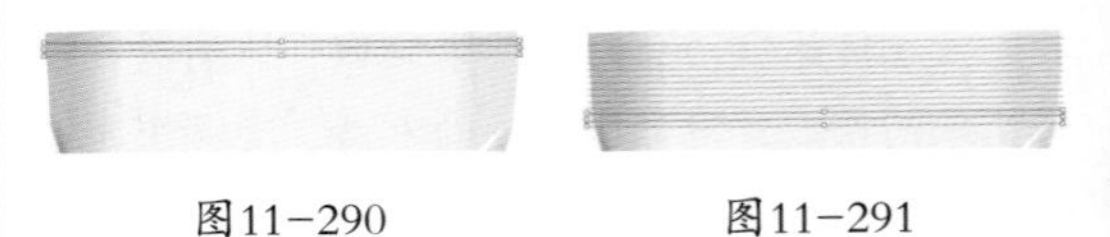

图11-290　　图11-291

2. 绘制小熊头部及五官

01 按Ctrl+O快捷键，打开本书学习资源中的“Ch11\素材\制作巧克力豆包装\01”文件，选择选择工具，选取需要的图形，按Ctrl+C快捷键，复制图形。选择正在编辑的页面，按Ctrl+V快捷键，将其粘贴到页面中，并拖曳复制的图形到适当的位置，效果如图11-292所示。

02 选择椭圆工具，按住Shift键的同时，在页面外绘制一个圆形，如图11-293所示。设置填充色为棕色（其C、M、Y、K的值分别为21、45、56、0），填充图形，并设置描边色为无，效果如图11-294所示。

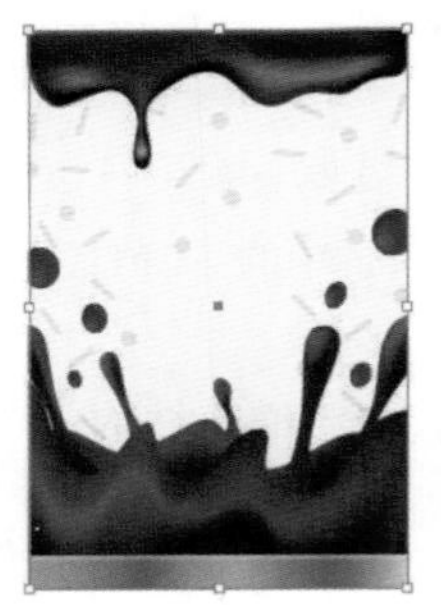

图11-292

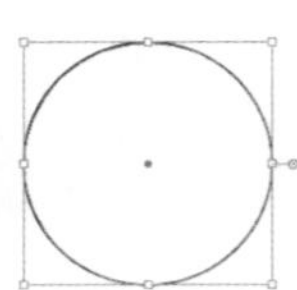

图11-293

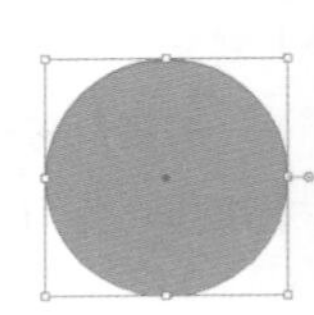

图11-294

03 按Ctrl+C快捷键，复制圆形，连续按2次Ctrl+F快捷键，将复制的图形粘贴在前面。微调复制的圆形到适当的位置，效果如图11-295所示。选择选择工具，按住Shift键的同时，单击原图形将其同时选取，如图11-296所示。

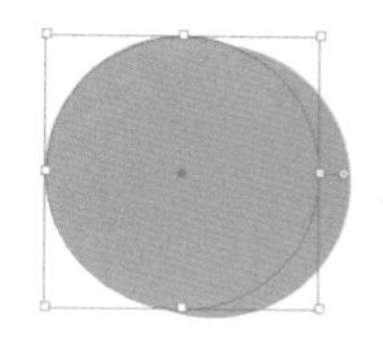
图11-295

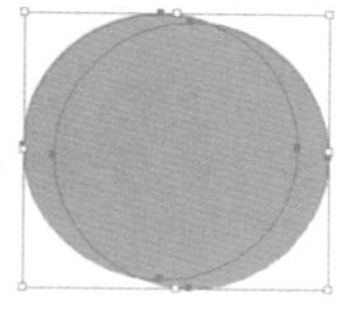
图11-296

04 选择“窗口 > 路径查找器”命令，弹出“路径查找器”控制面板，单击“减去顶层”按钮，如图11-297所示，生成新的对象，效果如图11-298所示。设置填充色为深棕色（其C、M、Y、K的值分别为36、53、62、0），填充图形，效果如图11-299所示。

图11-297

图11-298

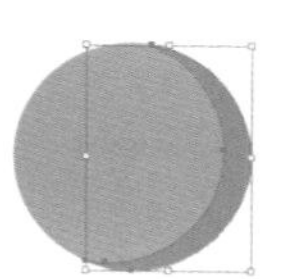
图11-299

05 用相同的方法绘制其他图形，效果如图11-300所示。选择椭圆工具，按住Shift键的同时，在适当的位置绘制一个圆形，如图11-301所示。

图11-300

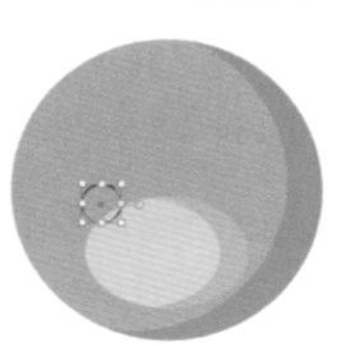
图11-301

06 双击渐变工具，弹出“渐变”控制面板，选中“径向渐变”按钮，在色带上设置两个渐变滑块，分别将渐变滑块的位置设为0%、100%，并设置R、G、B的值分别为0%（52、74、78、17）、100%（61、81、91、48），其他选项的设置如图11-302所示，图形被填充为渐变色，设置描边色为无，效果如图11-303所示。

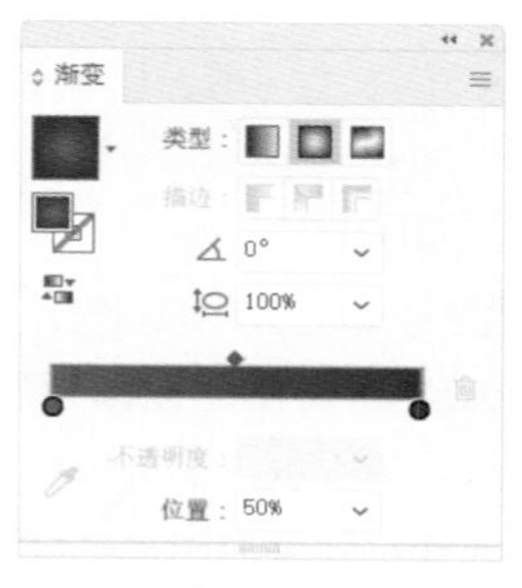

图11-302

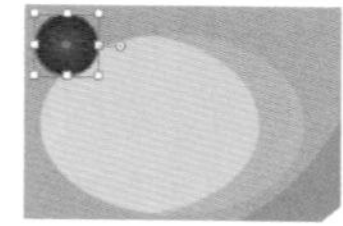
图11-303

07 连续按Ctrl+[快捷键，将圆形向后移至适当的位置，效果如图11-304所示。选择选择工具，按住Alt+Shift快捷键的同时，水平向右拖曳圆形到适当的位置，复制圆形，效果如图11-305所示。用相同的方法再绘制一个椭圆形，填充相同的渐变色，效果如图11-306所示。

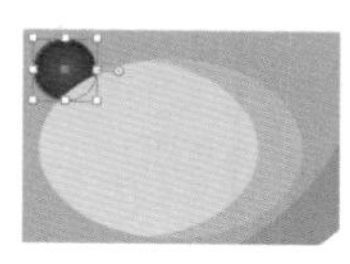
图11-304

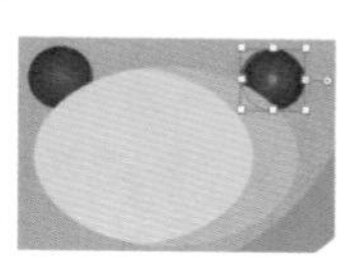
图11-305

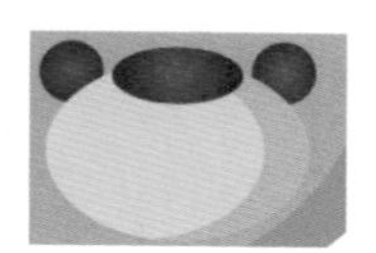
图11-306

08 选择直线段工具，按住Shift键的同时，在适当的位置绘制一条竖线，在属性栏中将“描边粗细”选项设置为2.5 pt，按Enter键确认操作，效果如图11-307所示。设置描边色为暗棕色（其C、M、Y、K的值分别为59、79、88、41），填充描边，效果如图11-308所示。

09 选择直线段工具，按住Shift键的同时，在适当的位置绘制一条直线，设置描边色为暗棕色（其C、M、Y、K的值分别为59、79、88、41），填充描边，效果如图11-309所示。

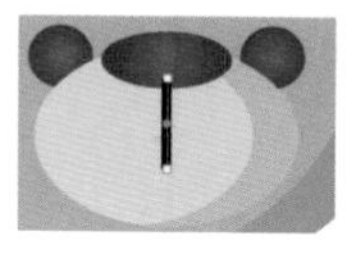
图11-307

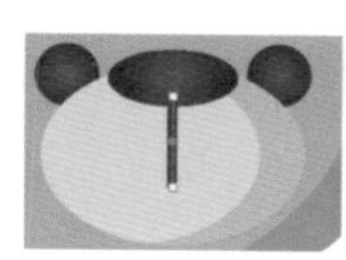
图11-308

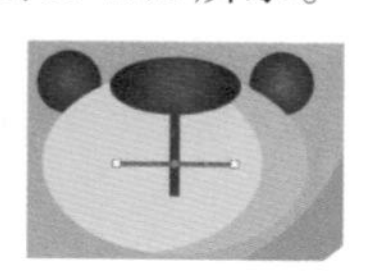
图11-309

10 选择“窗口 > 描边”命令，弹出“描边”控制面板，单击“端点”选项中的“圆头端点”按钮，其他选项的设置如图11-310所示，效果如图11-311所示。

图11-310

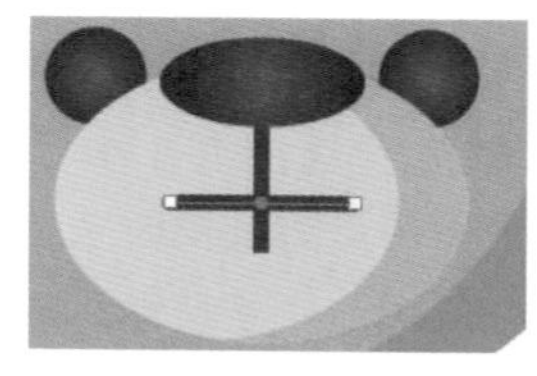
图11-311

11 选择整形工具，将鼠标指针放置在线段中间位置，如图11-312所示，按住鼠标左键向下拖曳光标到适当的位置，如图11-313所示；松开鼠标左键，调整线段弧度，效果如图11-314所示。

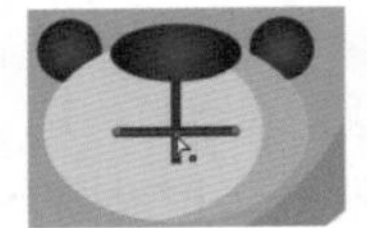
图11-312

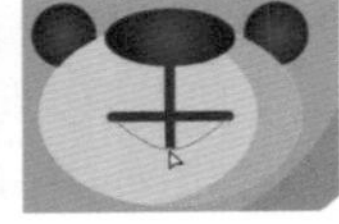
图11-313

图11-314

12 选择椭圆工具，按住Shift键的同时，在适当的位置绘制一个圆形，如图11-315所示。选择吸管工具，将吸管图标放置在下方圆形上，如图11-316所示，单击鼠标左键吸取属性，效果如图11-317所示。

图11-315

图11-316

图11-317

13 选择“对象 > 变换 > 缩放”命令，在弹出的“比例缩放”对话框中进行设置，如图11-318所示，单击“复制”按钮，缩小并复制圆形，效果如图11-319所示。设置填充色为褐色（其C、M、Y、K的值分别为31、59、71、0），填充图形，效果如图11-320所示。

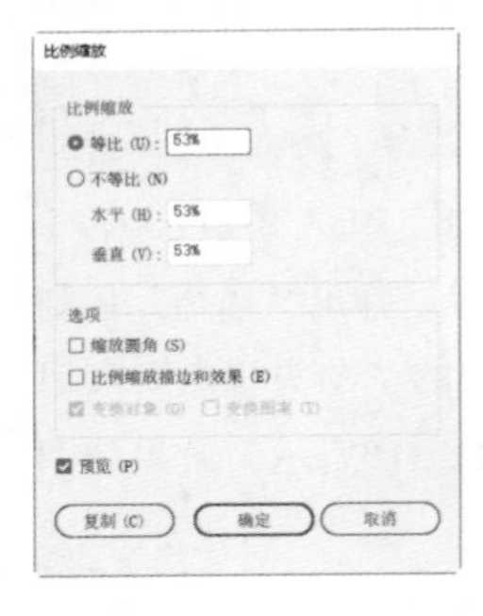

图11-318

图11-319

图11-320

14 选择选择工具，按住Shift键的同时，单击原图形将其同时选取，如图11-321所示。按Shift+Ctrl+[快捷键，将复制的图形置于最底层，效果如图11-322所示。按住Alt+Shift快捷键的同时，水平向右拖曳图形到适当的位置，复制图形，效果如图11-323所示。

图11-321

图11-322

图11-323

3. 绘制小熊身体部分

01 选择矩形工具，在适当的位置绘制一个矩形，如图11-324所示。选择“窗口 > 变换”命令，弹出“变换”控制面板，在“矩形属性”选项组中将“圆角半径”选项设为0 mm和17 mm，如图11-325所示，按Enter键确认操作，效果如图11-326所示。

图11-324

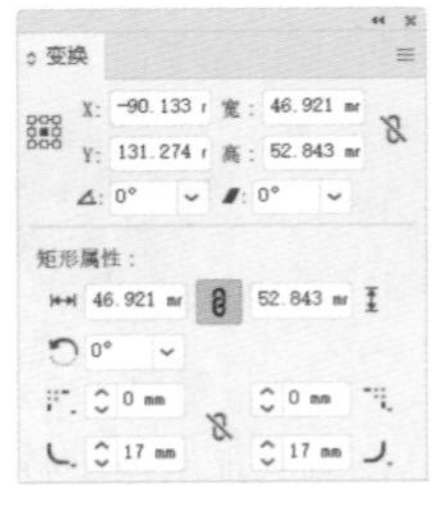

图11-325

图11-326

02 选择直接选择工具，选取左上角的锚点，并向右拖曳锚点到适当的位置，如图11-327所示。在属性栏中将“圆角半径”选项设为19 mm，按Enter键确认操作，效果如图11-328所示。用相同的方法调整右上角的锚点，效果如图11-329所示。

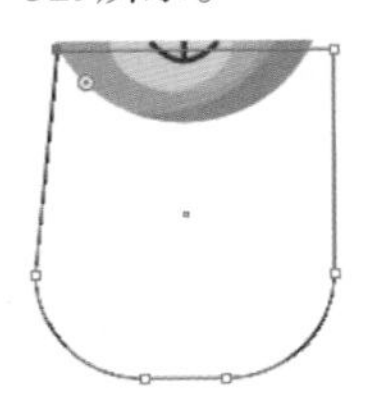
图11-327

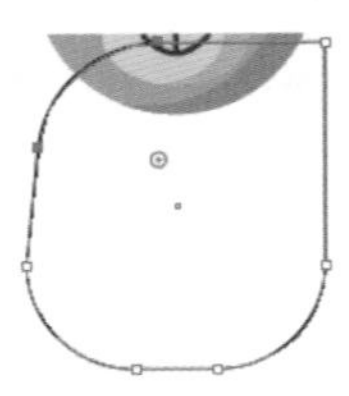
图11-328

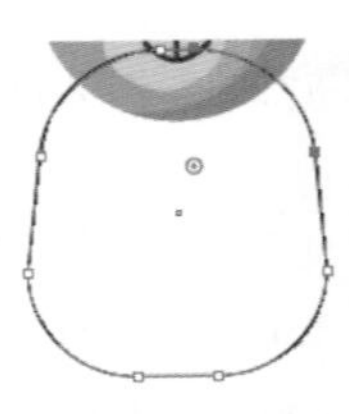
图11-329

03 选择吸管工具，将吸管图标放置在下方圆形上，如图11-330所示，单击鼠标左键吸取属性，效果如图11-331所示。

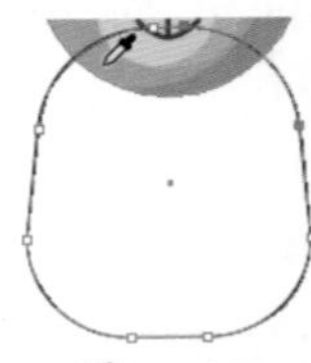
图11-330

04 选择选择工具▶，选取图形，按Ctrl+C快捷键，复制图形，连续按2次Ctrl+F快捷键，将复制的图形粘贴在前面，如图11-332所示。向左微调复制的图形到适当的位置，效果如图11-333所示。

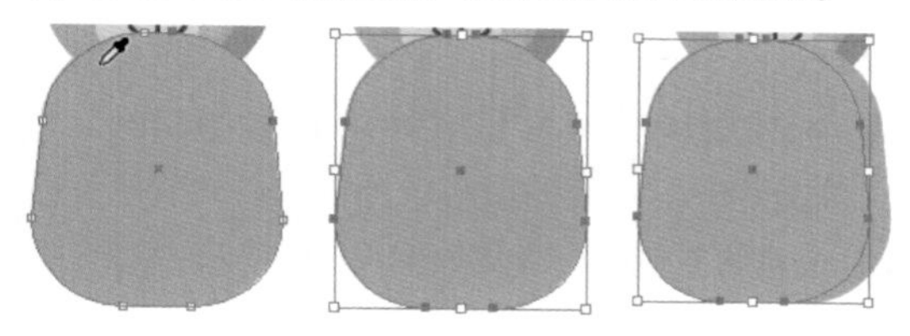

图11-331　　图11-332　　图11-333

05 选择选择工具▶，按住Shift键的同时，单击原图形将其同时选取，如图11-334所示。在“路径查找器”控制面板中，单击“减去顶层”按钮，如图11-335所示。生成新的对象，效果如图11-336所示。

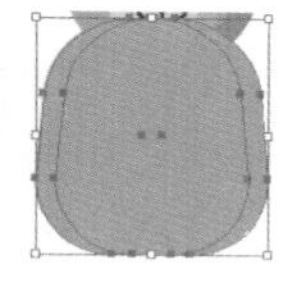

图11-334

图11-335

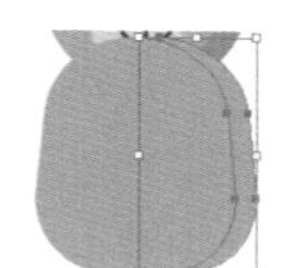

图11-336

06 选择吸管工具，将吸管图标放置在右侧图形上，如图11-337所示，单击鼠标左键吸取属性，效果如图11-338所示。

图11-337

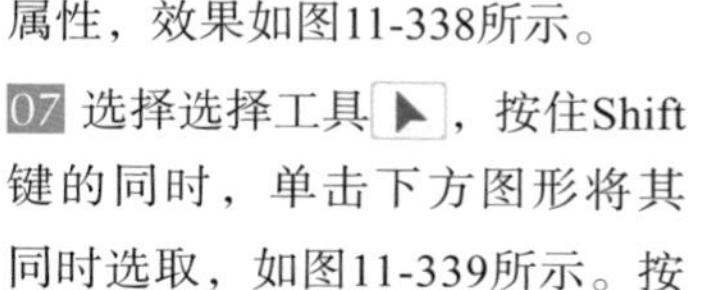

07 选择选择工具▶，按住Shift键的同时，单击下方图形将其同时选取，如图11-339所示。按Shift+Ctrl+[快捷键，将复制的图形置于最底层，效果如图11-340所示。

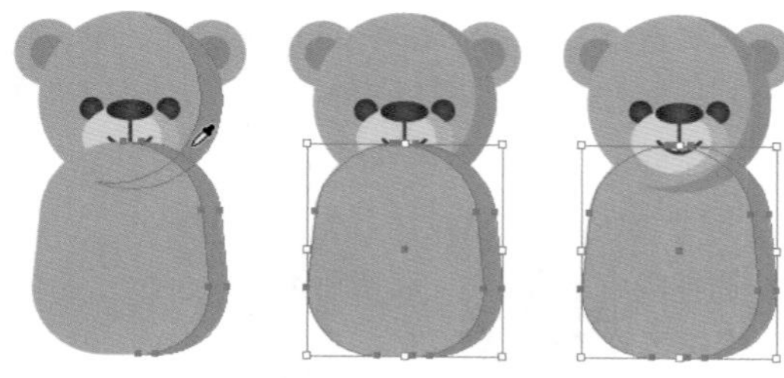

图11-338　　图11-339　　图11-340

08 选择圆角矩形工具，在页面中单击鼠标左键，弹出“圆角矩形”对话框，选项的设置如图11-341所示，单击“确定”按钮，出现一个圆角矩形。选择选择工具▶，拖曳圆角矩形到适当的位置，效果如图11-342所示。设置填充色为褐色（其C、M、Y、K的值分别为31、59、71、0），填充图形，并设置描边色为无，效果如图11-343所示。

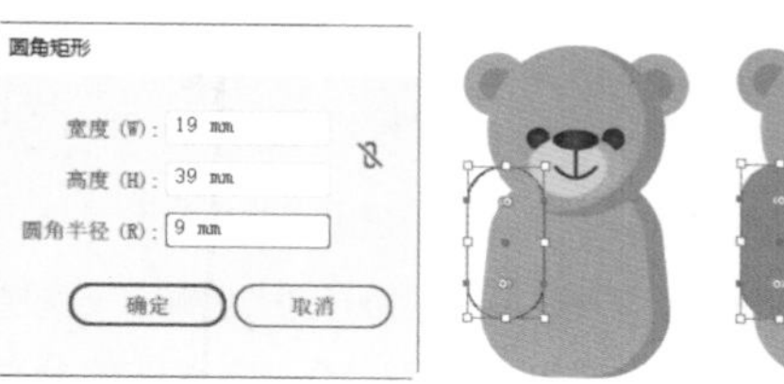

图11-341

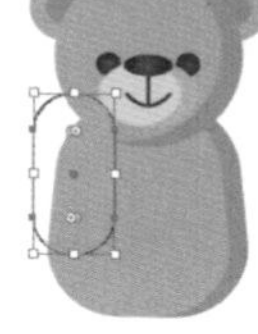

图11-342

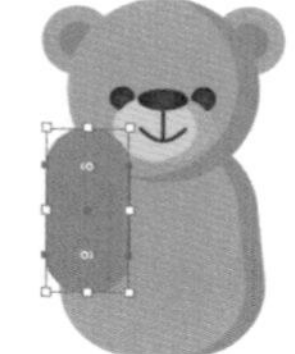

图11-343

09 在“变换”控制面板中，将“旋转”选项设为-35°，如图11-344所示；按Enter键确认操作，效果如图11-345所示。

图11-344

图11-345

10 选择镜像工具，按住Alt键的同时，在圆角梯形中心点处单击，如图11-346所示，弹出“镜像”对话框，选项的设置如图11-347所示，单击“复制”按钮，镜像并复制图形，效果如图11-348所示。

图11-346

图11-347

图11-348

11 选择选择工具▶，按住Shift键的同时，单击原图形将其同时选取，如图11-349所示。按Shift+Ctrl+[快捷键，将复制的图形置于最底层，效果如图11-350所示。

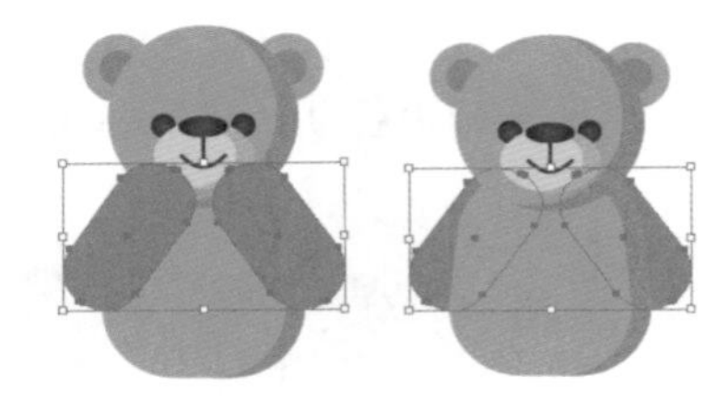

图11-349　　图11-350

12 选择椭圆工具，在适当的位置绘制一个椭圆形，设置填充色为褐色（其C、M、Y、K的值分别为31、59、71、0），填充图形，并设置描边色为无，效果如图11-351所示。连续按Ctrl+[快捷键，将图形向后移至适当的位置，效果如图11-352所示。

图11-351　　图11-352

13 选择钢笔工具，在适当的位置绘制一个不规则图形，如图11-353所示。选择选择工具，选取图形，按Ctrl+C快捷键，复制图形，连续按2次Ctrl+F快捷键，将复制的图形粘贴在前面。向左微调复制的图形到适当的位置，效果如图11-354所示。

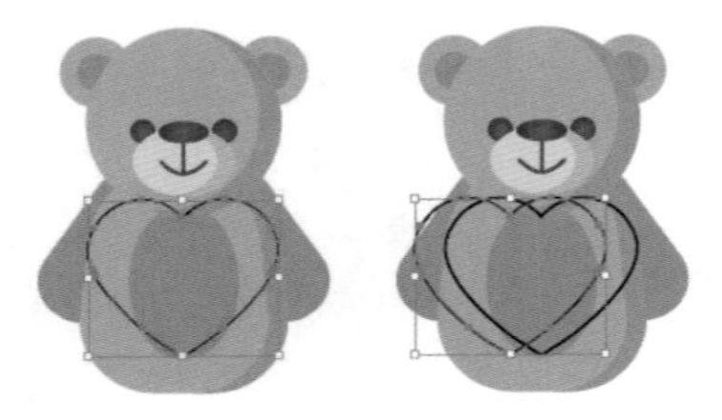

图11-353　　图11-354

14 选择选择工具，按住Shift键的同时，单击原图形将其同时选取，如图11-355所示。在“路径查找器”控制面板中，单击“分割”按钮，如图11-356所示，生成新的对象，效果如图11-357所示。按Shift+Ctrl+G快捷键，取消图形编组。

图11-355　　图11-356　　图11-357

15 选择选择工具，按住Shift键的同时，依次单击选取不需要的图形，如图11-358所示。按Delete键将其删除，效果如图11-359所示。

图11-358　　图11-359

16 选择“文件 > 置入”命令，弹出“置入”对话框，选择本书学习资源中的“Ch11\素材\制作巧克力豆包装\02”文件，单击“置入”按钮，在页面中单击置入图片，单击属性栏中的“嵌入”按钮，嵌入图片。选择选择工具，拖曳图片到适当的位置，效果如图11-360所示。连续按Ctrl+[快捷键，将图形向后移至适当的位置，效果如图11-361所示。

图11-360　　图11-361

17 选择选择工具，按住Shift键的同时，单击心形将其同时选取，如图11-362所示。按Ctrl+7快捷键，建立剪切蒙版，效果如图11-363所示。

图11-362　　图11-363

18 选取需要的图形，将图形填充为黑色，并设置描边色为无，效果如图11-364所示。在属性栏中将“不透明度”选项设为10%，按Enter键确认操作，效果如图11-365所示。

19 选择椭圆工具，在适当的位置绘制一个椭圆形，将图形填充为白色，并设置描边色为无，效果如图11-366所示。

图11-364

图11-365

图11-366

20 在“变换”控制面板中，将“旋转”选项设为-38°，如图11-367所示；按Enter键确认操作，效果如图11-368所示。在属性栏中将“不透明度”选项设为10%，按Enter键确认操作，效果如图11-369所示。

图11-367

图11-368

图11-369

21 选择椭圆工具，在适当的位置绘制一个椭圆形，设置填充色为棕色（其C、M、Y、K的值分别为21、45、56、0），填充图形，并设置描边色为无，效果如图11-370所示。

22 在“变换”控制面板中，将“旋转”选项设为-12°，如图11-371所示；按Enter键确认操作，效果如图11-372所示。

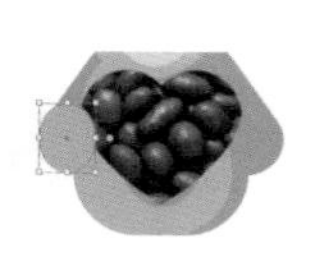
图11-370

图11-371

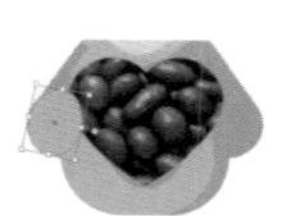
图11-372

23 选择镜像工具，按住Alt键的同时，在心形底部顶点处单击，如图11-373所示，弹出“镜像”对话框，选项的设置如图11-374所示，单击“复制”按钮，镜像并复制图形，效果如图11-375所示。

图11-373

图11-374

图11-375

24 选择选择工具，设置填充色为褐色（其C、M、Y、K的值分别为31、59、71、0），填充图形，效果如图11-376所示。

25 按Ctrl+C快捷键，复制图形，连续按2次Ctrl+F快捷键，将复制的图形粘贴在前面。向左微调复制的图形到适当的位置，效果如图11-377所示。

图11-376

图11-377

26 选择选择工具，按住Shift键的同时，单击原图形将其同时选取，如图11-378所示。在“路径查找器”控制面板中，单击“减去顶层”按钮，如图11-379所示，生成新的对象，效果如图11-380所示。设置填充色为暗棕色（其C、M、Y、K的值分别为44、64、76、2），填充图形，效果如图11-381所示。

图11-378

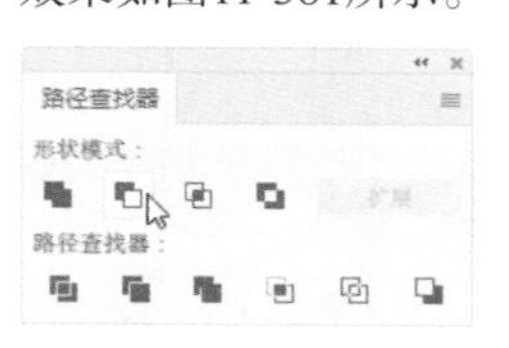

图11-379

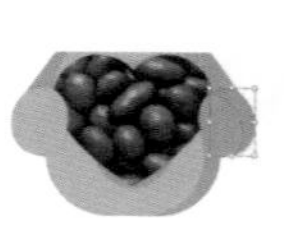
图11-380

图11-381

27 用相同的方法制作其他熊掌，效果如图11-382所示。选择选择工具，用框选的方法将所绘制的图形全部选取，按Ctrl+G快捷键，将其编组，如图11-383所示。

图11-382

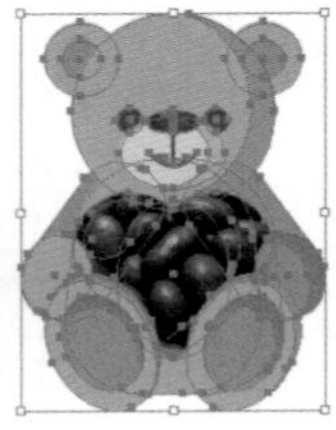

图11-383

4. 添加产品名称和投影

01 拖曳编了组的图形到页面中适当的位置，效果如图11-384所示。选择文字工具T，在适当的位置输入需要的文字，选择选择工具▶，在属性栏中选择合适的字体并设置文字大小，效果如图11-385所示。

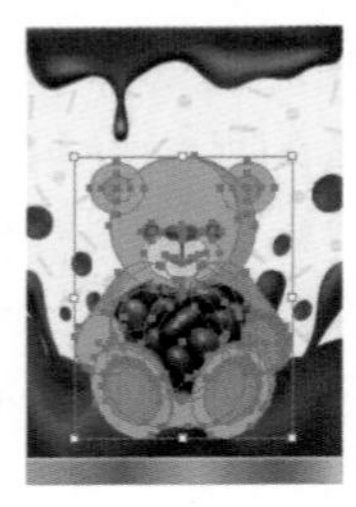

图11-384

02 按Ctrl+T快捷键，弹出“字符”控制面板，将“设置所选字符的字距调整”选项VA设为480，其他选项的设置如图11-386所示；按Enter键确认操作，效果如图11-387所示。

图11-385

图11-386

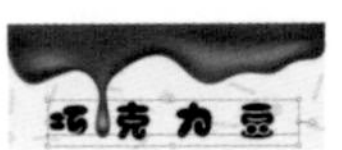

图11-387

03 设置文字填充色为咖啡色（其C、M、Y、K的值分别为58、77、86、36），填充文字，效果如图11-388所示。选择“文字 > 创建轮廓”命令，将文字转换为轮廓路径，效果如图11-389所示。

图11-388

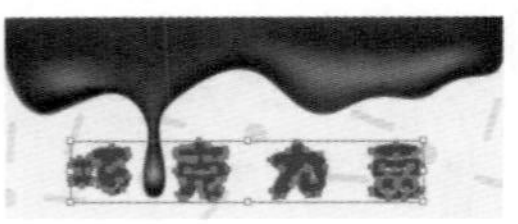

图11-389

04 选择“窗口 > 外观”命令，弹出“外观”控制面板，单击“添加新描边”按钮□，生成新的“描边”选项，如图11-390所示，设置描边色为棕色（其C、M、Y、K的值分别为21、45、56、0），填充描边；将“描边粗细”选项设置为8 pt，如图11-391所示，按Enter键确认操作，效果如图11-392所示。

图11-390

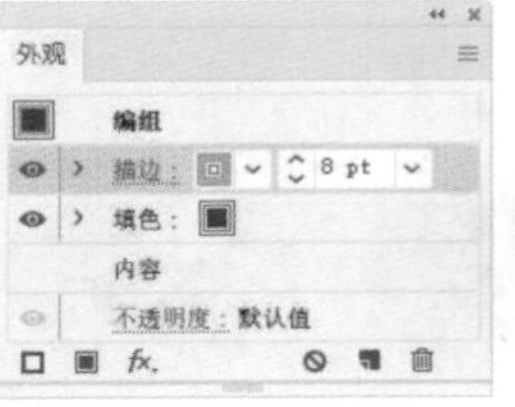

图11-391

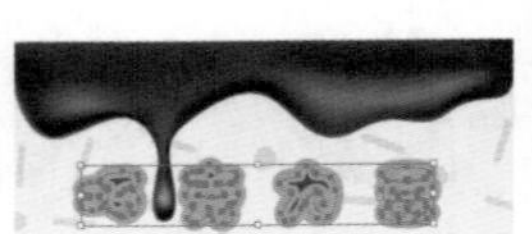

图11-392

05 在“外观”控制面板中，单击“添加新描边”按钮□，生成新的“描边”选项，设置描边色为白色，填充描边；将“描边粗细”选项设置为4 pt，如图11-393所示，按Enter键确认操作，效果如图11-394所示。

图11-393

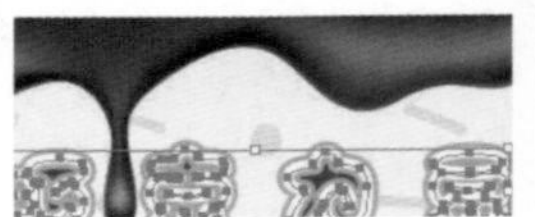

图11-394

06 在“外观”控制面板中，选中“填充”选项，如图11-395所示，向上拖曳至最顶层，如图11-396所示，松开鼠标左键后，如图11-397所示，文字效果如图11-398所示。

图11-395

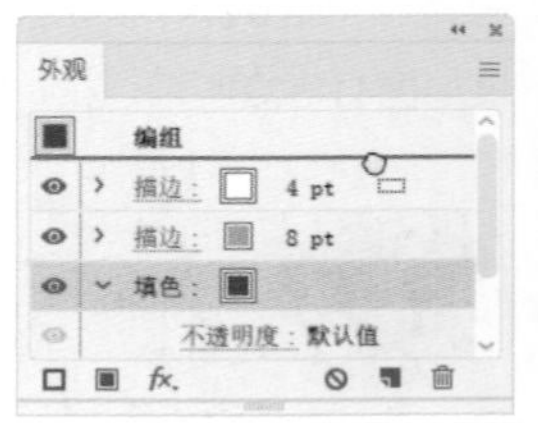

图11-396

07 选择文字工具T，在适当的位置输入需要的文字，选择选择工具▶，在属性栏中选择合适的字体并设置文字大小，将文字填充为白色，效果如图11-399所示。

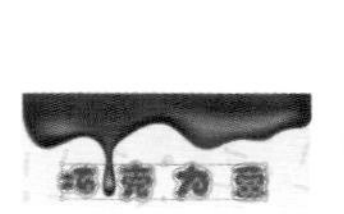

图11-397　　图11-398　　图11-399

08 选择选择工具▶，用框选的方法将图形和文字同时选取，按Ctrl+G快捷键，将图形和文字编组，并将其拖曳至适当的位置，按Shift+Ctrl+[快捷键，将编了组的图形和文字置于底层，效果如图11-400所示。

09 选取上方渐变图形，按Ctrl+C快捷键，复制图形，按Shift+Ctrl+V快捷键，就地粘贴图形，如图11-401所示。

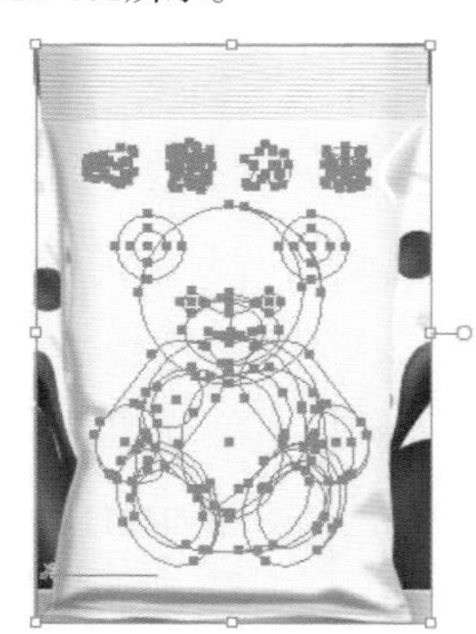

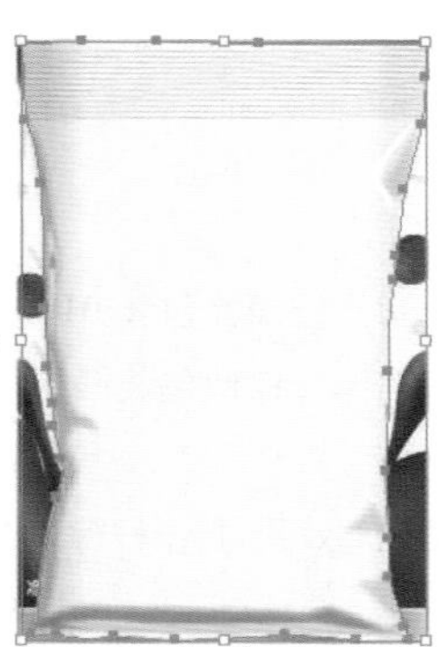

图11-400　　图11-401

10 按住Shift键的同时，单击下方编了组的图形和文字将其同时选取，如图11-402所示，按Ctrl+7快捷键，建立剪切蒙版，效果如图11-403所示。

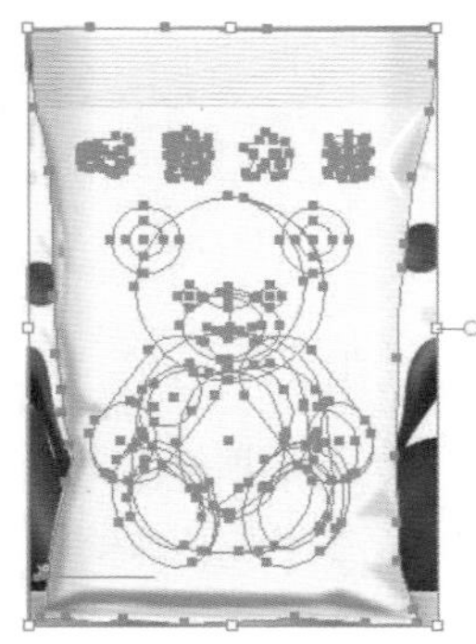

图11-402　　图11-403

11 选择椭圆工具◯，在包装底部绘制一个椭圆形，将图形填充为黑色，并设置描边色为无，效果如图11-404所示。在属性栏中将“不透明度”选项设为70%，按Enter键确认操作，效果如图11-405所示。

图11-404　　图11-405

12 选择“效果 > 模糊 > 高斯模糊”命令，在弹出的对话框中进行设置，如图11-406所示，单击“确定”按钮，效果如图11-407所示。

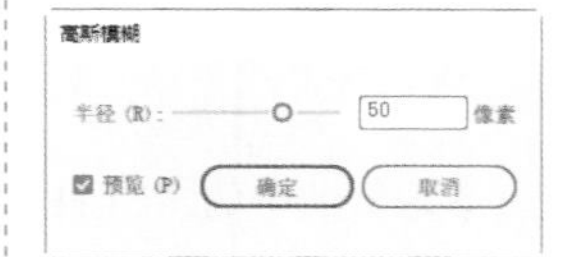

图11-406　　图11-407

13 按Shift+Ctrl+[快捷键，将图形置于最底层，效果如图11-408所示。巧克力豆包装制作完成，效果如图11-409所示。

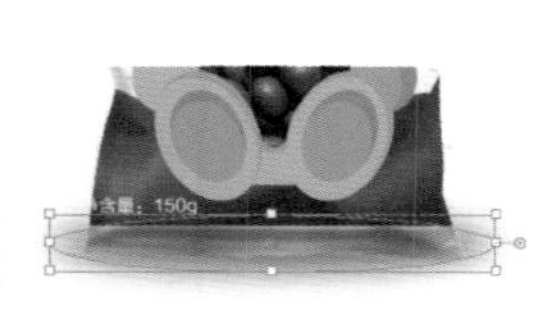

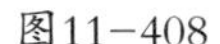

图11-408　　图11-409

课堂练习1——制作柠檬汁包装

练习1.1 项目背景及要求

1. 客户名称

康果益食品有限公司。

2. 客户需求

康果益是一家以干果、茶叶、饮品和速溶咖啡等食品的研发、分装及销售为主，致力为客户提供高品质、高性价比、高便利性产品的公司。现需要制作柠檬汁包装，要求在画面制作上清新、有创意，符合公司的定位与市场需求。

3. 设计要求

（1）包装使用卡通图形，给人活泼和亲近感。

（2）画面排版主次分明，增加画面的趣味和美感。

（3）整体色彩体现出新鲜清爽的特点，给人健康、有活力的印象。

（4）整体设计简单大方，易使人产生购买欲望。

（5）设计规格为297 mm（宽）× 210 mm（高），分辨率为300 dpi。

练习1.2 项目素材及要点

1. 素材资源

图片素材所在位置：学习资源中的“Ch11\素材\制作柠檬汁包装\01~03”。

文字素材所在位置：学习资源中的“Ch11\素材\制作柠檬汁包装\文字文档”。

2. 作品参考

设计作品参考效果所在位置：学习资源中的“Ch11\效果\制作柠檬汁包装.ai”。效果如图11-410所示。

图11-410

3. 制作要点

使用矩形工具、渐变工具和剪切蒙版命令制作包装底图；使用文字工具、字符控制面板、变形命令、直线段工具、整形工具和填充工具添加产品名称和信息；使用钢笔工具、剪切蒙版命令和后移一层命令制作包装立体展示图。

课堂练习2——制作糖果手提袋

练习2.1 项目背景及要求

1. 客户名称

糖之心果味糖果店。

2. 客户需求

糖之心是一家生产和加工各类糖果的糖果店。现要求制作一款店面专用的打包手提袋，要求除了携带方便外，还能达到推销产品和刺激消费者购买的目的。

3. 设计要求

（1）包装风格要求具有特色。

（2）字体要求简洁直观，配合整体的设计风格。

（3）设计要求清新大气，给人舒适感。

（4）以真实简洁的方式向观者传达信息内容。

（5）设计规格为210 mm（宽）×240 mm（高），分辨率为300 dpi。

练习2.2 项目素材及要点

1. 素材资源

图片素材所在位置：学习资源中的“Ch11\素材\制作糖果手提袋\01”。

文字素材所在位置：学习资源中的“Ch11\素材\制作糖果手提袋\文字文档”。

2. 作品参考

设计作品参考效果所在位置：学习资源中的“Ch11\效果\制作糖果手提袋.ai”。效果如图11-411所示。

图11－411

3. 制作要点

使用椭圆工具、路径查找器控制面板和直接选择工具制作糖果；使用文字工具添加文字信息；使用倾斜工具制作图标倾斜效果。

课后习题1——制作香皂包装

习题1.1 项目背景及要求

1. 客户名称

艾利旺斯。

2. 客户需求

艾利旺斯是一家专做手工香皂的店面，手工香皂因含有大量的甘油，不仅有很好的保湿效果，而且对肌肤非常温和。同时手工香皂还很有利于环保。现要求针对最新推出的柠檬清香型香皂做外包装设计，要求既展示出传统特色，又体现出新款产品特征。

3. 设计要求

（1）包装要求使用黄色，体现出柠檬清香型特点。

（2）文字的设计与图形融为一体，增添设计感和创造性。

（3）添加装饰图案和花纹，与宣传的主题相呼应，增添氛围。

（4）整体设计要简洁华丽，宣传性强。

（5）设计规格为210 mm（宽）× 240 mm（高），分辨率为300 dpi。

习题1.2 项目素材及要点

1. 素材资源

图片素材所在位置：学习资源中的“Ch11\素材\制作香皂包装\01。

文字素材所在位置：学习资源中的“Ch11\素材\制作香皂包装\文字文档”。

2. 作品参考

设计作品参考效果所在位置：学习资源中的“Ch11\效果\制作香皂包装.ai”。效果如图11-412所示。

图11-412

3. 制作要点

使用矩形工具、直接选择工具和投影命令制作包装盒；使用钢笔工具、文字工具和字符面板制作标题文字；使用置入命令置入素材文件。

课后习题2——制作坚果食品包装

习题2.1 项目背景及要求

1. 客户名称

松鼠果果股份有限公司。

2. 客户需求

松鼠果果股份有限公司是一家以休闲零食、干果等食品的包装及销售为主的食品公司。要求制作一款针对最新推出的坚果的外包装，设计要求传达出坚果健康美味的特点，且画面丰富，能够快速地吸引消费者的注意。

3. 设计要求

（1）包装要求生动形象地展示出产品主体。

（2）颜色要对比强烈，能让人眼前一亮，增强视觉感。

（3）图形与文字的处理能体现出食品特色。

（4）整体设计要简单大方、清爽明快，易使人产生购买欲望。

（5）设计规格为160 mm（宽）× 240 mm（高），分辨率为300 dpi。

习题2.2 项目素材及要点

1. 素材资源

图片素材所在位置：学习资源中的“Ch11\素材\制作坚果食品包装\01~04”。

文字素材所在位置：学习资源中的“Ch11\素材\制作坚果食品包装\文字文档”。

2. 作品参考

设计作品参考效果所在位置：学习资源中的“Ch11\效果\制作坚果食品包装\坚果食品包装立体展示图.ai”。效果如图11-413所示。

图11-413

3. 制作要点

使用矩形工具、钢笔工具、填充工具和透明度控制面板制作包装底图；使用图形绘制工具、剪切蒙版命令、镜像工具和填充工具绘制卡通松鼠；使用文字工具、字符控制面板添加商品名称及其他相关信息；使用置入命令、投影命令、剪切蒙版命令和混合模式选项制作包装展示图。

资源与支持

本书由“数艺设”出品，“数艺设”社区平台（www.shuyishe.com）为您提供后续服务。

学习资源

所有案例的素材、效果文件和在线视频

教师专享资源

教学大纲

电子教案

PPT课件

教学视频

资源获取请扫码

“数艺设”社区平台，为艺术设计从业者提供专业的教育产品。

与我们联系

我们的联系邮箱是 szys@ptpress.com.cn。如果您对本书有任何疑问或建议，请您发邮件给我们，并请在邮件标题中注明本书书名及ISBN，以便我们更高效地做出反馈。

如果您有兴趣出版图书、录制教学课程，或者参与技术审校等工作，可以发邮件给我们；有意出版图书的作者也可以到“数艺设”社区平台在线投稿（直接访问 www.shuyishe.com 即可）。如果学校、培训机构或企业想批量购买本书或“数艺设”出版的其他图书，也可以发邮件联系我们。

如果您在网上发现针对“数艺设”出品图书的各种形式的盗版行为，包括对图书全部或部分内容的非授权传播，请您将怀疑有侵权行为的链接通过邮件发给我们。您的这一举动是对作者权益的保护，也是我们持续为您提供有价值的内容的动力之源。

关于“数艺设”

人民邮电出版社有限公司旗下品牌“数艺设”，专注于专业艺术设计类图书出版，为艺术设计从业者提供专业的图书、U书、课程等教育产品。出版领域涉及平面、三维、影视、摄影与后期等数字艺术门类，字体设计、品牌设计、色彩设计等设计理论与应用门类，UI设计、电商设计、新媒体设计、游戏设计、交互设计、原型设计等互联网设计门类，环艺设计手绘、插画设计手绘、工业设计手绘等设计手绘门类。更多服务请访问“数艺设”社区平台www.shuyishe.com。我们将提供及时、准确、专业的学习服务。